수능특강

과학탐구영역 지구과학 I

KB214065

기획 및 개발

강유진(EBS 교과위원)
권현지(EBS 교과위원)
심미연(EBS 교과위원)
조은정(개발총괄위원)

감수

한국교육과정평가원

책임 편집

이설아

정답과 해설은 EBSi 사이트(www.ebsi.co.kr)에서 다운로드 받으실 수 있습니다.

교재 내용 문의
교재 및 강의 내용 문의는
EBSi 사이트(www.ebsi.co.kr)의 학습 Q&A 서비스를
활용하시기 바랍니다.

교재 정오표 공지
발행 이후 발견된 정오 사항을
EBSi 사이트 정오표 코너에서 알려 드립니다.
교재 ▸ 교재 자료실 ▸ 교재 정오표

교재 정정 신청
공지된 정오 내용 외에 발견된 정오 사항이 있다면
EBSi 사이트를 통해 알려 주세요.
교재 ▸ 교재 정정 신청

초당대학교

항공·보건·조리 특성화대학

2025학년도 신입생 모집

대학기본역량진단
일반재정지원대학

재정지원수혜 2022~2024
(교육부 2021년)

광주 전남 4년제 사립대학
취업률 2위 73.4%

전국 평균 취업률 64.2%

(2022년 대학알리미 공시 기준)

대학 평생교육체제
지원사업 선정

(LiFE 2.0)

콘도르비행교육원 / 항공기술교육원 / 초당드론교육원 운영
- 국토교통부, 항공종사자 전문교육기관 및 무인헬기 조종사 양성 교육기관 지정

수시모집: 2024년 9월 9일(월) ~ 13일(금)
정시모집: 2024년 12월 31일(화) ~ 2025년 1월 3일(금)

 초당대학교

58530 전라남도 무안군 무안읍 무안로 380

입학문의: 1577-2859

 ▶ 바로가기

 유튜브
초당대학교

 페이스북
초당대학교

 인스타그램
@chodang.univ

 카카오톡채널
초당대학교입학상담

국립 강릉원주대학교

글로컬대학 30 선정

KTX 개통으로 수도권과 더 가까워진 국립대학교
국립이라 가능해, 그래서 특별해!

입학상담 033-640-2739~2741, 033-640-2941~2942

수능특강

과학탐구영역 지구과학 I

이 책의 **차례** Contents

I 고체 지구

01	판 구조론과 대륙 분포의 변화	6
02	판 이동의 원동력과 마그마 활동	22
03	퇴적암과 지질 구조	38
04	지구의 역사	54

II 대기와 해양

05	대기의 변화	74
06	해양의 변화	100
07	대기와 해양의 상호 작용	120

III 우주

08	별의 특성	142
09	외계 행성계와 외계 생명체 탐사	172
10	외부 은하와 우주 팽창	184

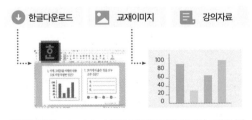

학생

인공지능 DANCHOQ
푸리봇 문|제|검|색

EBS*i* 사이트와 EBS*i* 고교강의 APP 하단의 **AI 학습도우미 푸리봇**을 통해 문항코드를 검색하면 푸리봇이 해당 문제의 해설과 해설 강의를 찾아 줍니다. **사진 촬영으로도 검색**할 수 있습니다.

문제별 문항코드 확인   문항코드 검색

[24026-0001]

1. 아래 그래프를 이해한 내용으로 가장 적절한 것은?

[24026-0001]

사진 촬영 검색

선생님

EBS 교사지원센터
교재 관련 자|료|제|공

교재의 문항 한글(HWP) 파일과
교재이미지, 강의자료를 무료로 제공합니다.

한글다운로드   교재이미지   강의자료

• 교사지원센터(teacher.ebsi.co.kr)에서 '교사인증' 이후 이용하실 수 있습니다.
• 교사지원센터에서 제공하는 자료는 교재별로 다를 수 있습니다.

이 책의 **구성과 특징** Structure

교육과정의 **핵심 개념 학습**과 **문제 해결 능력** 신장

[EBS 수능특강]은 고등학교 교육과정과 교과서를 분석·종합하여 개발한 교재입니다.

본 교재를 활용하여 대학수학능력시험이 요구하는 교육과정의 핵심 개념과 다양한 난이도의 수능형 문항을 학습함으로써 문제 해결 능력을 기를 수 있습니다. EBS가 심혈을 기울여 개발한 [EBS 수능특강]을 통해 다양한 출제 유형을 연습함으로써, 대학수학능력시험 준비에 도움이 되기를 바랍니다.

충실한 개념 설명과 보충 자료 제공

1. 핵심 개념 정리

주요 개념을 요약·정리하고 탐구 상황에 적용하였으며, 보다 깊이 있는 이해를 돕기 위해 보충 설명과 관련 자료를 풍부하게 제공하였습니다.

 과학 돋보기

개념의 통합적인 이해를 돕는 보충 설명 자료나 배경 지식, 과학사, 자료 해석 방법 등을 제시하였습니다.

 탐구자료 살펴보기

주요 개념의 이해를 돕고 적용 능력을 기를 수 있도록 시험 문제에 자주 등장하는 탐구 상황을 소개하였습니다.

2. 개념 체크 및 날개 평가

본문에 소개된 주요 개념을 요약·정리하고 간단한 퀴즈를 제시하여 학습한 내용을 갈무리하고 점검할 수 있도록 구성하였습니다.

단계별 평가를 통한 실력 향상

[EBS 수능특강]은 문제를 수능 시험과 유사하게 **수능 2점 테스트**와 **수능 3점 테스트**로 구분하여 제시하였습니다.

수능 2점 테스트는 필수적인 개념을 간략한 문제 상황으로 다루고 있으며, 수능 3점 테스트는 다양한 개념을 복잡한 문제 상황이나 탐구 활동에 적용하였습니다.

I 고체 지구

2024학년도 대학수학능력시험 5번

5. 그림 (가)는 판 경계 주변에서 마그마가 생성되는 모습을, (나)는 깊이에 따른 지하 온도 분포와 암석의 용융 곡선을 나타낸 것이다. ⊙과 ⓒ은 안산암질 마그마와 현무암질 마그마를 순서 없이 나타낸 것이다.

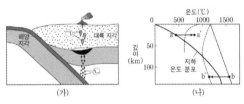

(가)   (나)

이에 대한 설명으로 옳은 것만을 <보기>에서 있는 대로 고른 것은? [3점]

<보 기>
ㄱ. ⊙이 분출하여 굳으면 섬록암이 된다.
ㄴ. ⓒ은 a → a′ 과정에 의해 생성된다.
ㄷ. SiO_2 함량(%)은 ⊙이 ⓒ보다 높다.

① ㄱ   ② ㄴ   ③ ㄷ   ④ ㄱ, ㄴ   ⑤ ㄴ, ㄷ

2024학년도 EBS 수능특강 36쪽 9번

[23026-0045]

09 그림 (가)는 어느 판의 경계 주변에서 판의 운동에 의해 만들어지는 서로 다른 마그마 ⊙, ⓒ, ⓒ을, (나)는 지하의 깊이에 따른 온도 분포와 지구 내부 물질의 용융 곡선 a, b, c를 나타낸 것이다. ⊙, ⓒ, ⓒ은 각각 현무암질 마그마, 안산암질 마그마, 유문암질 마그마 중 하나이다.

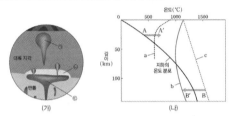

(가)   (나)

이에 대한 설명으로 옳은 것만을 <보기>에서 있는 대로 고른 것은?

보기
ㄱ. ⊙은 ⓒ보다 SiO_2 함량(%)이 적다.
ㄴ. ⓒ은 A → A′ 과정에 의해 만들어진다.
ㄷ. (가)는 판의 발산이 일어나는 경계 부근에서 나타난다.

① ㄱ   ② ㄴ   ③ ㄱ, ㄷ   ④ ㄴ, ㄷ   ⑤ ㄱ, ㄴ, ㄷ

연계 분석 수능 5번 문제는 수능특강 36쪽 9번 문제와 연계하여 출제되었다. 두 문제 모두 마그마의 생성 모습 및 깊이에 따른 지하 온도 분포와 암석의 용융 곡선을 자료로 제시하여 마그마의 생성 및 화학 조성에 대해 묻고 있다는 점에서 유사성이 높다. 한편 수능특강 문제에서는 마그마가 생성되는 장소가 어떤 판의 경계에 해당하는지 묻고 있다면, 수능 문제에서는 마그마가 생성되는 장소가 해양판의 섭입이 일어나는 판 경계 부근인 것을 자료로 제시하고, 마그마의 종류에 따라 생성되는 암석에 대해 묻고 있다는 점에서 차이가 있다. 그러나 연계 교재를 학습하면서 마그마의 생성 및 마그마의 종류에 따라 생성되는 화성암에 대해 종합적으로 정리해 두었다면 어렵지 않게 문제를 해결할 수 있을 것이다.

학습 대책 수능 문제에서는 수능특강, 수능완성 등 EBS 연계 교재 문제의 자료를 활용하여 출제하는 경우도 있고, <보기> 내용을 활용하여 유사하게 출제하는 경우도 있다. 따라서 EBS 연계 교재를 학습할 때는 문제의 정답을 찾는 것에 그치지 말고 제시된 자료를 분석하고 자료와 연관된 내용을 교육과정 내에서 종합적으로 파악하는 방향으로 학습해야 한다.

2024학년도 대학수학능력시험 11번

11. 그림은 어느 지역의 지질 단면을 나타낸 것이다. 현재 화성암에 포함된 방사성 원소 X의 함량은 처음 양의 $\frac{1}{32}$이고, 지층 A에서는 방추충 화석이 산출된다.

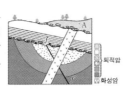

이 자료에 대한 설명으로 옳은 것만을 <보기>에서 있는 대로 고른 것은?

─────〈보 기〉─────
ㄱ. 경사 부정합이 나타난다.
ㄴ. 단층 $f-f'$은 화성암보다 먼저 형성되었다.
ㄷ. X의 반감기는 0.4억 년보다 짧다.

① ㄱ   ② ㄷ   ③ ㄱ, ㄴ   ④ ㄴ, ㄷ   ⑤ ㄱ, ㄴ, ㄷ

2024학년도 EBS 수능특강 61쪽 4번

[23026-0076]

04 그림은 어느 지역의 지질 단면을 나타낸 것이다.

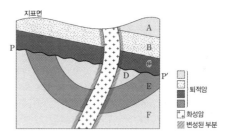

이 자료에 대한 해석으로 옳은 것만을 〈보기〉에서 있는 대로 고른 것은?

┌─ 보기 ┐
ㄱ. 가장 새로운 암석은 A이다.
ㄴ. 지질 구조 P-P'은 난정합이다.
ㄷ. 이 지역에서는 최소한 2번의 융기가 있었다.

① ㄱ   ② ㄴ   ③ ㄷ
④ ㄱ, ㄷ   ⑤ ㄴ, ㄷ

연계 분석   수능 11번 문제는 수능특강 61쪽 4번 문제와 연계하여 출제되었다. 두 문제 모두 지질 단면을 해석하여 지층의 상대 연령 및 지질 구조를 파악할 수 있는지 묻고 있다는 점에서 유사성이 높다. 한편 수능특강 문제에서는 부정합면을 파악하여 지층의 융기 횟수를 결정해야 하고, 수능 문제에서는 화성암의 절대 연령과 표준 화석을 이용하여 화성암의 관입 시기를 판단하고 방사성 원소의 반감기를 결정해야 한다는 점에서 차이가 있다. 그러나 연계 교재를 학습하면서 지층과 암석의 상대 연령, 절대 연령 및 지질 시대의 표준 화석에 대해 종합적으로 정리해 두었다면 어렵지 않게 문제를 해결할 수 있을 것이다.

학습 대책   수능 문제에서는 EBS 연계 교재의 자료와 〈보기〉를 변형하거나 추가적인 자료를 제시하고 그와 관련된 내용을 묻는 경우가 많다. 따라서 EBS 연계 교재를 학습할 때는 〈보기〉 지문뿐만 아니라 문제의 자료에 대한 정확한 이해를 바탕으로 자료를 통해 출제될 수 있는 사항들을 종합적으로 정리하며 하나하나 해석하는 방향으로 학습해야 한다. 특히 주어진 자료와 관련 있는 자료가 다른 단원에 있다면, 각각의 내용을 연결하여 포괄적으로 이해하고 이를 다양한 문제 상황에 적용하는 방향으로 학습해야 한다.

판 구조론과 대륙 분포의 변화

개념 체크

◆ **베게너의 대륙 이동설**
베게너는 대륙이 이동하여 대륙의 분포가 변한다고 주장하였다.

◆ **판게아**
고생대 말기~중생대 초기에 존재했던 초대륙이다.

◆ **베게너가 생각했던 판게아의 모습**

1. ( )는 고생대 말기~중생대 초기에 초대륙 판게아가 존재했다고 주장하였다.

2. 메소사우루스 화석이 남아메리카 대륙과 아프리카 대륙에서 발견되는 것은 ( ) 이동의 증거이다.

3. ( ) 말 빙하 퇴적층과 빙하의 이동 흔적이 여러 대륙에서 발견되는 것은 대륙 이동의 증거이다.

1 판 구조론의 정립

(1) 대륙 이동설

① **베게너의 대륙 이동설**: 베게너는 1915년 저서 『대륙과 해양의 기원』을 통해 여러 대륙들이 모여 만들어진 하나의 거대 대륙인 초대륙 판게아가 고생대 말기~중생대 초기에 존재하였으며, 판게아는 약 2억 년 전부터 분리되어 현재와 같은 대륙 분포가 되었다고 주장하였다.

② **베게너가 제시한 대륙 이동의 증거**

• 해안선 굴곡의 유사성: 대서양 양쪽에 위치한 남아메리카 대륙 동쪽 해안선과 아프리카 대륙 서쪽 해안선의 굴곡이 유사하다.

• 화석 분포: 육상 식물인 글로소프테리스 화석이 남아메리카, 아프리카, 인도, 남극 대륙 및 오스트레일리아 대륙에서 산출되며, 메소사우루스 화석이 남아메리카 대륙과 아프리카 대륙에서 산출되는 등 멀리 떨어진 대륙에서 같은 종의 화석이 산출된다.

• 빙하 퇴적층의 분포와 빙하 이동 흔적: 남아메리카, 아프리카, 인도, 오스트레일리아, 남극 대륙에서 고생대 말 빙하 퇴적층과 빙하의 이동 흔적이 발견된다.

• 지질 구조의 연속성: 북아메리카의 애팔래치아산맥과 유럽의 칼레도니아산맥의 분포가 연속성을 가지며, 대서양 양쪽 해안에서 발견되는 암석 분포와 지질 구조가 대륙들 간에 연속성을 갖는다.

화석 분포

고생대 말 빙하 퇴적층의 분포

지질 구조의 연속성

③ **베게너의 대륙 이동설 쇠퇴**: 대륙 이동에 대해 제시한 여러 증거에도 불구하고 베게너는 대륙을 이동시키는 원동력을 설명하지 못해 대륙 이동설은 많은 과학자들에게 받아들여지지 않았다.

(2) 맨틀 대류설

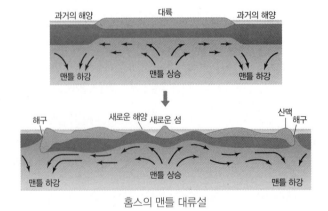
홈스의 맨틀 대류설

정답

1. 베게너
2. 대륙
3. 고생대

① **맨틀 대류설**: 1920년대 후반 베게너의 대륙 이동설에 동조했던 홈스는 맨틀 내의 방사성 원소의 붕괴열과 고온의 지구 중심부에서 맨틀로 공급되는 열에 의하여 맨틀이 열대류를 한다고 생각하고 맨틀 대류가 대륙 이동의 원동력이라고 주장하였다. 홈스의 맨틀 대류설은 1950년대에 대륙 이동설의 부활과 함께 해저 확장과 판 구조 운동의 원동력으로 주목받게 되었다.

② **홈스의 주장**: 홈스는 맨틀 대류의 상승부에서는 대륙 지각이 분리되면서 새로운 해양이 생성되고 맨틀 대류의 하강부에서는 산맥과 해구가 생성된다고 주장하였다.

(3) 해저 지형 탐사와 해저 확장설: 음향 측심법을 이용한 해령, 해구 등의 해저 지형 발견은 해저가 확장된다는 해저 확장설이 등장하는 데 중요한 역할을 하였다.

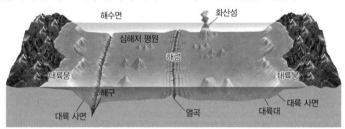

해저 지형 모식도

🧪 **탐구자료 살펴보기** | **음향 측심 자료로부터 해저 지형 추정하기**

탐구 과정

그림은 판의 경계가 위치한 태평양의 서로 다른 해역 A와 B를, 표는 해역 A와 B에서 동서 방향으로 일정한 거리 간격의 각 탐사 지점에서 초음파가 해저면에 반사되어 되돌아오는 데 걸린 시간을 나타낸 것이다. 해수에서 초음파의 속력은 1500 m/s이다.

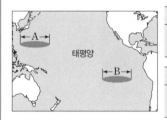

A의 탐사 지점	1	2	3	4	5	6	7	8	9
초음파가 되돌아오는 데 걸리는 시간(초)	8.0	6.8	6.4	5.1	10.0	6.1	7.6	7.8	7.1

B의 탐사 지점	1'	2'	3'	4'	5'	6'	7'	8'	9'
초음파가 되돌아오는 데 걸리는 시간(초)	5.6	5.0	4.8	4.7	4.3	4.5	5.1	5.4	5.5

해역 A와 B의 각 탐사 지점의 수심을 구하고, 그래프로 그려보자.

탐구 결과

A의 탐사 지점	1	2	3	4	5	6	7	8	9
수심(m)	6000	5100	4800	3825	7500	4575	5700	5850	5325

B의 탐사 지점	1'	2'	3'	4'	5'	6'	7'	8'	9'
수심(m)	4200	3750	3600	3525	3225	3375	3825	4050	4125

분석 point

음향 측심 자료를 통해 수심을 구한 결과 해역 A에는 판의 수렴형 경계가, 해역 B에는 판의 발산형 경계가 발달한다.
➡ 해역 A의 탐사 지점 5 부근에서 수심이 급격히 깊어지므로 해구가 발달한 것으로 볼 수 있다. 해역 B의 탐사 지점 5' 부근에서 수심이 가장 얕고, 양쪽으로 갈수록 수심은 대체로 깊어지므로 해령이 발달한 것으로 볼 수 있다.

개념 체크

◉ **홈스의 맨틀 대류설**
홈스는 맨틀 대류가 대륙 이동의 원동력이라고 주장하였다.

◉ **음향 측심법**
해수면에서 해저면을 향하여 초음파를 발사하면 초음파는 해저면에 반사되어 되돌아온다. 이때 반사되어 되돌아오는 데 걸리는 시간을 이용하여 해저 지형의 높낮이를 측정할 수 있다. 초음파의 속력이 v, 해수면에서 발사한 초음파가 해저면에서 반사되어 되돌아오는 데 걸리는 시간이 t라면 수심 d는 다음과 같다.

$$수심(d) = \frac{1}{2}vt$$

1. (　　　)는 대륙을 이동시키는 원동력을 맨틀 대류라고 주장하였다.

2. (　　　)의 왕복 시간을 이용해 수심을 구하는 음향 측심법은 해령, 해구 등의 해저 지형을 발견하는 데 중요한 역할을 하였다.

3. (　　　)은 해양판의 발산형 경계에서 발달하는 해저 산맥이다.

정답
1. 홈스
2. (초)음파
3. 해령

● 해저 확장설
해령에서 새로운 해양 지각이 생성되고 확장된다는 이론이다.

● 해저 고지자기 줄무늬
해저 고지자기 줄무늬는 해령과 거의 나란하고 해령을 축으로 대칭적인 분포를 보인다.

● 지구 자기장의 역전
지질 시대 동안 전 지구적으로 지구 자기장의 방향이 역전되는 현상이 반복되었다. 지구 자기장의 방향이 현재와 같은 시기를 정자극기(정상기), 현재와 반대인 시기를 역자극기(역전기)라고 한다.

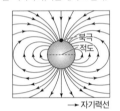
정자극기

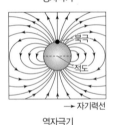
역자극기

1. 해령에서 멀어질수록 해양 지각의 연령과 심해 퇴적물의 두께는 (　　)한다.

2. 해양판이 섭입하는 과정에서 섭입하는 해양판을 따라 발달하는 지진대를 (　　)대라고 한다.

3. 해저 고지자기 줄무늬는 (　　)을 축으로 대칭적인 분포를 보인다.

정답

1. 증가
2. 베니오프(섭입)
3. 해령

(4) 해저 확장설: 1962년 헤스와 디츠는 해령과 같은 해저 지형의 특징을 설명하기 위해 해저 확장설을 주장하였다.

① **해저 확장설**: 맨틀 대류의 상승부인 해령에서 새로운 해양 지각이 생성되고 해령을 중심으로 확장되며, 해구에서는 오래된 해양 지각이 맨틀 속으로 섭입하여 소멸된다.

② **해저 확장설의 증거**

• 해양 지각의 연령 분포: 해령에서 멀어질수록 해양 지각의 연령이 증가한다.

• 심해 퇴적물의 두께: 해령에서 멀어질수록 심해 퇴적물의 두께가 증가한다.

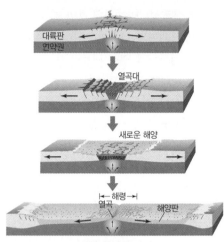
해저 확장의 과정

• 베니오프대의 발견: 지진학자 베니오프는 쿠릴 열도 일대에서 발생한 지진을 분석한 결과 해구에서 대륙 쪽으로 갈수록 진원의 깊이가 점차 깊어지는 것을 발견하였는데, 이러한 지진대를 베니오프대라고 한다. 베니오프대에서의 이와 같은 특징적인 지진 활동은 해구에서 오래된 해양 지각이 맨틀 속으로 섭입하여 소멸된다는 증거이다.

• 해저 고지자기 줄무늬와 해저 확장: 해양 지각에 기록된 해저 고지자기 줄무늬가 해령과 거의 나란하며 해령을 축으로 대칭적인 분포를 보인다. 이러한 해저 고지자기 줄무늬의 대칭적인 분포는 해령에서 새로운 해양 지각이 생성되면서 확장되고 지구 자기의 역전 현상이 반복되기 때문에 나타난다.

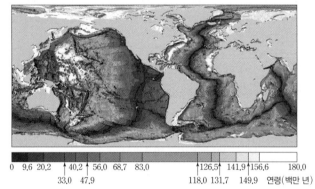

| 0 | 9.6 | 20.2 | 40.2 | 56.0 | 68.7 | 83.0 | | 126.5 | 141.9 | 156.6 | 180.0 |

33.0　47.9　　　118.0　131.7　149.9　연령(백만 년)

해양 지각의 연령 분포

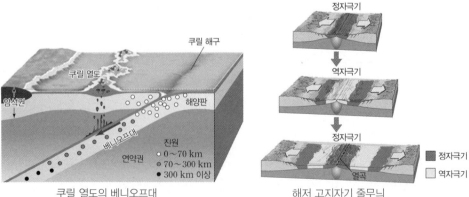

쿠릴 열도의 베니오프대　　　　해저 고지자기 줄무늬

(5) 판 구조론의 정립

① **변환 단층의 발견**: 윌슨은 해양 지각의 이동 방향이 같은 단열대에서는 지진이 발생하지 않지만 열곡과 열곡이 어긋난 구간에서는 천발 지진이 활발하게 발생하는 것을 발견하고, 이 구간을 변환 단층이라고 하였다. 윌슨은 변환 단층에서 지진이 활발하게 발생하는 이유를 맨틀 대류의 상승부인 해령에서 생성된 해양 지각이 확장될 때, 변환 단층의 양쪽에 있는 해양 지각이 반대 방향으로 이동하기 때문이라고 설명하였다.

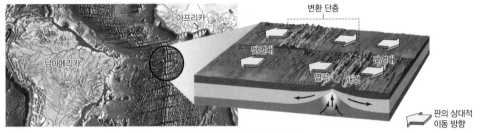

대서양 중앙 해령의 변환 단층

② **판 구조론의 정립**
- 판 구조론의 정립: 해저 확장설이 발표된 이후 심해 퇴적물의 두께와 해양 지각의 연령 분포, 베니오프대, 해저 고지자기 줄무늬 분포, 변환 단층 등 여러 가지 현상을 통합적으로 설명하려는 연구가 이루어지면서 판 구조론이 출현하였다.
- 판 구조론: 지구의 표면이 크고 작은 여러 개의 판으로 구성되어 있으며, 이들의 상대적인 운동에 의해 화산 활동, 지진, 마그마의 생성, 습곡 산맥의 형성 등 여러 가지 지질 현상이 일어난다는 이론이다. 판 구조론은 1960년대 말에 공식화되었으며 현재는 거의 보편적인 사실로 받아들여지고 있다.

② 지질 시대의 대륙 분포 변화

(1) **지구 자기장**: 지구는 내부에 막대자석이 있는 것과 유사한 자기적 성질을 가지며, 지구가 가지고 있는 고유한 자기장을 지구 자기장이라고 한다. 나침반의 자침은 지구 자기장 방향으로 배열되며 나침반의 N극은 현재 북쪽을 향한다.

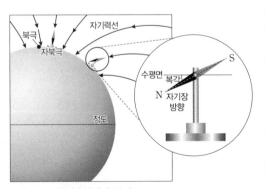

지구 자기장과 복각

① **복각**: 나침반의 자침(지구 자기장의 방향)이 수평면과 이루는 각을 복각이라고 한다. 복각이 0°인 지역을 자기 적도, +90°인 지점을 자북극, −90°인 지점을 자남극이라고 한다.

② **지자기 북극**: 지구의 자전축과 북반구의 지표면이 만나는 지점을 지리상 북극이라고 한다. 이에 비해 지자기 북극은 지구 자기장을 지구 중심에 놓인 거대한 막대자석이 만드는 자기장이라고 근사했을 때, 막대자석의 S극 방향의 축과 지표면이 만나는 지점을 말한다. 현재 지구 자기장 자기력선의 축은 지구 자전축에 대해 조금 기울어져 있다.

개념 체크

○ **지구 자기장**
지구가 가지고 있는 고유한 자기장이다.

○ **복각**
지구 자기장의 방향이 수평면과 이루는 각이다.

1. 해령의 열곡과 열곡이 어긋난 구간에서 지진이 활발하게 발생하는 단층을 ( ) 단층이라고 한다.

2. ( )은 지구의 표면이 크고 작은 여러 개의 판으로 구성되어 있으며, 판들의 상대적인 운동에 의해 여러 가지 지질 현상이 일어난다는 이론이다.

3. 복각이 ( )인 지점을 자기 적도, ( )인 지점을 자북극이라고 한다.

4. 지구의 ( )과 북반구의 지표면이 만나는 지점을 지리상 북극이라고 한다.

정답
1. 변환
2. 판 구조론
3. 0°, +90°
4. 자전축

개념 체크

○ **고지자기극의 겉보기 이동 경로**
지질 시대 동안 지리상 북극의 위치가 변하지 않았다고 가정하면 고지자기극의 겉보기 이동은 대륙 이동의 증거이다.

1. 화성암에 포함된 (　　　) 광물에 의해 기록된 잔류 자기의 방향을 이용하면 화성암이 생성된 위치를 추정할 수 있다.

2. 오랜 시간 동안 평균한 (　　　) 북극의 위치와 지리상 북극의 위치는 같다.

3. 지질 시대 동안 지리상 북극의 위치가 변하지 않았다고 가정하면 고지자기 복각의 크기는 (　　　)가 높을수록 크다.

(2) 고지자기와 대륙 이동

① 잔류 자기

- 마그마가 식어서 굳어질 때 자성 광물이 당시의 지구 자기장 방향으로 자화된다. 그 후 지구 자기장의 방향이 변해도 당시의 자성 광물의 자화 방향은 그대로 보존되는데, 이를 잔류 자기라고 한다.

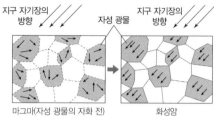

잔류 자기의 형성 과정

- 자성 광물이 포함된 암석의 잔류 자기 방향을 측정하면 암석이 생성된 위도와 생성될 당시 지자기극의 위치를 추정할 수 있다.

② 고지자기극
지구 자기장의 변화에 의해 지자기 북극은 지리상 북극 주변을 불규칙적으로 움직인다. 오랜 시간 동안 지구 자기장의 변화를 평균하면 지자기 북극은 지리상 북극과 일치하며 이를 고지자기극이라고 한다.

③ 고지자기극의 겉보기 이동 경로를 이용한 대륙 이동 복원

- **고지자기극의 겉보기 이동 경로**: 1950년대에 유럽 대륙의 다양한 화성암에 기록된 고지자기를 측정하여 계산한 고지자기극의 위치는 과거 약 5억 년 동안 하와이 부근부터 시베리아를 지나 지리상 북극의 위치로 점차 변했다. 오랜 시간 동안 평균한 지자기 북극의 위치는 지리상 북극의 위치와 같으므로 지질 시대 동안 고지자기극이 실제로 이동한 것이 아니라 대륙의 이동에 의한 겉보기 이동이 나타난 것이다. 즉, 고지자기극의 이동은 대륙의 이동에 의해 만들어진 것이다.

- **두 대륙에서 측정한 고지자기극의 겉보기 이동 경로 비교**: 유럽 대륙과 북아메리카 대륙에서 각각 측정한 고지자기극의 겉보기 이동 경로가 서로 일치하지 않고 어긋나 있다. 지질 시대 동안 지자기 북극(지리상 북극)은 하나뿐이었으므로 두 대륙이 과거에도 현재와 같은 위치에 있었다면 이러한 현상을 설명할 수 없다. 이와 같은 모순을 해결하기 위해 두 대륙에서 측정한 고지자기극의 겉보기 이동 경로가 겹쳐지도록 대륙을 이동시키면 과거 어느 시기에 두 대륙이 서로 붙어 있었음을 알 수 있다.

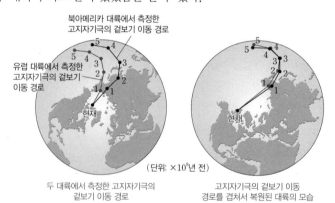

| 두 대륙에서 측정한 고지자기극의 겉보기 이동 경로 | 고지자기극의 겉보기 이동 경로를 겹쳐서 복원된 대륙의 모습 |

고지자기극의 겉보기 이동 경로와 대륙 이동

④ 고지자기 복각을 이용한 대륙 이동 복원
지질 시대 동안 지리상 북극의 위치가 변하지 않았다고 가정하면 고지자기 복각의 크기는 위도가 높을수록 크다. 따라서 고지자기 복각을 측정하면 대륙의 과거 위도를 알 수 있다.

정답

1. 자성
2. 지자기
3. 위도

탐구자료 살펴보기 ▶ **지질 시대 동안 인도 대륙의 위치 변화**

탐구 과정

그림 (가)는 고지자기 복각과 위도의 관계를, (나)는 7천 1백만 년 전부터 현재까지 인도 대륙의 위치 및 인도 대륙 중앙부에서 채취한 암석 시료의 절대 연령과 고지자기 복각을 나타낸 것이다.

(가)와 (나)를 이용하여 인도 대륙에서 채취한 각각의 암석이 생성된 위도를 구하여 표로 작성하고, 시기별 인도 대륙의 위도 변화를 그래프로 나타내 보자.

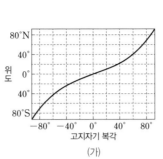

(가)

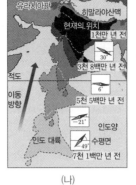

(나)

탐구 결과

시간(백만 년 전)	위도
71	약 30°S
55	약 11°S
38	약 3°N
10	약 16°N
0	약 20°N

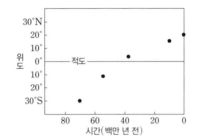

분석 point

• 지질 시대 동안 지리상 북극의 위치가 변하지 않았다고 가정하면 고지자기 복각의 크기는 위도가 높을수록 크다.

• 7천 1백만 년 전부터 현재까지 인도 대륙은 북상하였다.

개념 체크

◐ 인도 대륙의 북상

약 7천 1백만 년 전에 남반구(약 30°S)에 위치했던 인도 대륙은 북상하여 현재 북반구(약 20°N)에 위치한다.

◐ 로디니아

약 12억 년 전에 형성되어 약 8억 년 전까지 존재했던 초대륙이다.

1. 북아메리카의 (　　　)산맥은 초대륙 판게아가 만들어지는 과정에서 형성되었다.

2. (　　　)가 분리되면서 대서양이 형성되었다.

3. (　　　)는 약 12억 년 전에 형성된 초대륙이다.

(3) 대륙 분포의 변화: 지질 시대 동안 판의 운동에 의해 대륙의 분포는 변해왔다.

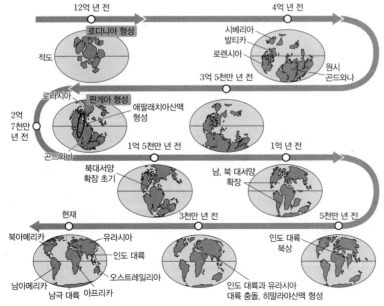

대륙의 이동과 분포

정답

1. 애팔래치아
2. 판게아
3. 로디니아

① **로디니아의 형성과 분리**: 약 12억 년 전에 형성된 초대륙인 로디니아는 약 8억 년 전부터 분리되기 시작하였다.

② **판게아의 형성과 분리**: 약 2억 7천만 년 전에 대륙이 다시 합쳐져 초대륙인 판게아가 형성되었다. 판게아가 형성되는 과정에서 북아메리카 대륙이 아프리카 대륙 및 유럽 대륙과 충돌하면서 애팔래치아산맥이 형성되었다. 이후 판게아가 분리되고 대서양이 형성되면서 애팔래치아산맥과 칼레도니아산맥으로 분리되었고, 해양판이 섭입하면서 로키산맥과 안데스산맥이 형성되기 시작하였다.

③ **히말라야산맥의 형성**: 약 1억 년 전에 인도 대륙이 오스트레일리아 대륙과 분리되었고, 이후 인도 대륙은 북쪽으로 이동하여 약 3천만 년 전에 유라시아 대륙과 충돌하여 히말라야산맥이 형성되었다.

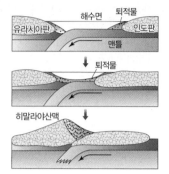

▲ 히말라야산맥의 형성 과정

탐구자료 살펴보기 | **대륙의 이동 속도를 이용하여 미래의 대륙 분포 구상하기**

탐구 자료

그림 (가)는 위성 위치 확인 시스템(GPS)을 이용하여 측정한 주요 판의 이동 방향과 이동 속력을, (나)는 어느 예측 모형을 이용하여 추정한 미래의 대륙 분포를 나타낸 것이다.

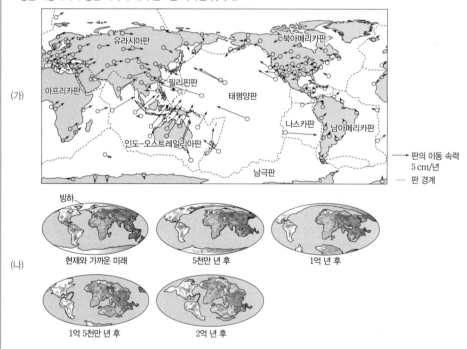

탐구 결과

1. 주요 판의 이동 방향과 이동 속력이 (가)에 나타난 것과 같이 지속된다면 한동안 대서양의 면적은 증가하고, 태평양의 면적은 감소할 것이다.

2. (나)에서 5천만 년 후에 대서양의 면적은 현재보다 더욱 넓어지고, 아프리카 대륙과 유라시아 대륙은 충돌하여 하나의 대륙이 될 것이다.

3. (나)에서 1억 년 후~2억 년 후에는 대서양에 해구가 생성되어 해양판이 섭입하고 대서양의 면적은 점차 감소할 것이다.

분석 point 대륙의 이동으로 대륙 분포는 지속적으로 변한다.

01 그림 (가)와 (나)는 베게너가 제시한 대륙 이동의 증거를 나타낸 것이다.

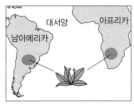

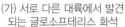

(가) 서로 다른 대륙에서 발견되는 글로소프테리스 화석

(나) 산맥 A와 B에서 나타나는 지질 구조의 연속성

이에 대한 설명으로 옳은 것만을 〈보기〉에서 있는 대로 고른 것은?

● 보 기 ●
ㄱ. 글로소프테리스는 해양 생물이다.
ㄴ. 산맥 A는 고생대에 형성되었다.
ㄷ. 대서양의 면적은 중생대보다 신생대에 넓었다.

① ㄱ   ② ㄷ   ③ ㄱ, ㄴ
④ ㄴ, ㄷ   ⑤ ㄱ, ㄴ, ㄷ

02 다음은 홈스의 맨틀 대류설에 대한 내용이다.

홈스는 맨틀에 포함된 (㉠)와/과 고온 상태인 지구 중심부에서 맨틀로 올라오는 열에 의해 맨틀 상하부의 온도 차가 생겨 맨틀 대류가 일어날 수 있다고 주장하였다.

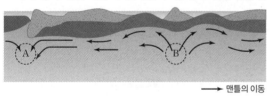

이 자료에 대한 설명으로 옳은 것만을 〈보기〉에서 있는 대로 고른 것은? (단, 영역 A와 B의 깊이는 같다.)

● 보 기 ●
ㄱ. '방사성 원소의 붕괴열'은 ㉠에 해당한다.
ㄴ. 맨틀 물질의 온도는 영역 A가 B보다 낮다.
ㄷ. 맨틀 대류설 발표 당시 홈스는 판이 맨틀 위에 떠 있다고 설명하였다.

① ㄱ   ② ㄷ   ③ ㄱ, ㄴ
④ ㄴ, ㄷ   ⑤ ㄱ, ㄴ, ㄷ

03 그림은 대서양의 지점 $P_1 \sim P_5$를, 표는 각 지점의 음향 측심 자료를 나타낸 것이다. P_1과 P_5 사이에는 판의 경계가 존재한다.

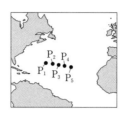

지점	P_1로부터의 거리(km)	초음파의 왕복 시간(초)
P_1	0	7.70
P_2	400	7.30
P_3	800	6.20
P_4	1300	3.90
P_5	1700	6.55

이에 대한 설명으로 옳은 것만을 〈보기〉에서 있는 대로 고른 것은? (단, 해수에서 초음파의 속력은 1500 m/s이다.)

● 보 기 ●
ㄱ. 해저 퇴적물의 두께는 P_1이 P_3보다 두껍다.
ㄴ. P_3과 P_5 사이에는 수렴형 경계가 존재한다.
ㄷ. 관측 지점 중 수심의 최댓값과 최솟값의 차는 2850 m이다.

① ㄱ   ② ㄴ   ③ ㄱ, ㄷ   ④ ㄴ, ㄷ   ⑤ ㄱ, ㄴ, ㄷ

04 그림 (가)는 고지자기 복각의 크기와 위도의 관계를, (나)는 71 Ma부터 현재까지 인도 대륙의 위치 변화를 나타낸 것이다.

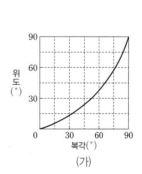
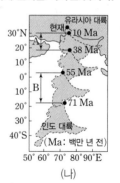

(가)   (나)

이에 대한 설명으로 옳은 것만을 〈보기〉에서 있는 대로 고른 것은?

● 보 기 ●
ㄱ. 인도 대륙의 이동 속도는 일정했다.
ㄴ. 히말라야산맥은 신생대에 형성되었다.
ㄷ. 인도 대륙에서 생성된 암석의 복각 크기 변화량은 A 기간이 B 기간보다 크다.

① ㄱ   ② ㄴ   ③ ㄱ, ㄷ   ④ ㄴ, ㄷ   ⑤ ㄱ, ㄴ, ㄷ

[24026-0005]

05 그림 (가)와 (나)는 정자극기와 역자극기의 지구 자기장 모습을 순서 없이 나타낸 것이다. (가)와 (나)에서 지구의 자전축과 자기축은 일치한다.

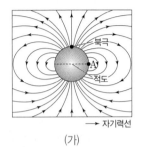 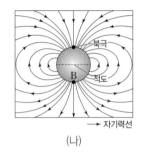

(가)　　　　　　　　　(나)

이에 대한 설명으로 옳은 것만을 〈보기〉에서 있는 대로 고른 것은?

● 보기 ●
ㄱ. (가)에서 지리상 북극과 지자기 북극은 일치한다.
ㄴ. A 지점에서 자기력선은 지구 중심을 향한다.
ㄷ. B 지점은 지자기 남극이다.

① ㄱ　　　　② ㄷ　　　　③ ㄱ, ㄴ
④ ㄴ, ㄷ　　　⑤ ㄱ, ㄴ, ㄷ

[24026-0006]

06 그림은 현재 남반구 중위도에 위치한 어느 화산암체의 모습을, 표는 A, B에서 채취한 암석의 나이와 고지자기 복각을 나타낸 것이다.

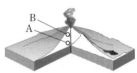

암석	A	B
나이	6천만 년	2천만 년
고지자기 복각(°)	+38	+8

이 화산암체에 대한 설명으로 옳은 것만을 〈보기〉에서 있는 대로 고른 것은? (단, A와 B의 암석은 모두 정자극기에 생성되었다.)

● 보기 ●
ㄱ. A가 생성된 이후에 남쪽으로 이동했다.
ㄴ. B가 생성될 당시 남반구에 위치했다.
ㄷ. 6천만 년 전부터 현재까지 고지자기 복각의 크기는 점차 작아졌다.

① ㄱ　　　　② ㄴ　　　　③ ㄱ, ㄷ
④ ㄴ, ㄷ　　　⑤ ㄱ, ㄴ, ㄷ

[24026-0007]

07 그림 (가)는 적도 부근에 위치한 어느 해령 주변의 고지자기 줄무늬를 나타낸 것이고, (나)는 지점 A, B 하부의 해양 지각 및 퇴적물 분포를 ㉠, ㉡으로 순서 없이 나타낸 것이다.

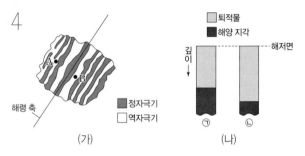

(가)　　　　　　　　　(나)

이 자료에 대한 설명으로 옳은 것만을 〈보기〉에서 있는 대로 고른 것은? (단, 퇴적물의 퇴적 속도는 일정하다.)

● 보기 ●
ㄱ. ㉠은 A의 하부에 해당한다.
ㄴ. B에서 고지자기 방향은 해령 축과 나란하다.
ㄷ. (나)에서 퇴적물 최하층의 연령은 ㉠이 ㉡보다 적다.

① ㄱ　　　　② ㄷ　　　　③ ㄱ, ㄴ
④ ㄴ, ㄷ　　　⑤ ㄱ, ㄴ, ㄷ

[24026-0008]

08 그림은 판 A∼D의 이동 방향 및 이동 속력을 나타낸 것이다. C는 해양판이다.

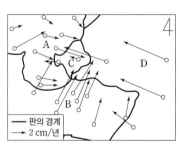

이에 대한 설명으로 옳은 것만을 〈보기〉에서 있는 대로 고른 것은?

● 보기 ●
ㄱ. A의 내부에서 판의 이동 속력은 어디에서나 같다.
ㄴ. B와 D 사이에는 수렴형 경계가 발달한다.
ㄷ. C의 경계에는 주로 해구가 발달한다.

① ㄱ　　　　② ㄴ　　　　③ ㄱ, ㄷ
④ ㄴ, ㄷ　　　⑤ ㄱ, ㄴ, ㄷ

09 그림 (가)와 (나)는 서로 다른 해양 A, B에서 측정한 해양 지각의 나이에 따른 해령 축으로부터의 거리와 해령 정상으로부터 해저면까지의 깊이를 나타낸 것이다.

[24026-0009]

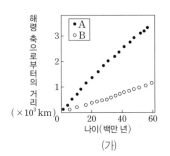
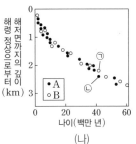

(가)   (나)

이에 대한 설명으로 옳은 것만을 〈보기〉에서 있는 대로 고른 것은?

● 보기 ●
ㄱ. 해령 축으로부터의 거리는 ㉠ 지점이 ㉡ 지점보다 가깝다.
ㄴ. 고지자기 줄무늬의 평균적인 폭은 A가 B보다 넓다.
ㄷ. A와 B 모두 지각의 나이가 많을수록 수심이 얕다.

① ㄱ   ② ㄴ   ③ ㄷ
④ ㄱ, ㄴ   ⑤ ㄴ, ㄷ

10 그림 (가)와 (나)는 고생대, 중생대, 신생대 중 어느 지질 시대 초기와 말기의 대륙 분포를 시간 순서 없이 나타낸 것이다.

[24026-0010]

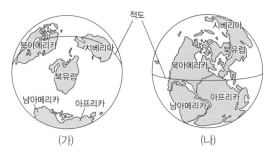

(가)   (나)

이에 대한 설명으로 옳은 것만을 〈보기〉에서 있는 대로 고른 것은?

● 보기 ●
ㄱ. (가)는 고생대 초기의 대륙 분포이다.
ㄴ. (나) 시기에 초대륙 로디니아가 형성되었다.
ㄷ. 해안선의 총 길이는 (나)가 (가)보다 길다.

① ㄱ   ② ㄴ   ③ ㄱ, ㄷ
④ ㄴ, ㄷ   ⑤ ㄱ, ㄴ, ㄷ

11 그림은 어느 지괴의 시기별 위치와 모습을 나타낸 것이다. 경도선(┈)의 간격은 일정하다.

[24026-0011]

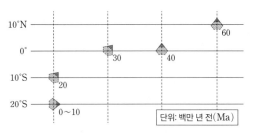

이 지괴에 대한 설명으로 옳은 것만을 〈보기〉에서 있는 대로 고른 것은? (단, 고지자기극은 고지자기 방향으로 추정한 지리상 북극이고, 지리상 북극은 변하지 않았다.)

● 보기 ●
ㄱ. 60 Ma~40 Ma가 40 Ma~20 Ma보다 빠르게 이동하였다.
ㄴ. 고지자기 복각의 크기는 40 Ma가 20 Ma보다 크다.
ㄷ. 지괴에서 구한 고지자기극의 위도는 30 Ma가 10 Ma보다 낮다.

① ㄱ   ② ㄴ   ③ ㄷ   ④ ㄱ, ㄴ   ⑤ ㄴ, ㄷ

12 그림 (가)와 (나)는 초대륙의 분리 과정과 형성 과정을 모식적으로 나타낸 것이다.

[24026-0012]

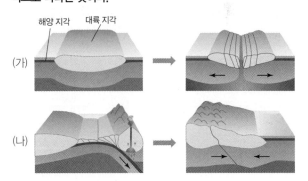

(가)

(나)

이에 대한 설명으로 옳은 것만을 〈보기〉에서 있는 대로 고른 것은?

● 보기 ●
ㄱ. (가)에서 발산형 경계가 형성된다.
ㄴ. (나)에서 습곡 산맥이 형성된다.
ㄷ. 지질 시대 동안 (가)와 (나)의 과정은 반복적으로 일어났다.

① ㄱ   ② ㄴ   ③ ㄱ, ㄷ   ④ ㄴ, ㄷ   ⑤ ㄱ, ㄴ, ㄷ

베게너가 제시한 대륙 이동의 증거로는 대서양 양쪽 대륙 해안선 굴곡의 유사성, 고생물 화석 분포, 고생대 말 빙하 퇴적층의 분포와 빙하 이동 흔적, 지질 구조의 연속성 등이 있다.

[24026-0013]

01 그림 (가)는 고생대 말 빙하 퇴적층 분포와 빙하의 이동 흔적을, (나)는 대륙 A와 B에서 동일한 시기에 형성된 지층의 분포를 나타낸 것이다. (가)와 (나)는 모두 대륙 이동의 증거이다.

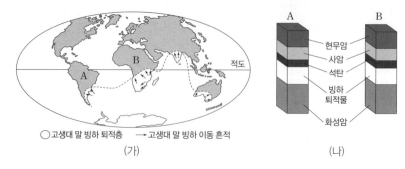

○ 고생대 말 빙하 퇴적층   → 고생대 말 빙하 이동 흔적

(가)   (나)

이에 대한 설명으로 옳은 것만을 〈보기〉에서 있는 대로 고른 것은?

─● 보 기 ●─

ㄱ. (가)에서 빙하의 이동 흔적은 주로 대륙이 이동하는 과정에서 형성되었다.

ㄴ. (나)의 사암층에서는 신생대 화석이 산출될 수 있다.

ㄷ. A와 B의 일부 지역에서는 연속된 지질 구조가 나타난다.

① ㄱ   ② ㄷ   ③ ㄱ, ㄴ   ④ ㄴ, ㄷ   ⑤ ㄱ, ㄴ, ㄷ

베게너는 여러 대륙들이 모여 만들어진 초대륙 판게아가 고생대 말기~중생대 초기에 존재했다고 주장하였다. 홈스는 방사성 원소의 붕괴열 등에 의해 맨틀이 대류한다고 주장하였다. 윌슨은 해령의 열곡과 열곡이 어긋난 구간에서 천발 지진이 활발하게 발생하는 것을 발견하고 이 구간에 변환 단층이 발달한다고 주장하였다.

[24026-0014]

02 표는 판 구조론이 정립되는 과정에서 제시된 과학자들의 주장을, 그림은 각각의 주장에 대한 학생들의 대화를 나타낸 것이다. (가), (나), (다)는 각각 베게너, 윌슨, 홈스 중 한 명이다.

과학자	주장
(가)	고생대 말기에 대륙들이 모여 ㉠ 초대륙을 형성했다.
(나)	방사성 원소가 붕괴하여 생성된 열 등에 의해 맨틀이 대류한다.
(다)	해령의 열곡과 열곡이 어긋난 구간에서 천발 지진이 활발하게 발생한다.

제시한 내용이 옳은 학생만을 있는 대로 고른 것은?

① A   ② B   ③ C   ④ A, B   ⑤ B, C

03 그림 (가)는 어느 모형에 의한 현재 지구 자기장의 모습을, (나)는 나침반의 모습을 나타낸 것이다.
㉠과 ㉡은 각각 지리상 북극과 지자기 북극 중 하나이고, A와 B는 지표상의 지점이다.

[24026-0015]

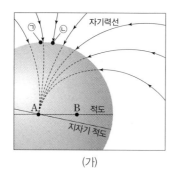

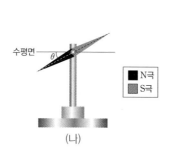

(가)   (나)

이에 대한 설명으로 옳은 것만을 〈보기〉에서 있는 대로 고른 것은?

┌─ 보기 ●───
│ ㄱ. 오랜 시간 동안의 위치를 평균하여 나타내면 ㉠과 ㉡은 같은 곳에 위치한다.
│ ㄴ. 나침반 자침의 N극이 지구 중심을 향하는 곳에서 θ는 90°이다.
│ ㄷ. θ의 크기는 A에서가 B에서보다 작다.
└──

① ㄱ   ② ㄴ   ③ ㄱ, ㄷ   ④ ㄴ, ㄷ   ⑤ ㄱ, ㄴ, ㄷ

현재 지구 자기장 자기력선의 축은 지구 자전축에 대해 조금 기울어져 있어 지자기 북극과 지리상 북극이 일치하지 않지만, 오랜 시간 동안 평균한 지자기 북극의 위치는 지리상 북극의 위치와 같다.

04 그림 (가)는 판의 경계가 존재하는 어느 해역에서 측정한 진원의 평균 깊이와 구간 A–B를, (나)는 구간 A–B에서 측정한 음향 측심 자료를 나타낸 것이다.

[24026-0016]

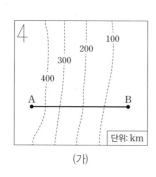

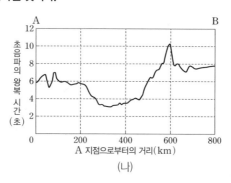

(가)   (나)

이에 대한 설명으로 옳은 것만을 〈보기〉에서 있는 대로 고른 것은? (단, 해수에서 초음파의 속력은 1500 m/s 이며, A 지점이 위치한 판과 B 지점이 위치한 판은 반대 방향으로 이동한다.)

┌─ 보기 ●───
│ ㄱ. 구간 A–B에서 측정한 수심의 최댓값과 최솟값의 차는 4500 m보다 크다.
│ ㄴ. A 지점은 판의 경계에 대해 서쪽으로 이동한다.
│ ㄷ. B 지점의 하부에는 섭입대가 존재한다.
└──

① ㄱ   ② ㄷ   ③ ㄱ, ㄴ   ④ ㄴ, ㄷ   ⑤ ㄱ, ㄴ, ㄷ

판이 섭입하는 수렴형 경계 부근에서 지진은 주로 섭입대를 따라 발생한다. 따라서 밀도가 큰 해양판이 밀도가 작은 판 아래로 섭입하는 방향을 따라 진원의 깊이가 깊어진다. 한편 해구는 밀도가 큰 해양판이 밀도가 작은 판 아래로 섭입하기 시작하는 곳에 형성된 일반적으로 수심 약 6000 m 이상의 좁고 깊은 골짜기 지형이다.

[24026-0017]

05 그림 (가)는 북반구 어느 해역에서 구간 X – Y의 고지자기 분포를, (나)는 구간 X – Y에서 X 지점으로부터의 거리에 따른 해저 퇴적물의 두께를 나타낸 것이다. 지점 A∼D는 해양 지각에 위치하며, 해저 퇴적물의 퇴적 속도는 일정하다.

해령을 축으로 고지자기 줄무늬는 대칭적인 분포가 나타나며, 고지자기 줄무늬의 폭은 판의 확장 속도에 따라 달라진다. 한편 해령 축에서 멀어질수록 해양 지각의 나이는 많아지며, 해저 퇴적물의 평균 두께는 두꺼워진다.

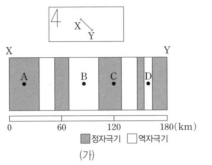

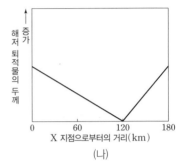

(가)   (나)

이 자료에 대한 설명으로 옳은 것만을 〈보기〉에서 있는 대로 고른 것은? (단, 고지자기극은 고지자기 방향으로부터 추정한 지리상 북극이고, 실제 지리상 북극의 위치는 변하지 않았다.)

● 보기 ●
ㄱ. 해양 지각의 나이는 A가 B보다 많다.
ㄴ. A에서 구한 고지자기극의 위도가 C에서 구한 고지자기극의 위도보다 높다.
ㄷ. D에서 해양 지각을 이루는 암석의 고지자기 방향은 북동쪽을 향한다.

① ㄱ   ② ㄷ   ③ ㄱ, ㄴ   ④ ㄴ, ㄷ   ⑤ ㄱ, ㄴ, ㄷ

[24026-0018]

06 그림은 어느 지역에 위치한 판 A, B의 경계와 지각의 연령 분포를 최근 20년 동안 발생한 규모 5.0 이상인 지진의 진앙 분포와 함께 모식적으로 나타낸 것이다.

섭입대 부근에서 지진이 발생하는 깊이의 변화는 해저 확장설에서 해양 지각의 소멸을 설명하는 증거가 된다.

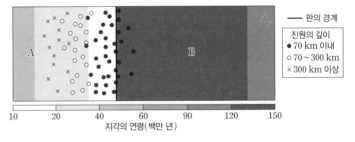

이 자료에 대한 설명으로 옳은 것만을 〈보기〉에서 있는 대로 고른 것은?

● 보기 ●
ㄱ. 판 경계 부근의 진원 분포는 해저 확장설의 증거가 된다.
ㄴ. 판의 경계에는 해구가 발달한다.
ㄷ. 판의 밀도는 A가 B보다 크다.

① ㄱ   ② ㄷ   ③ ㄱ, ㄴ   ④ ㄴ, ㄷ   ⑤ ㄱ, ㄴ, ㄷ

07 그림 (가)는 현재 대륙 A와 B에서 각각 구한 400 Ma∼200 Ma 기간의 고지자기극의 겉보기 이동 경로를 ㉠과 ㉡으로 순서 없이 나타낸 것이고, (나)는 300 Ma의 대륙 분포를 나타낸 것이다. 고지자기극은 고지자기로 추정한 지리상 북극에 해당하며 실제 지리상 북극의 위치는 변하지 않았다.

[24026-0019]

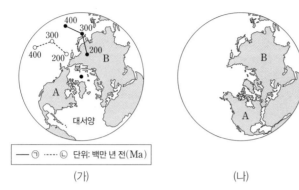

(가)   (나)

이에 대한 설명으로 옳은 것만을 〈보기〉에서 있는 대로 고른 것은?

┌─● 보기 ●─────────────────────────────
│ ㄱ. 400 Ma에 지자기 북극은 저위도에 위치한 적이 있다.
│ ㄴ. ㉠은 A에서 구한 고지자기극의 겉보기 이동 경로이다.
│ ㄷ. 300 Ma에 B의 위치는 현재와 같다.
└──────────────────────────────────────

① ㄱ   ② ㄴ   ③ ㄷ   ④ ㄱ, ㄴ   ⑤ ㄱ, ㄷ

08 그림은 어느 해역에서 연령이 240만 년인 해양 지각의 위치와 진앙 분포를 모식적으로 나타낸 것이다.

[24026-0020]

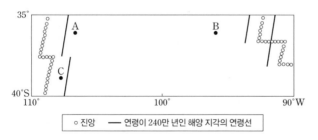

이에 대한 설명으로 옳은 것만을 〈보기〉에서 있는 대로 고른 것은?

┌─● 보기 ●─────────────────────────────
│ ㄱ. A와 B 사이에는 맨틀 대류의 상승부가 위치한다.
│ ㄴ. A와 C 사이에는 변환 단층이 발달한다.
│ ㄷ. 암석의 연령은 B가 C보다 많다.
└──────────────────────────────────────

① ㄱ   ② ㄴ   ③ ㄷ   ④ ㄱ, ㄴ   ⑤ ㄴ, ㄷ

지질 시대 동안 지자기 북극은 하나뿐이었으므로 대륙이 과거에도 현재와 같은 위치에 있었다면 대륙에서 구한 고지자기극의 위치는 변함이 없다. 즉, 두 대륙에서 구한 고지자기극의 겉보기 이동 경로는 두 대륙의 이동에 의해 나타난다.

해령의 열곡과 열곡이 어긋난 구간에는 천발 지진이 발생하는 변환 단층이 발달한다. 해령 축에서 멀어질수록 해양 지각의 연령은 많아진다.

지구에서 현재와 같은 판의 운동이 지속된다면 5천만 년 후에 대서양의 면적은 현재보다 넓어지고, 아프리카 대륙과 유라시아 대륙은 충돌하여 하나의 대륙이 되며, 이 과정에서 지중해가 사라질 것으로 추정된다.

[24026-0021]

09 그림 (가)는 어느 예측 모형에서 제시한 대륙 분포 변화를 시간 순서대로 나타낸 것이고, (나)는 현재부터 t_1 시기까지 대양 A, B의 면적 변화를 나타낸 것이다. A와 B는 각각 태평양과 대서양 중 하나이다.

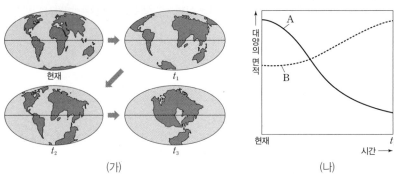

(가)   (나)

이에 대한 설명으로 옳은 것만을 〈보기〉에서 있는 대로 고른 것은?

● 보기 ●
ㄱ. A는 대서양, B는 태평양이다.
ㄴ. t_1과 t_2 시기 사이에 대서양에는 수렴형 경계가 발달한다.
ㄷ. t_1, t_2, t_3 시기 중 대륙붕의 총 면적은 t_3 시기에 가장 좁다.

① ㄱ   ② ㄴ   ③ ㄱ, ㄷ   ④ ㄴ, ㄷ   ⑤ ㄱ, ㄴ, ㄷ

서로 다른 두 판의 이동 방향이 같을 때 이동 방향의 앞쪽에 위치한 판이 뒤쪽에 위치한 판보다 이동 속력이 느리면 판의 수렴형 경계가 발달한다.

[24026-0022]

10 그림은 북반구 어느 지역에서 t 시기의 판 경계와 일직선상의 세 지점 A, B, C를, 표는 t 시기를 기준으로 한 A, B, C의 8년 동안의 위치 변화를 나타낸 것이다. (+)는 북쪽과 동쪽 방향을, (−)는 남쪽과 서쪽 방향을 나타낸다. 판의 경계는 판의 평균 이동 방향에 대해 수직으로 발달한다.

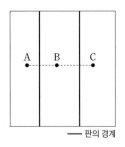

— 판의 경계

시기 (년)	남북 방향 위치 변화(cm)			동서 방향 위치 변화(cm)		
	A	B	C	A	B	C
$t-8$	+16	−8	−16	−24	+12	+24
$t-6$	+12	−6	−12	−18	+9	+18
$t-4$	+8	−4	−8	−12	+6	+12
$t-2$	+4	−2	−4	−6	+3	+6
t	0	0	0	0	0	0

이 자료에 대한 설명으로 옳은 것만을 〈보기〉에서 있는 대로 고른 것은? (단, A는 B보다 서쪽에 위치한다.)

● 보기 ●
ㄱ. 판의 평균 이동 속력은 A가 속한 판이 B가 속한 판보다 느리다.
ㄴ. 이 시기 동안 A와 C 사이의 거리는 점차 가까워졌다.
ㄷ. t 시기의 위도는 B가 C보다 높다.

① ㄱ   ② ㄷ   ③ ㄱ, ㄴ   ④ ㄴ, ㄷ   ⑤ ㄱ, ㄴ, ㄷ

[24026-0023]

11 그림 (가)~(라)는 판의 운동에 의한 초대륙의 분리와 형성 과정을 모식적으로 나타낸 것이다.

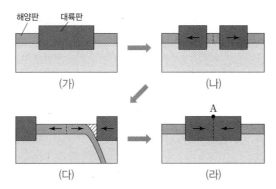

해양판　　대륙판

(가)　　　　(나)

(다)　　　　(라)

A

판의 운동과 함께 대륙들이 이동하면 분리되었던 대륙들이 합쳐져서 초대륙이 형성되기도 하고, 초대륙이 분리되었다가 다시 합쳐지면서 새로운 초대륙이 형성되기도 한다.

이 자료에 대한 설명으로 옳은 것만을 〈보기〉에서 있는 대로 고른 것은?

● 보 기 ●
ㄱ. (가) → (나)에서 새로운 해양판이 생성된다.
ㄴ. (다)에는 맨틀 대류의 상승부와 하강부가 모두 존재한다.
ㄷ. (라)의 A 지역에서는 해양 생물의 화석이 산출될 수 있다.

① ㄱ　　　　② ㄷ　　　　③ ㄱ, ㄴ　　　　④ ㄴ, ㄷ　　　　⑤ ㄱ, ㄴ, ㄷ

[24026-0024]

12 그림은 각각 서로 다른 판에 위치하며 각각의 해령 축으로부터 거리가 같은 두 지점 A, B에서 측정한 해저 퇴적물 분포를, 표는 지점 A, B의 해양 지각 연령과 고지자기 복각을 나타낸 것이다. A와 B 사이의 실선은 퇴적물의 연령이 같은 지점을 연결한 것이다.

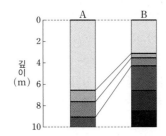

깊이(m)

	A	B
해양 지각 연령 (백만 년)	10	15
고지자기 복각 (°)	+20	−30

위도가 높은 지역에서 생성된 해양 지각일수록 고지자기 복각의 크기가 크다. 일정한 기간에 퇴적된 해저 퇴적물의 두께는 해저 퇴적물의 퇴적 속도가 빠른 지역일수록 두껍게 나타난다.

이 자료에 대한 설명으로 옳은 것만을 〈보기〉에서 있는 대로 고른 것은?

● 보 기 ●
ㄱ. 지각이 생성될 당시의 위도는 A가 B보다 높다.
ㄴ. 깊이 10 m까지 해저 퇴적물의 평균 퇴적 속도는 A가 B보다 느리다.
ㄷ. 최근 천만 년 동안 판의 평균 확장 속력은 A가 속한 판이 B가 속한 판보다 빠르다.

① ㄱ　　　　② ㄷ　　　　③ ㄱ, ㄴ　　　　④ ㄴ, ㄷ　　　　⑤ ㄱ, ㄴ, ㄷ

02 판 이동의 원동력과 마그마 활동

1 판 이동의 원동력

(1) 맨틀 대류와 판의 운동

① **물리적 상태에 따른 지구 내부의 층상 구조**: 지구 내부는 물리적 상태에 따라 암석권, 연약권, 하부 맨틀, 외핵, 내핵으로 구분된다. 지각 하부에서부터 약 400 km 깊이까지의 맨틀을 상부 맨틀, 상부 맨틀 하부에서부터 약 2900 km 깊이까지의 맨틀을 하부 맨틀이라고 한다.

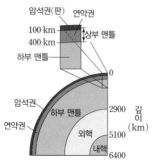
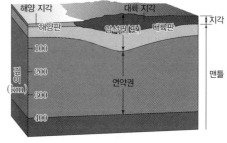

물리적 상태에 따른 지구 내부의 층상 구조   판의 구조

② **암석권과 판**
- **암석권과 판**: 암석권은 지각과 상부 맨틀의 일부를 포함하는 두께 약 100 km의 암석으로 이루어진 층이다. 암석권은 여러 조각으로 나뉘어져 있는데, 각각의 암석권 조각을 판이라고 한다. 판은 특징에 따라 대륙판과 해양판으로 구분된다.
- **대륙판과 해양판**: 대륙판은 지각의 대부분이 대륙 지각인 판이고, 해양판은 지각의 대부분이 해양 지각인 판이다. 대륙판은 해양판에 비해 평균 두께가 두껍고 평균 밀도가 작다.

③ **연약권**: 상부 맨틀 중 암석권의 하부에서부터 약 400 km 깊이까지는 연약권이며, 연약권은 부분 용융 상태이다.

④ **맨틀 대류와 판의 이동**: 맨틀은 고체 상태이지만 온도가 높으므로 유동성이 있고 매우 느리게 대류가 일어난다. 맨틀 대류가 상승하는 해령에서는 새로운 해양 지각이 만들어지고 양쪽으로 확장하며 오래된 해양 지각은 해구에서 섭입되어 소멸한다. 이와 같은 과정으로 판은 맨틀 대류를 따라 움직인다. 판은 판 자체에서 만들어지는 물리적인 힘에 의해서도 이동하는데, 이것은 섭입하는 판이 잡아당기는 힘과 해령에서 판을 밀어내는 힘이다.
- **섭입하는 판이 잡아당기는 힘**: 섭입대에서 침강하는 판은 판을 섭입대 쪽으로 잡아당긴다.
- **해령에서 판을 밀어내는 힘**: 해령에서 솟아오른 해양판이 중력에 의해 해령의 사면을 따라 미끄러지면서 판을 밀어낸다. 과학자들은 이 힘은 섭입하는 판이 잡아당기는 힘에 비해 판의 이동에 크게 영향을 미치지 못하는 것으로 보고 있다.

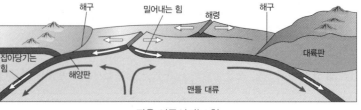

판을 이동시키는 힘

과학 돋보기 | 맨틀 대류에 의한 판의 이동

판의 이동 속력은 섭입대 분포 등과 관련이 있다. 남아메리카판은 대서양 중앙 해령에서 서쪽으로 약 3 cm/년의 속력으로 이동하지만 판의 서쪽 경계에서는 남아메리카판 자체의 섭입이 일어나지는 않는다. 한편 오스트레일리아판은 북쪽에 위치한 판과의 경계에서 북쪽에 위치한 판 아래로 섭입한다. 따라서 오스트레일리아판의 북쪽 경계에서는 해구에서 섭입하는 판이 잡아당기는 힘이 작용하기 때문에 오스트레일리아판이 남아메리카판보다 평균 이동 속력이 빠르다.

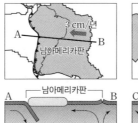

개념 체크

◐ **발산형 경계**
판이 확장하는 경계이다.

◐ **수렴형 경계**
판과 판이 충돌하거나 섭입하는 경계이다.

◐ **보존형 경계**
판이 미끄러지면서 어긋나는 경계이다.

◐ **주향 이동 단층**
수평 방향으로 어긋나게 작용하는 힘을 받아 지괴가 수평 방향으로 이동한 단층이다.

(2) 판 경계의 종류: 판의 상대적 이동 방향에 따라 판의 경계를 발산형 경계, 수렴형 경계, 보존형 경계로 분류할 수 있다.

발산형 경계

수렴형 경계

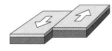
보존형 경계

판의 상대적 이동 방향

① **발산형 경계**: 새로운 해양 지각이 생성되면서 양쪽으로 확장되는 경계이다. **예** 대서양 중앙 해령, 동태평양 해령

② **수렴형 경계**: 판과 판이 충돌하거나 섭입하는 경계이다. 판과 판이 가까워지면서 충돌하는 충돌형 수렴형 경계와 판이 섭입하면서 소멸되는 섭입형 수렴형 경계로 구분된다. **예** 충돌형 수렴형 경계: 히말라야산맥, 섭입형 수렴형 경계: 마리아나 해구, 일본 해구

1. 대서양 중앙 해령은 판의 (　　)형 경계에 발달하는 지형이다.

2. 히말라야산맥과 마리아나 해구는 모두 판의 (　　)형 경계에 발달하는 지형이다.

3. 판의 (　　)형 경계에서는 주향 이동 단층의 하나인 변환 단층이 발달한다.

해양판과 대륙판의 섭입형
예 나스카판과 남아메리카판의 경계

해양판과 해양판의 섭입형

대륙판과 대륙판의 충돌형
예 인도-오스트레일리아판과 유라시아판의 경계

수렴형 경계의 종류

③ **보존형 경계**: 판이 수평으로 미끄러지면서 어긋나는 경계로, 변환 단층 경계라고도 한다. **예** 산안드레아스 단층

④ **판의 경계와 지각 변동**

판의 경계	경계부의 판	발달하는 지형	활발한 지각 변동	특징
발산형 경계	해양판과 해양판	해령, 열곡	지진, 화산 활동	지각의 생성
	대륙판과 대륙판	열곡대	지진, 화산 활동	지각의 생성
수렴형 경계	해양판과 대륙판(섭입형)	해구, 호상 열도	지진, 화산 활동	판의 섭입과 소멸
		해구, 습곡 산맥	지진, 화산 활동	판의 섭입과 소멸
	해양판과 해양판(섭입형)	해구, 호상 열도	지진, 화산 활동	판의 섭입과 소멸
	대륙판과 대륙판(충돌형)	습곡 산맥	지진	판의 충돌
보존형 경계	해양판과 해양판	변환 단층	지진	주향 이동 단층
	대륙판과 대륙판	변환 단층	지진	주향 이동 단층

정답
1. 발산
2. 수렴
3. 보존

ㅇ 플룸
맨틀에서 주위보다 온도가 낮거나
높은 영역이며, 대체로 맨틀 물질
의 연직 방향 운동이 나타난다.

ㅇ 플룸 구조론
플룸의 상승이나 하강으로 지구 내
부의 변동이 일어난다는 이론이다.

1. (　　) 구조론은 열점과
   같이 판의 내부에서 일어
   나는 화산 활동을 설명할
   수 있다.

2. 맨틀에서 뜨거운 플룸은
   주위보다 밀도가 (　　)
   고, 차가운 플룸은 주위보
   다 밀도가 (　　)다.

3. 지진파 단층 촬영 영상에
   서 지진파의 전파 속도가
   빠른 곳은 주위보다 온도
   가 (　　)다.

탐구자료 살펴보기 　 **섭입형 수렴형 경계에서의 지각 변동**

탐구 자료　그림 (가)는 일본 부근에서 발생한 지진의 진앙을, (나)는 (가)의 A－B 지역의 단면과 진원의 깊이를 모식적으로 나타낸 것이다.

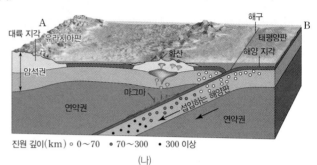

진원 깊이(km) ○ 0~70　● 70~300　• 300 이상
(가)　(나)

탐구 결과　1. 해구 부근에서는 주로 천발 지진이 발생한다.
2. 해구에서 유라시아판 쪽으로 갈수록 진원의 평균 깊이가 대체로 깊어진다.
3. 태평양판이 유라시아판 아래로 섭입할 때 섭입대는 밀도가 작은 유라시아판 아래에 형성된다.
4. 섭입하는 태평양판의 영향으로 생성된 마그마가 유라시아판에서 화산 활동을 일으켜 대체로 해구와 나란하게 호상 열도가 형성되었다.

분석 point　해양판과 대륙판의 섭입형 수렴형 경계에서는 해양판(태평양판)이 대륙판(유라시아판) 아래로 섭입하는 과정에서 섭입하는 해양판(태평양판)의 영향으로 마그마가 생성되고, 섭입대를 따라 지진이 발생하므로 화산과 진앙은 주로 대륙판(유라시아판)에 나타난다.

(3) 플룸 구조론

① 판 구조론과 플룸 구조론

- **판 구조론:** 판 구조론은 판과 상부 맨틀의 상호 관계가 중심이며, 판의 경계에서의 지각 변동을 설명하기 위해 대두되었다.
- **플룸 구조론:** 플룸 구조론은 판과 맨틀 전체의 상호 관계가 중심이며, 열점에서의 화산 활동과 같이 판의 내부에서 일어나는 화산 활동을 설명하기 위해 대두되었다.

하와이 열도의 생성 원리

② 플룸의 종류: 지각과 맨틀에서의 지진파 속도 분포를 나타내는 지진파 단층 촬영 영상에서 지진파의 속도가 빠른 곳은 주위보다 온도가 낮고, 지진파의 속도가 느린 곳은 주위보다 온도가 높다. ➡ 맨틀 내에서 주위보다 온도가 높거나 낮게 나타나는 넓은 영역에서는 각각 물질이 지표 쪽으로 상승하거나 지구 중심 쪽으로 하강하는데, 이를 플룸이라고 한다.

- **차가운 플룸:** 주위보다 온도가 낮고, 밀도가 큰 맨틀 물질이 하강한다.
- **뜨거운 플룸:** 주위보다 온도가 높고, 밀도가 작은 맨틀 물질이 기둥 형태로 상승한다.

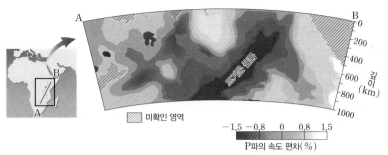

동아프리카의 지진파 단층 촬영 영상과 뜨거운 플룸

개념 체크

◐ **차가운 플룸**
섭입한 판이 맨틀과 외핵의 경계로 가라앉으면서 생성된다.

◐ **뜨거운 플룸**
맨틀과 외핵의 경계에서 뜨거운 맨틀 물질이 상승하면서 생성된다.

◐ **하와이 열도**
하와이 열도는 열점의 화산 활동과 판의 운동에 의해 형성되었다.

③ 플룸의 생성 원인

- **차가운 플룸**: 차가운 플룸은 판의 섭입형 수렴형 경계에서 섭입한 판이 상부 맨틀과 하부 맨틀의 경계에 머물다가 일정량 이상이 되면 맨틀과 외핵의 경계 쪽으로 가라앉으면서 생성된다. 현재 아시아 대륙의 아래에서 거대한 차가운 플룸이 하강하고 있다.

- **뜨거운 플룸**: 차가운 플룸이 맨틀과 외핵의 경계 쪽으로 가라앉으면 그 영향으로 맨틀과 외핵의 경계에서 뜨거운 맨틀 물질이 상승하면서 생성된다. 현재 남태평양과 아프리카 대륙 아래에서 거대한 뜨거운 플룸이 상승하고 있다.

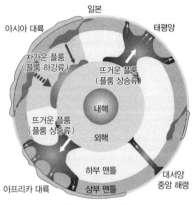

플룸 구조 모식도

1. 현재 아시아 대륙 아래에는 거대한 (　　)운 플룸이 있다.

2. 하와이 열도는 (　　)운 플룸이 상승하여 생성된 마그마가 지각을 뚫고 분출하여 화산 활동이 일어나는 곳이다.

3. (　　)은 맨틀에 고정된 마그마의 생성 장소로, 지속적으로 화산 활동을 일으킨다.

④ 플룸과 지각 변동

- **열점**: 열점에서는 뜨거운 플룸이 상승하여 생성된 마그마가 지각을 뚫고 분출하여 화산 활동이 일어난다. 뜨거운 플룸은 맨틀과 외핵의 경계에서 상승하므로 맨틀이 대류하여 판이 이동해도 열점의 위치는 변하지 않는다. 고정된 열점에서 오랫동안 많은 양의 마그마가 분출하면 해산, 화산섬 등이 형성될 수 있다. **예** 하와이 열점

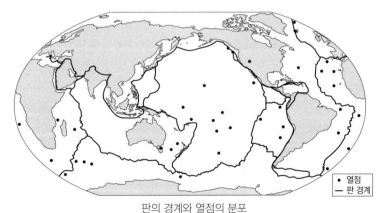

판의 경계와 열점의 분포

- **초대륙의 분리**: 초대륙 아래에서 뜨거운 플룸이 상승하면 초대륙이 분리될 수 있다.

정답

1. 차가
2. 뜨거
3. 열점

🧪 탐구자료 살펴보기　플룸 상승류의 모양 관찰하기

탐구 과정

1. 그림 (가)와 같이 찬물을 담은 비커 바닥에 스포이트로 잉크를 조금씩 떨어뜨린다.
2. 그림 (나)와 같이 잉크가 가라앉은 비커의 바닥 부분을 촛불로 가열한다.
3. 비커 바닥에서 잉크가 상승하는 모양을 관찰한다.

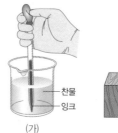 

(가)　　　　　　　　(나)

탐구 결과

1. 가열된 부분의 비커 바닥에서는 가라앉았던 잉크의 일부가 상승한다.
2. 가열되어 상승하는 잉크의 모습은 그림과 같이 버섯 모양으로 나타난다.

분석 point

• 맨틀과 외핵의 경계부에서 맨틀 물질의 온도가 주위보다 높아지면 부피가 커지고 밀도가 작아진다.
• 밀도가 작아진 뜨거운 맨틀 물질은 부력에 의해 상승하여 뜨거운 플룸을 형성한다.
• 뜨거운 플룸에 의해 열점이 만들어지며, 열점에서는 지속적으로 마그마가 생성된다.

2 변동대에서의 마그마 활동

(1) 마그마의 생성 조건

① **마그마와 화성암**: 지구 내부에서 지각 하부 물질이나 맨틀 물질이 녹아서 생성된 물질을 마그마라고 하며, 마그마가 굳어져서 만들어진 암석을 화성암이라고 한다.

② **마그마의 종류**: 마그마는 화학 조성(SiO_2 함량)에 따라 현무암질 마그마, 안산암질 마그마, 유문암질 마그마로 구분된다. 마그마의 SiO_2 함량(%)이 많을수록 대체로 마그마의 온도가 낮고 점성이 크다.

마그마의 종류	현무암질	안산암질	유문암질
SiO_2 함량	52 % 이하	52 %~63 %	63 % 이상
온도	높다	←――→	낮다
점성	작다	←――→	크다

③ **마그마의 생성**: 일반적으로 지구 내부의 온도는 암석의 용융 온도에 도달하지 못하므로 대부분의 지구 내부에서는 마그마가 생성될 수 없다. 하지만 지구 내부에서 환경 변화가 일어나 지구 내부의 온도가 암석의 용융 온도에 도달하면 암석이 녹아서 마그마가 생성될 수 있다.

- 압력 일정, 온도 상승: 그림의 A →A′과 같이 지구 내부의 온도가 높아지면 대륙 지각의 물질이 용융되어 마그마가 생성될 수 있다.
- 압력 하강, 온도 일정: 그림의 B →B′과 같이 맨틀 물질이 상승하여 압력이 감소하면 맨틀 물질이 용융되어 마그마가 생성될 수 있다.
- 용융 온도 하강: 그림의 C→C′과 같이 물이 맨틀에 공급되면 맨틀의 용융 온도가 낮아져 마그마가 생성될 수 있다.

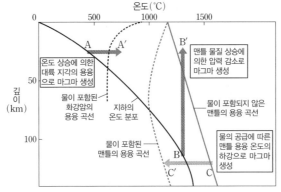

지하의 온도 분포와 암석의 용융 곡선

(2) 마그마의 생성 과정

① **해령 하부에서의 마그마 생성**: 해령 하부에서는 맨틀 물질이 상승하여 압력이 감소하면 맨틀 물질이 부분 용융되어 주로 현무암질 마그마가 생성되고, 해령에서는 주로 현무암질 마그마가 분출된다.

② **베니오프대에서의 마그마 생성**: 해양판이 섭입하여 온도와 압력이 상승하면 해양 지각과 퇴적물의 함수 광물에 포함된 물이 빠져나오고, 이 물의 영향으로 연약권을 구성하는 광물의 용융 온도가 낮아져 주로 현무암질 마그마가 생성된다. 이 현무암질 마그마가 상승하여 대륙 지각 하부에 도달하면 대륙 지각을 이루고 있는 암석이 가열되어 유문암질 마그마가 생성될 수 있다. 또한 상승한 현무암질 마그마와 유문암질 마그마가 혼합되면 안산암질 마그마가 생성될 수 있다. 베니오프대가 발달하는 수렴형 경계에서는 주로 안산암질 마그마가 분출된다.

③ **열점에서의 마그마 생성**: 맨틀 물질이 상승하여 압력이 감소하면 맨틀 물질이 부분 용융되어 주로 현무암질 마그마가 생성된다.

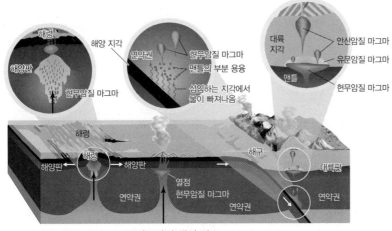

마그마의 생성 장소

(3) 마그마가 만든 암석

① **화성암**: 마그마가 굳어져서 만들어진 암석을 화성암이라고 한다.

② **화학 조성에 따른 화성암의 종류**: SiO_2 함량에 따라 염기성암, 중성암, 산성암으로 구분된다.

　예 염기성암: 현무암과 반려암, 중성암: 안산암과 섬록암, 산성암: 유문암과 화강암

개념 체크

◐ 부분 용융 상태
마그마가 생성될 수 있는 조건이 되었을 때 암석을 구성하는 광물 중 용융 온도가 낮은 광물은 용융되고 용융 온도가 높은 광물은 용융되지 않는데, 용융된 액체 상태의 물질과 용융되지 않은 고체 상태의 물질이 섞여 있는 상태를 부분 용융 상태라고 한다.

◐ 해령 하부에서의 마그마 생성
맨틀 물질이 상승하여 압력이 감소하면 마그마가 생성된다.

◐ 베니오프대에서의 마그마 생성
연약권에 물이 공급되면 용융 온도가 낮아져 마그마가 생성된다.

1. 용융된 액체 상태의 물질과 용융되지 않은 고체 상태의 물질이 섞여 있는 상태를 (　　) 용융 상태라고 한다.

2. 해령 하부에서는 주로 (　　)질 마그마가 생성된다.

3. 열점에서는 주로 (　　) 감소에 의해 현무암질 마그마가 생성된다.

4. 화성암은 SiO_2 함량에 따라 염기성암, 중성암, (　　)암으로 구분한다.

정답

1. 부분
2. 현무암
3. 압력
4. 산성

개념 체크

◉ **심성암과 화산암**
심성암은 마그마가 지하 깊은 곳에서 냉각되어 만들어진 화성암이고, 화산암은 마그마가 지표 부근에서 냉각되어 만들어진 화성암이다.

◉ **암석의 조직**
암석을 이루는 입자 또는 결정의 크기, 모양, 배열 등을 말하며, 특히 화성암을 분류할 때 중요한 기준이 된다.

◉ **조립질 조직**
결정의 크기가 큰 조직이다.

◉ **세립질 조직**
결정의 크기가 작은 조직이다.

◉ **유리질 조직**
결정을 형성하지 못한 조직이다.

1. 심성암에는 주로 (　　) 질 조직이 발달한다.

2. 화산암이면서 염기성암인 화성암은 (　　)암이다.

3. 화강암은 현무암보다 색이 (　　)다.

4. 화산암 지형에서 잘 나타나는 (　　) 절리는 마그마가 지표 부근에서 급격히 냉각되는 과정에서 형성된다.

③ **산출 상태와 조직에 따른 화성암의 종류**: 마그마가 어느 깊이에서 어떤 형태로 굳어지는가에 따라서 화성암의 조직과 종류가 달라진다.

• **심성암과 화산암**: 마그마가 지하 깊은 곳에서 서서히 냉각되면 심성암(圖 반려암, 섬록암, 화강암)이 되고, 지표 부근에서 빠르게 냉각되면 화산암(圖 현무암, 안산암, 유문암)이 된다.

• **화성암의 조직**: 심성암의 경우 마그마가 서서히 냉각되어 결정의 크기가 충분히 커서 육안으로 식별할 수 있을 정도인 조립질 조직이 발달한다. 화산암의 경우 마그마가 빠르게 냉각되어 결정의 크기가 작아서 육안으로 식별하기 불가능할 정도인 세립질 조직 또는 결정을 형성하지 못한 유리질 조직이 발달한다.

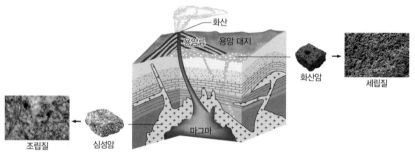

마그마의 산출 상태와 화성암의 조직

④ **화성암의 분류**: 화성암은 화학 조성과 광물의 조성에 따라 염기성암, 중성암, 산성암으로 분류하고, 암석의 조직에 따라 화산암과 심성암으로 분류한다.

화학 조성에 따른 분류		염기성암	중성암	산성암
조직에 따른 분류	특징 SiO₂ 함량	적다 ◀—52 %—	—63 %—▶ 많다	
	색	어둡다 ◀————▶ 밝다		
	냉각 밀 각 도			
	조직 속도	크다 ◀————▶ 작다		
화산암	세립질 빠르다	현무암	안산암	유문암
심성암	조립질 느리다	반려암	섬록암	화강암

조암 광물의 함량
□ 무색 광물
▨ 유색 광물

석영 / 정장석 / 사장석 / 휘석 / 흑운모 / 각섬석 / 감람석

(4) 한반도의 화성암 지형

① **화산암 지형**: 제주도, 울릉도, 독도 등에는 현무암이 많이 분포한다. 화산암이 생성될 때 마그마가 지표 부근에서 급속히 냉각되면서 부피가 급격히 수축되어 기둥 모양으로 갈라진 주상 절리가 발달하기도 한다.

② **심성암 지형**: 북한산 인수봉, 설악산 울산바위는 지하 깊은 곳에서 마그마가 관입하여 생성된 화강암이 지표면에 노출되어 형성된 것이다. 화강암이 지표에 노출될 때 압력 감소로 인해 팽창하면서 판상으로 갈라진 판상 절리가 발달하기도 한다.

현무암과 주상 절리
(제주도 서귀포시)

화강암과 판상 절리
(북한산 인수봉)

정답

1. 조립
2. 현무
3. 밝
4. 주상

01 그림은 물리적 상태에 따른 지구 내부의 층상 구조를 나타낸 것이다. ㉠~㉢은 지구 내부의 서로 다른 층이다.

이에 대한 설명으로 옳은 것만을 〈보기〉에서 있는 대로 고른 것은?

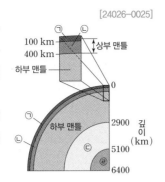

[24026-0025]

● 보기 ●

ㄱ. ㉠과 ㉣은 모두 고체 상태이다.

ㄴ. ㉡은 부분 용융 상태이다.

ㄷ. 열점은 ㉢에 존재한다.

① ㄱ　　② ㄷ　　③ ㄱ, ㄴ　　④ ㄴ, ㄷ　　⑤ ㄱ, ㄴ, ㄷ

02 그림 (가)는 상부 맨틀에서만 대류가 일어나는 모델을, (나)는 맨틀 전체에서 대류가 일어나는 모델을 나타낸 것이다.

[24026-0026]

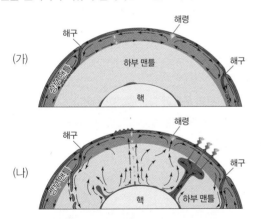

이 자료에 대한 설명으로 옳은 것만을 〈보기〉에서 있는 대로 고른 것은?

● 보기 ●

ㄱ. (가)는 연약권에서 맨틀 대류가 일어난다.

ㄴ. (나)는 판의 내부에서 일어나는 화산 활동을 설명할 수 있다.

ㄷ. 맨틀 대류에 의한 해저 확장은 (가)와 (나) 모두 설명할 수 있다.

① ㄱ　　② ㄷ　　③ ㄱ, ㄴ　　④ ㄴ, ㄷ　　⑤ ㄱ, ㄴ, ㄷ

03 그림은 어느 지역의 판 경계와 진앙 분포를 나타낸 것이다.

[24026-0027]

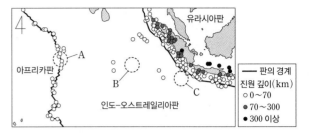

영역 A, B, C에서 판에 작용하는 힘에 대한 설명으로 옳은 것만을 〈보기〉에서 있는 대로 고른 것은?

● 보기 ●

ㄱ. A에서는 판을 밀어내는 힘이 작용한다.

ㄴ. B에서는 맨틀 대류에 의한 힘이 작용한다.

ㄷ. C에서는 섭입하는 판이 잡아당기는 힘이 작용한다.

① ㄱ　　　　　② ㄴ　　　　　③ ㄱ, ㄷ

④ ㄴ, ㄷ　　　　⑤ ㄱ, ㄴ, ㄷ

04 그림은 태평양 주변부에서 최근 1만 년 이내에 분출한 적이 있는 화산의 분포를 나타낸 것이다.

[24026-0028]

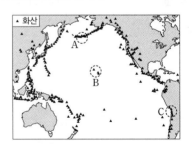

지역 A, B, C에 대한 설명으로 옳은 것만을 〈보기〉에서 있는 대로 고른 것은?

● 보기 ●

ㄱ. A에는 해구가 존재한다.

ㄴ. B에서 새로운 해양판이 생성된다.

ㄷ. C에는 호상 열도가 발달한다.

① ㄱ　　　　　② ㄴ　　　　　③ ㄱ, ㄷ

④ ㄴ, ㄷ　　　　⑤ ㄱ, ㄴ, ㄷ

05 그림은 현재 판의 이동 방향 및 이동 속력을 나타낸 것이다.

[24026-0029]

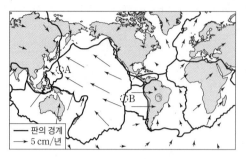

이에 대한 설명으로 옳은 것만을 〈보기〉에서 있는 대로 고른 것은?

● 보기 ●
ㄱ. 진원의 평균 깊이는 지역 A가 B보다 깊다.
ㄴ. ㉠ 판의 동쪽 경계 부근에는 습곡 산맥이 발달한다.
ㄷ. 화산 활동은 태평양 연안보다 대서양 연안에서 활발하게 일어난다.

① ㄱ   ② ㄴ   ③ ㄷ
④ ㄱ, ㄴ   ⑤ ㄴ, ㄷ

06 그림은 플룸 구조론을 나타낸 모식도이다. A는 차가운 플룸과 뜨거운 플룸 중 하나이고, ㉠은 화산섬이다.

[24026-0030]

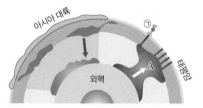

이에 대한 설명으로 옳은 것만을 〈보기〉에서 있는 대로 고른 것은?

● 보기 ●
ㄱ. A는 주로 외핵의 물질로 이루어졌다.
ㄴ. ㉠의 하부에는 열점이 존재한다.
ㄷ. 아시아 대륙의 하부에는 섭입대가 맨틀과 외핵의 경계까지 발달한다.

① ㄱ   ② ㄴ   ③ ㄱ, ㄷ
④ ㄴ, ㄷ   ⑤ ㄱ, ㄴ, ㄷ

07 그림은 어느 열도를 이루는 화산암체의 분포를 절대 연령과 함께 나타낸 것이다. 화산암체 A, B, C에서 고지자기 복각의 크기는 모두 같다.

[24026-0031]

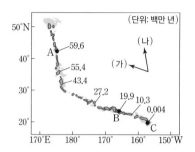

이 자료에 대한 설명으로 옳은 것만을 〈보기〉에서 있는 대로 고른 것은? (단, 지리상 북극의 위치는 변하지 않았다.)

● 보기 ●
ㄱ. 화산암체들은 호상 열도를 이루고 있다.
ㄴ. 최근 천만 년 동안 A가 속한 판의 이동 방향은 (가)보다 (나)에 가깝다.
ㄷ. A, B, C 모두 현무암질 마그마에 의한 화산 활동으로 형성되었다.

① ㄱ   ② ㄷ   ③ ㄱ, ㄴ   ④ ㄴ, ㄷ   ⑤ ㄱ, ㄴ, ㄷ

08 그림은 판의 운동과 화산 활동이 일어나는 대표적인 지역을 나타낸 것이다. A, B, C는 모두 마그마가 분출되는 지역이다.

[24026-0032]

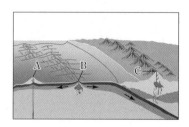

이에 대한 설명으로 옳은 것만을 〈보기〉에서 있는 대로 고른 것은?

● 보기 ●
ㄱ. A의 하부에서는 주로 압력 감소에 의해 마그마가 생성된다.
ㄴ. B의 마그마는 SiO_2 함량이 52 % 이하이다.
ㄷ. C에서는 주로 섬록암이 생성된다.

① ㄱ   ② ㄷ   ③ ㄱ, ㄴ   ④ ㄴ, ㄷ   ⑤ ㄱ, ㄴ, ㄷ

[24026-0033]

09 그림 (가)는 어느 해역의 지하 온도와 물질의 용융 온도를, (나)는 이 해역에 새로운 판의 경계가 발달하여 마그마가 생성될 때 지하 온도와 물질의 용융 온도를 나타낸 것이다. A와 B는 각각 지하 온도와 물질의 용융 온도 중 하나이다.

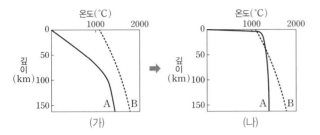

(가)　　(나)

이에 대한 설명으로 옳은 것만을 〈보기〉에서 있는 대로 고른 것은?

보기

ㄱ. A는 지하 온도에 해당한다.
ㄴ. (가) → (나) 과정에서 이 해역에는 해령이 발달한다.
ㄷ. 이 해역에서는 주로 유문암질 마그마가 생성된다.

① ㄱ ② ㄴ ③ ㄷ
④ ㄱ, ㄴ ⑤ ㄱ, ㄷ

[24026-0034]

10 그림 (가)는 어느 지역의 판 경계를, (나)는 (가)의 구간 X－Y의 지진파 단층 촬영 영상을 나타낸 것이다.

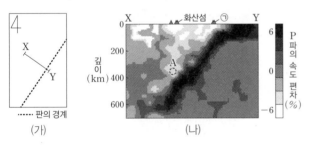

(가)　　(나)

이 자료에 대한 설명으로 옳은 것만을 〈보기〉에서 있는 대로 고른 것은?

보기

ㄱ. 이 지역에는 수렴형 경계가 존재한다.
ㄴ. A에서는 주로 현무암이 생성된다.
ㄷ. ㉠의 하부에는 열점이 존재한다.

① ㄱ ② ㄴ ③ ㄱ, ㄷ
④ ㄴ, ㄷ ⑤ ㄱ, ㄴ, ㄷ

[24026-0035]

11 그림 (가)는 화성암의 산출 상태를, (나)는 화성암 A, B, C의 특징을 나타낸 것이다. ㉠과 ㉡은 각각 심성암과 화산암 중 하나이고, A, B, C는 각각 현무암, 반려암, 화강암 중 하나이다.

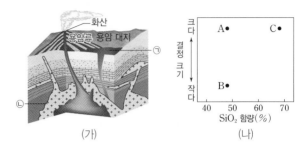

(가)　　(나)

이에 대한 설명으로 옳은 것만을 〈보기〉에서 있는 대로 고른 것은?

보기

ㄱ. ㉠은 ㉡보다 결정의 크기가 크다.
ㄴ. A는 C보다 색이 어둡다.
ㄷ. B의 산출 상태는 ㉡보다 ㉠에 가깝다.

① ㄱ ② ㄷ ③ ㄱ, ㄴ
④ ㄴ, ㄷ ⑤ ㄱ, ㄴ, ㄷ

[24026-0036]

12 다음은 우리나라 화성암 지형의 특징을 나타낸 것이다.

설악산의 공룡 능선	울릉도 국수 바위
㉠ 화성암이 ㉡ 융기하는 과정에서 형성된 절리와 침식된 흔적이 잘 나타난다.	이 지역의 ㉢ 화성암에서는 ㉣ 마그마가 냉각되는 과정에서 단면이 다각형인 기둥 모양으로 발달한 절리가 나타난다.

이에 대한 설명으로 옳은 것만을 〈보기〉에서 있는 대로 고른 것은?

보기

ㄱ. ㉠은 심성암, ㉢은 화산암이다.
ㄴ. '판상 절리'는 ㉡에 해당한다.
ㄷ. ㉣은 마그마의 냉각 속도가 느릴수록 잘 발달한다.

① ㄱ ② ㄷ ③ ㄱ, ㄴ
④ ㄴ, ㄷ ⑤ ㄱ, ㄴ, ㄷ

암석권의 두께가 두꺼운 지역
은 연약권이 시작되는 깊이가
깊다. 판의 발산형 경계 부근
의 암석권 두께는 다른 지역
에 비해 대체로 얇다.

[24026–0037]

01 그림은 어느 지역에서 측정한 연약권이 시작되는 깊이를 나타낸 것이다.

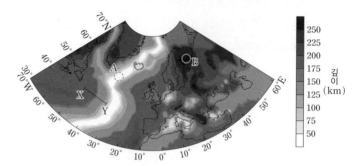

이에 대한 설명으로 옳은 것만을 〈보기〉에서 있는 대로 고른 것은?

● 보기 ●
ㄱ. 구간 X–Y에서는 지각의 나이가 많을수록 암석권의 두께가 얇다.
ㄴ. A 부근에서는 중력에 의해 판이 미끄러지면서 판을 밀어내는 힘이 작용한다.
ㄷ. B는 맨틀 대류의 상승부에 위치한다.

① ㄱ   ② ㄴ   ③ ㄱ, ㄷ   ④ ㄴ, ㄷ   ⑤ ㄱ, ㄴ, ㄷ

해구에서 판의 섭입이 일어날
때 섭입하는 판이 판을 잡아
당기는 힘이 작용한다.

[24026–0038]

02 표는 판 A, B, C의 면적과 평균 이동 방향을, 그림은 A, B, C의 평균 이동 속력과 각 판의 경계
중 해구가 차지하는 비율을 나타낸 것이다. A는 서쪽 경계가 B와 접해 있고, 동쪽 경계가 C와 접해 있다.

판	면적($\times 10^7$ km^2)	평균 이동 방향
A	1.56	북동
B	10.33	북서
C	4.36	서

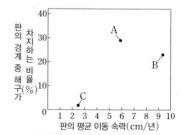

이 자료에 대한 설명으로 옳은 것만을 〈보기〉에서 있는 대로 고른 것은?

● 보기 ●
ㄱ. 판은 면적이 넓을수록 평균 이동 속력이 빠르다.
ㄴ. A와 B의 경계에서는 판을 밀어내는 힘이 작용한다.
ㄷ. 섭입하는 판이 판 전체를 잡아당기는 힘은 상대적으로 A가 C보다 클 것이다.

① ㄱ   ② ㄴ   ③ ㄱ, ㄷ   ④ ㄴ, ㄷ   ⑤ ㄱ, ㄴ, ㄷ

[24026-0039]

03 다음은 어느 플룸의 연직 운동과 그에 따른 지각의 운동을 알아보기 위한 실험이다.

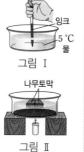

[실험 목표]

(A)의 연직 운동 원리와 그에 따른 지각의 운동을 설명할 수 있다.

[실험 과정]

(가) 수조에 5 ℃의 물을 $\frac{2}{3}$ 정도 채운다.

(나) 그림 Ⅰ과 같이 수조 바닥에 스포이트로 잉크를 조금씩 떨어뜨린다.

(다) 잉크가 완전히 가라앉은 후 그림 Ⅱ와 같이 두 개의 나무토막을 띄운다.

(라) 두 나무토막 경계 아래의 수조 바닥을 촛불로 가열한 후 나무토막과 ㉠잉크로 착색된 물의 이동을 관찰한다.

그림 Ⅰ

그림 Ⅱ

이에 대한 설명으로 옳은 것만을 〈보기〉에서 있는 대로 고른 것은?

● 보기 ●

ㄱ. '뜨거운 플룸'은 A에 해당한다.

ㄴ. ㉠에서는 밀도 차에 의한 연직 운동이 일어난다.

ㄷ. 뜨거운 플룸의 연직 운동이 대규모로 일어나면 대륙을 분리시킬 수 있다.

① ㄱ   ② ㄴ   ③ ㄱ, ㄷ   ④ ㄴ, ㄷ   ⑤ ㄱ, ㄴ, ㄷ

차가운 플룸은 주위보다 온도가 낮고 밀도가 큰 맨틀 물질이 하강하는 흐름이고, 뜨거운 플룸은 주위보다 온도가 높고 밀도가 작은 맨틀 물질이 상승하는 흐름이다.

[24026-0040]

04 그림 (가)는 태평양 주변의 주요 화산과 안산암선의 분포를, (나)는 태평양 주변의 진앙 분포를 나타낸 것이다. 안산암선은 태평양 주변을 따라 형성된 안산암 분포의 한계선이다.

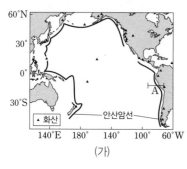

(가)

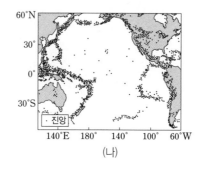

(나)

이에 대한 설명으로 옳은 것만을 〈보기〉에서 있는 대로 고른 것은?

● 보기 ●

ㄱ. 태평양판을 이루는 해양 지각의 연령은 안산암선에 가까울수록 대체로 많다.

ㄴ. 안산암질 마그마는 주로 섭입한 해양판이 용융되는 과정에서 만들어진다.

ㄷ. 구간 A에서 안산암은 안산암선을 기준으로 대부분 서쪽에 분포한다.

① ㄱ   ② ㄷ   ③ ㄱ, ㄴ   ④ ㄴ, ㄷ   ⑤ ㄱ, ㄴ, ㄷ

안산암선은 태평양 주변의 판 경계와 나란하게 나타난다. 안산암선을 기준으로 안쪽의 해양에서는 현무암질 마그마의 분출이 일어나고, 안산암선을 기준으로 바깥쪽의 대륙 부근에서는 안산암질 마그마와 현무암질 마그마의 분출이 모두 일어날 수 있다.

[24026-0041]

고정된 열점에서 오랫동안 많은 양의 마그마가 분출하면 해산, 화산섬 등이 형성된다. 이때 해산, 화산섬들은 판의 운동에 따라 이동할 수 있지만 화산암체들의 고지자기 복각의 크기는 동일하다.

05 그림은 화산암체의 분포 영역 A와 B를 판의 경계와 함께 모식적으로 나타낸 것이고, 표는 화산암체 A_1, A_2와 B_1, B_2의 연령, 위도, 고지자기 복각을 나타낸 것이다. A와 B 중 어느 하나는 고정된 열점에서 생성된 화산암체들의 분포 영역이다.

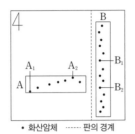

화산암체	A_1	A_2	B_1	B_2
연령(백만 년)	1	15	5	10
위도(°S)	31	26	19	29
고지자기 복각(°)	-50	-50	-36	-48

• 화산암체   ----- 판의 경계

이 자료에 대한 설명으로 옳은 것만을 〈보기〉에서 있는 대로 고른 것은?

---- 보기 ----
ㄱ. A_1과 A_2는 현무암으로 이루어졌다.
ㄴ. B의 하부에는 용융된 맨틀 물질이 존재한다.
ㄷ. 지진은 판의 경계를 기준으로 서쪽보다 동쪽에서 활발하게 일어난다.

① ㄱ   ② ㄷ   ③ ㄱ, ㄴ   ④ ㄴ, ㄷ   ⑤ ㄱ, ㄴ, ㄷ

[24026-0042]

지진파 단층 촬영 영상에서 지진파의 속도 편차가 큰 곳은 주위보다 온도가 낮고, 지진파의 속도 편차가 작은 곳은 주위보다 온도가 높다.

06 그림 (가)는 판의 경계가 나타나는 어느 지역의 깊이 1660 km에서 측정한 지진파 속도 편차를, (나)는 (가)의 X−Y 구간에서 깊이에 따른 지진파 속도 편차를 나타낸 것이다. 지점 ㉠과 ㉡은 깊이 1660 km에 위치한다.

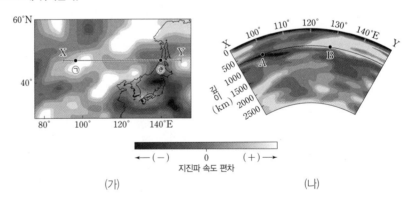

(가)   (나)

이에 대한 설명으로 옳은 것만을 〈보기〉에서 있는 대로 고른 것은?

---- 보기 ----
ㄱ. ㉠의 하부에서는 뜨거운 플룸의 대규모 상승 운동이 일어난다.
ㄴ. ㉡의 상부에는 섭입대를 따라 이동하는 해양판이 존재한다.
ㄷ. 물질의 온도는 A 지점이 B 지점보다 낮다.

① ㄱ   ② ㄴ   ③ ㄱ, ㄷ   ④ ㄴ, ㄷ   ⑤ ㄱ, ㄴ, ㄷ

정답과 해설 **8**쪽

07 그림은 마그마가 생성되는 장소 A, B, C를, 표는 A, B, C 각각의 평균 깊이와 암석의 용융 온도를 나타낸 것이다.

[24026–0043]

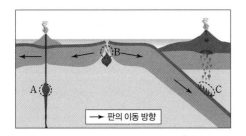

장소	평균 깊이(km)	암석의 용융 온도(℃)
A	150	(㉠)
B	20	1150
C	150	(㉡)

이에 대한 설명으로 옳은 것만을 〈보기〉에서 있는 대로 고른 것은?

┌─ 보 기 ─────────────────────────────────┐
ㄱ. A에서 마그마는 주로 연약권의 물질이 대류하는 과정에서 생성된다.
ㄴ. B 부근에서는 화강암이 생성될 수 있다.
ㄷ. ㉠은 ㉡보다 크다.
└──────────────────────────────────────┘

① ㄱ   ② ㄴ   ③ ㄷ   ④ ㄱ, ㄷ   ⑤ ㄴ, ㄷ

일반적으로 깊이가 깊어질수록 암석의 용융 온도는 높아지지만, 섭입대 부근에서는 물의 공급에 의해 맨틀 물질의 용융 온도가 낮아지는 영역이 존재한다.

08 그림 (가)는 어느 지역의 진앙 분포와 판의 경계를, (나)는 구간 a, b의 거리에 따른 지각의 나이를 나타낸 것이다. 구간 a와 b는 동서 방향으로 이동하는 각각 다른 판에 속해 있으며, 각 구간의 거리는 같다.

[24026–0044]

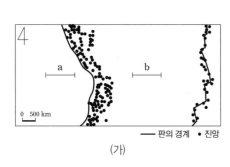

(가)

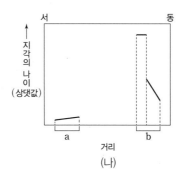

(나)

이 자료에 대한 설명으로 옳은 것만을 〈보기〉에서 있는 대로 고른 것은? (단, 판의 경계는 이동하지 않는다.)

┌─ 보 기 ─────────────────────────────────┐
ㄱ. 판의 평균 이동 속력은 a가 속한 판이 b가 속한 판보다 빠를 것이다.
ㄴ. a가 속한 판은 b가 속한 판의 아래로 섭입한다.
ㄷ. 지각의 평균 두께는 a가 b보다 두껍다.
└──────────────────────────────────────┘

① ㄱ   ② ㄷ   ③ ㄱ, ㄴ   ④ ㄴ, ㄷ   ⑤ ㄱ, ㄴ, ㄷ

판의 경계가 이동하지 않는다면, 거리에 따른 해양 지각의 나이 증가량이 클수록 해양판의 평균 이동 속력이 느리다.

09 그림 (가)는 어느 지역의 지구 내부 구조를, (나)는 이 지역의 대륙과 해양에서 측정한 지하 온도 분포와 암석의 용융 곡선을 나타낸 것이다. ⓐ와 ⓑ는 각각 대륙과 해양의 지하 온도 분포 중 하나이며, ㉠, ㉡, ㉢은 암석의 용융 곡선이다. A와 B는 각각 마그마가 생성되는 서로 다른 과정이다.

[24026-0045]

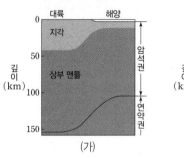
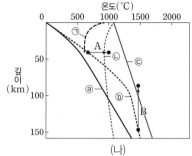

(가)   (나)

이에 대한 설명으로 옳은 것만을 〈보기〉에서 있는 대로 고른 것은?

보기
ㄱ. A 과정에서 유문암질 마그마가 생성된다.
ㄴ. B 과정에서 상승하는 물질에 작용하는 압력은 점차 커진다.
ㄷ. 이 지역의 맨틀에 물이 공급된다면 마그마가 생성되기 시작하는 깊이는 대륙의 하부가 해양의 하부보다 깊을 것이다.

① ㄱ   ② ㄷ   ③ ㄱ, ㄴ   ④ ㄴ, ㄷ   ⑤ ㄱ, ㄴ, ㄷ

10 그림은 어느 지역의 판 경계와 구간 X–Y를 따라 측정한 지각의 연령을, 표는 판 A, B, C의 이동 속력과 이동 방향을 나타낸 것이다. 해저 퇴적물의 퇴적 속도는 일정하다.

[24026-0046]

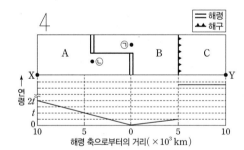

판	이동 속력 (상댓값)	이동 방향
A	3	서쪽
B	9	동쪽
C	1	(ⓐ)

이 자료에 대한 설명으로 옳은 것만을 〈보기〉에서 있는 대로 고른 것은?

보기
ㄱ. 해저 퇴적물의 두께는 ㉠이 ㉡보다 얇다.
ㄴ. 해령의 이동 속력은 판의 확장 속력보다 빠르다.
ㄷ. ⓐ가 '동쪽'이라면, 해령과 해구 사이의 거리는 점차 멀어진다.

① ㄱ   ② ㄴ   ③ ㄱ, ㄷ   ④ ㄴ, ㄷ   ⑤ ㄱ, ㄴ, ㄷ

[24026-0047]

11 그림은 화성암의 분류 기준에 따른 암석 A, B, C의 상대적인 위치를 나타낸 것이다.

이에 대한 설명으로 옳은 것만을 〈보기〉에서 있는 대로 고른 것은?

● 보기 ●
ㄱ. 대륙판과 해양판이 수렴하는 지역의 대륙 지각 지표면 아래에서는 A와 B가 모두 생성될 수 있다.
ㄴ. 암석이 생성될 당시 마그마의 냉각 속도는 A가 C보다 느리다.
ㄷ. 어두운색 광물의 함량비(%)는 B가 C보다 높다.

① ㄱ   ② ㄷ   ③ ㄱ, ㄴ   ④ ㄴ, ㄷ   ⑤ ㄱ, ㄴ, ㄷ

심성암은 마그마가 지하 깊은 곳에서 서서히 냉각될 때 생성되고, 화산암은 마그마가 지표 부근에서 빠르게 냉각될 때 생성된다. 화성암은 암석의 SiO_2 함량비(%)가 높을수록 어두운색 광물의 함량비(%)는 낮다.

[24026-0048]

12 다음은 북한산 인수봉과 재인 폭포 주변의 화성암에서 나타나는 특징이다.

북한산 인수봉	재인 폭포
• ㉠ 화성암의 색이 밝고 광물 입자가 눈에 보일 정도로 크기가 크다. • 정상 부근의 ㉡ 화성암에서 ㉢ 양파 껍질처럼 벗겨져 나간 형태의 절리가 보인다.	• ㉣ 화성암의 색이 어둡고 광물 입자의 크기가 작다. • ㉤ 화성암 절벽에 발달한 ㉥ 다각형 기둥 모양의 절리를 따라 물줄기가 떨어진다.

이에 대한 설명으로 옳은 것만을 〈보기〉에서 있는 대로 고른 것은?

● 보기 ●
ㄱ. ㉠은 염기성암, ㉣은 산성암이다.
ㄴ. ㉡은 ㉤보다 지하 깊은 곳에서 생성되었다.
ㄷ. ㉡과 ㉢의 생성 시기 차이는 ㉤과 ㉥의 생성 시기 차이보다 크다.

① ㄱ   ② ㄴ   ③ ㄱ, ㄷ   ④ ㄴ, ㄷ   ⑤ ㄱ, ㄴ, ㄷ

화산암 지형에서는 마그마가 급속히 냉각될 때 화산암과 함께 주상 절리가 형성될 수 있다. 심성암 지형에서는 심성암이 융기하여 지표에 노출될 때 압력 감소로 인해 팽창하면서 판상 절리가 형성될 수 있다.

03 퇴적암과 지질 구조

Ⅰ. 고체 지구

1 퇴적암과 퇴적 환경

(1) **퇴적암**: 지표의 암석이 풍화·침식 작용을 받아 생성된 쇄설물, 물에 녹아 있는 물질, 생물의 유해 등이 쌓인 퇴적물이 다져지고 굳어져 퇴적암이 생성된다.

① **속성 작용**: 퇴적물이 쌓여 퇴적암이 되기까지의 전체 과정으로, 다짐 작용과 교결 작용이 있다.

- **다짐 작용**: 퇴적물이 쌓이면서 아랫부분의 퇴적물이 윗부분에 쌓인 퇴적물의 무게에 의해 치밀하게 다져지는 작용이다. ➡ 퇴적 입자 사이의 공극의 크기와 부피가 감소하고 퇴적물의 밀도가 증가한다.
- **교결 작용**: 퇴적물 속의 수분이나 지하수에 녹아 있던 석회질 물질, 규질 물질, 산화 철 등이 퇴적 입자 사이에 침전되어 퇴적물 알갱이들을 단단히 붙게 하여 굳어지게 하는 작용이다.

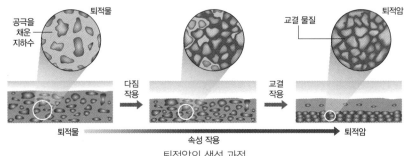

퇴적암의 생성 과정

② **퇴적암의 종류**: 퇴적물의 기원에 따라 쇄설성 퇴적암, 화학적 퇴적암, 유기적 퇴적암으로 구분한다.

- **쇄설성 퇴적암**: 지표 부근의 암석이 풍화·침식 작용을 받아 생성된 쇄설성 퇴적물이나 화산재와 같은 화산 쇄설물이 쌓여서 생성된 퇴적암이다.
- **화학적 퇴적암**: 호수나 바다 등에서 물에 녹아 있던 물질이 화학적으로 침전되거나 물이 증발함에 따라 잔류하여 만들어진 퇴적암이다.
- **유기적 퇴적암**: 생물의 유해나 골격의 일부가 쌓여서 만들어진 퇴적암이다.

구분		주요 퇴적물	퇴적암
쇄설성 퇴적암	풍화·침식 작용	자갈($2 mm$ 이상)	역암
		모래($\frac{1}{16} mm \sim 2 mm$)	사암
		실트, 점토($\frac{1}{16} mm$ 이하)	이암, 셰일
	화산 분출	화산탄, 화산암괴($64 mm$ 이상)	집괴암(화산 각력암)
		화산력($2 mm \sim 64 mm$)	라필리 응회암
		화산재($2 mm$ 이하)	응회암
화학적 퇴적암	침전 작용	$CaCO_3$	석회암
		SiO_2	처트
		$NaCl$	암염
유기적 퇴적암	생물의 유해나 골격 퇴적	석회질 생물체(산호, 유공충 등)	석회암
		규질 생물체(방산충 등)	처트, 규조토
		식물체	석탄

개념 체크

● **풍화**
지표 부근의 암석이 공기, 물, 생물 등의 작용으로 오랜 시간에 걸쳐 성분이 변하거나 잘게 부서지는 현상을 풍화라 하고, 풍화를 일으키는 모든 작용을 풍화 작용이라고 한다.

● **공극**
퇴적 입자 사이의 빈틈을 공극이라고 한다. 퇴적물이 속성 작용을 받으면 입자 사이의 간격이 좁아지고 공극의 크기와 총 부피가 감소한다.

1. 퇴적물이 다져지고 굳어지면서 퇴적암이 되기까지의 전체 과정을 ( )이라고 한다.

2. 속성 작용 중에서 아랫부분의 퇴적물이 윗부분에 쌓인 퇴적물의 무게에 의해 다져지는 것을 ( ) 작용이라고 한다.

3. ( ) 퇴적암 중에서 주요 퇴적물 입자의 크기가 $2 mm$ 이상이면 역암이라고 한다.

4. 화학적 퇴적암 중 석회암은 물속에 녹아 있던 $CaCO_3$ 성분이 ( )되어 생성된다.

5. 처트 중에서 물에 녹아 있던 SiO_2가 화학적으로 침전되어 만들어진 것은 ( ) 퇴적암에 해당하고, 규질 생물체가 쌓여 만들어진 것은 ( ) 퇴적암에 해당한다.

정답
1. 속성 작용 2. 다짐
3. 쇄설성 4. 침전
5. 화학적, 유기적

퇴적암의 종류

(2) **퇴적 구조**: 퇴적이 일어나는 장소와 퇴적 당시의 환경에 따라 특징적인 퇴적 구조가 형성된다. ➡ 퇴적 당시의 자연환경을 연구하는 데 중요한 단서를 제공하며, 지층의 역전 여부를 판단하는 데 도움을 준다.

① **사층리**: 층리가 나란하지 않고 비스듬히 기울어지거나 엇갈려 나타나는 퇴적 구조로, 주로 수심이 얕은 물밑이나 바람의 방향이 자주 바뀌는 곳에서 물이 흘러가거나 바람이 불어가는 방향의 비탈면에 퇴적물이 쌓여 형성된다. ➡ 과거에 물이 흘렀던 방향이나 바람이 불었던 방향을 알 수 있다.

사층리의 형성 과정   사층리

② **점이 층리**: 한 지층 내에서 위로 갈수록 입자의 크기가 점점 작아지는 퇴적 구조로, 다양한 크기의 퇴적물이 한꺼번에 퇴적될 때 큰 입자가 밑바닥에 먼저 가라앉고 작은 입자는 천천히 가라앉아 형성된다. ➡ 대륙 주변부의 해저에 쌓여 있던 퇴적물이 빠르게 이동하여 수심이 깊은 바다에 쌓일 때나 홍수가 일어나 퇴적물이 수심이 깊은 호수로 유입될 때 잘 형성된다.

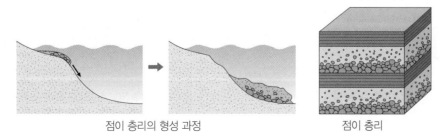

점이 층리의 형성 과정   점이 층리

1. 퇴적 구조 중에서 (　　) 은 층리면에 물결 모양의 자국이 있고 뾰족한 부분이 상부로 향해 있다.

2. (　　)은 퇴적층의 표면이 갈라져서 쐐기 모양의 틈이 생긴 퇴적 구조이다.

3. 연흔의 뾰족한 부분이 하부로 향해 있는 지층은 지각 변동에 의해 지층이 (　　)된 것이다.

4. 역전된 지층 내에서 건열의 쐐기 모양으로 갈라진 부분은 위에서 아래로 가면서 (　　)지는 경향을 보인다.

③ **연흔**: 물결 모양의 흔적이 지층에 남아 있는 퇴적 구조이다. 수심이 얕은 물밑에서 퇴적물이 퇴적될 때에는 물결의 영향을 받아 연흔이 잘 형성된다.

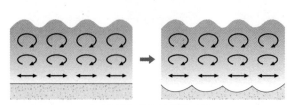
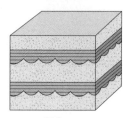

파도에 의한 연흔의 형성 과정　　　　연흔

④ **건열**: 퇴적층의 표면이 갈라져서 쐐기 모양의 틈이 생긴 퇴적 구조이다. 수심이 얕은 물밑에 점토질 물질이 쌓인 후 퇴적물의 표면이 대기에 노출되어 건조해지면서 갈라지면 건열이 형성된다.

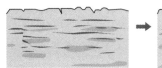
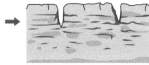
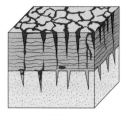

건열의 형성 과정　　　　건열

🧪 **탐구자료 살펴보기**　　**퇴적 구조**

탐구 자료

그림 (가)~(라)는 퇴적암에서 볼 수 있는 여러 가지 퇴적 구조를 나타낸 것이다.

(가) 사층리　　　(나) 점이 층리　　　(다) 연흔　　　(라) 건열

탐구 결과

1. 사층리는 층리가 기울어지거나 엇갈린 형태를 나타내며, 일반적으로 하부에서 상부로 갈수록 층리의 폭이 넓어진다. 점이 층리는 상부로 갈수록 입자의 크기가 작아진다. 연흔은 층리면에 물결 모양의 자국이 남아 있고, 뾰족한 부분이 상부를 향하고 있다. 건열은 가뭄에 의해 논바닥이 갈라진 것과 같은 형태를 나타내고, 쐐기 모양으로 갈라진 부분은 하부로 갈수록 점점 좁아지는 경향을 보인다.
2. 사층리는 수심이 얕은 해안이나 사막에서, 점이 층리는 대륙대나 수심이 깊은 호수에서, 연흔은 수심이 얕은 물밑에서 잘 형성된다. 건열은 물밑에 있던 점토질 퇴적물이 대기에 노출되면서 건조될 때 잘 형성된다.

분석 point

구분	사층리	점이 층리	연흔	건열
형성 원인	바람, 흐르는 물	퇴적물이 가라앉는 속도 차이	흐르는 물, 파도, 바람	건조한 환경에 노출
퇴적 환경	사막, 삼각주	대륙대, 수심이 깊은 호수	수심이 얕은 물밑	건조한 환경

(3) **퇴적 환경**: 퇴적암이 생성되는 퇴적 환경은 크게 육상 환경, 연안 환경, 해양 환경으로 구분할 수 있으며, 육상 환경과 해양 환경 사이에 연안 환경이 있다.

① **육상 환경**: 육지에서 퇴적암이 만들어지는 환경으로 선상지, 하천, 호수, 사막, 빙하 등이 있다. ➡ 육지에서는 주로 침식이 일어나지만, 지대가 낮은 일부 지역에서는 퇴적이 일어나 주로 쇄설성 퇴적물이 퇴적된다.

② **연안 환경**: 육상 환경과 해양 환경이 만나는 곳에서 퇴적암이 만들어지는 환경으로 삼각주, 조간대, 해빈, 사주, 석호 등이 있다.

③ **해양 환경**: 바다 밑에서 퇴적암이 만들어지는 환경으로 가장 넓은 면적을 차지하며, 대륙붕, 대륙 사면, 대륙대, 심해저 평원 등이 있다.

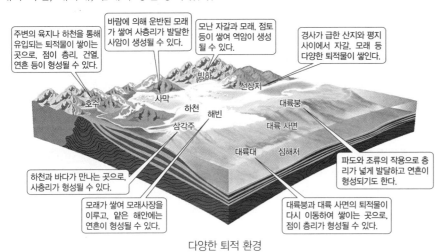

주변의 육지나 하천을 통해 유입되는 퇴적물이 쌓이는 곳으로, 점이 층리, 건열, 연흔 등이 형성될 수 있다.

바람에 의해 운반된 모래가 쌓여 사층리가 발달한 사암이 생성될 수 있다.

모난 자갈과 모래, 점토 등이 쌓여 역암이 생성될 수 있다.

경사가 급한 산지와 평지 사이에서 자갈, 모래 등 다양한 퇴적물이 쌓인다.

하천과 바다가 만나는 곳으로, 사층리가 형성될 수 있다.

모래가 쌓여 모래사장을 이루고, 얕은 해안에는 연흔이 형성될 수 있다.

파도와 조류의 작용으로 층리가 넓게 발달하고 연흔이 형성되기도 한다.

대륙붕과 대륙 사면의 퇴적물이 다시 이동하여 쌓이는 곳으로, 점이 층리가 형성될 수 있다.

호수 사막 하천 해빈 삼각주 빙하 선상지 대륙붕 대륙 사면 대륙대 심해저

다양한 퇴적 환경

(4) 한반도의 퇴적 지형

① **강원도 태백시 구문소**: 고생대 바다에서 퇴적된 석회암으로 주로 이루어져 있고, 삼엽충과 완족류 화석이 발견되며, 연흔과 건열 등의 퇴적 구조가 나타난다.

② **전라북도 부안군 채석강**: 중생대 호수에서 퇴적된 역암과 셰일 등으로 이루어져 있고, 층리가 잘 발달해 있으며, 연흔과 건열 등의 퇴적 구조가 나타난다.

③ **경상남도 고성군 덕명리**: 중생대 호수에서 퇴적된 셰일층으로 이루어져 있고, 다양한 공룡 발자국 화석과 새 발자국 화석이 발견되며, 연흔과 건열 등의 퇴적 구조가 나타난다.

④ **제주도 한경면 수월봉**: 신생대 화산 활동으로 분출된 화산재가 두껍게 쌓인 황갈색의 응회암으로 이루어져 있으며, 층리가 잘 발달해 있다.

⑤ **전라북도 진안군 마이산**: 중생대 호수에서 퇴적된 역암, 사암, 셰일 등으로 이루어져 있고, 민물조개나 고둥 같은 생물의 화석이 발견된다.

⑥ **경기도 화성시 시화호**: 중생대에 형성된 역암, 사암 등의 퇴적암 지층에서 다량의 공룡알 화석과 공룡 뼈 화석이 발견된다.

강원도 태백시 구문소

경상남도 고성군 덕명리

제주도 한경면 수월봉

개념 체크

○ **선상지**

경사가 급한 골짜기에서 흘러내리는 유수가 경사가 완만한 평야에 이르면 유속이 느려지므로 유수에 의해 운반되어 오던 퇴적물이 쌓여 부채를 펼친 모양의 지형이 형성되는데, 이를 선상지라고 한다.

○ **삼각주**

강물이 바다나 호수로 유입될 때 유속이 느려지므로 운반되던 퇴적물들이 퇴적되어 삼각형 모양의 지형이 형성되는데, 이를 삼각주라고 한다. 삼각주가 점점 바다 쪽으로 확장되면 삼각주에서는 연직 상방으로 갈수록 퇴적 입자의 크기가 커지는 경향을 보인다.

1. 퇴적 환경은 크게 (   ) 환경, 연안 환경, 해양 환경으로 구분한다.

2. 조간대, 해빈, 석호 등은 (   ) 환경에 해당한다.

3. (   )는 대륙붕과 대륙 사면의 퇴적물이 다시 이동하여 쌓이는 곳으로 점이 층리가 형성될 수 있다.

4. 육상 환경 중 경사가 급한 산지와 평지 사이에 자갈, 모래 등 다양한 퇴적물이 쌓이는 곳을 (   )라고 한다.

5. 강원도 태백시 구문소의 고생대에 퇴적된 석회암층에서는 (   ) 화석과 완족류 화석이 발견된다.

6. 제주도의 수월봉은 화산재가 두껍게 쌓인 황갈색의 (   )으로 이루어져 있다.

정답

1. 육상   2. 연안
3. 대륙대   4. 선상지
5. 삼엽충   6. 응회암

○ **지질 구조**
지층이나 암석이 지각 변동을 받아 여러 모양으로 변형된 구조를 통틀어 지질 구조라고 한다.

○ **암석의 변형**
지표 부근에서 압력을 받으면 파쇄되는 암석도 지하 깊은 곳의 고온·고압 환경에서는 휘어지는 성질이 나타난다.

1. 암석이 고온·고압 환경에서 횡압력을 받아 휘어진 지질 구조를 ( )이라고 한다.

2. 습곡에서 위로 볼록하게 휘어진 부분을 ( ), 아래로 오목하게 휘어진 부분을 ( )라고 한다.

3. 고도가 일정한 지표면에 노출된 지층의 연령은 향사축으로 접근할수록 ( )한다.

4. ( )은 장력을 받아 상반이 하반에 대해 아래로 이동한 단층이다.

5. ( )은 횡압력을 받아 상반이 하반에 대해 위로 이동한 단층이다.

2 지질 구조

(1) **습곡**: 암석이 비교적 온도가 높은 지하 깊은 곳에서 횡압력을 받아 휘어진 지질 구조이다.

① **습곡의 구조**: 가장 많이 휘어진 부분을 지나는 축을 습곡축, 습곡축 양쪽의 경사면을 날개, 위로 볼록하게 휘어진 부분을 배사, 아래로 오목하게 휘어진 부분을 향사라고 한다. 고도가 일정한 지역에서 지표면에 노출된 지층의 연령은 배사축으로 접근할수록 증가하고, 향사축으로 접근할수록 감소한다.

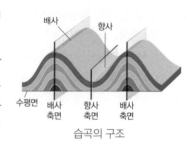
습곡의 구조

② **습곡의 종류**: 습곡축면이 수평면에 대하여 거의 수직인 정습곡, 기울어진 경사 습곡, 거의 수평으로 누운 횡와 습곡 등이 있다.

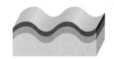
정습곡

경사 습곡

횡와 습곡

(2) **단층**: 암석이 깨져 생긴 면을 경계로 양쪽의 암석이 상대적으로 이동하여 서로 어긋나 있는 지질 구조이다. 단층은 대체로 습곡 작용이 일어나는 깊이보다 얕은 지표 부근에서 형성된다.

① **단층의 구조**: 단층면이 경사져 있을 때 그 윗부분을 상반, 아랫부분을 하반이라고 한다.

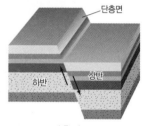
단층의 구조

② **단층의 종류**: 장력을 받아 상반이 하반에 대해 아래로 이동한 정단층, 횡압력을 받아 상반이 하반에 대해 위로 이동한 역단층, 수평 방향으로 어긋나게 작용하는 힘을 받아 지괴가 수평 방향으로 이동한 주향 이동 단층 등이 있다.

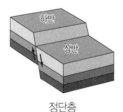
정단층

역단층

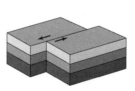
주향 이동 단층

🔍 과학 돋보기 **지구대와 동아프리카 열곡대**

• **지구대**: 여러 개의 단층이 발달한 지역에서 지면이 주변에 비해 상대적으로 함몰된 낮은 부분을 지구라 하고, 지구가 길게 연속적으로 나타나는 지형을 지구대라고 한다.

• **동아프리카 열곡대**: 판의 발산형 경계로 주로 정단층에 의한 지형이 발달하는데, 동아프리카 열곡대를 따라 지구대가 발달하며 동아프리카 열곡대에는 빅토리아호, 탕가니카호, 니아사호 등의 대규모 단층호가 다수 분포한다.

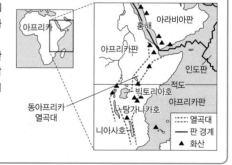

정답
1. 습곡
2. 배사, 향사
3. 감소
4. 정단층
5. 역단층

(3) 절리: 암석에 생긴 틈이나 균열로, 단층과는 달리 절리면을 기준으로 양쪽 암석의 상대적인 이동이 없는 지질 구조이다.

① 절리의 형성: 마그마나 용암이 식어 굳으면서 수축할 때, 지하 깊은 곳에 있던 암석이 융기하거나 암석이 힘을 받을 때 형성된다.

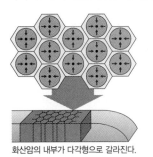

화산암의 내부가 다각형으로 갈라진다.

주상 절리의 형성 과정

심성암의 내부 압력이 지하의 압력과 평형을 이룬다.

심성암이 지표로 드러나면 외부의 압력이 감소하여 평형이 깨지면서 심성암이 쪼개진다.

판상 절리의 형성 과정

② 절리의 종류: 주로 지표로 분출한 용암이 식을 때 부피가 수축하여 단면이 오각형이나 육각형인 긴 기둥 모양으로 갈라진 주상 절리, 지하 깊은 곳에 있던 암석이 융기할 때 압력이 감소하면서 부피가 팽창하여 판 모양으로 갈라진 판상 절리 등이 있다. ➡ 주상 절리는 화산암에서 잘 나타나고, 판상 절리는 심성암에서 잘 나타난다.

주상 절리

판상 절리

(4) 부정합: 퇴적이 연속으로 일어난 경우 상하 지층의 관계를 정합이라고 한다. 그러나 퇴적이 오랫동안 중단된 후 다시 퇴적이 일어나면 지층 사이에 퇴적 시간의 공백이 생기는데, 이러한 상하 지층 관계를 부정합이라 하고, 그 경계면을 부정합면이라고 한다.

① 부정합의 형성 과정: 퇴적 → 융기 → 풍화·침식 → 침강 → 퇴적

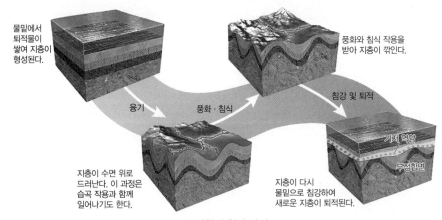

물밑에서 퇴적물이 쌓여 지층이 형성된다.

융기

지층이 수면 위로 드러난다. 이 과정은 습곡 작용과 함께 일어나기도 한다.

풍화·침식

풍화와 침식 작용을 받아 지층이 깎인다.

침강 및 퇴적

지층이 다시 물밑으로 침강하여 새로운 지층이 퇴적된다.

기저 역암

부정합면

부정합의 형성 과정

개념 체크

○ 단층과 절리의 차이점
단층과 절리 모두는 암석이 깨어졌다는 공통점이 있다. 깨진 면(단층면)을 기준으로 양쪽 암석의 상대적인 이동이 있으면 단층이고, 깨진 면(절리면)을 기준으로 양쪽 암석의 상대적인 이동이 거의 없거나 전혀 없으면 절리이다.

○ 기저 역암
부정합면 바로 위에 놓인 역암을 말하며, 부정합면 아래에 놓인 암석의 침식물이 포함된다.

1. (   )는 암석이 깨진 면을 기준으로 양쪽 암석의 상대적인 이동이 거의 없거나 전혀 없는 지질 구조이다.

2. 단면이 오각형이나 육각형인 긴 기둥 모양으로 갈라진 절리를 (   ) 절리라고 한다.

3. (   ) 절리는 지하 깊은 곳에 있던 심성암이 융기할 때 주변의 압력이 감소하면서 부피가 팽창하여 형성된다.

4. 오랫동안 퇴적이 중단되었다가 다시 퇴적되어 시간적으로 불연속적인 상하 지층 사이의 관계를 (   )이라고 한다.

5. 부정합면 바로 위에 놓인 역암을 (   ) 역암이라고 한다.

정답
1. 절리
2. 주상
3. 판상
4. 부정합
5. 기저

개념 체크

● **조륙 운동과 조산 운동**
넓은 범위에 걸쳐 지각이 서서히 융기하거나 침강하는 운동을 조륙 운동, 거대한 습곡 산맥을 형성하는 지각 변동을 조산 운동이라고 한다. 조륙 운동이나 조산 운동에 의해 지층이 융기하여 침식을 받은 후, 다시 침강하여 그 위에 새로운 지층이 쌓이면 부정합이 형성된다.

1. (   ) 부정합은 조륙 운동을 받은 지층에서, (   ) 부정합은 조산 운동을 받은 지층에서 잘 나타난다.

2. 지하에서 생성된 심성암이나 변성암이 융기하여 침식 작용을 받은 후 그 위에 새로운 지층이 퇴적되어 생긴 부정합을 (   )이라고 한다.

3. 마그마가 기존 암석의 약한 틈을 뚫고 들어가 굳어진 암석을 (   )이라고 한다.

4. 마그마가 관입할 때 주변 암석의 일부가 떨어져 나와 마그마 속으로 유입되는 것을 (   )이라고 한다.

② **부정합의 종류**: 부정합면을 경계로 상하 지층이 나란한 평행 부정합, 상하 지층의 경사가 서로 다른 경사 부정합, 부정합면의 하부에 심성암이나 변성암이 분포하는 난정합 등이 있다.
➡ 평행 부정합은 조륙 운동, 경사 부정합은 조산 운동을 받은 지층에서 잘 나타나고, 난정합은 다른 부정합에 비해 만들어질 때 더 오랜 시간이 걸리는 경향이 있으며 상하 지층 사이의 시간 간격이 매우 큰 경향이 있다.

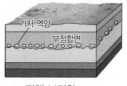
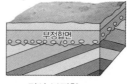

평행 부정합   경사 부정합   난정합

(5) 관입과 포획

① **관입**: 마그마가 기존 암석의 약한 부분을 뚫고 들어가는 과정을 관입이라 하고, 관입한 마그마가 식어서 굳어진 암석을 관입암이라고 한다. ➡ 마그마는 주변의 암석에 비해 온도가 높으므로 주변의 암석은 열에 의한 변성 작용을 받을 수 있다.

관입

② **포획**: 마그마가 관입할 때 주변 암석의 일부가 떨어져 나와 마그마 속으로 유입되는 것을 포획이라 하고, 포획된 암석을 포획암이라고 한다. ➡ 포획암을 관찰하면 화성암과 주변 암석의 생성 순서를 알 수 있다.

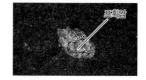

포획

🧪 **탐구자료 살펴보기** ▶ **판의 운동과 지질 구조**

탐구 자료
그림은 판의 운동과 판의 경계에 작용하는 힘의 방향을 나타낸 것이다.

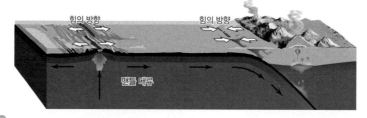

탐구 결과
1. **발산형 경계**: 두 판이 서로 멀어지는 해령이나 대륙의 열곡대에서는 양쪽에서 잡아당기는 장력이 작용하여 정단층이 형성된다. 예 동아프리카 열곡대
2. **수렴형 경계**: 두 판이 서로 가까워지는 습곡 산맥이나 해구 부근에서는 양쪽에서 미는 횡압력이 작용하여 습곡과 역단층이 형성된다. 예 히말라야산맥, 안데스산맥
3. **보존형 경계**: 두 판이 접하면서 서로 반대 방향으로 평행하게 어긋나는 경계에서는 수평 방향으로 어긋나게 작용하는 힘에 의해 주향 이동 단층의 일종인 변환 단층이 형성된다. 예 산안드레아스 단층

분석 point

구분	발산형 경계	수렴형 경계	보존형 경계
작용하는 힘	장력	횡압력	수평 방향으로 어긋나게 작용하는 힘
지질 구조	정단층	습곡, 역단층	주향 이동 단층

01 그림은 퇴적암이 생성되는 과정을 나타낸 것이다. 원 내부의 면적은 동일하다.

[24026-0049]

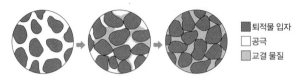

■ 퇴적물 입자
□ 공극
■ 교결 물질

이 과정에 대한 설명으로 옳은 것만을 〈보기〉에서 있는 대로 고른 것은?

● 보기 ●
ㄱ. 퇴적물 입자들끼리의 접촉 면적이 증가했다.
ㄴ. 다짐 작용이 완료된 후 교결 물질이 생성되었다.
ㄷ. 원 내부의 물질 밀도가 증가했다.

① ㄱ   ② ㄴ   ③ ㄱ, ㄷ
④ ㄴ, ㄷ   ⑤ ㄱ, ㄴ, ㄷ

02 그림은 퇴적물이 쌓인 어느 지점에서 지표면으로부터의 깊이에 따른 물리량 A를 나타낸 것이다.

[24026-0050]

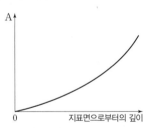

A로 적절한 것만을 〈보기〉에서 있는 대로 고른 것은?

● 보기 ●
ㄱ. 퇴적물이 받는 압력
ㄴ. 퇴적물 입자 사이의 평균 거리
ㄷ. 퇴적물 내부에서의 $\dfrac{공극의 부피}{생성된 교결 물질의 양}$

① ㄱ   ② ㄷ   ③ ㄱ, ㄴ
④ ㄴ, ㄷ   ⑤ ㄱ, ㄴ, ㄷ

03 그림 (가)와 (나)는 서로 다른 퇴적암의 기원이 되는 생물체의 유해를 나타낸 것이다.

[24026-0051]

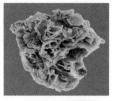   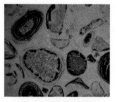

(가) 석회질 생물체   (나) 규질 생물체

이에 대한 설명으로 옳은 것만을 〈보기〉에서 있는 대로 고른 것은?

● 보기 ●
ㄱ. (가)가 퇴적되어 생성된 퇴적암의 예로 석회암이 있다.
ㄴ. (나)가 퇴적되어 생성된 퇴적암에서는 생물체의 골격 흔적이 발견될 수 있다.
ㄷ. (가)와 (나)가 퇴적되어 생성된 퇴적암은 모두 화학적 퇴적암이다.

① ㄱ   ② ㄷ   ③ ㄱ, ㄴ
④ ㄴ, ㄷ   ⑤ ㄱ, ㄴ, ㄷ

04 그림은 해양 환경에서 형성되는 퇴적 구조 A, B, C의 특징을 벤다이어그램으로, 표는 ㉠, ㉡, ㉢에 해당하는 특징을 나타낸 것이다. A, B, C는 각각 연흔, 건열, 점이 층리 중 하나이다.

[24026-0052]

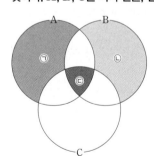

㉠	물결의 영향을 받아 형성된다.
㉡	퇴적층의 표면이 갈라져 쐐기 모양의 틈이 생긴 모양이다.
㉢	지층의 역전 여부를 알아내는 데 활용된다.

A, B, C에 대한 설명으로 옳은 것만을 〈보기〉에서 있는 대로 고른 것은?

● 보기 ●
ㄱ. A는 상부로 갈수록 입자의 크기가 작아진다.
ㄴ. B를 통해 물이 흘러간 방향을 알 수 있다.
ㄷ. 형성되는 장소의 평균 수심이 가장 깊은 것은 C이다.

① ㄱ   ② ㄷ   ③ ㄱ, ㄴ
④ ㄴ, ㄷ   ⑤ ㄱ, ㄴ, ㄷ

05 그림 (가)와 (나)는 시로 다른 지층에서 발견된 화석을 나타낸 것이다. (가)의 지층은 석회암으로, (나)의 지층은 셰일로 이루어져 있다.

[24026-0053]

 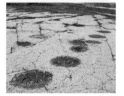

(가) 삼엽충 화석　　(나) 공룡 발자국 화석

이에 대한 설명으로 옳은 것만을 〈보기〉에서 있는 대로 고른 것은?

보기
ㄱ. (가)는 육상 환경에서 퇴적되었다.
ㄴ. (나)는 중생대에 퇴적되었다.
ㄷ. (가)와 (나)는 모두 침전 작용으로 생성된 퇴적암이다.

① ㄴ　　② ㄷ　　③ ㄱ, ㄴ
④ ㄱ, ㄷ　　⑤ ㄱ, ㄴ, ㄷ

06 다음은 고성군 화진포 호수에 대한 설명이다.

[24026-0054]

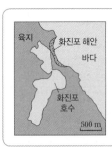

화진포 호수는 화진포 해안을 경계로 바다와 분리되어 있다.
화진포 호수는 과거에 바다였으며, 오랜 세월에 걸쳐 바다와 맞닿아 있는 곳에 모래가 퇴적되어 바다로부터 격리된 석호이다.

이에 대한 설명으로 옳은 것만을 〈보기〉에서 있는 대로 고른 것은?

보기
ㄱ. 화진포 호수는 연안 환경에 해당한다.
ㄴ. 화진포 해안에서는 연흔이 형성될 수 있다.
ㄷ. 화진포 호수는 과거에 만이었다.

① ㄱ　　② ㄴ　　③ ㄱ, ㄷ
④ ㄴ, ㄷ　　⑤ ㄱ, ㄴ, ㄷ

07 그림은 어느 하천 부근의 지층에서 관찰되는 습곡과 단층을 스케치한 것이다.

[24026-0055]

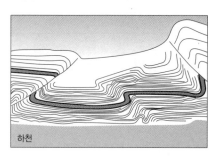

이 지층에 대한 설명으로 옳은 것만을 〈보기〉에서 있는 대로 고른 것은?

보기
ㄱ. 과거에 횡압력을 받았던 적이 있다.
ㄴ. 역단층을 관찰할 수 있다.
ㄷ. 단층 구조의 하반에서는 배사와 향사 구조가 모두 나타난다.

① ㄱ　　② ㄴ　　③ ㄱ, ㄷ
④ ㄴ, ㄷ　　⑤ ㄱ, ㄴ, ㄷ

08 그림 (가)와 (나)는 서로 다른 종류의 단층을 나타낸 것이다.

[24026-0056]

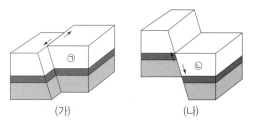

(가)　　(나)

이에 대한 설명으로 옳은 것만을 〈보기〉에서 있는 대로 고른 것은?

보기
ㄱ. (가)는 주향 이동 단층이다.
ㄴ. (나)는 횡압력을 받아 형성된다.
ㄷ. ㉠과 ㉡은 모두 하반이다.

① ㄱ　　② ㄴ　　③ ㄱ, ㄷ
④ ㄴ, ㄷ　　⑤ ㄱ, ㄴ, ㄷ

09 그림은 주상 절리가 만들어진 모습을 나타낸 것이다.

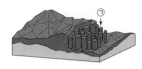

이에 대한 설명으로 옳은 것만을 〈보기〉에서 있는 대로 고른 것은?

> **보기**
> ㄱ. 암석의 부피 팽창으로 인해 절리가 형성되었다.
> ㄴ. ㉠ 방향에서 관찰한 단면은 주로 다각형 모양으로 나타난다.
> ㄷ. 주상 절리는 심성암보다 화산암에서 잘 나타난다.

① ㄱ   ② ㄴ   ③ ㄱ, ㄷ
④ ㄴ, ㄷ   ⑤ ㄱ, ㄴ, ㄷ

10 그림은 퇴적암으로만 이루어진 지층의 모습과 부정합면의 위치(→)를 나타낸 것이다.

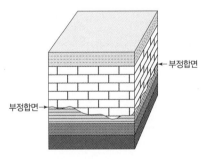

이에 대한 설명으로 옳은 것만을 〈보기〉에서 있는 대로 고른 것은?

> **보기**
> ㄱ. 평행 부정합이 나타난다.
> ㄴ. 이 지역은 최소 1번의 침강이 있었다.
> ㄷ. 이 지역은 조륙 운동보다 조산 운동을 겪었을 가능성이 크다.

① ㄱ   ② ㄷ   ③ ㄱ, ㄴ
④ ㄴ, ㄷ   ⑤ ㄱ, ㄴ, ㄷ

11 그림 (가)와 (나)는 서로 다른 종류의 부정합이 나타나는 지층 단면이다.

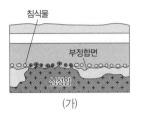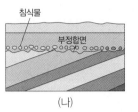

(가)   (나)

이에 대한 설명으로 옳은 것만을 〈보기〉에서 있는 대로 고른 것은?

> **보기**
> ㄱ. (가)에는 난정합이 나타난다.
> ㄴ. (나)는 조륙 운동보다 조산 운동을 받은 지층에서 잘 나타난다.
> ㄷ. (가)와 (나)의 부정합면 위에는 기저 역암이 나타난다.

① ㄱ   ② ㄴ   ③ ㄱ, ㄷ
④ ㄴ, ㄷ   ⑤ ㄱ, ㄴ, ㄷ

12 그림은 관입암 A와 그 주변의 암석 B를 나타낸 것이다.

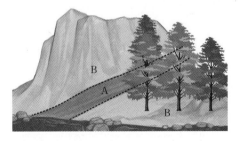

이에 대한 설명으로 옳은 것만을 〈보기〉에서 있는 대로 고른 것은?

> **보기**
> ㄱ. A는 B보다 먼저 생성되었다.
> ㄴ. B의 일부가 A 내부에 포획될 수 있다.
> ㄷ. B와의 경계에 닿아 있는 A에는 변성 작용의 흔적이 나타날 수 있다.

① ㄱ   ② ㄴ   ③ ㄱ, ㄷ
④ ㄴ, ㄷ   ⑤ ㄱ, ㄴ, ㄷ

다짐 작용과 교결 작용을 받아 퇴적물 입자 사이의 공극이 작아지며, 교결 물질에 의해 퇴적물 입자들이 단단히 붙고 굳어진다.

01 그림 (가)와 (나)는 t_1과 t_2 시기에 어느 퇴적층에서 지표면으로부터의 깊이에 따른 퇴적물의 밀도를 각각 나타낸 것이고, ㉠은 어느 시기에 퇴적된 특정 퇴적물이 위치한 깊이이다. 이 퇴적층이 퇴적되는 동안 공급되는 퇴적물의 종류와 양은 일정하고, t_1과 t_2 시기 사이에 정단층 또는 역단층이 1회 발생하였다.

[24026-0061]

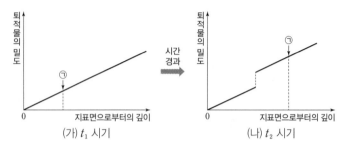

이에 대한 설명으로 옳은 것만을 〈보기〉에서 있는 대로 고른 것은?

● 보기 ●
ㄱ. 지표면으로부터 깊은 곳에 위치한 퇴적물일수록 속성 작용을 더 많이 받았다.
ㄴ. ㉠의 퇴적물 입자 사이의 평균 거리는 t_1 시기보다 t_2 시기일 때 더 멀다.
ㄷ. t_1과 t_2 시기 사이에 발생한 단층은 정단층이다.

① ㄴ ② ㄷ ③ ㄱ, ㄴ ④ ㄱ, ㄷ ⑤ ㄱ, ㄴ, ㄷ

퇴적암은 퇴적물의 기원에 따라 쇄설성 퇴적암, 화학적 퇴적암, 유기적 퇴적암으로 구분할 수 있다.

02 그림은 4가지 퇴적암을 특징에 따라 구분하는 과정을 나타낸 것이다.

[24026-0062]

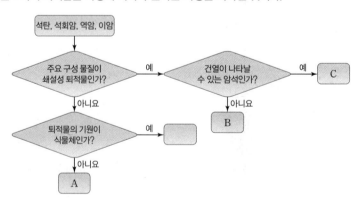

이에 대한 설명으로 옳은 것만을 〈보기〉에서 있는 대로 고른 것은?

● 보기 ●
ㄱ. 석탄은 A에 해당한다.
ㄴ. A에서는 생물체의 골격으로 만들어진 흔적이 발견될 수 있다.
ㄷ. 하천의 상류에서는 B보다 C가 더 잘 형성된다.

① ㄱ ② ㄴ ③ ㄱ, ㄷ ④ ㄴ, ㄷ ⑤ ㄱ, ㄴ, ㄷ

03 그림 (가)는 어느 지층 단면에서 점이 층리가 나타나는 지층 ㉠을, (나)는 ㉠에서 구간 a, b, c를 이루는 퇴적물의 입자 크기에 따른 부피비를 나타낸 것이다. ㉠은 다양한 크기의 퇴적물이 한꺼번에 유입되어 만들어졌다.

[24026-0063]

수심이 깊은 곳에 다양한 크기의 퇴적물이 한꺼번에 유입되면 점이 층리가 만들어질 수 있다.

(가)

(나)

지층 ㉠에 대한 설명으로 옳은 것만을 〈보기〉에서 있는 대로 고른 것은?

● 보기 ●

ㄱ. a는 c보다 대체로 크기가 작은 퇴적물 입자로 구성되어 있다.
ㄴ. ㉠은 수심이 얕은 물밑에서 형성되었다.
ㄷ. ㉠은 역전되었다.

① ㄱ   ② ㄷ   ③ ㄱ, ㄴ   ④ ㄴ, ㄷ   ⑤ ㄱ, ㄴ, ㄷ

04 그림 (가)는 퇴적 구조 ㉠과 ㉡을, (나)는 퇴적암 A와 B의 퇴적물 입자의 종류별 구성 비율을 나타낸 것이다.

[24026-0064]

연흔은 물결의 영향을 받아 형성되고, 건열은 점토질 퇴적물의 표면이 대기에 노출되어 건조해지면서 갈라져 형성된다.

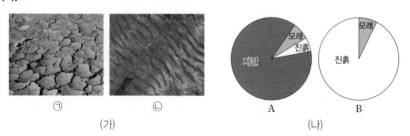

(가)

(나)

㉠과 ㉡의 공통점으로 옳은 것만을 〈보기〉에서 있는 대로 고른 것은?

● 보기 ●

ㄱ. 층리면을 위에서 비스듬히 내려다본 모습이다.
ㄴ. A보다 B에서 발견될 가능성이 높다.
ㄷ. 수심이 깊은 물밑 환경에서 형성된다.

① ㄴ   ② ㄷ   ③ ㄱ, ㄴ   ④ ㄱ, ㄷ   ⑤ ㄱ, ㄴ, ㄷ

선상지는 경사가 급한 산지와 평지 사이에 위치하며 자갈, 모래 등 다양한 퇴적물이 쌓인다.

[24026-0065]

05 그림 (가)와 (나)는 서로 다른 환경에서 퇴적물이 퇴적된 모습을 나타낸 것이다.

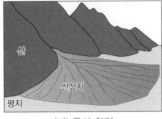

(가) 육상 환경

(나) 해양 환경

선상지와 A의 공통점으로 옳은 것만을 〈보기〉에서 있는 대로 고른 것은?

┌─ 보 기 ●─────────────────────────────
│ ㄱ. 부채꼴 모양으로 퇴적된다.
│ ㄴ. 경사가 급격히 변하는 곳에 형성된다.
│ ㄷ. 퇴적물이 공급되는 주기가 일정하다.
└──────────────────────────────────────

① ㄱ   ② ㄷ   ③ ㄱ, ㄴ   ④ ㄴ, ㄷ   ⑤ ㄱ, ㄴ, ㄷ

하천과 호수는 육상 환경이고, 삼각주는 연안 환경이다.

[24026-0066]

06 그림은 여러 퇴적 환경을, 표는 퇴적 환경 ㉠, ㉡, ㉢의 특징을 설명한 것이다. ㉠, ㉡, ㉢은 각각 하천, 호수, 삼각주 중 하나이다.

퇴적 환경	특징
㉠	유속이 급격히 느려져 이동하던 쇄설물이 집중적으로 쌓이는 곳이다.
㉡	물이 흘러간 흔적이 바닥의 퇴적물에 기록되며, 쇄설물을 바다로 이동시키는 역할을 한다.
㉢	홍수가 나면 퇴적물이 한꺼번에 유입되어 (A)가 만들어지고, 강수량이 적은 시기에는 건열이 만들어지기도 한다.

이에 대한 설명으로 옳은 것만을 〈보기〉에서 있는 대로 고른 것은?

┌─ 보 기 ●─────────────────────────────
│ ㄱ. ㉠과 ㉡에는 사층리가 발달할 수 있다.
│ ㄴ. '점이 층리'는 A에 해당한다.
│ ㄷ. ㉠에서는 주로 퇴적물 입자가 큰 역암이 잘 형성된다.
└──────────────────────────────────────

① ㄱ   ② ㄷ   ③ ㄱ, ㄴ   ④ ㄴ, ㄷ   ⑤ ㄱ, ㄴ, ㄷ

07 그림은 어느 퇴적층 지역의 지표면에서 관찰한 암석 분포와 퇴적 구조를 나타낸 것이다. 지층 A~D에서 습곡이 관찰되며, 지층 D에 습곡축면이 위치한다. [24026-0067]

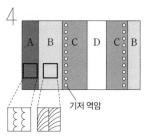

기저 역암

이 지역에 대한 설명으로 옳은 것만을 〈보기〉에서 있는 대로 고른 것은?

● 보기 ●

ㄱ. 배사 구조가 나타난다.
ㄴ. 가장 먼저 퇴적된 지층은 A이다.
ㄷ. 부정합이 형성된 이후에 습곡이 만들어졌다.

① ㄱ ② ㄴ ③ ㄱ, ㄷ ④ ㄴ, ㄷ ⑤ ㄱ, ㄴ, ㄷ

고도가 일정한 지역에서 지표면에 노출된 암석의 연령이 습곡축면에 가까워질수록 많아지면 배사 구조이고, 암석의 연령이 습곡축면에 가까워질수록 적어지면 향사 구조이다.

08 다음은 습곡 구조가 드러난 지역을 답사한 기록이다. [24026-0068]

- 답사 일시: 2023년 ○월 ○일
- 답사 위치: 강원도 ○○시 ○○도로 옆
- 암석의 종류: 사암, 셰일 등
- 특징: 이 지역에서는 (㉠)이 작용하여 형성된 습곡이 뚜렷하게 관찰된다.
- 현장 스케치

이에 대한 설명으로 옳은 것만을 〈보기〉에서 있는 대로 고른 것은?

● 보기 ●

ㄱ. '횡압력'은 ㉠에 해당한다.
ㄴ. 이 지역의 습곡에는 향사 구조가 나타난다.
ㄷ. 습곡은 지층이 지표 부근에 위치할 때 형성되었다.

① ㄱ ② ㄷ ③ ㄱ, ㄴ ④ ㄴ, ㄷ ⑤ ㄱ, ㄴ, ㄷ

습곡의 배사와 향사는 지층의 단면에서 휘어진 방향으로 결정한다.

깊이에 따른 퇴적층의 연령이 불연속적이거나, 위쪽에 있는 지층이 아래쪽에서 다시 나타날 경우 지각 변동을 받은 것이다.

[24026-0069]

09 다음은 어느 지역 지표면의 한 지점으로부터 깊이에 따른 지층 A, B, C의 연령 분포와 지질학적 특징을 나타낸 것이다.

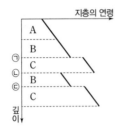

[연령 측정 구간에서의 지질학적 특징]
• 모두 퇴적층으로 이루어져 있다.
• 평행 부정합이 1회 관찰된다.
• 단층면이 1개 관찰된다.
• 습곡은 관찰되지 않는다.

이에 대한 설명으로 옳은 것만을 〈보기〉에서 있는 대로 고른 것은?

• 보기 •
ㄱ. C 내부에서 B의 침식물인 기저 역암이 발견될 수 있다.
ㄴ. 역단층이 나타난다.
ㄷ. ㉠, ㉡, ㉢ 중 단층면은 ㉡에서 관찰된다.

① ㄱ　　　　② ㄴ　　　　③ ㄱ, ㄷ　　　　④ ㄴ, ㄷ　　　　⑤ ㄱ, ㄴ, ㄷ

발산형 경계는 주로 장력이 작용하여 판과 판이 서로 멀어지는 곳이다.

[24026-0070]

10 그림 (가)는 아이슬란드를 통과하는 발산형 경계를, (나)는 아이슬란드 열곡대의 모습을 나타낸 것이다.

(가)　　　　　　　　　　(나)

이에 대한 설명으로 옳은 것만을 〈보기〉에서 있는 대로 고른 것은?

• 보기 •
ㄱ. ㉠ 화산 주변에서는 주상 절리가 형성될 수 있다.
ㄴ. (나)에서 길게 분포한 골짜기와 수직한 방향으로 횡압력이 작용한다.
ㄷ. (나)에서는 주로 역단층이 발달한다.

① ㄱ　　　　② ㄷ　　　　③ ㄱ, ㄴ　　　　④ ㄴ, ㄷ　　　　⑤ ㄱ, ㄴ, ㄷ

[24026-0071]

11 그림은 화성암 A에 절리가 형성되기 전과 후의 모습을 나타낸 것이다. ㉠은 A 주변에서 압력이 작용하는 방향이다.

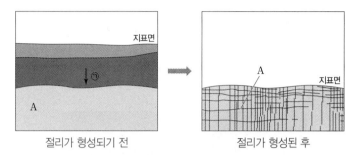

절리가 형성되기 전 → 절리가 형성된 후

이에 대한 설명으로 옳은 것만을 〈보기〉에서 있는 대로 고른 것은?

┌─● 보 기 ●────────────────────────────
│ ㄱ. A는 화산암이다.
│ ㄴ. ㉠ 방향의 압력이 작아짐에 따라 절리가 형성되었다.
│ ㄷ. 암석의 부피 수축으로 인해 절리가 형성되었다.
└──────────────────────────────────────

① ㄱ   ② ㄴ   ③ ㄱ, ㄷ   ④ ㄴ, ㄷ   ⑤ ㄱ, ㄴ, ㄷ

주상 절리는 주로 용암이 냉각될 때 형성되고, 판상 절리는 지하에 있던 심성암이 지표로 노출되는 과정에서 형성된다.

[24026-0072]

12 표는 어느 지질 단면의 특정 부분을 관찰한 모습과 암석 A, B, C의 특징을 기록한 것이다. (가)와 (나)는 각각 관입 또는 부정합이 관찰되는 부분 중 하나이다.

부분	관찰한 모습	특징
(가)	A B	A 내부에 B의 침식물이 포함되어 있다.
(나)	변성 작용을 받은 부분 A C	A의 연령은 C의 연령보다 많다.

이에 대한 설명으로 옳은 것만을 〈보기〉에서 있는 대로 고른 것은?

┌─● 보 기 ●────────────────────────────
│ ㄱ. B는 C보다 먼저 생성되었다.
│ ㄴ. C에는 A에서 떨어져 나온 암석 조각이 포함될 수 있다.
│ ㄷ. 부정합이 형성된 이후에 관입이 일어났다.
└──────────────────────────────────────

① ㄱ   ② ㄷ   ③ ㄱ, ㄴ   ④ ㄴ, ㄷ   ⑤ ㄱ, ㄴ, ㄷ

관입 당한 암석은 관입한 암석보다 오래되었고, 기저 역암에 포함된 역(자갈)은 기저 역암 아래에 놓인 암석의 침식물이다.

04 지구의 역사

개념 체크

○ 동일 과정의 원리

현재 지구상에서 일어나고 있는 여러 가지 자연 현상은 조건이 동일하다면 과거에도 동일하게 일어났기 때문에 현재 일어나고 있는 자연 현상을 이해하면 과거 지구에서 일어났던 일을 알 수 있다는 것으로, 지사학의 기본 원리이다. 즉, '현재는 과거를 아는 열쇠'라는 것이다.

1. 현재 기울어져 있거나 휘어져 있는 지층은 (   )을 받았다.

2. 지층의 역전이 없었다면, 위에 있는 지층은 아래에 있는 지층보다 (   ) 생성되었다.

3. 지층의 (   ) 여부는 퇴적 구조나 표준 화석을 이용하여 판단할 수 있다.

4. 오래된 지층에서 새로운 지층으로 갈수록 더욱 진화된 생물의 화석이 산출된다는 지사학의 법칙을 (   )의 법칙이라고 한다.

■ 지층의 생성 순서

(1) 지사학의 법칙: 지층의 선후 관계는 현재 지각에서 발생하는 지질학적 사건들이 조건이 동일하다면 과거에도 동일하게 일어났다는 동일 과정의 원리를 바탕으로 여러 가지 법칙을 이용하여 결정한다.

① 수평 퇴적의 법칙: 퇴적물이 쌓일 때는 중력의 영향으로 수평면과 나란한 방향으로 쌓여 지층이 생성된다. ➡ 현재 지층이 기울어져 있거나 휘어져 있으면 퇴적물이 쌓인 후 지각 변동을 받았다는 것을 알 수 있다.

수평층

경사층

② 지층 누중의 법칙: 퇴적물이 쌓일 때 새로운 퇴적물은 이전에 쌓인 퇴적물 위에 쌓이므로, 지층의 역전이 없었다면 아래에 있는 지층은 위에 있는 지층보다 먼저 퇴적되었다.

• 지층이 생성된 후 지각 변동을 받으면 역전되거나 변형될 수 있다.

• 지층의 역전 여부는 사층리, 점이 층리, 연흔, 건열 등의 퇴적 구조와 지층 속에 보존되어 있는 화석을 이용하여 판단할 수 있다.

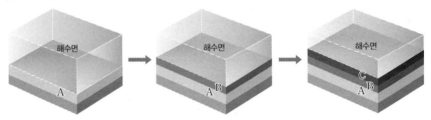

지층 누중의 법칙(지층 생성 순서: A → B → C)

③ 동물군 천이의 법칙: 오래된 지층에서 새로운 지층으로 갈수록 더욱 진화된 생물의 화석이 산출된다.

• 지층에서 산출되는 화석군의 변화를 이용하여 지층의 선후 관계를 파악할 수 있다.

• 서로 멀리 떨어져 있는 지층들 사이의 선후 관계를 알 수 있다.

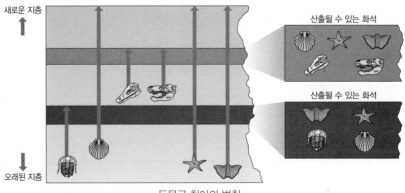

동물군 천이의 법칙

정답

1. 지각 변동
2. 나중에
3. 역전
4. 동물군 천이

④ **부정합의 법칙**: 부정합면을 경계로 상부 지층과 하부 지층의 퇴적 시기 사이에는 큰 시간적 간격이 존재한다.

- 부정합은 퇴적이 중단되거나 먼저 퇴적된 지층이 없어진 상태에서 다시 퇴적이 일어날 때 만들어진다.
- 부정합면을 경계로 상하 지층을 이루는 암석의 조성이나 지질 구조, 발견되는 화석의 종류 등이 다른 경우가 많고, 부정합면 위에는 기존의 암석 파편 중 큰 것이 퇴적되어 기저 역암으로 나타나기도 한다.

⑤ **관입의 법칙**: 마그마가 주변의 암석을 뚫고 들어가 화성암이 생성되었을 때, 관입 당한 암석은 관입한 화성암보다 먼저 생성되었다.

- 마그마가 주변의 암석을 관입한 경우 주변의 암석은 화성암보다 먼저 생성되었으며, 주변의 암석이 변성 작용을 받을 수 있다.
- 마그마가 지표로 분출한 경우 화성암 위의 지층은 화성암보다 나중에 생성되었으며, 화성암 위의 지층에는 변성 작용을 받은 부분이 나타나지 않는다.

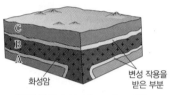
관입(생성 순서: A → C → B)

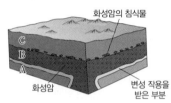
분출(생성 순서: A → B → C)

(2) 지층 대비: 여러 지역에 분포하는 지층들을 서로 비교하여 퇴적 시기의 선후 관계를 밝히는 것을 지층 대비라고 한다.

① **암상에 의한 대비**: 비교적 가까운 지역의 지층을 구성하는 암석의 종류, 조직, 지질 구조 등의 특징을 대비하여 지층의 선후 관계를 판단한다. ➡ 지층을 대비할 때 기준이 되는 지층을 건층 또는 열쇠층이라고 한다. 건층으로는 비교적 짧은 시기 동안 퇴적되었으면서도 넓은 지역에 걸쳐 분포하는 응회암층이나 석탄층이 주로 이용된다.

② **화석에 의한 대비**: 같은 종류의 표준 화석이 산출되는 지층은 같은 시기에 생성된 지층이라고 할 수 있으므로, 같은 종류의 표준 화석이 산출되는 지층을 연결하여 지층의 선후 관계를 판단한다. ➡ 진화 계통이 잘 알려진 생물의 화석을 이용하여 대비하며, 가까운 거리뿐만 아니라 멀리 떨어져 있는 지층의 대비에도 이용된다.

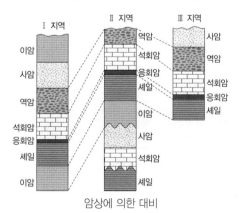
암상에 의한 대비

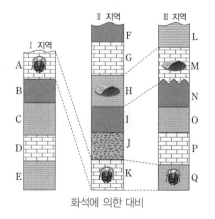
화석에 의한 대비

개념 체크

○ **관입**
마그마가 관입할 때 주변의 암석 조각이 포획될 수 있으며, 주변의 암석이 열에 의한 변성 작용을 받을 수 있다.

1. (　　　)면을 경계로 상부 지층과 하부 지층의 퇴적 시기 사이에는 큰 시간적 간격이 존재한다.

2. 관입한 화성암은 관입 당한 암석보다 (　　　) 생성되었다.

3. 여러 지역에 분포하는 지층들을 서로 비교하여 시간적인 선후 관계를 밝히는 것을 (　　　)라고 한다.

4. 건층은 지층을 대비할 때 기준이 되며, 비교적 (　　　) 시기 동안 퇴적되고 넓은 지역에 걸쳐 분포하는 지층을 이용한다.

5. 같은 종류의 (　　　) 화석이 산출되는 지층은 같은 시기에 생성된 지층이라고 할 수 있다.

정답
1. 부정합
2. 나중에
3. 지층 대비
4. 짧은
5. 표준

2 상대 연령과 절대 연령

(1) 상대 연령: 과거에 일어난 지질학적 사건의 발생 순서나 지층과 암석의 생성 시기를 상대적으로 나타낸 것을 상대 연령이라고 한다. ➡ 지사학의 여러 법칙을 적용하여 지질학적 사건의 발생 순서를 판단한다.

개념 체크

○ **방사성 동위 원소**
원자핵 내의 양성자 수는 같지만 중성자 수가 달라 질량수가 다른 원소를 동위 원소라고 하며, 동위 원소 중 자연적으로 붕괴하여 방사선을 방출하면서 다른 원소로 변해가는 동위 원소를 방사성 동위 원소라고 한다.

1. 지질학적 사건의 발생 순서나 지층과 암석의 생성 시기를 상대적으로 나타낸 것을 (　　) 연령이라고 한다.

2. 암석의 생성 시기를 절대적인 수치로 나타낸 것을 (　　) 연령이라고 한다.

3. 암석 속에 포함되어 있는 (　　) 동위 원소의 반감기를 이용하여 암석의 절대 연령을 알아낸다.

4. 붕괴하여 다른 원소로 변하는 방사성 동위 원소를 (　　)원소, 방사성 동위 원소가 붕괴하여 생성된 원소를 (　　)원소라고 한다.

🧪 탐구자료 살펴보기   지층의 상대 연령 결정하기

탐구 자료

그림은 어느 지역의 지질 단면을 나타낸 것이다. 이 지역에서는 지층의 역전이 일어나지 않았으며, 화성암 I는 습곡이 형성된 이후에 관입하였다.

탐구 결과

1. 지층 A, B, C, D, E, F가 순서대로 퇴적된 후 습곡이 형성되었다. 화성암 H와 I 주변에서 변성 작용을 받은 부분이 나타나고 I에서 포획암이 발견되므로, H와 I는 기존의 암석을 관입하였다.
2. 지층 A~F, 화성암 H와 I는 단층에 의해 어긋나 있으므로 단층 작용은 지층 A~F, 화성암 H와 I가 생성된 후에 일어났고, 지층 G의 하부에 부정합면이 나타나는 것으로 보아 지층 A~F, 화성암 H와 I가 생성된 후 지각 변동에 의해 융기 → 풍화·침식 → 침강이 일어났다.
3. 지사학의 법칙을 적용하면 이 지역에서는 A → B → C → D → E → F → 습곡 → I → H → 정단층 → 부정합 → G 순으로 지질학적 사건이 일어났음을 알 수 있다.

분석 point

• 지층과 암석의 생성 순서: 지층 A~G는 지층 누중의 법칙과 부정합의 법칙, 화성암 H와 I는 관입의 법칙을 적용하여 생성 순서를 결정한다.
• 지질 구조의 종류

습곡	수평 퇴적의 법칙에 의해 퇴적물은 일반적으로 수평으로 쌓이는데, 현재 지층 A~F가 휘어져 있다.
단층	단층면을 경계로 상반이 하반에 대해 아래로 이동하였으므로 장력에 의해 형성된 정단층이다.
부정합	부정합면을 경계로 상부 지층과 하부 지층의 경사가 서로 다르다.

(2) 절대 연령: 암석의 생성 또는 지질학적 사건의 발생 시기를 절대적인 수치로 나타낸 것을 절대 연령이라고 한다. ➡ 암석 속에 포함되어 있는 방사성 동위 원소의 반감기를 이용하여 알아낸다.

① **반감기:** 방사성 동위 원소가 붕괴하여 처음 함량의 반으로 줄어드는 데 걸리는 시간이다.

• **모원소와 자원소:** 방사성 동위 원소는 시간이 지남에 따라 방사선을 방출하면서 붕괴하여 다른 원소로 변하는데, 붕괴하는 방사성 동위 원소를 모원소, 방사성 동위 원소가 붕괴하여 생성되는 원소를 자원소라고 한다.

정답

1. 상대
2. 절대
3. 방사성
4. 모, 자

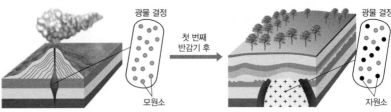

모원소와 자원소

② **반감기와 절대 연령의 관계**: 시간이 지남에 따라 모원소의 함량은 지속적으로 감소하고, 자원소의 함량은 지속적으로 증가한다. ➡ 암석이나 광물에 포함된 모원소와 자원소의 비율, 반감기를 알면 그 암석이나 광물이 생성된 시기를 알 수 있다.

$$t = n \times T \ (t: \text{절대 연령},\ n: \text{반감기 경과 횟수},\ T: \text{반감기})$$

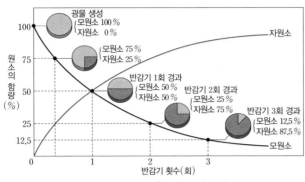

방사성 동위 원소의 붕괴 곡선

- 화성암에서 측정한 절대 연령은 암석이 생성된 시기를 나타내고, 퇴적암은 생성 시기가 다른 여러 광물 입자가 섞여 있으므로 퇴적암에서 측정한 절대 연령은 퇴적암의 퇴적 시기 상한선을 지시한다.
- 오래전에 생성된 암석의 절대 연령은 반감기가 긴 방사성 동위 원소를 이용하여 측정하고, 비교적 최근에 생성된 암석의 절대 연령은 반감기가 짧은 방사성 동위 원소를 이용하여 측정한다.

모원소	자원소	반감기	포함된 광물 및 물질
^{238}U	^{206}Pb	약 45억 년	지르콘, 우라니나이트, 피치블렌드
^{235}U	^{207}Pb	약 7억 년	지르콘, 우라니나이트, 피치블렌드
^{232}Th	^{208}Pb	약 141억 년	지르콘, 우라니나이트
^{87}Rb	^{87}Sr	약 492억 년	흑운모, 백운모, 정장석, 각섬석
^{40}K	^{40}Ar	약 13억 년	휘석, 흑운모, 백운모, 정장석
^{14}C	^{14}N	약 5730년	뼈, 나무 등 탄소를 포함한 유기물

과학 돋보기 | 방사성 탄소(^{14}C)를 이용한 연대 측정

- 대기 중의 탄소는 대부분 원자핵이 안정한 ^{12}C로 존재하지만 미량의 ^{14}C도 존재한다.
- 방사성 동위 원소인 ^{14}C가 붕괴하여 ^{14}N으로 변하는 동안 대기 중의 ^{14}N도 중성자와 반응하여 ^{14}C로 변하기 때문에 대기 중의 $\frac{^{14}C}{^{12}C}$는 일정하다.
- 생물은 물질 대사를 통해 CO_2를 흡수하므로 살아 있는 생물체 내와 대기 중의 $\frac{^{14}C}{^{12}C}$는 같다.
- 생물이 죽으면 물질 대사가 멈추지만 ^{14}C는 계속 붕괴하므로, 죽은 생물체 내의 $\frac{^{14}C}{^{12}C}$는 감소한다.
- ^{14}C의 반감기가 약 5730년인 것을 이용하여 죽은 생물체 내의 $\frac{^{14}C}{^{12}C}$를 측정하면 그 생물의 사후 경과 시간을 알 수 있다.
- ^{14}C는 반감기가 짧기 때문에 비교적 최근에 생성된 지층 속에 들어 있는 화석과 고고학적 유물의 연대 측정에 많이 이용된다.

중성자 → ^{14}N 보통 질소
양성자
^{14}C 방사성 탄소
식물의 광합성에 의해서 방사성 탄소(^{14}C)가 식물의 체내에 흡수된다.

보통 질소 ^{14}N
β 입자
^{14}C 붕괴

현재 | 5730년 후 | 11460년 후 | 17190년 후

개념 체크

○ **퇴적암의 절대 연령**
퇴적암은 여러 시기의 퇴적물이 섞여 있으므로 절대 연령을 정확히 측정하기 어렵다. 따라서 화성암의 절대 연령을 측정한 후 이들과의 생성 순서를 비교하여 간접적으로 알아낸다.

1. 시간이 지남에 따라 모원소의 함량은 지속적으로 ( )하고, 자원소의 함량은 지속적으로 ( )한다.

2. 반감기가 2회 지나면 방사성 동위 원소의 함량은 처음 함량의 ( )%가 된다.

3. 현재 어느 광물 속에 반감기가 1억 년인 방사성 동위 원소가 처음 함량의 $\frac{1}{8}$이 남아 있다면, 이 광물의 절대 연령은 ( )억 년이다.

4. 퇴적암은 생성 시기가 다른 여러 광물이 섞여 있으므로 퇴적암에서 측정한 절대 연령은 퇴적암의 퇴적 시기 ( )한선을 지시한다.

정답
1. 감소, 증가
2. 25
3. 3
4. 상

◎ **지질 시계**
지구의 역사 약 46억 년을 1일(24시간)로 환산하면 1시간은 약 1억 9200만 년에 해당하므로 고생대는 21시 11분경, 중생대는 22시 41분경, 신생대는 23시 39분경에 시작되었다.

◎ **산소 안정 동위 원소를 이용한 고기후 연구 방법**
빙하를 구성하는 물 분자의 산소 안정 동위 원소 비율($^{18}O/^{16}O$)을 측정하여 과거의 기후를 알아내는 방법이다. 기온이 높을수록 빙하를 구성하는 물 분자의 산소 안정 동위 원소 비율($^{18}O/^{16}O$)이 커진다.

1. 지질 시대 결정과 지층 대비에 유용한 화석을 ( )이라고 한다.

2. 자연환경을 추정하기 위한 화석으로는 생존 기간이 ( )고, 분포 면적이 ( )으며 환경 변화에 민감한 생물의 화석을 이용한다.

3. 선캄브리아 시대는 고생대의 ( )기 이전의 지질 시대이다.

4. 시생 누대, 원생 누대, 현생 누대를 기간이 긴 지질 시대부터 순서대로 나열하면 ( ) 누대, ( ) 누대, ( ) 누대이다.

5. 지질 시대의 구분 단위인 기, 대, 누대를 구분 단위가 큰 것부터 순서대로 나열하면 ( ), ( ), ( )이다.

정답
1. 표준 화석
2. 길, 좁
3. 캄브리아
4. 원생, 시생, 현생
5. 누대, 대, 기

③ 지질 시대의 환경과 생물

(1) 화석의 생성과 보존: 일반적으로 생물체에 뼈나 줄기와 같은 단단한 부분이 있으면 유리하고, 생물체가 분해되기 전에 빨리 묻혀야 하며, 퇴적암이 생성된 후 심한 지각 변동이나 변성 작용을 받지 않아야 한다.

(2) 표준 화석과 시상 화석

표준 화석	시상 화석
• 지질 시대 중 일정 기간에만 번성했다가 멸종한 생물의 화석으로, 지질 시대 결정과 지층 대비에 이용된다. • 조건: 생존 기간이 짧고, 분포 면적이 넓으며, 개체 수가 많아야 한다. 예 삼엽충: 고생대, 공룡: 중생대, 매머드: 신생대	• 특정 자연환경에서만 서식하는 생물의 화석으로, 생물이 살았던 시기의 자연환경을 추정하는 데 이용된다. • 조건: 생존 기간이 길고, 분포 면적이 좁으며, 환경 변화에 민감해야 한다. 예 고사리: 따뜻하고 습한 육지

(3) 지질 시대의 구분: 지구가 탄생한 약 46억 년 전부터 현재까지를 지질 시대라고 한다.
① **지질 시대의 구분 기준**: 생물계에서 일어난 급격한 변화나 지각 변동, 기후 변화 등을 기준으로 구분한다.
② **지질 시대의 구분 단위**: 누대(累代), 대(代), 기(紀) 등으로 구분한다. ➡ 시생 누대와 원생 누대는 화석이 거의 발견되지 않으며, 현생 누대는 화석이 비교적 풍부하여 많이 산출된다. 현생 누대는 생물의 출현과 진화 등 생물계에 큰 변화가 나타난 시기를 기준으로 구분한다.

지질 시대		절대 연대 (백만 년 전)
누대	대	
현생 누대	신생대	66.0
	중생대	252.2
	고생대	541.0
원생 누대	신원생대	1000
	중원생대	1600
	고원생대	2500
시생 누대	신시생대	2800
	중시생대	3200
	고시생대	3600
	초시생대	4000

지질 시대		절대 연대 (백만 년 전)
대	기	
신생대	제4기	2.58
	네오기	23.03
	팔레오기	66.0
중생대	백악기	145.0
	쥐라기	201.3
	트라이아스기	252.2
고생대	페름기	298.9
	석탄기	358.9
	데본기	419.2
	실루리아기	443.8
	오르도비스기	485.4
	캄브리아기	541.0

지질 시대의 구분

(4) 지질 시대의 기후
① **고기후 연구 방법**
• **화석 연구**: 시상 화석의 종류와 분포로부터 과거의 기후를 추정할 수 있다.
• **지층의 퇴적물 연구**: 퇴적물 속에 보존되어 있는 꽃가루 화석을 분석하면 과거 식물의 분포와 기후를 추정할 수 있다.
• **나무의 나이테 연구**: 나이테 사이의 폭과 밀도를 측정하여 과거의 기온과 강수량 변화를 추정할 수 있다.
• **빙하 코어 연구**: 빙하 속에 들어 있는 공기 방울을 분석하여 과거 대기 조성을 알 수 있고, 빙하를 구성하는 물 분자의 산소 안정 동위 원소 비율($^{18}O/^{16}O$)로부터 기온 변화를 추정할 수 있다.

② **지질 시대의 기후**: 선캄브리아 시대와 고생대 및 신생대에는 빙하기가 있었으며, 중생대에는 빙하기 없이 대체로 온난하였다.

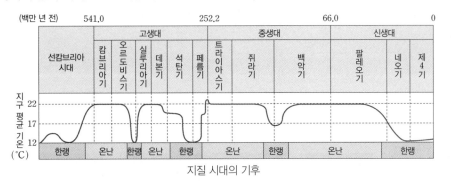

지질 시대의 기후

(5) 지질 시대의 환경과 생물

① **선캄브리아 시대의 환경과 생물**: 오랫동안 여러 차례의 지각 변동을 받으면서 대부분의 기록이 사라졌기 때문에 환경을 알기 어렵다.

- 시생 누대: 대기 중에 산소가 거의 없었고, 육지에는 강한 자외선이 도달하였으므로 바다에서 최초의 생명체가 출현하였다. 원핵 생물인 남세균이 출현하여 얕은 바다에 스트로마톨라이트를 형성하였다.
- 원생 누대: 남세균의 광합성으로 대기 중에 산소의 양이 점차 증가하였고, 말기에는 최초의 다세포 동물이 출현하였으며, 그 일부가 에디아카라 동물군 화석으로 남아 있다.

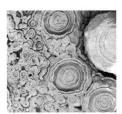

스트로마톨라이트

② **고생대의 환경과 생물**

환경	• 캄브리아기, 실루리아기, 데본기에는 대체로 온난했으며, 오르도비스기, 석탄기, 페름기에는 빙하기가 있었다. • 말기에 여러 대륙들이 하나로 모여 초대륙 판게아를 형성하면서 대규모 조산 운동이 일어났다.
생물	• 캄브리아기(삼엽충의 시대): 다양한 생물이 폭발적으로 증가하였고, 온난한 바다에서 삼엽충, 완족류 등의 해양 무척추동물이 번성하였다. • 오르도비스기(필석의 시대): 삼엽충, 필석류, 완족류가 크게 번성하였고, 최초의 척추동물인 어류가 출현하였다. • 실루리아기: 필석류, 산호, 갑주어, 바다전갈 등이 번성하였다. • 데본기(어류의 시대): 갑주어를 비롯한 어류가 번성하여 전성기를 이루었고, 최초의 양서류가 출현하였다. • 석탄기: 방추충(푸줄리나), 산호, 유공충이 번성하였고, 최초의 파충류가 출현하였다. 양서류가 전성기를 이루었으며, 양치식물이 거대한 삼림을 형성하였다. • 페름기: 은행나무, 소철 등의 겉씨식물이 출현하였고, 말기에는 삼엽충과 방추충을 비롯하여 많은 해양 생물이 멸종하였다.

삼엽충   필석   방추충

개념 체크

◐ **선캄브리아 시대**
고생대 최초의 시기가 캄브리아기이므로 이보다 앞선 시기를 일반적으로 선캄브리아 시대라고 한다. 선캄브리아 시대는 전체 지질 시대의 약 88 %를 차지한다.

◐ **스트로마톨라이트**
남세균(사이아노박테리아)에 의해 형성된 것으로 '층상 바위'라는 의미를 가지고 있으며, 따뜻하고 수심이 얕아 햇빛이 잘 드는 적도 부근의 바다에서 잘 만들어진다. 우리나라에서는 소청도와 태백시 구문소 등에서 산출된다.

1. (   ) 누대의 대기에는 산소가 거의 없었으며, 바다에서 원핵 생물인 남세균이 출현하였다.

2. 원생 누대 말기에 최초의 (   )세포 동물이 출현하였고, 그 일부가 에디아카라 동물군 화석으로 남아 있다.

3. 고생대 (   )기에는 어류가 번성하였고, 최초의 양서류가 출현하였다.

4. 고생대 석탄기에는 (   ) 식물이 거대한 삼림을 형성하였고, 최초의 (   )류가 출현하였다.

5. 고생대 말에는 대륙들이 하나로 모여 초대륙인 (   )를 형성하였다.

정답
1. 시생
2. 다
3. 데본
4. 양치, 파충
5. 판게아

개념 체크

○ **중생대의 지각 변동과 기후**
중생대에는 판게아가 분리되면서 화산 활동이 활발하게 일어났다. 그 결과 대기 중 이산화 탄소의 농도가 증가하였고, 이로 인한 온실 효과에 의해 전반적으로 온난한 기후가 지속되었을 것으로 추정된다.

1. (   )기 말에 초대륙 판게아가 분리되면서 대서양과 인도양이 형성되기 시작하였다.

2. 속씨식물은 (   )기에 출현하여 겉씨식물을 대체하기 시작하였다.

3. 공룡은 중생대 (   )기에 출현하여 중생대 (   )기 말에 멸종하였다.

4. 히말라야산맥과 알프스산맥은 (   )대에 형성되었다.

5. 신생대 (   )기에 접어들면서 여러 번의 빙하기와 간빙기가 있었다.

③ 중생대의 환경과 생물

환경	• 전반적으로 온난한 기후가 지속되었으며, 빙하기가 없었다. • 트라이아스기 말에 초대륙 판게아가 분리되기 시작하였고, 초대륙 판게아가 분리되면서 대서양과 인도양이 형성되기 시작하였으며 해양판이 섭입하면서 로키산맥, 안데스산맥과 같은 습곡 산맥이 형성되기 시작하였다.
생물	• 트라이아스기: 바다에서는 암모나이트가 번성하였으며, 육지에서는 공룡과 원시 포유류가 출현하였다. 은행류, 소철류 등의 겉씨식물이 번성하였다. • 쥐라기: 공룡을 비롯한 파충류와 암모나이트, 겉씨식물이 크게 번성하였고, 파충류와 조류의 특징을 모두 가진 시조새가 출현하였다. • 백악기: 말기에 공룡과 암모나이트가 멸종하였으며, 속씨식물이 출현하여 겉씨식물을 대체하기 시작하였다.

  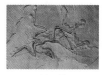

암모나이트	공룡	시조새

④ 신생대의 환경과 생물

환경	• 팔레오기와 네오기는 대체로 온난하였으나 제4기에 접어들면서 점차 한랭해져 여러 번의 빙하기와 간빙기가 있었다. • 인도 대륙과 아프리카 대륙이 유라시아 대륙과 충돌하여 히말라야산맥과 알프스산맥이 형성되었고, 태평양이 좁아지면서 오늘날과 비슷한 수륙 분포를 이루었다.
생물	• 팔레오기, 네오기: 대형 유공충인 화폐석이 번성하였고, 겉씨식물이 쇠퇴하였으며, 속씨식물이 번성하였고 넓은 초원이 형성되었다. • 제4기: 매머드 등의 대형 포유류가 번성하였고, 인류의 조상이 출현하였으며, 단풍나무, 참나무 등의 속씨식물이 번성하였다.

화폐석	매머드	단풍나무

🔍 **과학 돋보기** | **생물의 주요 멸종 시기**

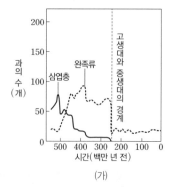

(가)

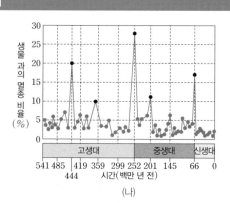

(나)

• (가)는 현생 누대 동안 삼엽충과 완족류의 과(科)의 수 변화를 나타낸 것이다. 고생대 페름기 말에 삼엽충이 멸종하였고, 완족류 과의 수는 급격히 감소하였다.
• (나)는 현생 누대 동안 생물 과(科)의 멸종 비율을 나타낸 것이다. 고생대 오르도비스기 말, 데본기 후기, 페름기 말, 중생대 트라이아스기 말, 백악기 말에 생물의 대량 멸종이 있었다.

정답
1. 트라이아스
2. 백악
3. 트라이아스, 백악
4. 신생
5. 제4

01 그림은 어느 지역의 지질 단면과 지층의 생성 순서를 나타 낸 것이다.

[24026-0073]

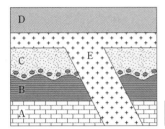

〈생성 순서〉
A → B → C → D → E

이 지역의 지층 생성 순서를 파악할 때 필요한 지사학의 법칙으로 옳은 것만을 〈보기〉에서 있는 대로 고른 것은?

● 보기 ●

ㄱ. 동물군 천이의 법칙
ㄴ. 지층 누중의 법칙
ㄷ. 관입의 법칙
ㄹ. 부정합의 법칙

① ㄱ, ㄴ   ② ㄴ, ㄷ   ③ ㄷ, ㄹ
④ ㄴ, ㄷ, ㄹ   ⑤ ㄱ, ㄴ, ㄷ, ㄹ

02 그림 (가)와 (나)는 서로 다른 지역의 지층을 나타낸 것이다. 화성암 B와 E의 절대 연령은 같으며 각각 마그마의 관입 또는 분출에 의해 생성되었다.

[24026-0074]

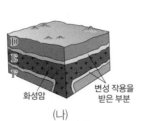

(가)   (나)

이에 대한 설명으로 옳은 것만을 〈보기〉에서 있는 대로 고른 것은?

● 보기 ●

ㄱ. (나)는 마그마가 분출한 경우이다.
ㄴ. A~F 중 가장 최근에 생성된 것은 D이다.
ㄷ. 부정합이 나타나는 것은 (가)이다.

① ㄱ   ② ㄴ   ③ ㄷ
④ ㄱ, ㄴ   ⑤ ㄴ, ㄷ

03 그림은 인접한 세 지역 Ⅰ, Ⅱ, Ⅲ의 지질 단면을 나타낸 것이다. 이 지역에서는 과거에 1회의 화산 활동이 있었으며 세 지역에 모두 화산재가 쌓였다.

[24026-0075]

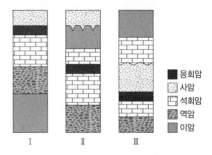

■ 응회암
▨ 사암
☐ 석회암
▨ 역암
▨ 이암

이 자료에 대한 설명으로 옳은 것만을 〈보기〉에서 있는 대로 고른 것은?

● 보기 ●

ㄱ. 응회암층은 열쇠층으로 이용할 수 있다.
ㄴ. Ⅰ의 이암층은 Ⅱ의 이암층과 비슷한 시기에 생성되었다.
ㄷ. Ⅰ의 석회암층은 Ⅲ의 역암층보다 나중에 생성되었다.

① ㄱ   ② ㄴ   ③ ㄱ, ㄷ
④ ㄴ, ㄷ   ⑤ ㄱ, ㄴ, ㄷ

04 그림은 세 지역 Ⅰ, Ⅱ, Ⅲ의 지층 단면과 지층에서 산출되는 화석을 나타낸 것이다.

[24026-0076]

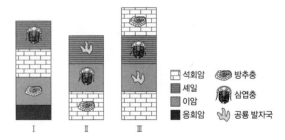

☐ 석회암   🦠 방추충
▨ 셰일   🐛 삼엽충
▨ 이암
■ 응회암   🐾 공룡 발자국

이 자료를 통해 추론할 수 있는 내용으로 옳은 것만을 〈보기〉에서 있는 대로 고른 것은?

● 보기 ●

ㄱ. Ⅱ 지역의 셰일층은 Ⅰ 지역의 이암층보다 오래되었다.
ㄴ. Ⅱ 지역의 이암층은 육상 환경에서 생성되었다.
ㄷ. Ⅲ 지역은 지각 변동을 받았던 적이 있다.

① ㄱ   ② ㄷ   ③ ㄱ, ㄴ
④ ㄴ, ㄷ   ⑤ ㄱ, ㄴ, ㄷ

[24026-0077]

05 그림은 어느 지역의 지질 단면과 산출되는 화석을 나타낸 것이다.

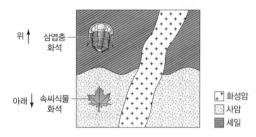

이에 대한 설명으로 옳은 것만을 〈보기〉에서 있는 대로 고른 것은?

● 보기 ●
ㄱ. 이 지역의 지층은 역전되었다.
ㄴ. 화성암의 절대 연령은 2.6억 년보다 많다.
ㄷ. 사암층과 셰일층은 정합 관계이다.

① ㄱ   ② ㄷ   ③ ㄱ, ㄴ
④ ㄴ, ㄷ   ⑤ ㄱ, ㄴ, ㄷ

[24026-0078]

06 그림은 어느 지역의 지질 단면을 나타낸 것이다.

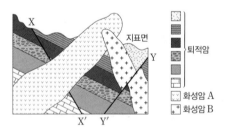

이에 대한 설명으로 옳은 것만을 〈보기〉에서 있는 대로 고른 것은?

● 보기 ●
ㄱ. 단층 Y-Y′은 단층 X-X′보다 먼저 형성되었다.
ㄴ. 단층 X-X′은 장력이 작용하여 형성되었다.
ㄷ. 화성암 A와 B의 생성 순서는 관입의 법칙을 이용하여 알 수 있다.

① ㄱ   ② ㄴ   ③ ㄱ, ㄷ
④ ㄴ, ㄷ   ⑤ ㄱ, ㄴ, ㄷ

[24026-0079]

07 표는 암석 A, B, C에 각각 포함된 방사성 동위 원소를 이용하여 암석들의 절대 연령을 구한 것이다.

암석	암석에 포함된 방사성 동위 원소의 반감기	암석에 포함된 방사성 동위 원소의 처음 양에 대한 현재의 양	절대 연령
A	5700년	6.25 %	x년
B	3억 5천만 년	50 %	y년
C	7억 년	75 %	z년

이에 대한 설명으로 옳은 것만을 〈보기〉에서 있는 대로 고른 것은?

● 보기 ●
ㄱ. x는 22800이다.
ㄴ. y는 z보다 크다.
ㄷ. 앞으로 7억 년 후 암석 B에 포함된 방사성 동위 원소의 양은 처음 양의 25 %이다.

① ㄱ   ② ㄷ   ③ ㄱ, ㄴ
④ ㄴ, ㄷ   ⑤ ㄱ, ㄴ, ㄷ

[24026-0080]

08 그림은 어느 화강암의 광물에 들어 있는 방사성 동위 원소 X의 붕괴 곡선을 나타낸 것이다. 현재 이 암석에 포함되어 있는 X의 양은 처음 양의 75 %이다.

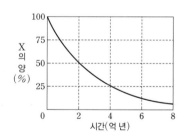

이에 대한 설명으로 옳은 것만을 〈보기〉에서 있는 대로 고른 것은?

● 보기 ●
ㄱ. X의 반감기는 2억 년이다.
ㄴ. 이 암석의 연령은 1억 년이다.
ㄷ. 현재로부터 5억 년 후 이 암석에 포함되어 있는 X의 양은 처음 양의 18.75 %보다 많다.

① ㄱ   ② ㄴ   ③ ㄱ, ㄷ
④ ㄴ, ㄷ   ⑤ ㄱ, ㄴ, ㄷ

[24026–0081]

09 그림은 어느 지역의 지질 단면과 산출되는 화석을 나타낸 것이다. 화성암 A에는 반감기가 3000만 년인 방사성 동위 원소 X가 포함되어 있다.

이에 대한 설명으로 옳은 것만을 〈보기〉에서 있는 대로 고른 것은?

┌─ 보기 ─────────────────────────────
│ ㄱ. 현재 A에 포함되어 있는 X의 양은 A의 생성 당시 양
│   의 12.5 % 이하이다.
│ ㄴ. B는 부정합이 형성된 이후에 관입하였다.
│ ㄷ. 이 지층은 역전되지 않았다.
└────────────────────────────────────

① ㄱ   ② ㄴ   ③ ㄱ, ㄷ
④ ㄴ, ㄷ   ⑤ ㄱ, ㄴ, ㄷ

[24026–0082]

10 그림은 지질 시대 동안 광합성 생물의 출현 시기를 나타낸 것이다.

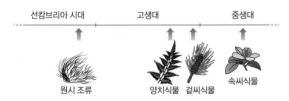

이에 대한 설명으로 옳은 것만을 〈보기〉에서 있는 대로 고른 것은?

┌─ 보기 ─────────────────────────────
│ ㄱ. 원시 조류는 수중 환경에서 서식하였다.
│ ㄴ. 속씨식물은 중생대에 번성하였다.
│ ㄷ. 양치식물과 겉씨식물은 모두 고생대에 번성하였다.
└────────────────────────────────────

① ㄱ   ② ㄴ   ③ ㄱ, ㄷ
④ ㄴ, ㄷ   ⑤ ㄱ, ㄴ, ㄷ

[24026–0083]

11 그림은 지질 시대 동안 지구의 평균 기온 변화를 나타낸 것이다.

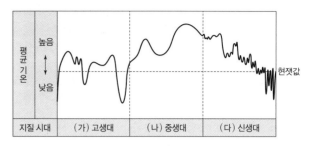

이에 대한 설명으로 옳은 것만을 〈보기〉에서 있는 대로 고른 것은?

┌─ 보기 ─────────────────────────────
│ ㄱ. (가)의 페름기에는 빙하기가 있었다.
│ ㄴ. (나) 시기에는 1번의 빙하기가 있었다.
│ ㄷ. (다)의 팔레오기에는 여러 번의 빙하기가 있었다.
└────────────────────────────────────

① ㄱ   ② ㄴ   ③ ㄱ, ㄷ
④ ㄴ, ㄷ   ⑤ ㄱ, ㄴ, ㄷ

[24026–0084]

12 다음은 초대륙에 대해 학생들이 나눈 대화를 나타낸 것이다.

• 학생 A: 로디니아는 시생 누대에 형성된 초대륙이야.
• 학생 B: 판게아는 고생대 말에 분리되기 시작했어.
• 학생 C: 초대륙이 형성될 때 대규모 조산 운동이 일어나.

제시한 내용이 옳은 학생만을 있는 대로 고른 것은?

① A   ② C   ③ A, B
④ B, C   ⑤ A, B, C

13 다음은 어느 생물 ㉠에 대한 설명이다.

[24026-0085]

(㉠)이 광합성을 할 때 표면의 점성 물질이 부유물을 포획하고, 밤에는 활동이 정지되어 포획된 입자가 굳어져 층을 이루게 된다. 다음 날 낮이 되면 전날 굳어진 층 위에 새로운 부유물을 포획하며, 이 과정이 반복되어 스트로마톨라이트가 형성된다. 따라서 스트로마톨라이트는 (㉠)의 광합성 기록이다.

㉠에 대한 설명으로 옳은 것만을 〈보기〉에서 있는 대로 고른 것은?

● 보기 ●

ㄱ. 원생 누대에 출현하였다.
ㄴ. 원시 지구의 대기 중 산소 농도를 증가시키는 데 기여하였다.
ㄷ. 현재는 멸종한 생물이다.

① ㄱ ② ㄴ ③ ㄱ, ㄷ
④ ㄴ, ㄷ ⑤ ㄱ, ㄴ, ㄷ

14 그림은 생물 A~D의 생존 기간을 나타낸 것이다. A와 B는 동물이며, C와 D는 각각 겉씨식물과 속씨식물 중 하나이다.

[24026-0086]

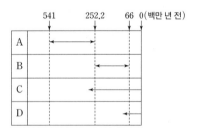

이에 대한 설명으로 옳은 것만을 〈보기〉에서 있는 대로 고른 것은?

● 보기 ●

ㄱ. 생존 기간만을 고려할 때 A와 B 화석은 모두 표준 화석으로 적합하다.
ㄴ. 고사리의 생존 기간은 C의 생존 기간을 포함한다.
ㄷ. D가 출현한 시기에 판게아가 분리되기 시작하였다.

① ㄱ ② ㄴ ③ ㄷ
④ ㄱ, ㄴ ⑤ ㄴ, ㄷ

15 표는 '기' 단위의 지질 시대 A, B, C에 출현하고 번성한 생물을 나타낸 것이다.

[24026-0087]

지질 시대	특징
A	속씨식물과 대형 포유류인 매머드가 번성하였다.
B	겉씨식물이 번성하였고, 시조새가 최초로 출현하였다.
C	파충류가 최초로 출현하였고, 양서류가 전성기를 이루었다.

A, B, C를 옳게 나타낸 것은?

	A	B	C
①	트라이아스기	페름기	데본기
②	네오기	백악기	석탄기
③	팔레오기	쥐라기	페름기
④	제4기	백악기	오르도비스기
⑤	제4기	쥐라기	석탄기

16 그림은 지질 시대 동안 생물 속의 수와 대멸종 ㉠, ㉡을 나타낸 것이다.

[24026-0088]

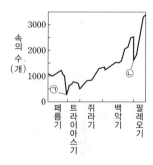

이에 대한 설명으로 옳은 것만을 〈보기〉에서 있는 대로 고른 것은?

● 보기 ●

ㄱ. ㉠은 판게아 분리와 관련이 있다.
ㄴ. ㉡에서 공룡이 멸종하였다.
ㄷ. $\left(\dfrac{\text{대멸종 직후 속의 수 최솟값}}{\text{대멸종 이전 속의 수 최댓값}}\right)$은 ㉠이 ㉡보다 크다.

① ㄱ ② ㄴ ③ ㄱ, ㄷ
④ ㄴ, ㄷ ⑤ ㄱ, ㄴ, ㄷ

[24026–0089]

01 그림은 인접한 세 지역 Ⅰ, Ⅱ, Ⅲ의 지층 단면과 산출되는 화석을 나타낸 것이다. 응회암은 동일한 시기에 퇴적되었으며, 세 지역의 지층은 역전되지 않았다.

인접한 지역은 응회암층이나 석탄층을 건층(열쇠층)으로 이용하여 지층 대비를 할 수 있다.

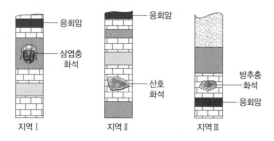

이에 대한 설명으로 옳은 것만을 〈보기〉에서 있는 대로 고른 것은?

● 보기 ●
ㄱ. 응회암층은 고생대에 생성되었다.
ㄴ. 산호 화석이 산출된 지층은 삼엽충 화석이 산출된 지층보다 오래되었다.
ㄷ. 가장 오래된 지층을 포함하고 있는 지역은 Ⅱ이다.

① ㄱ   ② ㄷ   ③ ㄱ, ㄴ   ④ ㄴ, ㄷ   ⑤ ㄱ, ㄴ, ㄷ

[24026–0090]

02 그림 (가)는 어느 지역의 지질 단면과 지질 구조를, (나)는 (가)의 X–Y 구간에서 깊이에 따른 암석의 연령을 나타낸 것이다.

관입암은 동시에 형성되었으므로 관입암 내에서 깊이에 따른 연령 변화는 없다.

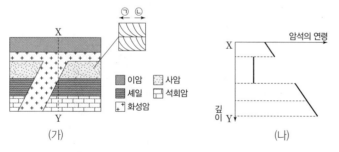

이에 대한 설명으로 옳은 것만을 〈보기〉에서 있는 대로 고른 것은?

● 보기 ●
ㄱ. 이 지역에서는 난정합이 나타난다.
ㄴ. 이암층의 하부에는 변성 작용을 받은 부분이 있다.
ㄷ. 사암층은 퇴적물이 ⓛ 방향으로 이동하다가 퇴적되어 생성되었다.

① ㄱ   ② ㄴ   ③ ㄱ, ㄷ   ④ ㄴ, ㄷ   ⑤ ㄱ, ㄴ, ㄷ

부정합면 위에서는 기저 역암이 발견되며, 부정합면 상부의 지층에 대하여 하부의 지층이 평행하면 평행 부정합, 경사지면 경사 부정합이다.

[24026-0091]

03 그림은 어느 지역의 지질 단면을 나타낸 것이다.

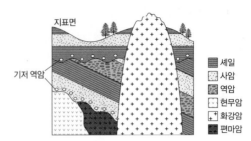

이 지역에 대한 설명으로 옳은 것만을 〈보기〉에서 있는 대로 고른 것은?

─● 보기 ●─

ㄱ. 침강한 횟수는 최소 2회이다.

ㄴ. 판상 절리가 나타날 수 있다.

ㄷ. 평행 부정합과 경사 부정합이 모두 나타난다.

① ㄱ　　　　② ㄷ　　　　③ ㄱ, ㄴ　　　　④ ㄴ, ㄷ　　　　⑤ ㄱ, ㄴ, ㄷ

지사학의 법칙을 이용하여 지층의 생성 순서를 판단해야 한다. 어느 지층이 단층에 의해 끊어졌다면 이 지층은 단층이 형성되기 이전에 생성된 것이다.

[24026-0092]

04 그림은 어느 지역의 지질 단면을 나타낸 것이다. 화성암 P와 Q에는 반감기가 5천만 년인 방사성 동위 원소 X가 각각 처음 함량의 $\frac{1}{64}$, $\frac{1}{16}$이 포함되어 있다.

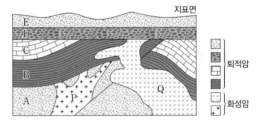

이에 대한 설명으로 옳은 것만을 〈보기〉에서 있는 대로 고른 것은?

─● 보기 ●─

ㄱ. 퇴적암의 생성 순서는 A → B → C → D → E이다.

ㄴ. 이 지역의 단층은 3억 년 전 이전에 형성되었다.

ㄷ. C에서는 화폐석 화석이 발견될 수 있다.

① ㄱ　　　　② ㄷ　　　　③ ㄱ, ㄴ　　　　④ ㄴ, ㄷ　　　　⑤ ㄱ, ㄴ, ㄷ

05 그림은 어느 지역의 지질 단면을, 표는 심성암 A와 B에 각각 포함된 방사성 동위 원소 X와 Y의 반감기와 처음 함량에 대한 현재 함량을 나타낸 것이다.

[24026–0093]

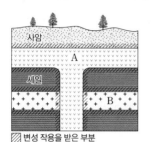

심성암	포함된 방사성 동위 원소의 종류	반감기	처음 함량에 대한 현재 함량
A	X	7억 년	50 %
B	Y	13억 년	50 %

이에 대한 설명으로 옳은 것만을 〈보기〉에서 있는 대로 고른 것은?

● 보 기 ●
ㄱ. 이 지역에서는 난정합이 나타난다.
ㄴ. 사암층의 절대 연령은 7억 년보다 많다.
ㄷ. 셰일층은 현생 누대에 퇴적되었다.

① ㄱ   ② ㄴ   ③ ㄱ, ㄷ   ④ ㄴ, ㄷ   ⑤ ㄱ, ㄴ, ㄷ

방사성 동위 원소를 이용하여 암석의 절대 연령을 구하면, 지사학의 법칙을 이용하여 그 주변 지층의 연령을 추론할 수 있다.

06 그림은 어느 화성암을 구성하는 광물 A와 B에 포함된 모원소와 자원소의 종류와 붕괴 과정을 나타낸 것이다.

[24026–0094]

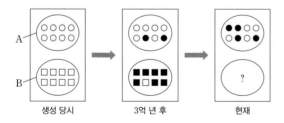

생성 당시   3억 년 후   현재

모원소	자원소
X(○)	X′(●)
Y(□)	Y′(■)

이에 대한 설명으로 옳은 것만을 〈보기〉에서 있는 대로 고른 것은?

● 보 기 ●
ㄱ. Y의 반감기는 1억 년이다.
ㄴ. 이 화성암의 절대 연령은 6억 년이다.
ㄷ. 절대 연령이 15억 년 이상일 것으로 예상되는 암석은 Y보다 X를 이용하여 절대 연령을 측정하는 것이 적절하다.

① ㄱ   ② ㄴ   ③ ㄱ, ㄷ   ④ ㄴ, ㄷ   ⑤ ㄱ, ㄴ, ㄷ

절대 연령이 매우 큰 암석은 반감기가 매우 짧은 방사성 동위 원소보다는 반감기가 긴 방사성 동위 원소를 이용하는 것이 절대 연령을 구할 때 용이하다.

[24026-0095]

07 그림은 화성암 A와 B에 포함된 방사성 동위 원소 X의 처음 양에 대한 자원소 Y의 함량을 나타낸 것이다. 생성 당시 A와 B의 Y 함량은 0 %이며 B는 t_1일 때 생성되었다. 그림의 가로축과 세로축은 등간격이 아니다.

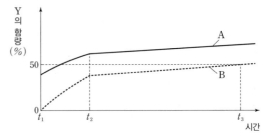

시간이 지남에 따라 모원소의 함량이 지속적으로 감소하는 만큼 자원소의 함량은 지속적으로 증가한다.

이에 대한 설명으로 옳은 것만을 〈보기〉에서 있는 대로 고른 것은?

● 보기 ●
ㄱ. A는 B보다 먼저 생성된 암석이다.
ㄴ. (A의 Y 함량−B의 Y 함량)은 t_2일 때가 t_3일 때보다 작다.
ㄷ. B가 생성된 후 $4(t_3-t_1)$의 시간이 지나면, B의 $\dfrac{\text{Y 함량}}{\text{X 함량}}$은 7보다 크다.

① ㄱ   ② ㄴ   ③ ㄱ, ㄷ   ④ ㄴ, ㄷ   ⑤ ㄱ, ㄴ, ㄷ

[24026-0096]

08 그림 (가)는 지질 시대 동안 대기 중의 이산화 탄소와 산소의 농도를 나타낸 것이고, (나)는 호상 철광층에 대한 설명이다.

시생 누대에 출현한 남세균의 광합성으로 생성된 산소는 대부분 해수 속 철 성분을 산화시키는 데 먼저 소비되었다.

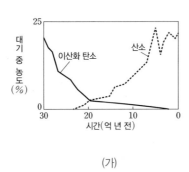

(가)

남세균이 출현한 뒤 광합성을 통해 생성된 산소와 해수 속의 철 이온이 반응하여 ㉠산화 철 형태로 침전하여 호상 철광층을 형성하였다. 지구에 존재하는 호상 철광층은 대부분 ㉡이 시기에 형성되었다.

호상 철광층의 단면 모습

(나)

이에 대한 설명으로 옳은 것만을 〈보기〉에서 있는 대로 고른 것은?

● 보기 ●
ㄱ. 선캄브리아 시대에 생성된 산소는 주로 대기로 먼저 방출된 후 호상 철광층을 형성하는 데 사용되었다.
ㄴ. 대기 중의 산소 농도가 이산화 탄소 농도보다 높아진 후부터 ㉠이 일어났다.
ㄷ. ㉡은 현생 누대 이전의 시기이다.

① ㄱ   ② ㄷ   ③ ㄱ, ㄴ   ④ ㄴ, ㄷ   ⑤ ㄱ, ㄴ, ㄷ

[24026–0097]

09 그림은 현생 누대 동안 삼엽충과 완족류의 과의 수를 A와 B로 순서 없이 나타낸 것이고, 표는 생물 대멸종 ㉠과 ㉡에 대한 설명이다.

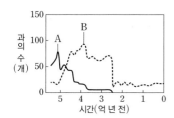

구분	㉠	㉡
멸종 추정 원인	화산 활동 증가, 판게아 형성으로 인한 육지 건조화 등	화산 활동 증가, 백악기 말의 거대 운석 충돌 등

생물 대멸종은 짧은 시간 동안 광범위한 지역에서 생물 종의 다양성이 감소하는 것을 의미한다.

이에 대한 설명으로 옳은 것만을 〈보기〉에서 있는 대로 고른 것은?

┌ ● 보 기 ●
ㄱ. A는 완족류, B는 삼엽충이다.
ㄴ. A의 멸종은 ㉠과 관련이 있다.
ㄷ. B의 과의 수는 ㉡보다 ㉠의 영향으로 더 큰 폭으로 감소했다.
└

① ㄱ　　　② ㄴ　　　③ ㄱ, ㄷ　　　④ ㄴ, ㄷ　　　⑤ ㄱ, ㄴ, ㄷ

[24026–0098]

10 그림 (가)와 (나)는 40억 년 전부터 현재까지 지질 시대의 상대적 시간 길이를 비율로 나타낸 것이다. (가)는 시생 누대, 원생 누대, 현생 누대의 비율이고, (나)는 고생대, 중생대, 신생대의 비율이다.

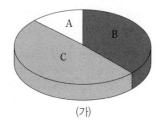

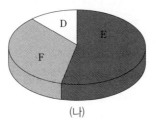

(가)　　　　　　　　(나)

지질 시대는 누대, 대, 기 등으로 구분한다. 고생대, 중생대, 신생대를 포함하는 현생 누대 이전의 시대는 선캄브리아 시대로 포괄적으로 묶어서 지칭하기도 한다.

이에 대한 설명으로 옳은 것만을 〈보기〉에서 있는 대로 고른 것은?

┌ ● 보 기 ●
ㄱ. (나)는 (가)의 B에 포함된다.
ㄴ. 초대륙 로디니아는 A, B, C 중 C 시기에 존재했다.
ㄷ. D, E, F를 오래된 시기부터 나열하면 E → F → D이다.
└

① ㄱ　　　② ㄷ　　　③ ㄱ, ㄴ　　　④ ㄴ, ㄷ　　　⑤ ㄱ, ㄴ, ㄷ

시상 화석은 생존 기간이 길고 특정 자연 환경에서 서식하는 생물의 화석으로, 자연 환경을 추정하는 데 유용하다.

11 [24026-0099]

그림은 현생 누대의 평균 기온과 생물 A, B, C의 생존 시기를 나타낸 것이다.

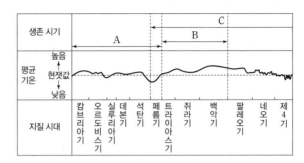

이에 대한 설명으로 옳은 것만을 〈보기〉에서 있는 대로 고른 것은?

● 보 기 ●

ㄱ. A의 생존 시기는 B의 생존 시기보다 평균 기온이 낮았다.

ㄴ. B의 생존 시기 중 양치식물, 겉씨식물, 속씨식물이 모두 존재했던 시기가 있었다.

ㄷ. A, B, C 중 시상 화석으로 가장 적합한 것은 C이다.

① ㄱ ② ㄴ ③ ㄱ, ㄷ ④ ㄴ, ㄷ ⑤ ㄱ, ㄴ, ㄷ

각 지질 시대의 시작 연령은 연령 측정 기술의 발전과 정확한 자료의 등장 등으로 인해 계속 수정되고 있다.

12 [24026-0100]

다음은 지질 시대에 대한 설명이다.

- 지질 시대의 정의가 바뀌거나, 암석의 연령 측정 기술이 발전하고 지층에 대해 더 정확한 자료가 등장하면 지질 시대의 연령이 바뀐다.

  예 ㉠ 캄브리아기의 시작 시점 변화: 5억 7천만 년 전(1980년대) → 5억 4천 4백만 년 전(1994년) → 5억 4천 1백만 년 전(2020년)

- 어느 지질 시대의 시작점을 대표하는 곳이 정해지면, 그곳에 기념비를 세우거나 표식을 남기는데, 이것을 황금못(Golden Spike)이라고 한다.

- 오른쪽 그림은 ㉡ 원생 누대의 마지막 기가 시작되는 지층에 표시한 황금못이다.

황금못의 예

이에 대한 설명으로 옳은 것만을 〈보기〉에서 있는 대로 고른 것은?

● 보 기 ●

ㄱ. 현생 누대의 기간은 2020년 추정치가 1994년 추정치보다 짧다.

ㄴ. ㉠ 시기에 최초의 양서류가 출현하였다.

ㄷ. ㉡ 시기에 살았던 다세포 생물들의 일부가 동물군 화석으로 남아 있다.

① ㄱ ② ㄴ ③ ㄱ, ㄷ ④ ㄴ, ㄷ ⑤ ㄱ, ㄴ, ㄷ

[24026–0101]

13 그림은 지질 시대 동안 동물군에 따른 생물 과의 수 변화와 생물 대멸종 ㉠, ㉡, ㉢을 나타낸 것이다.

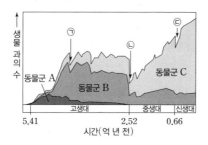

현생 누대 동안 모두 5번의 생물 대멸종이 있었고, 대멸종 이후에는 생물 과의 수가 증가했다.

동물군에 대한 설명으로 옳은 것만을 〈보기〉에서 있는 대로 고른 것은?

┌─● 보기 ●─────────────────────────────────────┐
│ ㄱ. 삼엽충은 A에 속한다.   │
│ ㄴ. B는 ㉡이 일어난 시기에 멸종했다.   │
│ ㄷ. ㉢이 일어난 이후 생물 과의 수 증가는 C가 B보다 크다. │
└───┘

① ㄱ   ② ㄴ   ③ ㄱ, ㄷ   ④ ㄴ, ㄷ   ⑤ ㄱ, ㄴ, ㄷ

[24026–0102]

14 그림 (가)는 20억 년 전부터 현재까지 빙하가 분포한 지역의 위도 범위를, (나)는 현생 누대 동안 지구의 평균 기온을 나타낸 것이다.

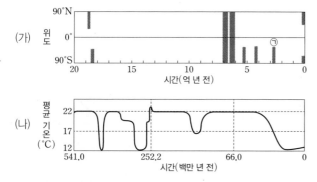

지구의 평균 기온이 하강하면 빙하가 분포할 수 있는 영역이 저위도 쪽으로 확장된다.

이 자료에 대한 설명으로 옳은 것만을 〈보기〉에서 있는 대로 고른 것은?

┌─● 보기 ●─────────────────────────────────────┐
│ ㄱ. 빙하는 북반구보다 남반구에서 더 빈번하게 저위도 쪽으로 확장되었다. │
│ ㄴ. 5억 년 전 이후에 빙하가 저위도 쪽으로 확장된 시기는 대체로 빙하기와 일치한다. │
│ ㄷ. ㉠은 중생대 중기의 한랭했던 시기에 남반구 빙하 분포의 위도 범위를 나타낸다. │
└───┘

① ㄱ   ② ㄷ   ③ ㄱ, ㄴ   ④ ㄴ, ㄷ   ⑤ ㄱ, ㄴ, ㄷ

Ⅱ 대기와 해양

6. 그림 (가)는 어느 날 t_1 시각의 지상 일기도에 온대 저기압 중심의 이동 경로를 나타낸 것이고, (나)는 이날 관측소 A와 B에서 t_1부터 15시간 동안 측정한 기압, 기온, 풍향을 순서 없이 나타낸 것이다. A와 B의 위치는 각각 ㉠과 ㉡ 중 하나이다.

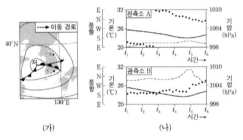

(가)   (나)

이 자료에 대한 설명으로 옳은 것만을 <보기>에서 있는 대로 고른 것은? [3점]

<보 기>
ㄱ. A의 위치는 ㉠이다.
ㄴ. t_2에 기온은 A가 B보다 낮다.
ㄷ. t_3에 ㉡의 상공에는 전선면이 있다.

① ㄱ   ② ㄴ   ③ ㄷ   ④ ㄱ, ㄴ   ⑤ ㄱ, ㄷ

[23026-0127]
05 그림 (가)와 (나)는 온난 전선과 한랭 전선이 어느 지역을 통과할 때 관측한 기온과 기압을 순서 없이 나타낸 것이다.

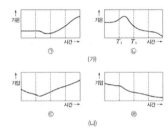

(가)

(나)

이 자료를 통해 추론한 내용으로 옳은 것만을 <보기>에서 있는 대로 고른 것은?

보기
ㄱ. ㉠과 동시에 관측한 기압 자료는 ㉢이다.
ㄴ. ㉡을 관측하는 동안 전선은 $T_1 \sim T_2$ 사이에 통과하였을 것이다.
ㄷ. ㉣을 관측하였을 때 비가 내렸다면 소나기가 내렸을 것이다.

① ㄱ   ② ㄴ   ③ ㄱ, ㄷ   ④ ㄴ, ㄷ   ⑤ ㄱ, ㄴ, ㄷ

연계 분석 수능 6번 문제는 수능특강 92쪽 5번 문제와 연계하여 출제되었다. 온대 저기압 통과 시 기상 요소의 변화 및 날씨 특징에 대해 묻는다는 점에서 유사성이 높다. 한편 수능특강 문제에서는 주어진 관측소에서 한랭 전선과 온난 전선이 통과한 후의 기압과 기온의 변화, 전선이 통과하는 동안 기상 요소의 변화와 날씨 특징을 파악하도록 하였다면, 수능 문제에서는 관측 자료로부터 관측소의 위치를 찾아서 온대 저기압 통과 시 기상 요소의 변화 및 전선의 이동 방향 등을 파악하도록 하였다는 점에서 차이가 있다.

학습 대책 수능 문제에서는 본 사례와 같이 EBS 연계 교재 문제의 자료와 <보기>를 변형하거나 추가적인 자료를 제시하고 그와 관련된 내용을 묻는 경우가 많다. 온대 저기압에 대해 묻는 문제의 경우 기온, 기압, 풍향 등의 관측 자료가 다양하게 제시될 수 있으므로, EBS 연계 교재를 학습할 때는 제시된 자료를 상황에 따라 분석하고 연관된 내용을 파악해야 한다. 또한 수능 문제에서는 연계 교재 문제에서 묻는 개념을 확장시키거나 보다 복잡한 형태로 출제될 수 있기 때문에 제시된 자료를 분석하고 배운 내용들을 서로 관련지어 해석하는 능력을 길러야 한다.

2024학년도 대학수학능력시험 3번

3. 그림 (가)는 대서양 심층 순환의 일부를 나타낸 것이고, (나)는 수온-염분도에 수괴 A, B, C의 물리량을 ㉠, ㉡, ㉢으로 순서 없이 나타낸 것이다. A, B, C는 각각 남극 저층수, 남극 중층수, 북대서양 심층수 중 하나이다.

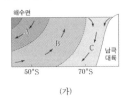 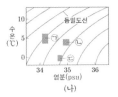

(가)   (나)

이에 대한 설명으로 옳은 것만을 <보기>에서 있는 대로 고른 것은? [3점]

<보 기>
ㄱ. A의 물리량은 ㉠이다.
ㄴ. B는 A와 C가 혼합하여 형성된다.
ㄷ. C는 심층 해수에 산소를 공급한다.

① ㄱ   ② ㄴ   ③ ㄷ   ④ ㄱ, ㄴ   ⑤ ㄱ, ㄷ

2024학년도 EBS 수능완성 71쪽 5번

05   ▶ 23069-0138

그림 (가)는 대서양 심층 순환의 일부인 수괴 A, B, C와 표층수를, (나)는 (가)의 수괴들의 물리량을 수온 염분도에 ㉠~㉣로 순서 없이 나타낸 것이다. A, B, C는 각각 북대서양 심층수, 남극 저층수, 남극 중층수 중 하나이다.

(가)   (나)

이에 대한 설명으로 옳은 것만을 <보기>에서 있는 대로 고른 것은?

보기
ㄱ. A는 (증발량 − 강수량) 값의 감소에 의한 표층 해수의 밀도 변화로 형성된다.
ㄴ. ㉠은 고위도 해역에서 ㉡과 ㉢의 혼합에 의해 형성된다.
ㄷ. ㉠과 ㉣은 모두 침강한 후 대체로 북쪽으로 이동한다.

① ㄱ   ② ㄷ   ③ ㄱ, ㄴ   ④ ㄴ, ㄷ   ⑤ ㄱ, ㄴ, ㄷ

연계 분석 수능 3번 문제는 수능완성 71쪽 5번 문제와 연계하여 출제되었다. 두 문제 모두 대서양의 심층 순환과 수온 염분도 자료를 해석하여 심층 순환을 형성하는 수괴의 물리적 특징을 파악하도록 하였다는 점에서 유사성이 높다. 한편 수능완성 문제에서는 심층 순환의 형성 원리와 이동 방향을 파악하도록 하였다면, 수능 문제에서는 심층 순환의 역할을 파악하도록 하였다는 점에서 차이가 있다.

학습 대책 수능 문제에서는 본 사례와 같이 EBS 연계 교재 문제의 자료를 활용하지만 <보기> 내용을 다르게 출제하는 경우가 있다. 그러나 EBS 연계 교재를 학습하면서 해수의 밀도에 영향을 미치는 요인과 심층 순환이 형성되는 원리를 이해하고, 수괴의 밀도가 클수록 더 아래쪽에서 순환한다는 기본 개념을 이해하고 있다면 어렵지 않게 문제를 해결할 수 있을 것이다. 따라서 EBS 연계 교재 문제를 학습할 때는 단순 암기보다는 핵심 내용과 단원 전체 내용을 포괄적으로 이해하고, 여러 개념을 서로 관련지어 종합적으로 사고할 수 있는 능력을 길러야 한다.

05 대기의 변화

❶ 기압과 날씨 변화

(1) 고기압과 저기압

고기압	저기압
주변보다 기압이 높은 곳	주변보다 기압이 낮은 곳
하강 기류	상승 기류
고 발산	저 수렴
바람이 시계 방향으로 불어 나감(북반구), 하강 기류 발달, 날씨 맑음	바람이 시계 반대 방향으로 불어 들어감(북반구), 상승 기류 발달, 구름 형성, 날씨 흐림

(2) 정체성 고기압과 이동성 고기압

① **정체성 고기압**: 고기압의 중심부가 거의 이동하지 않고 한곳에 머무르는 고기압이다.

　　예 시베리아 고기압, 북태평양 고기압

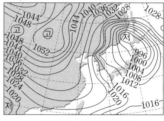 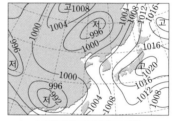

시베리아 고기압(겨울철)　　　　북태평양 고기압(여름철)

② **이동성 고기압**

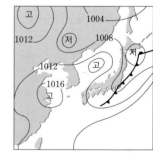

- 시베리아 기단에서 일부가 떨어져 나오거나 양쯔강 기단에서 발달하여 이동하는 비교적 규모가 작은 고기압을 이동성 고기압이라고 한다.
- 우리나라가 이동성 고기압의 영향을 받을 때는 2일~3일 정도 맑은 날씨가 이어지다가, 뒤를 이어 다가오는 저기압의 영향을 받아 흐리거나 비가 내리기도 한다.

이동성 고기압(봄철, 가을철)

(3) 온대 저기압

① **온대 저기압의 발생**

- 온대 저기압은 찬 기단과 따뜻한 기단이 만나는 중위도의 정체 전선상의 파동으로부터 발생하며, 온대 저기압은 북반구에서 찬 공기가 남하하여 대체로 남서쪽으로 한랭 전선을, 따뜻한 공기가 북상하여 대체로 남동쪽으로 온난 전선을 동반한다.
- 온대 저기압은 편서풍의 영향으로 서쪽에서 동쪽으로 이동하며, 중위도 지방의 날씨 변화에 큰 영향을 미친다.

개념 체크

○ **기압**

공기의 무게에 의해 생기는 대기의 압력을 기압이라고 한다. 기압의 단위로는 hPa, mmHg, atm 등을 사용하는데, 1 atm(기압)은 약 1013 hPa, 760 mmHg에 해당한다.

○ **편서풍**

위도 30°~60°의 중위도 지역에서 일 년 내내 서쪽에서 동쪽으로 부는 바람이다.

1. (　　)기압 중심에는 하강 기류가 발달하여 날씨가 (　　).

2. 북반구의 저기압에서는 바람이 (　　) 방향으로 불어 들어간다.

3. 고기압의 중심부가 거의 이동하지 않고 한곳에 머무르는 고기압을 (　　) 고기압이라고 한다.

4. 북태평양 고기압은 우리나라의 (　　)철에 영향을 미치는 정체성 고기압이다.

5. 우리나라 주변의 이동성 고기압은 주로 (　　) 기단에서 일부가 떨어져 나오거나 (　　) 기단에서 발달하여 이동한다.

정답

1. 고, 맑다
2. 시계 반대
3. 정체성
4. 여름
5. 시베리아, 양쯔강

과학 돋보기 온난 고기압과 한랭 고기압

그림은 정체성 고기압을 연직 기압 분포에 따라 분류한 것이다. 고기압권 내의 기온이 주위보다 높은 고기압을 온난 고기압(warm high), 고기압권 내의 기온이 주위보다 낮은 고기압을 한랭 고기압(cold high)이라고 한다.

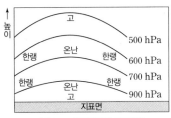

온난 고기압의 연직 구조(예)

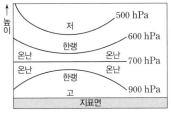

한랭 고기압의 연직 구조(예)

온난 고기압은 '키 큰 고기압', 한랭 고기압은 '키 작은 고기압'이라고도 불린다. 우리나라의 여름철에 영향을 미치는 북태평양 고기압은 온난 고기압, 겨울철에 영향을 미치는 시베리아 고기압은 한랭 고기압에 해당한다.

② 온대 저기압의 일생

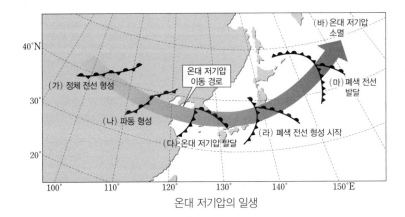

온대 저기압의 일생

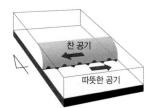

(가) 정체 전선 형성
남쪽의 따뜻한 기단과 북쪽의 찬 기단 사이에 정체 전선이 형성된다.

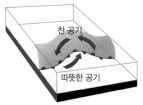

(나) 파동 형성
정체 전선을 사이에 두고 파동이 형성되면서 남하하려는 공기와 북상하려는 공기 사이에 한랭 전선과 온난 전선이 형성된다.

(다) 온대 저기압 발달
온난 전선과 한랭 전선이 발달하면서 중심부에 저기압이 형성된다.

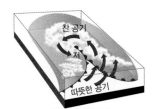

(라) 폐색 전선 형성 시작
이동 속도가 빠른 한랭 전선이 온난 전선 쪽으로 이동하여 폐색 전선이 형성되기 시작한다.

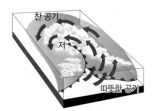

(마) 폐색 전선 발달
폐색 전선의 양쪽에 찬 공기가 위치하게 되면 온대 저기압의 세기는 점차 약해진다.

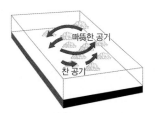

(바) 온대 저기압 소멸
따뜻한 공기는 위로 올라가고, 찬 공기는 아래에 위치하면서 온대 저기압은 소멸된다.

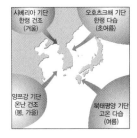
1. 온대 저기압은 남하하는 (　　) 기단과 북상하는 (　　) 기단이 만나는 중위도 지방에서 발생한다.

2. 정체 전선에 파동이 형성되면서 동쪽에는 (　　) 전선이, 서쪽에는 (　　) 전선이 발달하여 온대 저기압이 형성된다.

3. 한랭 전선이 온난 전선을 따라잡아 겹쳐지면 (　　) 전선이 형성된다.

4. 우리나라를 통과하는 온대 저기압은 (　　)의 영향으로 서쪽에서 동쪽으로 이동한다.

5. 온대 저기압에서 폐색 전선의 양쪽 지표 부근에는 (　　) 공기가 위치한다.

정답
1. 찬, 따뜻한
2. 온난, 한랭
3. 폐색
4. 편서풍
5. 찬

③ 온대 저기압과 전선

• 정체 전선: 찬 기단과 따뜻한 기단의 세력이 비슷하여 전선이 거의 이동하지 않고 한곳에 오랫동안 머무르는 전선이다. 📖 장마 전선

• 한랭 전선과 온난 전선: 한랭 전선은 찬 공기가 따뜻한 공기 쪽으로 이동하여 따뜻한 공기 밑으로 파고들 때 형성되고, 온난 전선은 따뜻한 공기가 찬 공기 쪽으로 이동하여 찬 공기 위로 올라갈 때 형성된다.

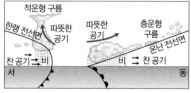

한랭 전선과 온난 전선

구분		한랭 전선	온난 전선
전선면의 기울기		급하다	완만하다
구름과 강수 형태		적운형, 소나기	층운형, 지속적인 비
구름과 강수 구역		주로 전선 후면의 좁은 구역	주로 전선 전면의 넓은 구역
전선의 이동 속도		빠르다	느리다
통과 전후의 변화	기온	하강	상승
	기압	상승	하강
	풍향(북반구)	남서풍 → 북서풍	남동풍 → 남서풍

• 폐색 전선: 이동 속도가 상대적으로 빠른 한랭 전선이 이동 속도가 느린 온난 전선을 따라잡아 두 전선이 겹쳐질 때 형성된다.

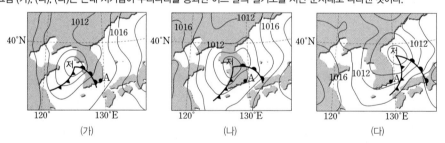

🧪 **탐구자료 살펴보기** ▶ **온대 저기압과 날씨 변화**

탐구 자료

그림 (가), (나), (다)는 온대 저기압이 우리나라를 통과한 어느 날의 일기도를 시간 순서대로 나타낸 것이다.

(가)　　　　　　　(나)　　　　　　　(다)

탐구 결과

1. 온대 저기압은 대체로 서쪽에서 동쪽으로 이동하였다.
2. A 지역은 (가)에서 온난 전선의 전면에 위치하므로 층운형 구름이 형성되어 약한 비가 내렸을 가능성이 있다. (나)에서는 온난 전선이 통과한 후이므로 (가)보다 기온이 상승하고, 날씨는 맑아졌을 것이다. (다)에서는 한랭 전선의 강수 구역에 위치하므로 적운형 구름이 형성되어 소나기가 내렸을 가능성이 크다.
3. A 지역은 온대 저기압이 통과하는 동안 풍향이 시계 방향(남동풍 → 남서풍 → 북서풍)으로 바뀌었을 것이다.

분석 point

• 중위도 지역에 위치하는 우리나라에서 온대 저기압은 편서풍의 영향으로 대체로 서쪽에서 동쪽으로 이동한다.
• 우리나라에 온대 저기압이 통과할 때는 온난 전선이 먼저 통과하고, 이어서 한랭 전선이 통과한다. 또한 편서풍의 영향으로 강수 지역도 대체로 우리나라의 서쪽에서 먼저 나타나고 동쪽에서 나중에 나타나는 경향을 보인다.

개념 체크

○ **전선과 전선면**
성질이 크게 다른 두 기단의 경계면을 전선면이라 하고, 전선면과 지표면이 만나는 선을 전선이라고 한다.

1. (　　) 전선을 형성한 두 기단은 비교적 긴 시간 동안 이동하지 않은 채 정체해 있다.

2. 한랭 전선은 온난 전선보다 전선면의 기울기가 (　　)하다.

3. 온난 전선은 한랭 전선보다 이동 속도가 (　　).

4. 한랭 전선이 통과할 때 강수 현상은 주로 전선 통과 (　　)에 나타난다.

5. (　　) 전선은 (　　) 전선보다 연직으로 발달한 구름을 형성한다.

정답

1. 정체
2. 급
3. 느리다
4. 후
5. 한랭, 온난

④ 온대 저기압 주변의 날씨

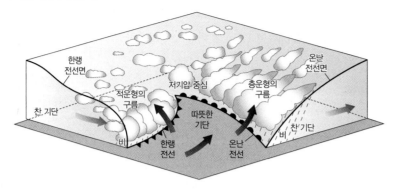

(4) 일기 기호

일기	● 비	✳ 눈	⟨ 뇌우	≡ 안개	꭫ 가랑비	ꞈ 소나기

운량	◯	◓	◑	◕	◕	◕	●	●	●	⊗
	0	1	2	3	4	5	6	7	8	9

풍속 (m/s)	◉	╱	╱	⫽	⫻	⫼	⫼
	0	2	5	7	12	25	27

전선과 기압	▲▲▲ 온난 전선	▲▲▲ 한랭 전선	Ⓗ 고기압
	▲▲▲ 폐색 전선	▲▲▲ 정체 전선	Ⓛ 저기압
			ꙮ 태풍

풍속
풍향
기온
현재 일기 — 18
이슬점 — 12
운량
280 — 기압
+10 — 기압 변화량

🔍 과학 돋보기 | 기상 위성 영상 해석

가시 영상
두꺼운 구름 (흰색)   얇은 구름 (회색)
인공위성
적운형 구름   층운형 구름

적외 영상
낮은 구름 (회색)   높은 구름 (흰색)
인공위성
적외선   상층운
하층운

가시 영상   적외 영상

• 가시 영상은 구름과 지표면에서 반사된 태양 빛의 반사 강도를 나타내는 것으로, 반사도가 큰 부분은 밝게 나타나고 반사도가 작은 부분은 어둡게 나타난다. 일반적으로 육지는 약간 밝게, 구름은 매우 밝게, 바다는 어둡게 보인다. 구름이 두꺼울수록 햇빛을 많이 반사하므로 층운형 구름보다 적운형 구름이 더 밝게 보이며, 야간에는 태양 빛이 없으므로 이용할 수 없다.

• 적외 영상은 물체가 온도에 따라 방출하는 적외선 에너지양의 차이를 이용하는 것으로, 온도가 높을수록 어둡게, 온도가 낮을수록 밝게 나타나며, 태양 빛이 없는 야간에도 관측이 가능하다. 물체의 표면에서 방출하는 적외선 에너지양을 탐지하는 것이므로 구름의 최상부 높이가 높을수록 밝게 나타난다.

개념 체크

○ **적운형 구름**
상승 기류가 강할 때 형성되는 치솟는 형태의 구름을 적운형 구름이라고 한다.

○ **난층운**
약하고 지속적인 비나 눈을 만들어 내는 층운형 구름이다.

1. ( ) 전선이 다가올 때는 구름의 높이가 점차 낮아진다.

2. 온난 전선과 한랭 전선 사이의 지역은 대체로 날씨가 ( ).

3. 북반구의 경우 온난 전선의 후면에서는 ( )풍이 분다.

4. 가시 영상에서 얇은 구름은 대체로 ( )색으로 보인다.

5. 적외 영상에서 낮은 구름은 대체로 ( )색으로 보인다.

정답
1. 온난
2. 맑다
3. 남서
4. 회
5. 회

2 태풍과 날씨

(1) **태풍**: 강한 바람과 비를 동반하는 기상 현상으로, 수온이 약 27 ℃ 이상인 열대 해상에서 발생하여 중심 부근 최대 풍속이 17 m/s 이상으로 성장한 열대 저기압을 말한다.

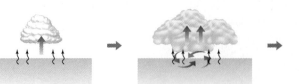

저위도의 따뜻한 열대 해상에서 열과 수증기를 공급받은 공기가 상승을 시작한다.

따뜻하고 습윤한 공기의 상승과 상층 공기의 발산으로 해상에 약한 저기압이 형성된다. 하층에서 주변의 공기가 회전하면서 중심 방향으로 수렴함에 따라 수증기의 숨은열에 의해 상승 기류와 저기압이 더욱 강화된다.

더욱 많은 양의 수증기가 응결하여 적란운들이 발달하고, 주변에서 더 많은 양의 공기가 모여들어 풍속이 빠른 태풍이 된다.

태풍의 발생 과정(북반구)

(2) **열대 저기압(태풍)의 발생 지역**: 태풍은 북태평양 서쪽의 위도 5°~25°의 열대 해상에서 주로 발생한다. 위도 25° 이상인 해역에서는 표층 수온이 낮아서 발생하기 어렵고, 적도 부근 해역에서는 전향력이 약해 태풍이 회전하는 데 필요한 힘을 얻지 못하므로 발생하기 어렵다. 또한 열대 저기압은 남반구 해역보다 북반구 해역에서 더 많이 발생하며, 무역풍의 영향으로 표층 수온이 높은 서태평양이 동태평양보다 발생 빈도가 높다.

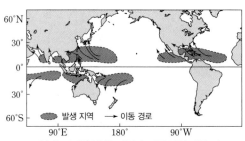

열대 저기압 발생 지역과 평균적인 이동 경로

탐구자료 살펴보기 　 **태풍의 이동**

탐구 자료

그림 (가)와 (나)는 2016년 태풍 차바가 접근할 때의 일기도와 태풍 중심의 예상 이동 경로를 나타낸 것이다.

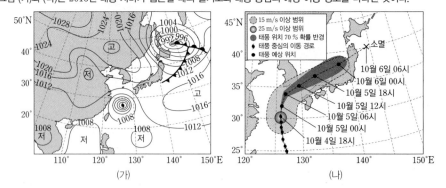

(가)　　　　　(나)

탐구 결과

1. 태풍은 전선을 동반하지 않으며, 등압선은 거의 원형인 동심원 모양으로 나타난다.
2. 태풍은 발생 초기에는 무역풍과 주변 기압 배치의 영향으로 북서쪽으로 진행하다가 북위 25°~30° 부근에서 편서풍의 영향으로 진로를 바꾸어 북동쪽으로 진행한다.

분석 point
태풍은 일반적으로 무역풍, 편서풍 및 주변 기압 배치의 영향으로 포물선 궤도를 그리며 이동한다.

(3) 태풍의 이동과 피해

① **태풍의 진로**: 태풍의 진로는 대기 대순환의 바람과 주변 기압 배치의 영향을 받는다. 즉, 발생 초기에는 무역풍과 북태평양 고기압의 영향을 받아 대체로 북서쪽으로 진행하다가 북위 25°~30° 부근에서는 편서풍의 영향으로 진로를 바꾸어 북동쪽으로 진행하는 포물선 궤도를 그린다. 따라서 태풍의 진로는 북태평양 고기압의 가장자리를 따라 진행하는 경향이 있다. 태풍이 진로를 바꾸는 위치를 전향점이라고 하는데, 전향점을 지난 후에는 태풍의 진행 방향과 편서풍의 방향이 일치하는 부분이 있어서 이동 속도가 대체로 빨라진다.

② **태풍의 피해**

- 위험 반원과 안전 반원(가항 반원): 북반구에서 태풍 진행 방향의 오른쪽 지역은 태풍의 이동 방향이 태풍 내 바람 방향과 같아 풍속이 상대적으로 강하므로 위험 반원이라고 하며, 태풍 진행 방향의 왼쪽 지역은 태풍의 이동 방향이 태풍 내 바람 방향과 반대여서 풍속이 상대적으로 약하므로 안전 반원이라고 한다.

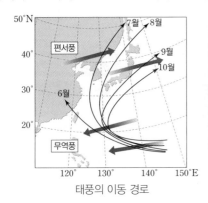

태풍의 이동 경로 　　　　　　　　　 위험 반원과 안전 반원

- 태풍이 통과하면 강풍, 호우, 홍수, 침수 등의 피해가 발생할 수 있으며, 태풍에 의해 발생한 해일이 조석의 만조와 겹치면 해안 지역의 침수 피해가 커질 수 있다.

과학 돋보기 　태풍에 의한 해일의 발생

강한 저기압인 태풍이 해상에 위치하면 주변보다 해수를 누르는 압력이 약하므로 해수면이 주변보다 높아진다. 태풍의 중심 기압이 주위보다 50 hPa 낮으면 태풍 중심 부근의 해수면은 약 50 cm 높아진다. 이와 같은 과정에 의해 높아진 해수면은 일종의 해파와 같아서 수심이 얕아지는 해안으로 접근하게 되면 그 높이가 더 높아지고, 해안을 덮쳐 해일의 피해가 발생할 수 있다. 또한 해일의 발생 시기가 만조와 겹치면 더욱 피해가 커진다.

기압 하강에 의한 해수면 상승

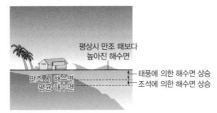

태풍과 만조가 겹쳤을 때

개념 체크

⦿ **태풍의 눈**
태풍의 눈에서는 약한 하강 기류가 나타나지만, 하층에서 중심 기압은 주변보다 낮다.

⦿ **지구 시스템 구성 권역의 상호 작용으로서의 태풍**
태풍의 발생과 성장에 관여하는 에너지원은 수증기의 잠열이므로, 태풍의 발생은 기권과 수권의 상호 작용에 해당한다. 태풍이 이동하면서 강한 바람이 표층 해수를 혼합시키고 용승을 활발하게 하여 표층 해수에 영양염을 공급하기도 하는 것은 기권과 수권 및 생물권의 상호 작용으로 설명할 수 있다. 또한 태풍이 육지에 상륙하면 기권과 지권의 상호 작용을 통해 태풍의 세력이 약해지거나 소멸한다.

1. 태풍의 중심으로 갈수록 (   )은 계속 낮아진다.

2. (   )은 발달한 태풍의 중심에서 약한 하강 기류가 나타나 날씨가 맑은 영역이다.

3. 태풍이 크게 성장하려면 지속적인 (   ) 공급이 필요하다.

4. 태풍이 육지에 상륙하면 지표면과의 (   )이 증가하여 세력이 약해진다.

5. 태풍 진행 경로의 왼쪽 지역은 시간이 지남에 따라 풍향이 (   ) 방향으로 변한다.

정답
1. 기압
2. 태풍의 눈
3. 수증기
4. 마찰
5. 시계 반대

(4) 태풍의 구조와 날씨

① **태풍의 구조**: 태풍은 반지름이 수백 km에 이르고, 전체적으로 상승 기류가 발달하여 중심부로 갈수록 두꺼운 적운형 구름이 형성된다. 중심부로 갈수록 바람이 강해지다가 태풍의 눈에서 약해지며, 중심으로 갈수록 기압은 계속 낮아진다.

② **태풍의 눈**: 발달한 태풍에서 나타나며, 태풍 중심으로부터 약 15 km~30 km에 이르는 지역으로 약한 하강 기류가 나타나 날씨가 맑고 바람이 약하다.

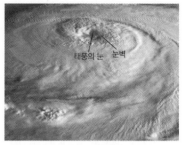

위에서 본 태풍의 모습

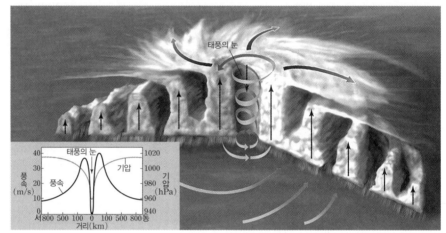

북상하는 태풍의 구조와 이동 방향에 수직인 연직 단면에서의 기압과 풍속

(5) 태풍의 에너지원과 소멸

① **태풍의 에너지원**: 열대 해상에서 상승한 공기 중의 수증기가 응결하면 이때 방출되는 많은 양의 숨은열이 에너지원이 되어 강한 상승 기류를 갖는 열대 저기압으로 발달하여 태풍을 발생시킨다. 따라서 태풍이 크게 성장하려면 지속적인 수증기 공급이 필요하다.

② **태풍의 소멸**: 태풍의 세력이 유지되거나 더 강하게 발달하려면 지속적인 에너지(수증기) 공급이 필요한데 태풍이 차가운 바다 위를 지나거나 육지에 상륙하면 열과 수증기의 공급이 줄어들어 세력이 약해진다. 또한 태풍이 육지에 상륙하면 지표면과의 마찰이 증가하여 세력이 급격히 약해진다.

(6) 태풍의 진행 경로에 따른 풍향 변화: 태풍 주변에서는
공기가 저기압성 회전을 하면서 바람이 불게 되므로, 북반구에서는 기압이 낮은 중심부를 향해서 시계 반대 방향으로 바람이 불어 들어간다. 따라서 태풍 진행 경로의 오른쪽(위험 반원, Q 지점)에 위치하면 태풍 통과 시 풍향이 시계 방향으로 변하고, 태풍 진행 경로의 왼쪽(안전 반원, P 지점)에 위치하면 태풍 통과 시 풍향이 시계 반대 방향으로 변한다.

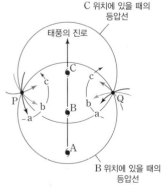

태풍의 진행 경로에 따른 풍향 변화

(7) 온대 저기압과 열대 저기압(태풍)

① 우리나라에 영향을 주는 저기압에는 온대 저기압과 열대 저기압이 있는데, 온대 저기압은 주로 봄철과 가을철에 영향을 미치고 열대 저기압은 주로 여름철에 영향을 미친다. 온대 저기압과 열대 저기압은 모두 저기압이므로 북반구에서는 하층의 공기가 시계 반대 방향으로 회전하면서 수렴한다.

② 온대 저기압과 열대 저기압의 비교

구분	온대 저기압	열대 저기압
발생 지역	한대 전선대	위도 5°~25°의 열대 해상
전선의 유무	전선을 동반한다.	전선을 동반하지 않는다.
등압선의 형태	등압선 간격이 열대 저기압보다 넓은 편이며 일그러진 타원형이다.	등압선 간격이 온대 저기압보다 좁고 원형에 가깝다.
풍속	풍속이 열대 저기압보다 느리다. 중심부와 주변부의 풍속이 대체로 비슷하다.	풍속이 온대 저기압보다 대체로 빠르다. 중심 부근의 풍속이 주변부보다 빠르다.
강수 지역	온대 저기압의 중심 부근과 전선 부근에서 강수 현상이 있다.	눈벽과 나선형의 구름대를 따라 강수 현상이 있다.
이동 경로	주로 편서풍의 영향을 받아 동쪽으로 이동한다.	북반구에서는 주로 북진하는데, 무역풍과 편서풍의 영향을 받아 북서쪽으로 이동하다가 전향하여 북동쪽으로 이동한다.
주요 에너지원	찬 공기와 따뜻한 공기가 섞이는 과정에서 감소하는 기단의 위치 에너지	따뜻한 해양에서 공급된 수증기가 응결하면서 방출하는 숨은열(잠열)
위성 영상		

개념 체크

◉ **한대 전선대**
대기 대순환에서 극동풍과 편서풍이 만나는 경계로 대략 위도 60° 부근에 형성되는 전선대를 한대 전선대라고 한다.

◉ **등압선과 풍속**
등압선의 간격이 조밀할수록 기압 차가 크므로 풍속이 빠르다.

1. 북반구에서 온대 저기압과 열대 저기압은 하층의 공기가 (   ) 방향으로 회전한다.

2. 온대 저기압과 열대 저기압 중 (   ) 저기압에는 전선이 없다.

3. 온대 저기압은 열대 저기압보다 위도가 (   )은 지역에서 발생한다.

4. 열대 저기압은 온대 저기압보다 등압선 간격이 (   ).

5. 온대 저기압의 주요 에너지원은 찬 공기와 따뜻한 공기가 섞이는 과정에서 감소하는 기단의 (   ) 에너지이다.

🔍 과학 돋보기 　열대 저기압의 지역별 명칭

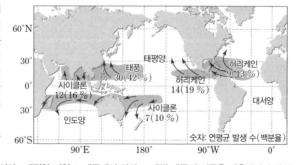

- 열대 저기압은 발생 지역에 따라 다르게 부르는데, 북태평양 서쪽에서 발생하여 우리나라, 일본, 중국, 필리핀 등을 통과하는 것을 태풍(typhoon), 중앙 아메리카 대륙 주변 해역에서 발생하는 것을 허리케인(hurricane), 인도양과 남태평양에서 발생하는 것을 사이클론(cyclone)이라고 한다.

- 태풍에 대한 관심을 높이고 경계를 강화하기 위해 태풍에 이름을 붙이고 있다. 2000년부터 아시아 태풍 위원회에서 아시아−태평양 지역 14개국에서 각각 10개씩 태풍의 이름을 제출받아 순차적으로 사용하고 있는데, '매미'처럼 큰 피해를 입힌 태풍의 이름은 더 이상 사용하지 않고 새로운 이름을 추가하여 사용하고 있다. '개미', '나리', '미리내' 등은 우리나라가 제출한 이름이고, '기러기', '도라지', '갈매기' 등은 북한이 제출한 이름이다.

정답
1. 시계 반대
2. 열대
3. 높
4. 좁다
5. 위치

개념 체크

○ **번개와 천둥**
적란운 내에서 양(+)전하와 음(−)전하가 분리되어 구름 속에 쌓였다가 방전이 일어나 번개가 발생하고, 이때 주변 공기의 부피 팽창으로 천둥이 치게 된다.

1. (   )은 일상생활에 큰 불편함과 위험을 동반하는 기상 현상이다.

2. 뇌우의 (   ) 단계에서는 상승 기류와 하강 기류가 함께 나타난다.

3. 국지성 호우는 반지름이 10~20 km 정도인 비교적 (   )은 지역에 (   ) 시간 내에 많은 양의 비가 내리는 현상이다.

4. 강한 상승 기류에 의해 형성된 (   )운이 한곳에 정체하여 계속 비가 내릴 때 집중 호우가 발생할 수 있다.

5. 겨울철 우리나라 서해안의 폭설은 시베리아 기단이 (   )상에서 변질되어 기층이 불안정해져서 상승 기류가 발달할 때 잘 발생한다.

3 우리나라의 주요 악기상

(1) 악기상: 일상생활에 큰 불편함과 위험을 동반하는 기상 현상을 말하며, 우리나라에서 발생하는 주요 악기상에는 뇌우, 호우, 폭설, 강풍, 우박, 황사 등이 있다.

(2) 뇌우: 강한 상승 기류에 의해 적란운이 발달하면서 천둥, 번개와 함께 소나기가 내리는 현상이다.
① **발생 조건**: 여름철 강한 햇빛을 받은 지표 부근의 공기가 국지적으로 가열되어 활발하게 상승할 때, 한랭 전선에서 찬 공기가 따뜻한 공기를 파고들어 따뜻한 공기가 빠르게 상승할 때, 온대 저기압이나 태풍에 의해 대기가 불안정하여 강한 상승 기류가 발달할 때 잘 발생한다.
② **발달 단계**: 적운 단계 → 성숙 단계 → 소멸 단계를 거치면서 변한다. 적운 단계에서는 강한 상승 기류에 의해 적운이 발달하고, 성숙 단계에서는 상승 기류와 하강 기류가 함께 나타나며, 천둥, 번개, 소나기, 우박 등이 동반된다. 소멸 단계에서는 전체적으로 하강 기류가 우세하고 비가 약해진다.

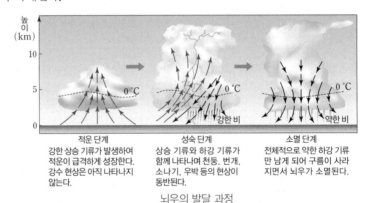

적운 단계	성숙 단계	소멸 단계
강한 상승 기류가 발생하여 적운이 급격하게 성장한다. 강수 현상은 아직 나타나지 않는다.	상승 기류와 하강 기류가 함께 나타나며 천둥, 번개, 소나기, 우박 등의 현상이 동반된다.	전체적으로 약한 하강 기류만 남게 되어 구름이 사라지면서 뇌우가 소멸된다.

▲ 뇌우의 발달 과정

③ **피해**: 뇌우는 집중 호우, 우박, 돌풍, 낙뢰 등을 동반하기 때문에 인명 피해나 농작물 파손, 가옥 파괴 등의 큰 재산 피해를 가져온다. 특히 낙뢰는 직접적인 인명 피해나 감전을 일으키기도 하고, 정전, 전기 설비나 기구의 고장을 초래하며, 항공기 운항에 지장을 주기도 한다.

(3) 호우: 시간과 공간 규모에 제한 없이 많은 비가 연속적으로 내리는 현상을 호우라고 한다.
① **국지성 호우(집중 호우)**: 국지적으로 단시간 내에 많은 양의 비가 집중하여 내리는 현상을 말한다. 한 시간에 30 mm 이상이나 하루에 80 mm 이상의 비가 내릴 때, 또는 연 강수량의 10 % 정도의 비가 하루에 내리는 것을 말하며, 비교적 좁은 지역(반지름 10~20 km 정도)에 집중적으로 내린다.
② **발생 조건**: 주로 강한 상승 기류에 의해 형성된 적란운이 한곳에 정체하여 계속 비가 내릴 때 집중 호우가 된다.
③ **피해**: 집중 호우는 홍수, 산사태 등을 일으킬 수 있어서 많은 인명과 재산 피해를 가져온다.

(4) 폭설: 짧은 시간에 많은 양의 눈이 내리는 기상 현상이다.
① **발생 조건**: 겨울철에 발달한 저기압이 통과할 때나 시베리아 기단의 찬 공기가 남하하면서 황해상에서 변질되어 기층이 불안정해져 상승 기류가 발달할 때 잘 발생한다.
② **피해**: 폭설이 내리면 교통의 마비, 교통사고, 시설물 붕괴 등 인명과 재산에 많은 피해가 발생할 수 있다.

▲ 폭설에 의한 피해

정답
1. 악기상
2. 성숙
3. 좁, 단(짧은)
4. 적란
5. 황해

과학 돋보기 **기단의 변질**

넓은 대륙이나 해양 위에 공기가 오랫동안 머무르면서 지표면이나 해수면과 열, 수증기를 교환하여 그 성질이 지표면 또는 해수면과 비슷해져서 형성된 대규모의 공기 덩어리를 기단이라고 한다. 기단이 발원지를 떠나 다른 곳으로 이동하면 이동한 지역의 지표면이나 해수면의 영향을 받아 성질이 변하게 되는데, 이를 기단의 변질이라고 한다.

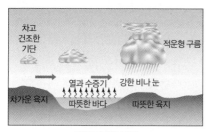

한랭 기단의 변질

온난 기단의 변질

- 한랭한 대륙에서 형성된 기단이 따뜻한 바다 위를 지나가면 기단의 하부가 가열되어 불안정해지므로 적운이나 적란운이 형성된다.
- 따뜻한 해양에서 형성된 온난한 기단이 차가운 바다를 지나 차가운 육지 쪽으로 이동하면 기단의 하부가 냉각되어 안정해지므로 층운형 구름이나 안개가 형성된다.
- 겨울철에 한랭 건조한 시베리아 기단이 따뜻한 황해상을 지나면서 열과 수증기를 공급받아 기온과 습도가 높아지고, 기층이 불안정해져 우리나라의 서해안에는 폭설이 내리기도 한다.

(5) **강풍**: 10분 동안의 평균 풍속이 14 m/s 이상인 바람을 말한다.

① **발생 조건**: 겨울철에 발달한 시베리아 기단의 영향을 받을 때, 여름철에 태풍의 영향을 받을 때 주로 발생한다.

② **피해**: 강풍은 가로수 등의 나무나 여러 가지 시설물을 파손시키고, 바다에서는 높은 파도를 일으켜 선박 사고나 해안 양식장에 피해를 입힐 수 있다.

강풍에 쓰러진 나무

(6) **우박**: 얼음의 결정 주위에 차가운 물방울이 얼어붙어 땅 위로 떨어지는 얼음덩어리를 우박이라고 한다.

① **발생 조건**: 주로 적란운에서 강한 상승 기류를 타고 발생한다. 우박은 겨울과 한여름에는 거의 발생하지 않는데, 날씨가 매우 추울 때는 강한 상승 기류가 잘 발달하지 않으며, 매우 더울 때는 우박이 떨어지는 동안에 녹아서 없어지기 때문이다.

② **구조와 크기**: 우박은 적란운 내에서 강한 상승 기류를 타고 상승과 하강을 반복하며 성장하므로 핵을 중심으로 투명한 얼음층과 불투명한 얼음층이 번갈아 싸고 있는 층상 구조를 하고 있다. 보통 지름이 1 cm 미만이지만 2~3 cm 정도인 것도 있고, 그보다 훨씬 큰 것도 있다.

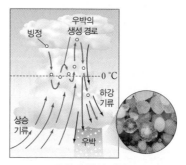

우박의 생성 과정

③ **피해**: 우박은 농작물이나 과실, 가축에 피해를 주기도 하고, 자동차, 항공기의 동체나 건물에도 손상을 입힐 수 있다.

1. 기단이 발원지를 떠나 다른 곳으로 이동하여 성질이 변하는 것을 기단의 (   )이라고 한다.

2. 한랭한 기단이 따뜻한 바다 위로 이동하면 기층이 (   )해지므로 적운형 구름이 형성된다.

3. 온난한 기단이 차가운 바다 위로 이동하면 기층이 (   )해지므로 층운형 구름이나 안개가 형성된다.

4. 강풍은 주로 여름철에 태풍의 영향을 받을 때, 겨울철에 발달한 (   ) 기단의 영향을 받을 때 발생할 수 있다.

5. 우박은 상승과 하강을 반복하며 성장하다가 (   ) 기류가 지탱하지 못할 정도로 커지면 지표로 떨어진다.

정답
1. 변질
2. 불안정
3. 안정
4. 시베리아
5. 상승

(7) **황사**: 발원지에서 강한 바람이 불어 상공으로 올라간 다량의 모래 먼지가 상층의 편서풍을 타고 멀리까지 날아가 서서히 내려오는 현상을 말한다.

① **발원지**: 우리나라에 영향을 미치는 황사의 주요 발원지는 중국 북부나 몽골의 사막 또는 건조한 황토 지대이다.

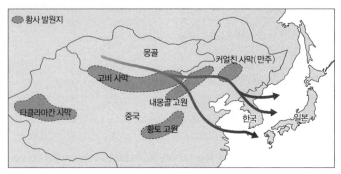

황사의 발원지와 이동 경로

② **발생 조건**: 지표면의 토양은 건조해야 하며, 토양의 구성 입자는 미세할수록 잘 발생한다. 또한 지표면에 식물 군락이 적고, 강한 바람과 함께 상승 기류가 나타나 토양의 일부가 쉽게 공중으로 떠오를 수 있어야 한다.

③ **발생 시기**: 건조한 겨울철이 지나고 얼었던 토양이 녹기 시작하는 봄철에 주로 발생한다.

④ **우리나라의 황사 발생 추세**: 황사는 상층의 강한 편서풍을 타고 우리나라와 일본을 지나 태평양, 북아메리카 대륙까지 날아가기도 한다. 중국 내륙 지역의 삼림 파괴와 사막화가 가속화되고, 이 지역의 온난 건조한 상태가 지속되고 있어 우리나라의 연간 황사 발생 일수와 발생 빈도는 증가하는 추세이다.

🧪 **탐구자료 살펴보기** ▶ **황사의 발생 추이 분석**

탐구 자료

그림 (가)는 1959년부터 2015년까지 서울 지역의 연도별 황사 관측 일수를, (나)는 같은 기간 동안 서울 지역의 월별 평균 황사 관측 일수를 나타낸 것이다.

(가) 연도별 황사 관측 일수

(나) 월별 평균 황사 관측 일수

탐구 결과

1. 이 기간 동안 서울 지역의 연도별 황사 관측 일수는 대체로 증가하는 경향을 보인다.
2. 황사는 봄철인 3월~5월에 가장 많이 발생하였다.

분석 point

• 지구 온난화로 인해 기온이 상승하면 겨울철에도 토양이 얼지 않아 겨울철 황사 발생 횟수는 증가할 가능성이 있다.
• 황사는 강수량이 많은 계절(여름철)에는 잘 발생하지 않는다.

01 그림은 북반구 중위도 어느 지역의 지상 일기도를 나타낸 것이다.

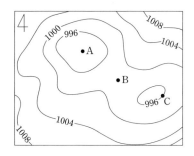

지역 A, B, C에 대한 설명으로 옳은 것만을 〈보기〉에서 있는 대로 고른 것은?

● 보기 ●
ㄱ. A에는 상승 기류가 발달한다.
ㄴ. 기압이 가장 높은 지역은 B이다.
ㄷ. C에서는 주로 북풍 계열의 바람이 분다.

① ㄱ   ② ㄷ   ③ ㄱ, ㄴ
④ ㄴ, ㄷ   ⑤ ㄱ, ㄴ, ㄷ

[24026-0104]

02 표는 서로 다른 기단 A~D가 우리나라에 영향을 미치는 주된 시기를, 그림은 어느 날 우리나라 주변의 지상 일기도를 나타낸 것이다.

기단	시기
A	겨울
B	봄, 가을
C	초여름
D	여름

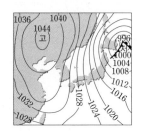

이에 대한 설명으로 옳은 것만을 〈보기〉에서 있는 대로 고른 것은?

● 보기 ●
ㄱ. A는 C보다 습도가 낮다.
ㄴ. 정체성 고기압은 B에서 형성된다.
ㄷ. 이날 우리나라는 주로 D의 영향을 받는다.

① ㄱ   ② ㄴ   ③ ㄱ, ㄷ
④ ㄴ, ㄷ   ⑤ ㄱ, ㄴ, ㄷ

[24026-0105]

03 그림은 우리나라에 영향을 주는 어느 정체성 고기압의 연직 기압 분포를 나타낸 것이다. 지점 A와 B는 지표면상에 위치한다.

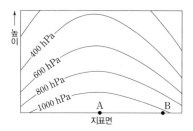

이 자료에 대한 설명으로 옳은 것만을 〈보기〉에서 있는 대로 고른 것은?

● 보기 ●
ㄱ. 기온은 A 부근이 B 부근보다 높다.
ㄴ. 400 hPa 등압면의 높이는 A가 B보다 높다.
ㄷ. 이 정체성 고기압은 주로 시베리아 기단에서 발달한다.

① ㄱ   ② ㄷ   ③ ㄱ, ㄴ
④ ㄴ, ㄷ   ⑤ ㄱ, ㄴ, ㄷ

[24026-0106]

04 그림은 어느 날 우리나라 주변의 지상 일기도를 나타낸 것이다. A와 B는 서로 다른 온대 저기압이다.

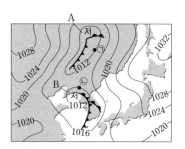

이 자료에 대한 설명으로 옳은 것만을 〈보기〉에서 있는 대로 고른 것은?

● 보기 ●
ㄱ. A와 B의 이동은 편서풍의 영향을 받는다.
ㄴ. 온대 저기압의 일생에서 B는 A보다 나중 단계에 해당한다.
ㄷ. 기압은 ㉠이 ㉡보다 높다.

① ㄱ   ② ㄷ   ③ ㄱ, ㄴ
④ ㄴ, ㄷ   ⑤ ㄱ, ㄴ, ㄷ

05 그림 (가)와 (나)는 폐색 전선과 정체 전선의 모습을 순서 없이 나타낸 것이다.

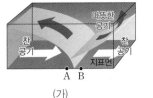 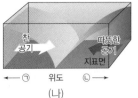

(가)　　　　　　(나)

이에 대한 설명으로 옳은 것만을 〈보기〉에서 있는 대로 고른 것은?

• 보기 •
ㄱ. 기온은 A 지점 부근이 B 지점 부근보다 낮다.
ㄴ. B 지점에서는 날씨가 맑다.
ㄷ. (나)에서 따뜻한 기단의 세력이 강해지면 전선은 ㉠ 방향으로 이동한다.

① ㄱ　　　　② ㄴ　　　　③ ㄱ, ㄷ
④ ㄴ, ㄷ　　　⑤ ㄱ, ㄴ, ㄷ

[24026-0108]

06 그림은 어느 날 우리나라 주변의 지상 일기도를 나타낸 것이다. ㉠과 ㉡은 고기압 또는 저기압 중 하나이다.

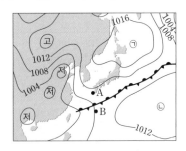

이 자료에 대한 설명으로 옳은 것만을 〈보기〉에서 있는 대로 고른 것은?

• 보기 •
ㄱ. 봄철에 자주 관측되는 기압 배치이다.
ㄴ. 중심부의 기온은 ㉠이 ㉡보다 낮다.
ㄷ. 전선상에 구름을 형성하는 수증기는 주로 A 지역에 위치한 기단보다 B 지역에 위치한 기단에서 공급되었다.

① ㄱ　　　　② ㄷ　　　　③ ㄱ, ㄴ
④ ㄴ, ㄷ　　　⑤ ㄱ, ㄴ, ㄷ

[24026-0109]

07 그림 (가)와 (나)는 봄철과 겨울철의 지상 일기도를 순서 없이 나타낸 것이다. A와 B는 서로 다른 종류의 고기압이다.

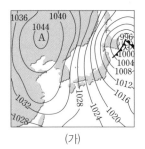 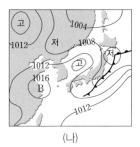

(가)　　　　　　(나)

이에 대한 설명으로 옳은 것만을 〈보기〉에서 있는 대로 고른 것은?

• 보기 •
ㄱ. 공간 규모는 A가 B보다 크다.
ㄴ. (나)에 발달한 전선은 주로 남북 방향으로 이동한다.
ㄷ. 우리나라가 각각 A와 B의 영향을 받을 때 날씨는 모두 흐리다.

① ㄱ　　　　② ㄴ　　　　③ ㄱ, ㄷ
④ ㄴ, ㄷ　　　⑤ ㄱ, ㄴ, ㄷ

[24026-0110]

08 그림 (가)와 (나)는 각각 어느 날 같은 시각의 우리나라 주변의 적외 영상과 가시 영상을 나타낸 것이다.

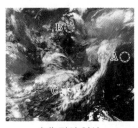 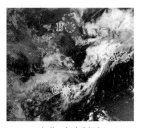

(가) 적외 영상　　　　(나) 가시 영상

이 자료에 대한 설명으로 옳은 것만을 〈보기〉에서 있는 대로 고른 것은?

• 보기 •
ㄱ. 관측 시각은 낮이다.
ㄴ. 구름 최상부의 높이는 A가 B보다 낮다.
ㄷ. A, B, C 중 구름의 두께는 C가 가장 두껍다.

① ㄱ　　　　② ㄴ　　　　③ ㄱ, ㄷ
④ ㄴ, ㄷ　　　⑤ ㄱ, ㄴ, ㄷ

09 그림 (가)는 어느 날 우리나라 주변의 지상 일기도를, (나)는 (가)와 같은 시기에 A와 B 지역 중 어느 한곳에서 관측한 어떤 기상 현상을 나타낸 것이다.

[24026-0111]

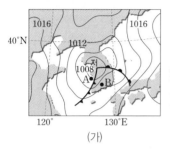

(가)   (나)

이에 대한 설명으로 옳은 것만을 〈보기〉에서 있는 대로 고른 것은?

• 보기 •
ㄱ. (나)는 A 지역에서 관측한 것이다.
ㄴ. B 지역에서는 주로 남동풍 계열의 바람이 분다.
ㄷ. 기압은 A 지역이 B 지역보다 높다.

① ㄱ   ② ㄴ   ③ ㄱ, ㄷ
④ ㄴ, ㄷ   ⑤ ㄱ, ㄴ, ㄷ

10 그림은 북반구 중위도 어느 지역에서 어느 날 관측한 기압과 바람을 나타낸 것이다. 이날 이 지역에는 한랭 전선과 온난 전선 중 하나가 통과하였다.

[24026-0112]

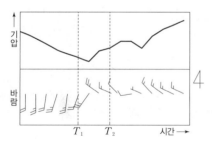

이 자료에 대한 설명으로 옳은 것만을 〈보기〉에서 있는 대로 고른 것은?

• 보기 •
ㄱ. 통과한 전선은 온난 전선이다.
ㄴ. 풍속은 T_1일 때가 T_2일 때보다 빠르다.
ㄷ. 구름의 두께는 T_1일 때가 T_2일 때보다 두껍다.

① ㄱ   ② ㄴ   ③ ㄱ, ㄷ
④ ㄴ, ㄷ   ⑤ ㄱ, ㄴ, ㄷ

11 그림은 어느 해 북서 태평양에서 태풍이 발생한 위치를 나타낸 것이다.

[24026-0113]

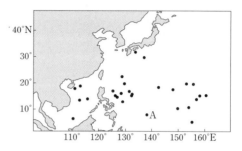

이에 대한 설명으로 옳은 것만을 〈보기〉에서 있는 대로 고른 것은?

• 보기 •
ㄱ. 태풍의 발생 빈도는 적도와 5°N 사이에서 가장 높다.
ㄴ. 태풍은 발생 위치에서 대체로 고위도 쪽으로 이동한다.
ㄷ. A에서 발생한 태풍은 발생 초기에 주로 편서풍의 영향을 받는다.

① ㄱ   ② ㄴ   ③ ㄱ, ㄷ
④ ㄴ, ㄷ   ⑤ ㄱ, ㄴ, ㄷ

12 그림은 어느 태풍이 우리나라로 다가오고 있을 때 우리나라 주변 지역을 촬영한 적외 영상이다.

[24026-0114]

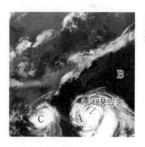

이 자료에 대한 설명으로 옳은 것만을 〈보기〉에서 있는 대로 고른 것은?

• 보기 •
ㄱ. A 지역에는 남동풍 계열의 바람이 분다.
ㄴ. B 지역에는 북태평양 기단이 위치한다.
ㄷ. C 지역과 이 태풍의 눈에서는 모두 상승 기류가 발달한다.

① ㄱ   ② ㄴ   ③ ㄱ, ㄷ
④ ㄴ, ㄷ   ⑤ ㄱ, ㄴ, ㄷ

[24026-0115]

13 그림은 어느 태풍이 이동하는 동안 태풍(●)의 위치와 중심 기압을 나타낸 것이다. $T_1 \sim T_3$ 동안 각 태풍 위치 사이의 시간 간격은 일정하다.

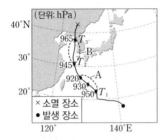

이 자료에 대한 설명으로 옳은 것만을 〈보기〉에서 있는 대로 고른 것은?

─● 보기 ●─
ㄱ. $T_1 \sim T_3$ 동안 태풍의 세력은 계속 강해졌다.
ㄴ. T_2일 때, 제주도에는 북풍 계열의 바람이 불었을 것이다.
ㄷ. 태풍의 평균 이동 속력은 A 해역을 통과할 때가 B 해역을 통과할 때보다 느렸다.

① ㄱ   ② ㄷ   ③ ㄱ, ㄴ   ④ ㄴ, ㄷ   ⑤ ㄱ, ㄴ, ㄷ

[24026-0116]

14 표는 우리나라의 어느 지역에서 일정한 시간 간격으로 관측한 풍향과 태풍의 중심 기압을 나타낸 것이다.

시기	풍향	태풍의 중심 기압(hPa)
T_1	북북서	955
T_2	서	965
T_3	서남서	970

이 자료에 대한 설명으로 옳은 것만을 〈보기〉에서 있는 대로 고른 것은?

─● 보기 ●─
ㄱ. 이 지역은 $T_1 \sim T_3$ 동안 태풍의 안전 반원에 위치하였다.
ㄴ. 태풍의 최대 풍속은 T_1일 때가 T_2일 때보다 빨랐을 것이다.
ㄷ. $T_1 \sim T_3$ 동안 태풍의 세력은 계속 약해졌다.

① ㄱ   ② ㄴ   ③ ㄱ, ㄷ   ④ ㄴ, ㄷ   ⑤ ㄱ, ㄴ, ㄷ

[24026-0117]

15 그림은 태풍이 통과할 때 어느 지역에서 관측한 기압과 풍속을 나타낸 것이다. 태풍의 눈이 T_1, T_2, T_3 중 어느 한 시기에 이 지역을 통과하였다.

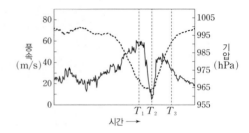

이 자료에 대한 설명으로 옳은 것만을 〈보기〉에서 있는 대로 고른 것은?

─● 보기 ●─
ㄱ. 기압이 최소일 때 풍속은 최대이다.
ㄴ. 시간당 강수량은 T_1일 때가 T_2일 때보다 많다.
ㄷ. 태풍의 눈이 이 지역을 통과한 시기는 T_2이다.

① ㄱ   ② ㄷ   ③ ㄱ, ㄴ
④ ㄴ, ㄷ   ⑤ ㄱ, ㄴ, ㄷ

[24026-0118]

16 그림 (가)와 (나)는 북반구 어느 지역의 온대 저기압과 열대 저기압의 가시 영상을 순서 없이 나타낸 것이다.

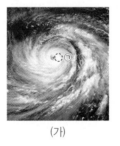 

(가)   (나)

이에 대한 설명으로 옳은 것만을 〈보기〉에서 있는 대로 고른 것은?

─● 보기 ●─
ㄱ. (가)와 (나)는 모두 낮에 촬영한 것이다.
ㄴ. 구름의 두께는 영역 ㉠이 영역 ㉡보다 두껍다.
ㄷ. (가)에서 지표 부근의 공기는 저기압의 중심부에서 시계 반대 방향으로 불어 나간다.

① ㄱ   ② ㄷ   ③ ㄱ, ㄴ
④ ㄴ, ㄷ   ⑤ ㄱ, ㄴ, ㄷ

17 그림 (가)와 (나)는 뇌우의 발달 과정 중 일부를 순서 없이 나타낸 것이다.

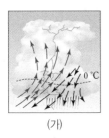 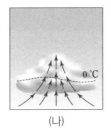

(가) (나)

이에 대한 설명으로 옳은 것만을 〈보기〉에서 있는 대로 고른 것은?

● 보 기 ●
ㄱ. 강수 현상은 주로 (가)에서 나타난다.
ㄴ. (나)의 구름은 대기가 불안정할 때 잘 발생한다.
ㄷ. 구름의 최상부에서 단위 시간에 단위 면적당 방출하는 적외선 에너지양은 (가)가 (나)보다 많다.

① ㄱ ② ㄷ ③ ㄱ, ㄴ ④ ㄴ, ㄷ ⑤ ㄱ, ㄴ, ㄷ

18 그림 (가)는 어느 기단이 우리나라로 이동해 올 때 기단의 변질로 우리나라 서해안 지역에 폭설이 내린 날의 가시 영상을, (나)는 이 기단의 높이에 따른 기온 분포를 나타낸 것이다. ㉠과 ㉡은 각각 기단의 변질 전과 후의 높이에 따른 기온 분포 중 하나이다.

 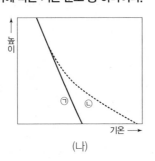

(가) (나)

이 자료에 대한 설명으로 옳은 것만을 〈보기〉에서 있는 대로 고른 것은?

● 보 기 ●
ㄱ. 이 기단은 해양성 기단이다.
ㄴ. 해역 A에 발달한 구름은 주로 적운형 구름이다.
ㄷ. 기단의 변질 후의 기온 분포는 ㉡이다.

① ㄱ ② ㄷ ③ ㄱ, ㄴ ④ ㄴ, ㄷ ⑤ ㄱ, ㄴ, ㄷ

19 다음은 어느 해 우박 예보와 관련된 신문 기사의 일부이다.

○○일 중부 지방을 중심으로 ㉠강한 천둥과 우박, 돌풍을 동반한 강한 비가 내릴 것으로 보인다. 기상청은 이와 관련해 "대기 상층의 찬 공기를 동반한 저기압이 한반도 상공으로 들어왔고, 낮이 길어지면서 대기 하층의 기온이 상승해 상층의 찬 공기가 들어올 때 (㉡)한 대기가 형성되었기 때문"이라고 설명했다.

이에 대한 설명으로 옳은 것만을 〈보기〉에서 있는 대로 고른 것은?

● 보 기 ●
ㄱ. ㉠은 뇌우의 발달 단계 중 성숙 단계에 나타난다.
ㄴ. '불안정'은 ㉡에 해당한다.
ㄷ. 이날 중부 지방에는 강한 상승 기류가 발달했을 것이다.

① ㄱ ② ㄴ ③ ㄱ, ㄷ ④ ㄴ, ㄷ ⑤ ㄱ, ㄴ, ㄷ

20 그림 (가)와 (나)는 서로 다른 해에 우리나라에서 관측한 연간 황사 발생 일수를 나타낸 것이다.

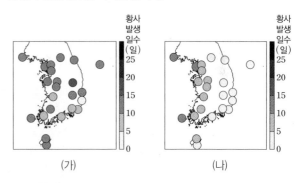

(가) (나)

이에 대한 설명으로 옳은 것만을 〈보기〉에서 있는 대로 고른 것은?

● 보 기 ●
ㄱ. 평균 연간 황사 발생 일수는 (가)일 때가 (나)일 때보다 많다.
ㄴ. (나)일 때 황사는 대체로 우리나라의 동쪽 지역보다 서쪽 지역에서 많이 관측된다.
ㄷ. 중국 내륙의 사막화가 심해지면 황사 발생 일수가 감소할 것이다.

① ㄱ ② ㄷ ③ ㄱ, ㄴ ④ ㄴ, ㄷ ⑤ ㄱ, ㄴ, ㄷ

북반구에서는 저기압 중심을 향해 바람이 시계 반대 방향으로 불어 들어가고, 남반구에서는 저기압 중심을 향해 바람이 시계 방향으로 불어 들어간다.

[24026-0123]

01 그림 (가)와 (나)는 중위도 어느 지역에 발달한 저기압과 고기압을 순서 없이 나타낸 것이다. 화살표(→)는 바람의 방향만을 나타내며, 지점 A, B는 지표상에 위치한다.

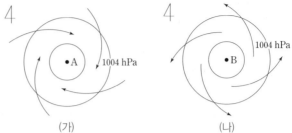

(가)　　　　　　　　　　　(나)

이에 대한 설명으로 옳은 것만을 〈보기〉에서 있는 대로 고른 것은?

● 보기 ●
ㄱ. 이 지역은 북반구에 위치한다.
ㄴ. 기압은 A가 B보다 높다.
ㄷ. A, B 중 상승 기류가 나타나는 지점은 A이다.

① ㄱ　　　② ㄷ　　　③ ㄱ, ㄴ　　　④ ㄴ, ㄷ　　　⑤ ㄱ, ㄴ, ㄷ

온대 저기압은 정체 전선 형성 → 파동 형성 → 온대 저기압 발달 → 폐색 전선의 형성 시작 → 폐색 전선 발달 → 소멸 단계의 변화 과정을 거친다.

[24026-0124]

02 그림 (가)와 (나)는 전선을 동반한 온대 저기압의 변화 과정을 24시간 간격으로 관측한 우리나라 주변의 가시 영상을 순서 없이 나타낸 것이다. (가)와 (나) 중 하나에만 폐색 전선이 형성되어 있다.

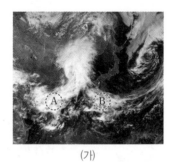 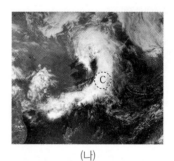

(가)　　　　　　　　　　　(나)

이에 대한 설명으로 옳은 것만을 〈보기〉에서 있는 대로 고른 것은?

● 보기 ●
ㄱ. 온대 저기압의 변화 과정은 (나) → (가)이다.
ㄴ. 구름의 평균 두께는 영역 A가 영역 B보다 두껍다.
ㄷ. 영역 C에서 단위 면적당 방출되는 적외선 복사의 세기는 구름 최상부가 지표면보다 강하다.

① ㄱ　　　② ㄴ　　　③ ㄱ, ㄷ　　　④ ㄴ, ㄷ　　　⑤ ㄱ, ㄴ, ㄷ

[24026–0125]

03 그림 (가)는 어느 해 겨울철(12월∼2월)에 발달한 우리나라 주변의 온대 저기압의 주요 이동 경로 A∼E를, (나)는 이동 경로별 온대 저기압 수를 나타낸 것이다. ㉠과 ㉡은 발달한 온대 저기압의 이후 일생 중 어느 시기의 저기압 중심 위치이다.

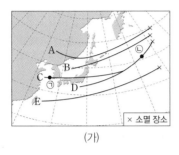
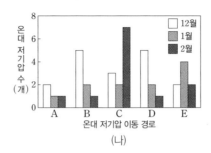

(가)   (나)

이 자료에 대한 설명으로 옳은 것만을 〈보기〉에서 있는 대로 고른 것은?

● 보기 ●
ㄱ. 온대 저기압의 이동은 주로 편서풍의 영향을 받았다.
ㄴ. ㉠과 ㉡ 중에서 폐색 전선이 발달할 가능성이 더 높은 것은 ㉡이다.
ㄷ. 해양 위에서 발달한 온대 저기압 수는 대륙 위에서 발달한 온대 저기압 수보다 많다.

① ㄱ   ② ㄷ   ③ ㄱ, ㄴ   ④ ㄴ, ㄷ   ⑤ ㄱ, ㄴ, ㄷ

우리나라 부근에서 온대 저기압은 주로 편서풍에 의해 서쪽에서 동쪽으로 이동한다.

[24026–0126]

04 그림 (가)는 어느 지역에 발달해 있는 온대 저기압에 동반된 전선의 모습을, (나)는 (가)의 전선 중 일부 구간의 모습을 나타낸 것이다.

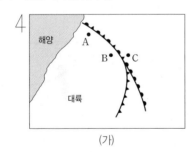
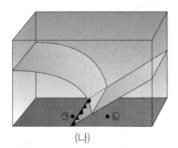

(가)   (나)

이에 대한 설명으로 옳은 것만을 〈보기〉에서 있는 대로 고른 것은?

● 보기 ●
ㄱ. 기압은 A 지역이 B 지역보다 낮다.
ㄴ. 기온은 B 지역이 C 지역보다 낮다.
ㄷ. ㉠ 지역의 구름은 ㉡ 지역의 구름보다 적외 영상에서 대체로 밝게 보인다.

① ㄱ   ② ㄴ   ③ ㄱ, ㄷ   ④ ㄴ, ㄷ   ⑤ ㄱ, ㄴ, ㄷ

폐색 전선은 이동 속도가 상대적으로 빠른 한랭 전선이 이동 속도가 상대적으로 느린 온난 전선을 따라잡아 두 전선이 겹쳐질 때 형성된다.

[24026-0127]

05 그림 (가)와 (나)는 북반구 또는 남반구의 중위도 지역에 발달한 서로 다른 두 온대 저기압에 동반된 전선을 나타낸 것이다. (가)와 (나)의 전선은 각각 온난 전선과 한랭 전선 중 하나이고, 전선은 동쪽으로 이동하고 있다.

북반구의 온대 저기압은 시계 반대 방향으로 바람이 불어 들어가고, 남반구의 온대 저기압은 시계 방향으로 바람이 불어 들어간다.

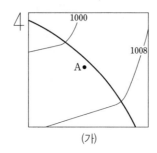 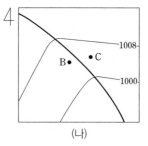

이에 대한 설명으로 옳은 것만을 〈보기〉에서 있는 대로 고른 것은?

● 보기 ●
ㄱ. 지점 A와 C에서는 모두 남풍 계열의 바람이 분다.
ㄴ. 강수 현상은 지점 A보다 지점 B에서 나타날 가능성이 높다.
ㄷ. 전선이 통과하면 지점 C의 기온이 하강한다.

① ㄱ   ② ㄷ   ③ ㄱ, ㄴ   ④ ㄴ, ㄷ   ⑤ ㄱ, ㄴ, ㄷ

[24026-0128]

06 그림 (가)와 (나)는 각각 북반구 중위도 어느 지역에서 온난 전선과 폐색 전선 중 하나가 통과할 때 관측된 기상 요소를 순서 없이 나타낸 것이다. 전선은 $T_1 \sim T_2$, $T_3 \sim T_4$에 이 지역을 통과하였다.

폐색 전선에서는 전선 전면과 후면의 기온 차가 크게 나타나지 않는다.

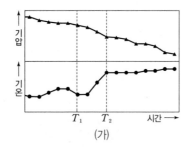 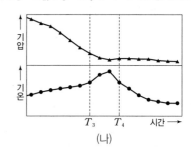

이 자료에 대한 설명으로 옳은 것만을 〈보기〉에서 있는 대로 고른 것은?

● 보기 ●
ㄱ. T_1과 T_2 사이에 풍향은 주로 동풍 계열에서 북풍 계열로 바뀐다.
ㄴ. 온대 저기압의 일생에서 T_1과 T_2 사이에 통과한 전선은 T_3과 T_4 사이에 통과한 전선보다 나중에 나타난다.
ㄷ. $T_1 \sim T_4$ 중 구름의 양이 가장 적을 때는 T_2이다.

① ㄱ   ② ㄷ   ③ ㄱ, ㄴ   ④ ㄴ, ㄷ   ⑤ ㄱ, ㄴ, ㄷ

07 그림 (가)와 (나)는 서로 다른 발달 과정에 있는 온대 저기압 주변의 지상 기온 분포를 나타낸 것이다.

[24026–0129]

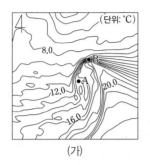 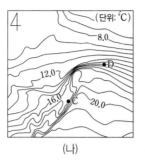

(가)   (나)

온대 저기압의 일생은 정체 전선 형성 → 파동 형성 → 온대 저기압 발달 → 폐색 전선의 형성과 발달 → 소멸 순이다.

이에 대한 설명으로 옳은 것만을 〈보기〉에서 있는 대로 고른 것은?

■ 보기 ●

ㄱ. 온대 저기압의 일생에서 (가)는 (나)보다 나중 단계이다.

ㄴ. (가)에서 저기압 중심의 위치는 지점 A보다 지점 B에 가깝다.

ㄷ. 적외 영상에서 나타난 평균적인 구름의 밝기는 지점 C보다 지점 D에서 밝다.

① ㄱ   ② ㄷ   ③ ㄱ, ㄴ   ④ ㄴ, ㄷ   ⑤ ㄱ, ㄴ, ㄷ

[24026–0130]

08 그림은 북반구 중위도 어느 지역에서 어느 전선의 통과 전후에 관측한 풍향(•)과 높이에 따른 풍속(⋯)을 나타낸 것이다. 이 지역을 통과한 전선은 온난 전선과 한랭 전선 중 하나이다.

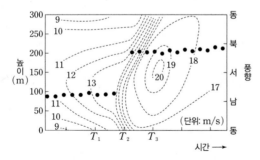

전선을 경계로 기온, 바람 등이 급변하므로, 시간–높이 그래프에서 풍향이 급격히 변할 때가 전선이 통과하는 시간이다.

이 자료에 대한 설명으로 옳은 것만을 〈보기〉에서 있는 대로 고른 것은?

■ 보기 ●

ㄱ. T_1, T_2, T_3 중에서 전선이 통과 중인 시간은 T_2에 가장 가깝다.

ㄴ. 이 지역에서 풍속은 전선 통과 전이 전선 통과 후보다 대체로 빠르다.

ㄷ. T_3일 때 이 지역의 상공에는 온난 전선면이 나타난다.

① ㄱ   ② ㄴ   ③ ㄱ, ㄷ   ④ ㄴ, ㄷ   ⑤ ㄱ, ㄴ, ㄷ

가시 영상은 낮에만 관측이
가능하지만, 적외 영상은 낮
과 밤 구분 없이 모두 관측이
가능하다.

[24026-0131]

09 그림 (가)와 (나)는 어느 날 같은 시각에 관측한 우리나라 주변의 가시 영상과 적외 영상을 순서 없이 나타낸 것이다. 구름 A, B, C 중 하나는 적란운이다.

(가)

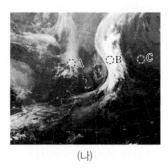
(나)

이 자료에 대한 설명으로 옳은 것만을 〈보기〉에서 있는 대로 고른 것은?

┌─── 보 기 ──┐
│ ㄱ. 우리나라가 밤일 때 촬영한 것이다.   │
│ ㄴ. A, B, C 중 구름 최하부의 높이가 가장 높은 것은 A이다.   │
│ ㄷ. 구름 최상부에서 단위 시간에 단위 면적당 방출되는 적외선 에너지양은 B가 C보다 많다. │
└──┘

① ㄱ   ② ㄴ   ③ ㄱ, ㄷ   ④ ㄴ, ㄷ   ⑤ ㄱ, ㄴ, ㄷ

우리나라 주변에 형성된 정체
전선은 북태평양 기단의 세력
이 강해지면 북상하고, 전선
면 부근에서는 상승 기류가
우세하다.

[24026-0132]

10 그림 (가)는 어느 날 우리나라 부근의 등압선 분포와 12시간 누적 강수량을, (나)는 (가)와 같은 시각에 지상에서 부는 바람을 나타낸 것이다. (가)일 때 우리나라 주변에 장마 전선이 위치하였다.

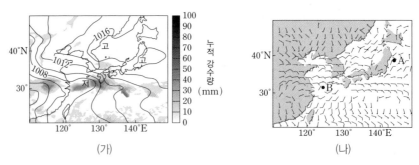
(가)   (나)

이에 대한 설명으로 옳은 것만을 〈보기〉에서 있는 대로 고른 것은?

┌─── 보 기 ────────────────────────────────────┐
│ ㄱ. 장마 전선의 위치는 40°N보다 30°N에 가깝다.   │
│ ㄴ. 가시 영상에서 지점 A는 B보다 어둡게 보인다.   │
│ ㄷ. 지점 B에서는 하강 기류가 우세하다.   │
└──┘

① ㄱ   ② ㄷ   ③ ㄱ, ㄴ   ④ ㄴ, ㄷ   ⑤ ㄱ, ㄴ, ㄷ

11 그림 (가)와 (나)는 각각 어느 해 우리나라 주변을 통과한 서로 다른 태풍 A, B의 이동 경로를 나타낸 것이다. 이동 경로에서 태풍(•)의 위치 사이의 시간 간격은 일정하다.

[24026–0133]

태풍은 발생 초기에는 무역풍과 북태평양 고기압의 영향으로 대체로 북서쪽으로 진행하다가 이후에는 편서풍의 영향으로 북동쪽으로 진행한다.

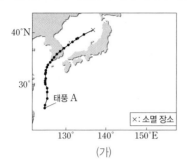
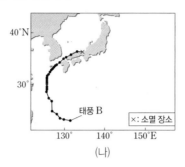

(가)   (나)

이 자료에 대한 설명으로 옳은 것만을 〈보기〉에서 있는 대로 고른 것은?

─● 보기 ●─
ㄱ. 북태평양 고기압의 세력은 (가)일 때가 (나)일 때보다 강하다.
ㄴ. 제주도가 태풍 A의 영향을 받는 동안 풍향은 시계 방향으로 변한다.
ㄷ. 태풍 B의 평균 이동 속력은 전향점 부근이 무역풍대보다 느리다.

① ㄱ   ② ㄷ   ③ ㄱ, ㄴ   ④ ㄴ, ㄷ   ⑤ ㄱ, ㄴ, ㄷ

12 그림 (가)와 (나)는 어느 태풍이 우리나라를 통과하는 동안 어느 관측소에서 관측한 풍향, 풍속, 시간당 강수량을 나타낸 것이다.

[24026–0134]

태풍이 통과할 때 관측소가 태풍 이동 경로의 왼쪽(안전 반원)에 위치하면 풍향은 시계 반대 방향으로 변한다.

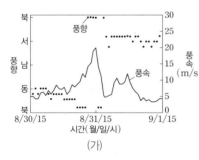
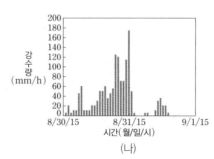

(가)   (나)

이 자료에 대한 설명으로 옳은 것만을 〈보기〉에서 있는 대로 고른 것은?

─● 보기 ●─
ㄱ. 풍속이 최대일 때 시간당 강수량은 최대이다.
ㄴ. 이 관측소는 태풍 이동 경로의 오른쪽에 위치하였다.
ㄷ. 이 관측소의 시간당 강수량은 태풍이 통과하기 전보다 태풍이 통과한 후에 더 많았다.

① ㄱ   ② ㄷ   ③ ㄱ, ㄴ   ④ ㄴ, ㄷ   ⑤ ㄱ, ㄴ, ㄷ

태풍이 육지에 상륙하면 열과 수증기의 공급이 줄어들고, 지표면과의 마찰이 증가하여 세력이 약해진다.

[24026-0135]

13 그림은 우리나라를 통과한 어느 태풍의 이동 경로를 3시간 간격으로 나타낸 것이고, 표는 시간별 태풍의 중심 기압과 최대 풍속을 나타낸 것이다. 8월 30일~8월 31일에 남해안의 평균 해수면 온도는 약 26 °C였다.

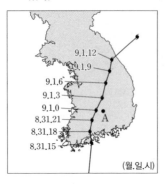

시간	중심 기압(hPa)	최대 풍속(m/s)
8월 31일 15시	960	36
8월 31일 18시	965	33
8월 31일 21시	975	28
9월 1일 0시	980	24
9월 1일 3시	985	21
9월 1일 6시	990	18
9월 1일 9시	990	18
9월 1일 12시	990	18

이 자료에 대한 설명으로 옳은 것만을 〈보기〉에서 있는 대로 고른 것은?

---- 보기 ----
ㄱ. 태풍이 우리나라를 통과하는 동안 태풍의 세력은 계속 강해졌다.
ㄴ. 8월 31일 12시에 태풍의 최대 풍속은 36 m/s보다 빨랐을 것이다.
ㄷ. A 지역에서 9월 1일 0시에 기압은 980 hPa보다 높았을 것이다.

① ㄱ   ② ㄷ   ③ ㄱ, ㄴ   ④ ㄴ, ㄷ   ⑤ ㄱ, ㄴ, ㄷ

태풍은 열대 저기압으로 중심으로 갈수록 기압이 낮아진다. 태풍의 에너지원은 수증기가 응결할 때 방출하는 숨은열(응결열)이며, 태풍이 육지에 상륙하면 수증기의 공급이 줄어들어 세력이 약해진다.

[24026-0136]

14 그림 (가)는 어느 해 우리나라를 통과한 어느 태풍의 이동 경로를, (나)는 이 태풍의 이동 경로 주변에 위치한 지점 A와 B에서 9월 5일 18시부터 9월 6일 12시까지 관측한 기압 변화를 ㉠과 ㉡으로 순서없이 나타낸 것이다.

(가)

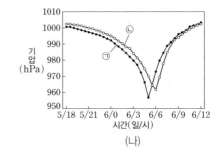
(나)

이에 대한 설명으로 옳은 것만을 〈보기〉에서 있는 대로 고른 것은?

---- 보기 ----
ㄱ. ㉠은 A, ㉡은 B에서 관측한 것이다.
ㄴ. A에서 관측 기간 동안 풍향은 시계 방향으로 변하였다.
ㄷ. 태풍의 구름에서 방출되는 숨은열(응결열)의 양은 T_1일 때가 T_2일 때보다 많았다.

① ㄱ   ② ㄷ   ③ ㄱ, ㄴ   ④ ㄴ, ㄷ   ⑤ ㄱ, ㄴ, ㄷ

[24026–0137]

15 그림 (가)는 어느 해 8월 우리나라에 영향을 준 어느 태풍의 위성 영상을, (나)는 이 태풍의 영향을 받는 동안 어느 해역에서 관측한 해수면 높이를 나타낸 것이다.

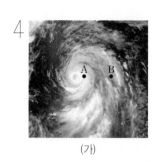

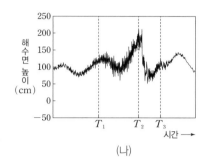

(가)

(나)

이 자료에 대한 설명으로 옳은 것만을 〈보기〉에서 있는 대로 고른 것은?

─● 보 기 ●─

ㄱ. (가)에서 풍속은 지점 A가 지점 B보다 느리다.

ㄴ. 이 해역의 해면 기압은 T_1일 때가 T_2일 때보다 높다.

ㄷ. 바람 효과만 고려한다면 이 해역의 표층 수온은 T_3일 때가 T_1일 때보다 높을 것이다.

① ㄱ   ② ㄴ   ③ ㄱ, ㄷ   ④ ㄴ, ㄷ   ⑤ ㄱ, ㄴ, ㄷ

태풍은 강한 저기압으로 태풍이 지나가는 해역은 공기가 해수면을 누르는 힘이 약해 해수면 높이가 평상시보다 높아진다.

[24026–0138]

16 그림 (가)와 (나)는 서로 다른 저기압이 우리나라 부근에 위치할 때 기상 레이더로 관측한 시간당 강수량을 나타낸 것이다. (가)와 (나)의 저기압은 각각 열대 저기압과 온대 저기압 중 하나이다.

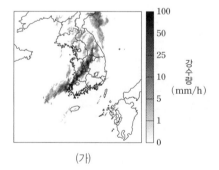

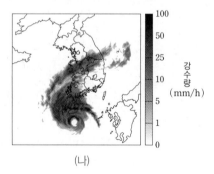

(가)

(나)

이 자료에 대한 설명으로 옳은 것만을 〈보기〉에서 있는 대로 고른 것은?

─● 보 기 ●─

ㄱ. (가)는 온대 저기압에 의한 강수 구역과 강수량을 나타낸다.

ㄴ. (나)와 같은 강수 형태는 주로 겨울철에 잘 나타난다.

ㄷ. (가)와 (나) 모두 시간당 강수량이 가장 많은 곳에서 기압이 가장 낮다.

① ㄱ   ② ㄷ   ③ ㄱ, ㄴ   ④ ㄴ, ㄷ   ⑤ ㄱ, ㄴ, ㄷ

태풍의 강수 구역은 태풍의 눈 주변에서 대체로 원형 또는 원형에서 한 방향으로 늘어난 형태로 나타나고, 온대 저기압에 의한 강수 구역은 전선을 따라 대체로 띠 형태로 나타난다.

뇌우는 불안정한 대기에서 강한 상승 기류에 의해 적란운이 형성될 때 잘 발생한다.

[24026-0139]

17 그림은 어느 날 하루 동안 낙뢰가 관측된 지역을 시간대별로 나타낸 것이다. A와 B 지역 중 한곳에 강수 현상이 있었다.

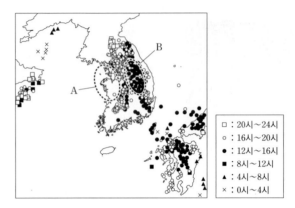

이 자료에 대한 설명으로 옳은 것만을 〈보기〉에서 있는 대로 고른 것은?

● 보기 ●
ㄱ. 이날 B 지역에서 상승 기류는 12시~16시보다 16시~20시에 더 강했을 것이다.
ㄴ. 대기는 평균적으로 A 지역이 B 지역보다 더 불안정하였다.
ㄷ. B 지역에서는 소나기성 강수 형태의 비가 내렸을 것이다.

① ㄱ   ② ㄷ   ③ ㄱ, ㄴ   ④ ㄴ, ㄷ   ⑤ ㄱ, ㄴ, ㄷ

집중 호우는 주로 강한 상승 기류에 의해 형성된 적란운이 한곳에 정체하여 짧은 시간 동안 비교적 좁은 지역(반지름 10~20 km 정도)에 집중적으로 많은 양의 비가 내리는 현상이다.

[24026-0140]

18 그림 (가), (나), (다)는 2021년 7월 어느 날 우리나라의 일부 지역에서 기상 레이더로 관측한 각 시간대별 시간당 강수량을 나타낸 것이다.

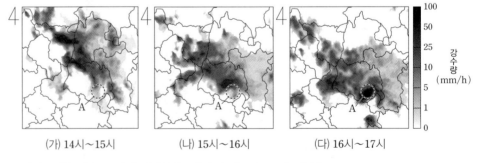

(가) 14시~15시   (나) 15시~16시   (다) 16시~17시

A 지역에 대한 설명으로 옳은 것만을 〈보기〉에서 있는 대로 고른 것은?

● 보기 ●
ㄱ. 강한 비구름대가 북서쪽에서 이 지역으로 접근하였다.
ㄴ. 집중 호우가 발생할 가능성은 (나)일 때가 (다)일 때보다 높다.
ㄷ. (가), (나), (다) 중 상승 기류가 가장 강한 시기는 (다)이다.

① ㄱ   ② ㄴ   ③ ㄱ, ㄷ   ④ ㄴ, ㄷ   ⑤ ㄱ, ㄴ, ㄷ

19 그림 (가)는 어느 날 06시 우리나라 주변의 지상 일기도를, (나)는 이날 같은 시각에 기상 레이더로 관측한 시간당 강수량을 나타낸 것이다. 이날 06시에 A와 B 지점 중 한곳에 우박이 내렸다.

[24026–0141]

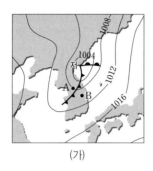
(가)

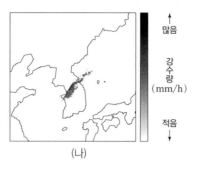
(나)

우박은 한랭 전선이 통과할 때 전선 후면에 발달하는 적란운 내에서 강한 상승 기류를 타고 발생할 수 있다.

이에 대한 설명으로 옳은 것만을 〈보기〉에서 있는 대로 고른 것은?

● 보 기 ●

ㄱ. 이날 06시에 우박이 내린 지점은 A이다.
ㄴ. (나)에서 시간당 강수량은 한랭 전선 주변이 온난 전선 주변보다 많다.
ㄷ. 생성에서 소멸까지 걸리는 시간은 우박이 온대 저기압보다 길다.

① ㄱ   ② ㄷ   ③ ㄱ, ㄴ   ④ ㄴ, ㄷ   ⑤ ㄱ, ㄴ, ㄷ

20 그림 (가)는 우리나라에 영향을 미치는 황사의 발원지를, (나)는 1973년~2010년에 고비 사막의 A 지역에서 발원하여 우리나라에 영향을 미친 월평균 황사 발생 일수와 A 지역의 월평균 상대 습도를 나타낸 것이다.

[24026–0142]

(가)

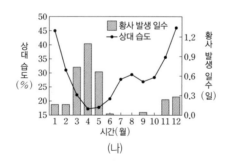
(나)

황사 발원지의 대기가 건조할수록 우리나라에서 황사가 발생하기 쉽다.

이에 대한 설명으로 옳은 것만을 〈보기〉에서 있는 대로 고른 것은?

● 보 기 ●

ㄱ. 우리나라에서 황사는 주로 봄철에 발생한다.
ㄴ. A 지역의 상대 습도가 가장 낮을 때, 우리나라의 황사 발생 일수는 가장 많다.
ㄷ. A 지역의 먼지 폭풍 발생 빈도가 높을수록 우리나라에서 황사 발생 일수는 대체로 증가할 것이다.

① ㄱ   ② ㄷ   ③ ㄱ, ㄴ   ④ ㄴ, ㄷ   ⑤ ㄱ, ㄴ, ㄷ

06 해양의 변화

개념 체크

◐ 표층 해수의 온도
· 표층 수온은 저위도에서 고위도로 갈수록 대체로 낮아진다. 계절에 따른 표층 수온의 변화는 연안보다 대양의 중심부에서 작다.
· 등수온선은 대체로 위도와 나란하게 나타난다. 아열대 해양에서는 한류가 흐르는 대양의 동안보다 난류가 흐르는 대양의 서안에서 표층 수온이 대체로 높다.

◐ 염류
해수 중에 녹아 있는 여러 가지 무기물로, 해저 화산 활동 등에 의해 공급되거나 암석을 구성하는 광물들이 풍화되어 물에 녹아 공급된다.

◐ psu(실용염분단위)
psu(practical salinity unit)는 전기 전도도로 측정한 염분 단위이다.

1. 해수의 표층 수온은 저위도에서 고위도로 갈수록 대체로 (　　)진다.

2. 아열대 해양에서는 대양의 동안보다 서안에서 해수의 표층 수온이 대체로 (　　)다.

3. 해수의 연직 수온 분포에서 (　　)은 깊이가 깊어질수록 수온이 급격히 낮아지는 층이다.

정답
1. 낮아
2. 높
3. 수온 약층

1 해수의 성질

(1) 해수의 온도

① **표층 해수의 온도**: 표층 해수의 온도 분포에 가장 큰 영향을 미치는 요인은 태양 복사 에너지이다. 따라서 표층 수온은 위도와 계절에 따라 달라진다.

② **해수의 연직 수온 분포**: 저위도와 중위도 지방의 해수는 수온의 연직 분포에 따라 구분한다.

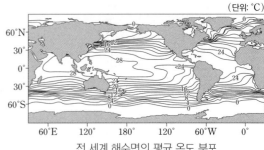

전 세계 해수면의 평균 온도 분포

· **혼합층**: 태양 복사 에너지에 의한 가열로 수온이 높고, 바람의 혼합 작용으로 인해 깊이에 따라 수온이 거의 일정한 층이다. 혼합층의 두께(깊이)는 대체로 바람이 강한 지역에서 두껍다(깊다).

· **수온 약층**: 혼합층 아래에서 깊이에 따라 수온이 급격히 낮아지는 층이다. 수온 약층은 수심이 깊어질수록 해수의 밀도가 급격히 커지므로 매우 안정하며, 대류가 제한되므로 혼합층과 심해층의 물질 및 에너지 교환이 억제된다.

· **심해층**: 수온이 낮고 태양 복사 에너지가 도달하지 않으므로, 계절이나 깊이에 따른 수온의 변화가 거의 없다.

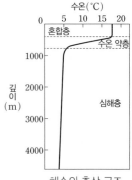

해수의 층상 구조

③ **위도별 해양의 연직 수온 분포**: 혼합층의 두께(깊이)는 저위도 지방보다 중위도 지방에서 두껍다(깊다). 또한 고위도 지역의 표층수는 흡수하는 태양 복사 에너지가 매우 적어 심해층과 수온 차가 거의 없기 때문에 수온 약층이 발달하지 못한다.

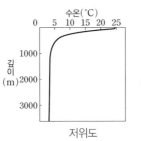
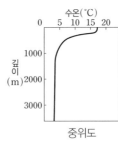
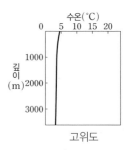

위도별 해양의 연직 수온 분포

(2) 해수의 염분

① **염분**: 해수 1 kg 속에 녹아 있는 염류의 총량을 g 수로 나타낸 값이다. 단위는 psu(실용염분단위)를 쓴다. 전 세계 해수의 평균 염분은 약 35 psu이다.

② **표층 염분의 변화**: 표층 염분에 가장 큰 영향을 주는 요인은 증발량과 강수량이다. 표층 염분은 대체로 (증발량－강수량) 값이 클수록 높다.

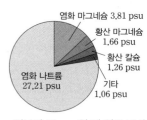

염분이 35 psu일 때 염류 구성

- 염분의 증가 요인: 증발, 해수의 결빙
- 염분의 감소 요인: 강수, 육지로부터의 담수 유입, 빙하의 융해
③ **표층 염분의 분포**: 증발량이 강수량보다 많은 중위도 고압대의 해양에서는 표층 염분이 높게 나타난다.

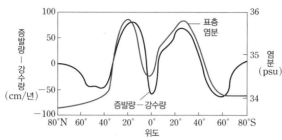

(증발량−강수량)과 표층 염분 분포

- 적도 지방은 저압대가 위치하므로 증발량보다 강수량이 많아 표층 염분이 중위도 지방보다 낮다.
- 극지방은 증발량이 적고 빙하가 융해되어 표층 염분이 낮다. 하지만 얼음이 어는 해역에서는 표층 염분이 높게 나타난다.
- 육지로부터 담수가 흘러들어오는 연안은 대양의 중심부보다 표층 염분이 낮다.

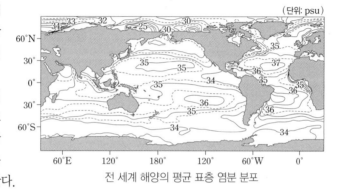

전 세계 해양의 평균 표층 염분 분포

탐구자료 살펴보기 **우리나라 주변 해수의 표층 수온, 표층 염분 분포**

탐구 자료
그림 (가)와 (나)는 우리나라 주변 해역에서 계절에 따른 표층 수온과 표층 염분 분포를 나타낸 것이다.

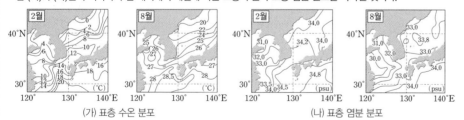

(가) 표층 수온 분포　　(나) 표층 염분 분포

탐구 결과
1. 표층 수온: 2월보다 8월에 높고, 남북 간의 표층 수온 차는 8월보다 2월에 크다.
2. 표층 염분: 8월보다 2월에 높고, 연안보다 외해에서 대체로 높다.

분석 point
- 남해: 연중 난류가 흐르고 표층 수온이 높다.
- 황해: 대륙의 영향을 많이 받아 표층 수온의 연교차가 크다.
- 동해: 난류와 한류가 만나고 남북 간의 표층 수온 차가 크다.
- 표층 염분은 강수량이 많은 여름철에 대체로 낮고, 강물이 유입되는 연안에서 낮게 나타난다.

1. 해수의 밀도는 수온이 (　　)을수록, 염분이 (　　)을수록 커진다.

2. 수심이 깊어질수록 밀도가 급격하게 커지는 층을 (　　)이라고 한다.

3. 해수의 용존 산소량은 식물성 플랑크톤의 (　　)과 대기로부터의 산소 공급에 의해 해수 표층에서 가장 많다.

(3) 해수의 밀도

① **해수의 밀도에 영향을 주는 요인**: 해수의 밀도는 주로 수온, 염분, 수압에 의해 결정된다. ➡ 해수의 밀도는 수온이 낮을수록, 염분이 높을수록, 수압이 클수록 커진다.

② **해수의 밀도 분포**: 깊이에 따른 압력의 효과를 무시할 때 해수의 밀도는 약 $1.021 \sim 1.027$ g/cm^{3}로 순수한 물보다 크다.

• 표층 해수의 밀도 분포: 표층 해수의 밀도는 남반구의 경우 80°S 부근에서, 북반구의 경우 약 50°N~60°N에서 최댓값을 가지며, 적도 부근에서 최솟값을 갖는다.

• 해수의 연직 밀도 분포: 북반구의 경우 저위도와 중위도 해역에서 해수의 밀도는 수심이 깊어질수록 커지다가 심해에서는 거의 일정하다.

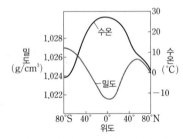

위도별 표층 해수의 수온과 밀도 분포

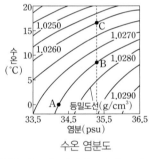

해수의 연직 밀도와 수온 분포

③ **수온 염분도(T-S도)**: 해수의 특성을 나타내는 그래프로, 수온(Temperature)과 염분(Salinity)의 첫 글자를 따서 수온 염분도(T-S도)라고 한다.

• 오른쪽 그림에서 해수의 수온은 A<B<C이고, 염분은 A<B=C이며, 해수의 밀도는 C<B=A이다.

• 수온 염분도(T-S도)를 이용하면 해수의 밀도를 알아낼 수 있으며, 해수의 특성과 이동을 추정할 수 있다.

수온 염분도

(4) 해수의 용존 기체
해수의 용존 기체량은 일차적으로 기체의 용해도에 영향을 미치는 수온, 염분, 수압 등에 의해 결정된다. 용존 기체의 분포는 해수 중에 존재하는 생물 활동의 영향을 크게 받는다.

① **용존 산소**: 용존 산소량은 식물성 플랑크톤의 광합성과 대기로부터의 산소 공급에 의해 해수 표층에서 가장 많다. 심해에서는 극지방의 표층에서 침강한 찬 해수에 의해 용존 산소량이 약간 많다.

② **용존 이산화 탄소**: 이산화 탄소는 산소보다 기체의 용해도가 크므로 용존 이산화 탄소량은 용존 산소량보다 전체적으로 많다. 표층에서는 광합성 때문에 용존 이산화 탄소량이 적지만 수심이 깊어질수록 증가한다.

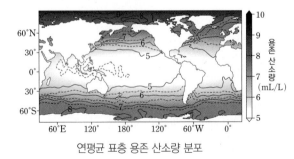

연평균 표층 용존 산소량 분포

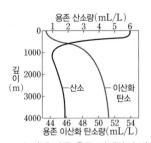

수심에 따른 용존 기체량의 변화

2 해수의 표층 순환

(1) 대기 대순환

① **지구의 복사 평형**: 지구는 흡수한 태양 복사 에너지와 같은 양의 에너지를 우주 공간으로 방출하므로 지구의 평균 기온은 거의 일정하게 유지된다.

② **위도에 따른 열수지**: 위도에 따라 태양 복사 에너지의 흡수량과 지구 복사 에너지의 방출량이 차이가 난다.

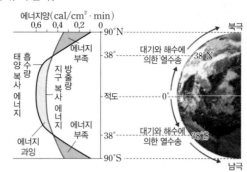

위도에 따른 열수지

* 저위도 지방(적도~위도 약 38°)에서는 에너지가 남고, 고위도 지방(위도 약 38°~극)에서는 에너지가 부족하다.
  ➡ 복사 평형 상태일 때 에너지 과잉량과 부족량의 크기는 같다.
* 대기와 해수의 순환: 저위도의 남는 에너지를 에너지가 부족한 고위도로 운반한다.

③ **대기 대순환의 원인**: 지구 규모의 열에너지 이동을 일으키는 가장 큰 규모의 대기 순환으로, 위도에 따른 태양 복사 에너지의 양과 지구 복사 에너지의 양 차이에서 비롯된 에너지 불균형이 대기 대순환의 원인이다.

(2) 대기 대순환 모형

① **단일 세포 순환 모형(지표면이 균일하고 자전하지 않는 지구)**: 적도 지방에는 상승 기류가, 극지방에는 하강 기류가 발달하여 북반구 지표 부근에는 북풍 계열의 바람만, 남반구 지표 부근에는 남풍 계열의 바람만 분다.

지구가 자전하지 않을 때 대기 대순환 모형

② **대기 대순환 모형(자전하는 지구)**: 지구 자전에 의한 전향력의 영향으로 각 반구에 3개의 순환 세포가 형성된다.

* **해들리 순환**: 적도 지방에서 공기가 상승하여 고위도로 이동한 다음 위도 30° 부근에서 하강하여 다시 적도 지방으로 되돌아온다. 이때 적도 지방에서는 열대 수렴대(적도 저압대)를 형성하고, 위도 30° 부근에서는 아열대 고압대(중위도 고압대)를 형성한다.
* **페렐 순환**: 위도 30° 부근에서 공기가 하강하여 고위도로 이동한 다음 위도 60° 부근에서 상승한다.
* **극순환**: 극지방에서 공기가 하강하여 저위도로 이동한 다음 위도 60° 부근에서 상승한다. 페렐 순환과 극순환이 만나는 위도 60° 부근에서는 한대 전선대를 형성한다.

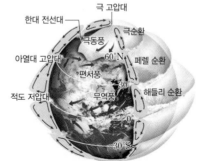

지구가 자전할 때 대기 대순환 모형

③ **직접 순환과 간접 순환**: 해들리 순환과 극순환은 가열된 공기가 상승하거나 냉각된 공기가 하강하면서 만들어진 열적 순환으로 직접 순환에 해당한다. 이에 비해 위도 약 30°~60° 사이의 페렐 순환은 해들리 순환과 극순환 사이에서 형성된 간접 순환이다.

개념 체크

○ **전향력**
자전하는 지구에서 운동하는 물체에 나타나는 가상의 힘으로 북반구에서는 물체가 운동하는 방향의 오른쪽으로, 남반구에서는 물체가 운동하는 방향의 왼쪽으로 작용한다.

○ **대기 대순환**
지구의 실제 대기 대순환은 지구 자전뿐만 아니라 대륙과 해양의 분포 등에 의해 이론적인 모형보다 훨씬 복잡하게 나타난다.

1. 대기 대순환은 위도에 따른 ( ) 불균형으로 발생하고, 지구 자전의 영향을 받는다.

2. 지구 자전을 고려한 대기 대순환 모형에서는 각 반구에 ( )개의 순환 세포가 형성된다.

3. 해들리 순환, 페렐 순환, 극순환의 지표 부근에서는 각각 무역풍, ( ), 극동풍이 분다.

4. 북반구의 대기 대순환 모형에서 ( )풍과 극동풍은 동풍 계열의 바람이고, 편서풍은 ( )풍 계열의 바람이다.

5. 해들리 순환과 극순환은 ( ) 순환이고, 페렐 순환은 ( ) 순환이다.

정답

1. 에너지
2. 3
3. 편서풍
4. 무역, 서
5. 직접, 간접

개념 체크

○ 표층 순환
해양의 표층에서 수평 방향으로 일어나는 해수의 순환으로 아열대 순환, 아한대 순환 등이 있다.

1. 표층 해류는 (　　　)의 영향으로 동서 방향으로 흐르는 해류와 대륙의 영향으로 남북 방향으로 흐르는 해류가 순환을 이룬다.

2. 북적도 해류와 남적도 해류 모두 대기 대순환의 (　　　) 풍에 의해 형성된다.

3. 북반구의 아열대 순환에서 해류는 (　　　) 방향으로, 남반구의 아열대 순환에서 해류는 (　　　) 방향으로 흐른다.

4. 남극 순환 해류는 (　　　)에 의해 형성되어 남극 대륙 주위를 흐르는 해류이다.

5. 북태평양 아열대 순환은 (　　　) 해류, 쿠로시오 해류, 북태평양 해류, 캘리포니아 해류로 이루어진다.

(3) 해수의 표층 순환: 표층 해류는 육지로 가로막힌 대양 안에서 몇 개의 거대한 순환을 이루고 있으며, 적도 부근을 경계로 북반구와 남반구가 대체로 대칭적인 분포를 보인다.

① 해양은 대륙에 의해 가로막혀 있으므로 동서 방향으로 흐르던 해류가 대륙과 부딪혀 남북 방향으로 갈라져 흐르면서 순환을 이룬다.

② 표층 순환은 적도 부근을 경계로 북반구와 남반구가 거의 대칭을 이루면서 순환한다.

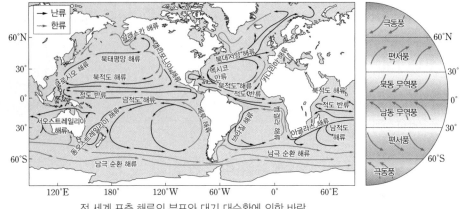

전 세계 표층 해류의 분포와 대기 대순환에 의한 바람

③ **아열대 순환:** 무역풍대의 해류와 편서풍대의 해류로 이루어진 순환을 말한다.
 • 북태평양: 북적도 해류, 쿠로시오 해류, 북태평양 해류, 캘리포니아 해류로 이루어져 있으며, 시계 방향으로 순환한다.
 • 남태평양: 남적도 해류, 동오스트레일리아 해류, 남극 순환 해류(남극 순환류), 페루 해류로 이루어져 있으며, 시계 반대 방향으로 순환한다.
 • 북대서양: 북적도 해류, 멕시코 만류, 북대서양 해류, 카나리아 해류로 이루어져 있으며, 시계 방향으로 순환한다.
 • 남대서양: 남적도 해류, 브라질 해류, 남극 순환 해류(남극 순환류), 벵겔라 해류로 이루어져 있으며, 시계 반대 방향으로 순환한다.

④ **아한대 순환:** 편서풍대의 해류와 극동풍에 의한 해류가 이루는 순환으로, 대양이 육지로 막혀 있는 북반구에서만 나타난다.

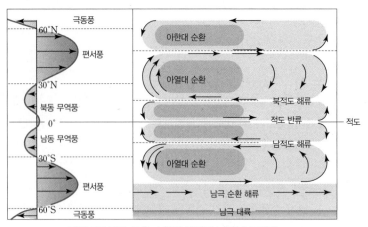

대기 대순환과 표층 순환의 관계를 나타낸 모식도

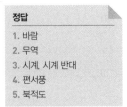

정답
1. 바람
2. 무역
3. 시계, 시계 반대
4. 편서풍
5. 북적도

⑤ 대양의 서쪽 연안을 따라 흐르는 해류는 동쪽 연안을 따라 흐르는 해류에 비해 속도가 빠르다. ➡ 북태평양의 서쪽에서 흐르는 쿠로시오 해류는 동쪽에서 흐르는 캘리포니아 해류에 비해 유속이 훨씬 빠르다.

⑥ 해수의 표층 순환은 대기 대순환, 대륙의 분포 등의 영향을 받아 이론적인 모형보다 훨씬 복잡하게 나타난다.

시각화한 표층 해류의 모습

(4) 해류의 역할

① 해류는 저위도의 에너지를 고위도로 수송하는 역할을 하며, 전 세계의 기후와 해양 환경에 영향을 미친다.

② 난류가 흐르는 지역은 따뜻한 난류의 영향을 받아 겨울철 평균 기온이 동일 위도의 다른 지역에 비해 높은 편이다. 비슷한 위도에 있는 영국의 런던과 캐나다 퀘벡의 1월 평균 기온을 비교해 보면, 난류인 멕시코 만류의 연장인 북대서양 해류가 열을 공급하여 유럽의 서쪽 지역을 온난하게 하기 때문에 런던이 퀘벡보다 1월 평균 기온이 높다.

해류의 영향

(5) 우리나라 주변의 해류

① **난류**: 우리나라 주변 난류의 근원은 쿠로시오 해류이다. 쿠로시오 해류의 지류가 동중국해에서 갈라져 나와 북상하여 황해 난류, 대마 난류(쓰시마 난류), 동한 난류를 형성한다.

- 황해 난류: 쿠로시오 해류의 지류가 북상하다가 제주도 부근 해역에서 갈라져 황해의 중앙부 쪽으로 북상한다.

- 대마 난류(쓰시마 난류): 제주도 남동쪽에서 남해를 거쳐 대한 해협을 통과한 후 동해로 흘러 들어간다.

- 동한 난류: 대한 해협에서 대마 난류로부터 갈라져 나와 동해안을 따라 북상한다. 동해에서 북한 한류와 만나 조경 수역을 형성한 후 동진하여 대마 난류와 다시 합류한다.

② **한류**: 우리나라 주변 한류의 근원은 연해주를 따라 남하하는 연해주 한류이다.

- 북한 한류는 연해주 한류와 연결되기도 하고, 끊어지기도 하면서 동해안을 따라 남하하다가 동한 난류와 만난다.

③ **난류와 한류의 특징**: 난류는 수온과 염분이 높고, 영양염과 용존 산소량이 적어 식물성 플랑크톤이 적다. 반면, 한류는 수온과 염분이 낮고, 영양염과 용존 산소량이 많아 식물성 플랑크톤이 많다.

우리나라 주변의 표층 해류 분포

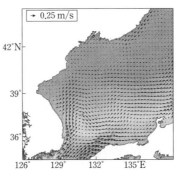

동해에서 표층 해류의 유속 분포

개념 체크

◐ 조경 수역

난류와 한류가 만나는 곳으로 영양염, 플랑크톤, 용존 산소량이 풍부하여 좋은 어장이 형성된다.

1. 해류는 (   )위도의 에너지를 (   )위도로 수송하는 역할을 한다.

2. 우리나라 주변 난류의 근원은 (   ) 해류이다.

3. 동해에서는 (   ) 난류와 (   ) 한류가 만난다.

4. 동해에서 조경 수역은 여름철이 겨울철보다 (   ) 위도에 위치한다.

정답

1. 저, 고
2. 쿠로시오
3. 동한, 북한
4. 고

개념 체크

● **밀도류**
심층 순환을 이루는 해류는 물의 밀도 차에 기인하기 때문에 심층 해류를 밀도류라고도 한다.

● **해수의 순환**
해수가 표층에서 침강한 뒤 심층 순환을 거쳐 다시 표층으로 되돌아 오는 데는 수백 년에서 천 년에 가까운 오랜 시간이 걸린다.

1. 해수의 심층 순환은 (   ) 이나 염분 변화에 따른 해수의 밀도 차에 의해 일어난다.

2. 해수의 심층 순환은 표층 순환에 비해 해수의 이동 속도가 매우 (   ).

3. 표층 해수의 수온이 낮아지거나 염분이 높아져 밀도가 (   )지면 표층 해수는 서서히 침강한다.

4. 수온, 염분, 밀도 등 성질이 비슷한 해수 덩어리를 (   )라고 한다.

③ 해수의 심층 순환

(1) 심층 순환

① 해양에서는 표층뿐만 아니라 수심이 깊은 곳에도 해류가 존재한다. 표층에서 수온이 낮아지거나 염분이 높아지면 밀도가 커진 해수가 심해로 가라앉아 해수의 순환이 일어나는데, 이를 심층 순환이라고 한다.

② 심층 순환은 수온과 염분 변화에 따른 밀도 차로 형성되기 때문에 열염 순환이라고도 한다.

③ 극 해역의 좁은 면적에서 차갑게 냉각된 해수는 밀도가 커져 상대적으로 빨리 가라앉는다. 이후 가라앉은 해수는 저위도로 이동하여 온대나 열대 해역에 걸쳐 매우 천천히 상승하고 표층을 따라 극 쪽으로 이동한다.

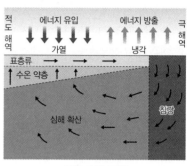

심층 순환 모형

🧪 **탐구자료 살펴보기** ▶ **심층 순환의 발생 원리**

탐구 과정

1. 수조에 약 20 ℃의 물을 $\frac{2}{3}$ 정도 채우고, 수조 한쪽에 구멍 뚫린 종이컵의 아랫부분이 물에 잠길 정도로 놓고 접착테이프로 고정시킨다.
2. 색소를 탄 얼음물을 수조의 종이컵에 붓고 얼음물의 이동을 관찰한다.
3. 색소를 탄 약 20 ℃의 소금물을 이용하여 과정 1과 2를 반복한다.

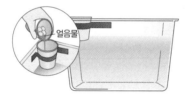
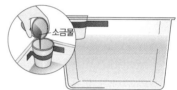

탐구 결과

얼음물과 소금물은 모두 수조의 물보다 밀도가 크므로 수조 바닥에 가라앉은 후 바닥을 따라 천천히 움직인다.

분석 point

- 얼음물과 소금물이 가라앉는 곳은 실제 해양에서 침강이 일어나는 해역에 해당하고, 얼음물과 소금물이 바닥을 따라 움직이는 것은 심층 해류에 해당한다.
- 실제 해양에서도 수온이 낮거나 염분이 높은 고밀도 해수가 가라앉아 심해에서 이동하는 심층 순환이 일어난다.

(2) 심층 순환의 특징

① 심층 순환은 수온과 염분 및 밀도를 조사하여 간접적으로 흐름을 알아낼 수 있다.

② 수괴: 수온, 염분, 밀도 등 성질이 비슷한 해수 덩어리를 수괴라고 한다. 성질이 다른 수괴는 서로 잘 섞이지 않기 때문에 수괴의 수온과 염분은 잘 변하지 않는다.

③ 수괴 분석: 수괴의 성질을 조사하여 수온 염분도에 나타내면 그 기원과 이동 경로를 추정할 수 있다.

과학 돋보기 | 수온 염분도를 이용한 수괴 분석

표는 대서양 중앙부에 위치한 28°N에서 조사한 수심에 따른 해수의 수온과 염분을, 그림은 대서양의 대표적인 수괴들의 수온과 염분 범위를 수온 염분도에 나타낸 것이다.

수심(m)	수온(℃)	염분(psu)	수괴
100	15.0	36.0	북대서양 중앙 표층수
500	4.0	34.2	남극 중층수
1000	10.0	35.8	지중해 중층수
2000	4.0	34.9	북대서양 심층수
4000	0.0	34.7	남극 저층수

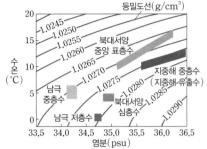

이 해역의 수심 100 m, 500 m, 1000 m, 2000 m, 4000 m 해수의 수온과 염분을 수온 염분도에 나타내면 각각 북대서양 중앙 표층수, 남극 중층수, 지중해 중층수, 북대서양 심층수, 남극 저층수 기원의 해수임을 알 수 있다. 해수의 심층 순환은 수온 약층 아래에서 표층 순환에 비해 매우 느리게 일어나기 때문에 그 흐름을 직접 관측하기 어려우므로 수괴의 성질을 측정하여 알 수 있다. 측정한 수괴의 수온과 염분을 수온 염분도에 나타내면 수괴의 기원과 이동 경로를 파악할 수 있다.

④ **대서양에서의 심층 순환**

- **남극 저층수**: 남극 대륙 주변의 웨델해에서 만들어진 남극 저층수는 해저를 따라 북쪽으로 이동하여 30°N 부근까지 흐른다.
- **북대서양 심층수**: 그린란드 주변 해역에서 만들어진 북대서양 심층수는 수심 약 1500 m∼4000 m 사이에서 60°S 부근까지 이동한다.
- **남극 중층수**: 60°S 부근에서 형성된 남극 중층수는 수심 1000 m 부근에서 20°N 부근까지 이동한다.

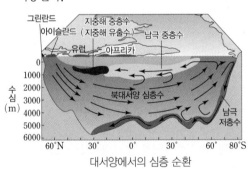

대서양에서의 심층 순환

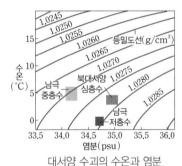

대서양 수괴의 수온과 염분

⑤ **심층 순환의 역할**: 거의 전체 수심에 걸쳐 일어나면서 해수를 순환시키는 역할을 하며, 표층 순환과 연결되어 열에너지를 수송하여 위도 간의 열수지 불균형을 해소시킨다. 또한 용존 산소가 풍부한 표층 해수를 심해로 운반하여 심해에 산소를 공급한다.

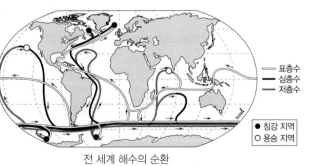

전 세계 해수의 순환

개념 체크

○ **침강 해역**

북대서양 심층수는 그린란드 주변 해역에서 형성되고, 남극 저층수는 남극 대륙 주변의 웨델해와 로스해에서 형성된다.

○ **북대서양 심층수와 남극 저층수의 수온과 염분 비교**

수괴	북대서양 심층수	남극 저층수
평균 수온	3 ℃	−0.5 ℃
평균 염분	34.9 psu	34.7 psu

1. (　　　)는 남극 대륙 주변의 웨델해와 로스해에서 침강한다.

2. 북대서양 중앙 표층수, 남극 중층수, 북대서양 심층수, 남극 저층수를 평균 밀도가 큰 것부터 나열하면 (　　) > (　　) > (　　) > (　　) 순이다.

3. 심층 순환은 용존 (　　　)가 풍부한 표층 해수를 심해로 운반하는 역할을 한다.

정답

1. 남극 저층수
2. 남극 저층수, 북대서양 심층수, 남극 중층수, 북대서양 중앙 표층수
3. 산소

[24026–0143]

01 그림 (가), (나), (다)는 북대서양 어느 해역에서의 깊이에 따른 수온, 염분, 밀도를 나타낸 것이다. ⊙은 밀도의 단위이다.

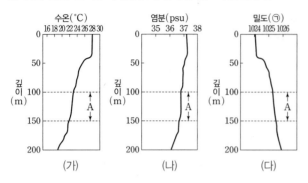

이에 대한 설명으로 옳은 것만을 〈보기〉에서 있는 대로 고른 것은?

● 보기 ●
ㄱ. g/m^3는 ⊙에 해당한다.
ㄴ. A 구간은 수온 약층에 포함된다.
ㄷ. A 구간에서 해수의 밀도 변화는 수온보다 염분의 영향이 더 크다.

① ㄱ   ② ㄴ   ③ ㄷ   ④ ㄱ, ㄴ   ⑤ ㄴ, ㄷ

[24026–0144]

02 그림은 위도에 따른 강수량과 증발량 분포를 나타낸 것이다. A와 B는 각각 증발량과 강수량 중 하나이다.

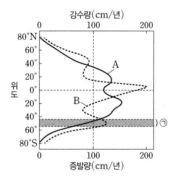

이 자료에 대한 설명으로 옳은 것만을 〈보기〉에서 있는 대로 고른 것은?

● 보기 ●
ㄱ. 강수량이 가장 많은 위도는 남반구에 위치한다.
ㄴ. (증발량−강수량) 값은 30°N이 30°S보다 크다.
ㄷ. ⊙에는 대기 대순환에 의한 상승 기류가 발달한다.

① ㄱ   ② ㄴ   ③ ㄷ   ④ ㄱ, ㄷ   ⑤ ㄴ, ㄷ

[24026–0145]

03 그림은 3월 21일 정오에 북반구의 서로 다른 해역 (가), (나), (다)에서 해수면과 햇빛이 이루는 최대 각도를 나타낸 것이다. 세 해역은 동일 경도상에 위치한다.

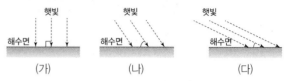

이 자료에 대한 설명으로 옳은 것만을 〈보기〉에서 있는 대로 고른 것은?

● 보기 ●
ㄱ. 위도는 (가)가 (나)보다 높다.
ㄴ. 해수면의 연평균 수온은 (가)의 위도대가 (다)의 위도대보다 높다.
ㄷ. 해수면과 햇빛이 이루는 각도만을 고려하면 이날 단위 면적의 해수면에 입사되는 태양 복사 에너지양은 (가)가 (나)보다 많다.

① ㄱ   ② ㄴ   ③ ㄷ   ④ ㄱ, ㄴ   ⑤ ㄴ, ㄷ

[24026–0146]

04 그림은 해수의 수온과 염분에 따른 산소 기체의 용해도를 나타낸 것이다.

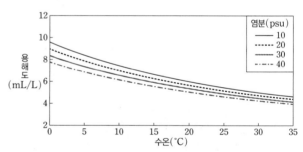

이에 대한 설명으로 옳은 것만을 〈보기〉에서 있는 대로 고른 것은?

● 보기 ●
ㄱ. 수온이 같은 해수에서 염분이 높을수록 산소 기체의 용해도는 작아진다.
ㄴ. 염분 30 psu인 해수에서 수온이 높아질수록 $\dfrac{\text{산소 기체의 용해도 감소량}}{\text{수온 증가량}}$ 은 커지는 경향을 보인다.
ㄷ. 표층의 평균 용존 산소량은 쿠로시오 해류가 흐르는 해역이 캘리포니아 해류가 흐르는 해역보다 많을 것이다.

① ㄱ   ② ㄷ   ③ ㄱ, ㄴ   ④ ㄴ, ㄷ   ⑤ ㄱ, ㄴ, ㄷ

05 그림은 어느 해역에서 관측한 깊이에 따른 수온과 염분을 수온 염분도에 나타낸 것이다.

[24026-0147]

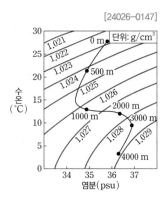

이 자료에 대한 설명으로 옳은 것만을 〈보기〉에서 있는 대로 고른 것은?

● 보 기 ●
ㄱ. 수온 약층이 나타나기 시작하는 깊이는 500 m보다 깊다.
ㄴ. 해수의 밀도 변화는 깊이 3000 m～4000 m 구간보다 깊이 0 m～500 m 구간이 크다.
ㄷ. 깊이 500 m 해수와 1000 m 해수의 밀도 차는 수온보다 염분의 영향이 더 크다.

① ㄱ   ② ㄴ   ③ ㄷ   ④ ㄱ, ㄴ   ⑤ ㄴ, ㄷ

[24026-0148]

06 그림은 대기와 해양에 의한 연평균 에너지 수송량을 위도별로 나타낸 것이다. A와 B는 각각 90°N과 90°S 중 하나이다.

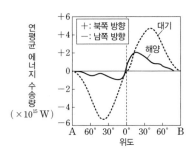

이 자료에 대한 설명으로 옳지 <u>않은</u> 것은?

① A는 90°S이다.
② 북반구에서 대기와 해양에 의한 에너지 수송은 주로 북쪽으로 일어난다.
③ 대기와 해양에 의한 에너지 총 수송량은 적도 부근이 40°S 부근보다 적다.
④ 해양에 의한 에너지 수송량은 북반구가 남반구보다 적다.
⑤ 위도 40°N 부근에서 대기에 의한 에너지 수송량이 해양에 의한 에너지 수송량보다 많다.

[24026-0149]

07 그림은 어느 해 북반구에서 여름철과 겨울철 한대 전선대의 위치를 나타낸 것이다. A와 B는 각각 북반구 여름철과 겨울철 한대 전선대의 위치 중 하나이다.

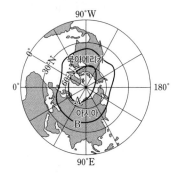

이에 대한 설명으로 옳은 것만을 〈보기〉에서 있는 대로 고른 것은?

● 보 기 ●
ㄱ. 북반구 여름철 한대 전선대의 위치는 A이다.
ㄴ. 북반구 여름철에 50°N 부근의 지표 부근에는 대기 대순환에 의한 서풍 계열의 바람이 우세하게 분다.
ㄷ. 북반구 겨울철에 페렐 순환은 주로 A와 B 사이에 분포한다.

① ㄱ   ② ㄷ   ③ ㄱ, ㄴ   ④ ㄴ, ㄷ   ⑤ ㄱ, ㄴ, ㄷ

[24026-0150]

08 그림은 북태평양의 표층 해류를 나타낸 것이다.

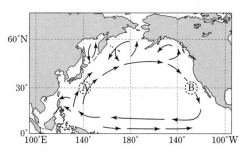

B 해역의 표층 해수와 비교한 A 해역의 표층 해수에 대한 설명으로 옳은 것만을 〈보기〉에서 있는 대로 고른 것은?

● 보 기 ●
ㄱ. 평균 수온이 높다.
ㄴ. 평균 염분이 낮다.
ㄷ. 평균 용존 산소량이 많다.

① ㄱ   ② ㄷ   ③ ㄱ, ㄴ   ④ ㄴ, ㄷ   ⑤ ㄱ, ㄴ, ㄷ

09 그림은 1월의 지표 부근의 평년 풍향 분포를 나타낸 것이다.

[24026–0151]

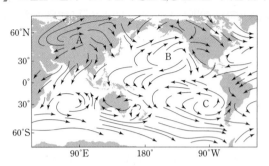

A, B, C 지역 중 해들리 순환의 하강 기류에 의해 형성된 정체성 고기압이 위치하는 지역만을 있는 대로 고른 것은?

① A   ② B   ③ A, C
④ B, C   ⑤ A, B, C

10 그림은 북대서양에서 대기 대순환에 의한 지표 부근 바람의 방향과 속력을 나타낸 것이다.

[24026–0152]

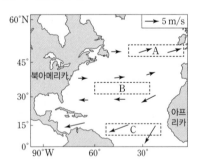

이에 대한 설명으로 옳은 것만을 〈보기〉에서 있는 대로 고른 것은?

● 보 기 ●
ㄱ. A 해역에는 고위도로 흐르는 표층 해류가 있다.
ㄴ. B 해역은 아한대 순환과 아열대 순환의 경계에 위치한다.
ㄷ. 열대 수렴대는 주로 C 해역의 북쪽에 분포한다.

① ㄱ   ② ㄷ   ③ ㄱ, ㄴ
④ ㄴ, ㄷ   ⑤ ㄱ, ㄴ, ㄷ

11 그림은 태평양 지역의 단면 중 일부를 확대하여 대기 대순환에 의한 지표 부근의 바람과 주요 표층 해류의 동서 방향 성분의 일부를 나타낸 것이다. A, B, C 해역에는 주요 표층 해류가 흐르고, ⊙와 ⊗는 각각 서쪽으로 이동하는 방향과 동쪽으로 이동하는 방향 중 하나이다.

[24026–0153]

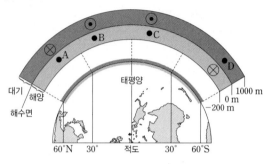

이 자료에 대한 설명으로 옳은 것만을 〈보기〉에서 있는 대로 고른 것은?

● 보 기 ●
ㄱ. A와 B에서 주요 표층 해류는 같은 방향으로 흐른다.
ㄴ. B와 C 위도대 사이에 열대 수렴대가 분포한다.
ㄷ. D에서의 대기 대순환에 의한 지표 부근의 바람은 남극 순환 해류를 형성한다.

① ㄱ   ② ㄴ   ③ ㄷ
④ ㄱ, ㄴ   ⑤ ㄴ, ㄷ

12 그림 (가)와 (나)는 해수의 표층 순환 중 북반구 아열대 순환과 남반구 아열대 순환을 순서 없이 나타낸 것이다.

[24026–0154]

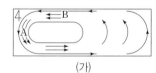 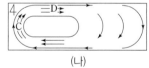

(가)   (나)

이에 대한 설명으로 옳은 것만을 〈보기〉에서 있는 대로 고른 것은?

● 보 기 ●
ㄱ. 북반구 아열대 순환은 (가)이다.
ㄴ. A와 C 해역 모두에서 난류가 흐른다.
ㄷ. B와 D 해역 모두에서 무역풍에 의해 형성된 표층 해류가 흐른다.

① ㄱ   ② ㄴ   ③ ㄷ
④ ㄱ, ㄴ   ⑤ ㄴ, ㄷ

[24026-0155]

13 그림 (가)와 (나)는 여름철과 겨울철 우리나라 주변의 표층 해류를 순서 없이 나타낸 것이다. 양쯔강 유출류는 양쯔강에서 바다로 유출되는 물의 흐름이다.

(가)   (나)

이 자료에 대한 설명으로 옳은 것만을 〈보기〉에서 있는 대로 고른 것은?

● 보기 ●

ㄱ. 겨울철에 서한 연안류는 주로 북상한다.

ㄴ. 황해 난류는 겨울철이 여름철보다 뚜렷하게 나타난다.

ㄷ. A 해역의 표층 염분은 (가)가 (나)보다 높다.

① ㄱ   ② ㄴ   ③ ㄷ   ④ ㄱ, ㄴ   ⑤ ㄴ, ㄷ

[24026-0156]

14 그림은 대서양에서 수괴 A와 B의 흐름을 나타낸 것이다. 수괴 A와 B는 각각 북대서양 심층수와 남극 저층수 중 하나이다.

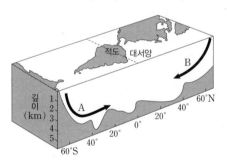

이에 대한 설명으로 옳은 것만을 〈보기〉에서 있는 대로 고른 것은?

● 보기 ●

ㄱ. A는 남극 저층수이다.

ㄴ. A와 B가 만나면 A가 B의 아래로 이동한다.

ㄷ. A의 평균 밀도가 B의 평균 밀도보다 큰 것은 수온보다 염분의 영향이 더 크다.

① ㄱ   ② ㄷ   ③ ㄱ, ㄴ   ④ ㄴ, ㄷ   ⑤ ㄱ, ㄴ, ㄷ

[24026-0157]

15 그림은 남대서양에서의 수괴 분포를 나타낸 것이다. A, B, C는 각각 남극 중층수, 북대서양 심층수, 남극 저층수 중 하나이다.

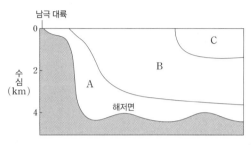

수괴 A, B, C에 대한 설명으로 옳은 것만을 〈보기〉에서 있는 대로 고른 것은?

● 보기 ●

ㄱ. 평균 염분은 A가 C보다 높다.

ㄴ. B는 주로 A와 C가 혼합되어 형성된다.

ㄷ. 남대서양에서 A, B, C 모두는 주로 침강한다.

① ㄱ   ② ㄷ   ③ ㄱ, ㄴ

④ ㄴ, ㄷ   ⑤ ㄱ, ㄴ, ㄷ

[24026-0158]

16 그림은 북대서양 심층수, 남극 저층수, 남극 중층수의 수온, 염분, 밀도를 나타낸 것이다. ㉠, ㉡, ㉢은 각각 북대서양 심층수, 남극 저층수, 남극 중층수 중 하나이다.

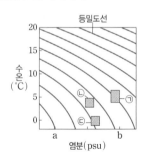

이에 대한 설명으로 옳은 것만을 〈보기〉에서 있는 대로 고른 것은?

● 보기 ●

ㄱ. 북대서양 심층수는 ㉡이다.

ㄴ. a는 b보다 작다.

ㄷ. 남반구에는 표층 해수가 침강하여 ㉠과 ㉢이 형성되는 해역이 있다.

① ㄱ   ② ㄴ   ③ ㄱ, ㄷ

④ ㄴ, ㄷ   ⑤ ㄱ, ㄴ, ㄷ

해수의 밀도는 수온이 낮을수록, 염분이 높을수록 커진다.

[24026-0159]

01 그림은 어느 해역에서 1월, 3월, 5월, 7월, 9월, 11월에 측정한 표층 해수의 월평균 수온과 염분을 수온 염분도에 나타낸 것이다.

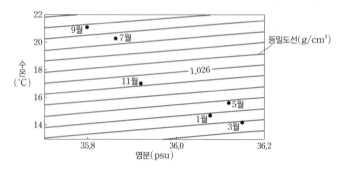

이 자료에 대한 설명으로 옳은 것만을 〈보기〉에서 있는 대로 고른 것은?

┌─ ● 보기 ●────────────────────────
│ ㄱ. 이 해역의 위도는 60°N보다 높다.
│ ㄴ. 11월에 표층 해수의 월평균 밀도는 1.026 g/cm³보다 크다.
│ ㄷ. 9월과 7월의 표층 해수의 월평균 수온 차는 7월과 5월의 표층 해수의 월평균 수온 차보다 작다.
└────────────────────────────────

① ㄱ   ② ㄴ   ③ ㄷ   ④ ㄱ, ㄷ   ⑤ ㄴ, ㄷ

[24026-0160]

먼바다에서 표층 염분에 가장 큰 영향을 주는 요인은 증발량과 강수량이다. 먼바다에서 표층 염분은 대체로 (증발량−강수량) 값이 클수록 높다.

02 그림은 태평양에서 연평균 (증발량−강수량) 값의 분포를 나타낸 것이다.

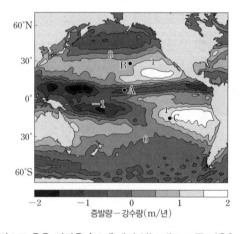

A, B, C 해역에 대한 설명으로 옳은 것만을 〈보기〉에서 있는 대로 고른 것은?

┌─ ● 보기 ●────────────────────────
│ ㄱ. 표층 염분이 가장 낮은 해역은 A이다.
│ ㄴ. B는 해들리 순환의 하강 기류에 의해 형성된 아열대 고기압에 위치한다.
│ ㄷ. 연평균 해면 기압은 A 부근이 C 부근보다 낮다.
└────────────────────────────────

① ㄱ   ② ㄷ   ③ ㄱ, ㄴ   ④ ㄴ, ㄷ   ⑤ ㄱ, ㄴ, ㄷ

[24026–0161]

03 그림 (가)는 위도별 (증발량−강수량)과 표층 염분을, (나)는 대기와 해양에서 남북 방향으로의 연평균 에너지 수송량을 위도별로 나타낸 것이다. A와 B는 각각 (증발량−강수량)과 표층 염분 중 하나이다.

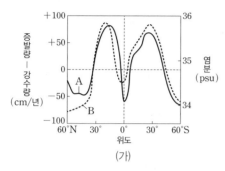
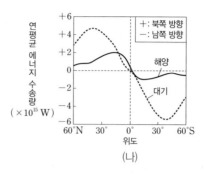

(가)   (나)

(가)에서 A는 (증발량−강수량)이고 B는 표층 염분이다.

이 자료에 대한 설명으로 옳은 것만을 〈보기〉에서 있는 대로 고른 것은?

┌─ 보기 ───┐
ㄱ. (증발량−강수량)은 60°N 부근이 60°S 부근보다 크다.

ㄴ. 연평균 해면 기압은 적도 부근이 30°S 부근보다 낮다.

ㄷ. 북반구에서는 에너지 수송량이 최대인 위도에서 표층 염분이 가장 높다.
└──┘

① ㄱ   ② ㄷ   ③ ㄱ, ㄴ   ④ ㄴ, ㄷ   ⑤ ㄱ, ㄴ, ㄷ

[24026–0162]

04 그림 (가)는 어느 시기에 북태평양의 표층 용존 산소량을, (나)는 같은 시기에 북태평양의 어느 해역에서 관측한 깊이에 따른 해수의 용존 산소량을 나타낸 것이다.

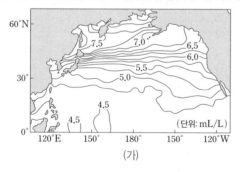
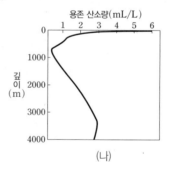

(가)   (나)

심층 순환은 심해에서의 용존 이산화 탄소량과 용존 산소량에 영향을 준다.

이 자료에 대한 설명으로 옳은 것만을 〈보기〉에서 있는 대로 고른 것은?

┌─ 보기 ───┐
ㄱ. (나)의 관측 해역에는 해들리 순환의 상승 기류에 의해 형성된 저압대가 발달한다.

ㄴ. (나)에서 용존 산소량은 표층이 깊이 800 m보다 많다.

ㄷ. (나)의 깊이 2000 m～3000 m 구간에서 깊이가 깊어질수록 용존 산소량이 증가하는 주된 원인은 해양 생물의 광합성 때문이다.
└──┘

① ㄱ   ② ㄴ   ③ ㄷ   ④ ㄱ, ㄷ   ⑤ ㄴ, ㄷ

[24026-0163]

05 그림 (가)는 동해의 A, B, C 해역을, (나)는 A, B, C 해역과 그 주변에서의 해수 밀도를 연직 단면에 나타낸 것이다.

수온이 낮을수록 해수의 밀도는 커지고, 해양에서 깊이가 깊어질수록 밀도는 커지는 경향을 보인다.

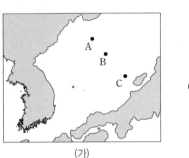

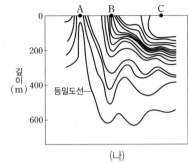

(가) (나)

이 자료에 대한 설명으로 옳은 것만을 〈보기〉에서 있는 대로 고른 것은?

● 보 기 ●
ㄱ. A에서는 동한 난류가 흐른다.
ㄴ. 깊이 100 m에서 해수의 밀도는 A가 C보다 크다.
ㄷ. 깊이 100 m~300 m 구간에서 밀도 약층은 B가 C보다 뚜렷하다.

① ㄱ   ② ㄴ   ③ ㄱ, ㄷ   ④ ㄴ, ㄷ   ⑤ ㄱ, ㄴ, ㄷ

[24026-0164]

06 그림은 북반구 중위도의 어느 연안 해역에서 1년 동안 깊이 0 m, 50 m, 100 m 각각에서 관측한 수온 변화량을 나타낸 것이다. A, B, C는 각각 깊이 0 m, 50 m, 100 m 중 하나이다.

표층에서는 수온의 연교차가 크고 심층에서는 수온의 연교차가 작은 경향을 보인다.

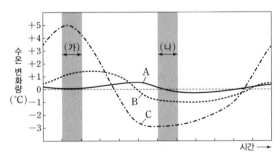

이 자료에 대한 설명으로 옳은 것만을 〈보기〉에서 있는 대로 고른 것은? (단, 관측 기간 동안 관측 해역에서는 해수의 연직 운동이 일어나지 않았고 해수의 염분은 일정하다고 가정한다.)

● 보 기 ●
ㄱ. A, B, C 중 깊이 0 m는 A이다.
ㄴ. (가) 시기는 겨울철이다.
ㄷ. (나) 시기에 해수의 밀도는 A가 C보다 크다.

① ㄱ   ② ㄴ   ③ ㄷ   ④ ㄱ, ㄴ   ⑤ ㄴ, ㄷ

[24026–0165]

07 표는 서로 다른 수괴 A, B, C에서 측정한 수온과 염분을, 그림은 해수에서 수온과 염분에 따른 밀도를 나타낸 것이다. A, B, C 수괴 중 하나는 북대서양 심층수이다.

수괴	수온(℃)	염분(psu)
A	15	36
B	13	36
C	4	35

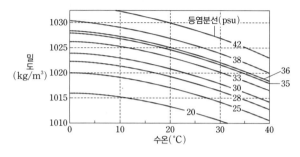

이 자료에 대한 설명으로 옳은 것만을 〈보기〉에서 있는 대로 고른 것은?

● 보 기 ●

ㄱ. A, B, C 중 밀도가 가장 작은 수괴는 A이다.

ㄴ. 북대서양 심층수는 C이다.

ㄷ. 염분이 35 psu인 해수의 수온이 높아질수록 $\dfrac{밀도\ 감소량}{수온\ 증가량}$ 은 작아지는 경향을 보인다.

① ㄱ ② ㄴ ③ ㄷ ④ ㄱ, ㄴ ⑤ ㄴ, ㄷ

해수의 밀도는 주로 수온과 염분에 의해 결정되며, 수온이 낮을수록, 염분이 높을수록 커진다.

[24026–0166]

08 그림 (가)와 (나)는 북대서양의 해수면 평균 수온 분포와 평균 표층 염분 분포를 등치선으로 순서 없이 나타낸 것이다. A와 B 해역 각각에는 북대서양 아열대 순환을 구성하는 해류가 흐른다.

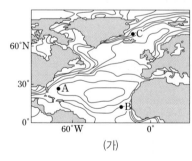

(가)

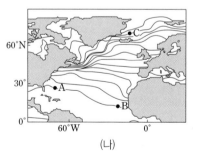

(나)

A, B, C 해역에 대한 설명으로 옳은 것만을 〈보기〉에서 있는 대로 고른 것은?

● 보 기 ●

ㄱ. 해수면 평균 수온은 A가 B보다 낮다.

ㄴ. 표층 해류에 의해 북쪽 방향으로 수송되는 단위 면적당 연평균 에너지양은 A가 B보다 많다.

ㄷ. 표층 해수 1 kg에서 얻을 수 있는 염류의 최대량은 A가 C보다 많다.

① ㄱ ② ㄴ ③ ㄱ, ㄷ ④ ㄴ, ㄷ ⑤ ㄱ, ㄴ, ㄷ

해수면 평균 수온을 나타내는 등수온선은 대체로 위도와 나란하고, 표층 염분은 중위도 고압대의 먼바다에서 높게 나타난다.

[24026-0167]

(가)는 지구가 자전하는 경우의 대기 대순환 모형이고 (나)는 지구가 자전하지 않는 경우의 대기 대순환 모형이다.

09 그림 (가)와 (나)는 북반구에서 지구가 자전하지 않는 경우의 대기 대순환 모형과 지구가 자전하는 경우의 대기 대순환 모형에서 지표 부근 바람의 남북 방향 성분을 순서 없이 나타낸 것이다.

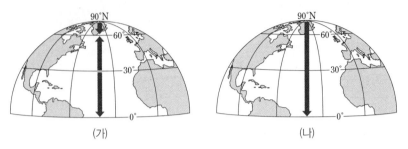

(가)와 (나)의 대기 대순환 모형에 대한 설명으로 옳은 것만을 〈보기〉에서 있는 대로 고른 것은?

● 보기 ●
ㄱ. (가)와 (나) 모두에서 간접 순환이 나타난다.
ㄴ. 지구가 자전하는 경우 북반구 지표 부근에서 북풍 계열의 바람이 부는 지역의 면적은 남풍 계열의 바람이 부는 지역의 면적보다 넓다.
ㄷ. 지구가 자전하지 않는 경우 남반구 지표 부근에서는 북풍 계열의 바람이 우세하게 분다.

① ㄱ   ② ㄴ   ③ ㄷ   ④ ㄱ, ㄴ   ⑤ ㄴ, ㄷ

[24026-0168]

열대 수렴대의 위치는 계절에 따라 변한다.

10 그림 (가)와 (나)는 인도 대륙 부근에서 북반구 여름철과 겨울철의 열대 수렴대 위치와 계절풍을 순서 없이 나타낸 것이다.

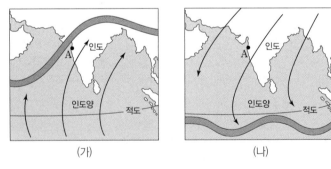

이 자료에 대한 설명으로 옳은 것만을 〈보기〉에서 있는 대로 고른 것은?

● 보기 ●
ㄱ. 열대 수렴대는 북반구 겨울철이 북반구 여름철보다 고위도에 위치한다.
ㄴ. 북반구 여름철에 인도에서는 남풍 계열의 계절풍이 분다.
ㄷ. A 지역의 강수량은 (가)의 시기가 (나)의 시기보다 많을 것이다.

① ㄱ   ② ㄴ   ③ ㄱ, ㄷ   ④ ㄴ, ㄷ   ⑤ ㄱ, ㄴ, ㄷ

[24026–0169]

11 그림은 태평양 적도 부근에서 표층 해류의 방향과 유속을 나타낸 것이다.

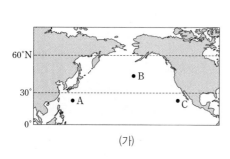

A, B, C 해역에 대한 설명으로 옳은 것만을 〈보기〉에서 있는 대로 고른 것은?

● 보기 ●

ㄱ. A의 표층 해류와 B의 표층 해류는 북태평양 아열대 순환을 이룬다.

ㄴ. A와 C의 표층 해류 모두는 무역풍에 의해 형성된다.

ㄷ. B에서는 대기 대순환에 의해 서풍 계열의 바람이 동풍 계열의 바람보다 우세하게 분다.

① ㄱ   ② ㄴ   ③ ㄷ   ④ ㄱ, ㄴ   ⑤ ㄴ, ㄷ

A 해역, C 해역 모두에서는 적도 해류가 흐르고, B 해역에서는 적도 해류와 반대쪽으로 표층 해류가 흐른다.

[24026–0170]

12 그림 (가)는 주요 표층 해류가 흐르는 해역 A, B, C를, (나)는 해역 A, B, C에서 관측한 표층 수온과 표층 염분을 수온 염분도에 ㉠, ㉡, ㉢으로 순서 없이 나타낸 것이다.

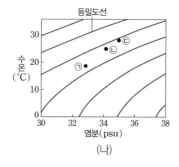

(가)   (나)

A, B, C 해역에 대한 설명으로 옳은 것만을 〈보기〉에서 있는 대로 고른 것은?

● 보기 ●

ㄱ. 산소 기체의 용해도는 A가 C보다 작다.

ㄴ. 표층 해수의 밀도 차는 (A와 B)가 (A와 C)보다 크다.

ㄷ. ㉠의 값을 갖는 해역의 표층 해류는 무역풍에 의해 형성된다.

① ㄱ   ② ㄷ   ③ ㄱ, ㄴ   ④ ㄴ, ㄷ   ⑤ ㄱ, ㄴ, ㄷ

A 해역에는 쿠로시오 해류가 흐르고 B 해역에는 북태평양 해류가 흐르며 C 해역에는 캘리포니아 해류가 흐른다. 표층 수온은 A 해역＞C 해역＞B 해역이다.

동한 난류는 한반도 동해안을
따라 북상하고 북한 한류는 한
반도 동해안을 따라 남하한다.

[24026-0171]

13 그림 (가)와 (나)는 어느 해 서로 다른 계절에 우리나라 주변 표층 해류의 이동 방향과 유속을 나타
낸 것이다.

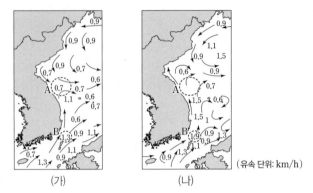

이 자료에 대한 설명으로 옳은 것만을 〈보기〉에서 있는 대로 고른 것은?

┌─● 보기 ●─────────────────────────────────────
│ ㄱ. 동한 난류가 최대로 북상하는 위도는 (가)가 (나)보다 높다.
│ ㄴ. A 해역에서 남북 방향의 표층 수온 변화는 (가)가 (나)보다 클 것이다.
│ ㄷ. 단위 시간당 B 해역을 통과하는 표층 해수의 양은 (가)가 (나)보다 많다.
└──

① ㄱ   ② ㄴ   ③ ㄷ   ④ ㄱ, ㄴ   ⑤ ㄴ, ㄷ

평균 수온은 남극 저층수가
북대서양 심층수보다 낮고,
표층에서 북대서양과 남대서
양 모두 서쪽에서는 난류가
흐르고 동쪽에서는 한류가 흐
른다.

[24026-0172]

14 그림 (가)와 (나)는 북대서양과 남대서양 각각에서 동서 방향으로 관측한 해수의 연직 수온 분포를
순서 없이 나타낸 것이다. A, B, C 해역 각각에서는 아열대 순환을 이루는 표층 해류가 흐르고, (가)와
(나) 중 어느 하나에만 남극 저층수가 분포한다.

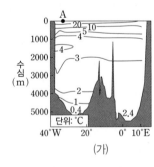 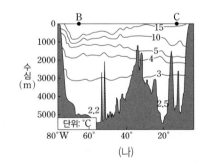

이에 대한 설명으로 옳은 것만을 〈보기〉에서 있는 대로 고른 것은?

┌─● 보기 ●─────────────────────────────────────
│ ㄱ. 북대서양에서 관측한 것은 (가)이다.
│ ㄴ. A에서 표층 해류는 남쪽으로 흐르고, B에서 표층 해류는 북쪽으로 흐른다.
│ ㄷ. 표층 해류에 의해 고위도로 수송되는 단위 면적당 연평균 에너지양은 B가 C보다 적다.
└──

① ㄱ   ② ㄴ   ③ ㄷ   ④ ㄱ, ㄴ   ⑤ ㄴ, ㄷ

15 다음은 해류의 발생 원리를 알아보기 위한 실험 과정이다. [24026-0173]

해수의 밀도는 수온이 낮을수록, 염분이 높을수록 커진다.

[실험 과정]

(가) 그림과 같이 칸막이로 분리된 수조의 양쪽에 ㉠ <u>수온이 1 ℃, 염분이 30 psu인 소금물</u>과 ㉡ <u>수온이 1 ℃, 염분이 35 psu인 소금물</u>을 같은 높이로 넣는다.

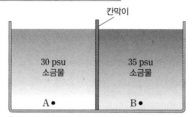

(나) ㉠과 ㉡을 각각 빨간색과 파란색 잉크로 착색한다.

(다) 칸막이를 들어 올려 제거하고 소금물의 이동을 관찰한다.

이 실험에 대한 설명으로 옳은 것만을 〈보기〉에서 있는 대로 고른 것은?

● 보 기 ●

ㄱ. 밀도는 ㉠이 ㉡보다 작다.

ㄴ. (가) 과정에서 수압은 A가 B보다 낮다.

ㄷ. (다) 과정에서 ㉡은 ㉠ 아래로 이동한다.

① ㄱ　　　　② ㄴ　　　　③ ㄱ, ㄷ　　　　④ ㄴ, ㄷ　　　　⑤ ㄱ, ㄴ, ㄷ

16 그림은 북대서양에서 표층수와 심층수의 주된 흐름이 있는 곳을 선으로 나타낸 것이다. A와 B는 각각 표층수와 심층수의 주된 흐름 중 하나이다. [24026-0174]

멕시코 만류는 북대서양의 서쪽에서 북상하는 표층 해류이고, 북대서양 심층수는 북대서양 그린란드 주변 해역에서 침강하여 수심 약 1500 m～4000 m 사이에서 남하한다.

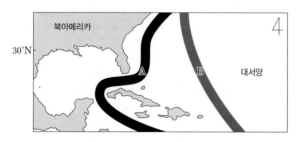

이 자료에 대한 설명으로 옳지 <u>않은</u> 것은?

① A는 표층수의 주된 흐름이다.

② A는 아열대 순환을 이룬다.

③ B는 주로 북상한다.

④ 평균 밀도는 A의 해수가 B의 해수보다 작다.

⑤ 평균 유속은 A가 B보다 빠르다.

07 대기와 해양의 상호 작용

1. (　　)은 심층의 찬 해수가 표층으로 올라오는 현상이다.

2. 북반구에서 대륙의 서해안에 (　　)풍 계열의 바람이 지속적으로 불 때 연안 용승이 일어날 수 있다.

3. 적도 용승은 적도 부근 해역에서 무역풍에 의해 표층수가 (　　)할 때 심층의 찬 해수가 올라오는 현상이다.

4. 저기압성 바람에 의해 표층수가 (　　)할 때 심층의 찬 해수가 올라오는 용승이 일어날 수 있다.

5. 용승에 의해 심층에서 찬 해수가 올라오면, 용승이 일어나는 해역의 기온은 (　　)아질 수 있다.

정답

1. 용승
2. 북
3. 발산
4. 발산
5. 낮

1 해양 변화와 기후 변화

(1) 용승과 침강: 용승은 표층 해수의 발산에 의해 심층의 찬 해수가 표층으로 올라오는 현상이고, 침강은 표층 해수의 수렴 또는 냉각에 의해 표층의 해수가 심층으로 내려가는 현상이다.

① 용승의 종류

• **연안 용승**: 대륙의 연안에서 바람 때문에 표층 해수가 먼 바다 쪽으로 이동하면 이를 채우기 위해 심층에서 찬 해수가 올라오는 현상이다. **예** 여름철에 우리나라의 동해안에서 남풍 계열의 바람이 지속적으로 불 때

• **적도 용승**: 적도 부근에서 북동 무역풍은 표층 해수를 북서쪽으로, 남동 무역풍은 표층 해수를 남서쪽으로 이동시키기 때문에 이를 채우기 위해 심층에서 찬 해수가 올라오는 현상이다.

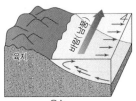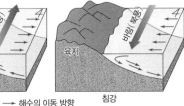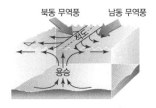

북반구 연안에서 일어나는 용승과 침강　　　　적도 부근 해역에서 일어나는 용승

• **저기압과 고기압에서의 용승과 침강**: 북반구에서는 시계 방향으로 지속적으로 부는 고기압성 바람에 의해 고기압 중심부의 표층 해수가 수렴하여 침강이 일어나고, 시계 반대 방향으로 지속적으로 부는 저기압성 바람에 의해 저기압 중심부의 표층 해수가 발산하여 용승이 일어난다.

② 세계의 용승 해역: 적도 부근 해역과 북아메리카의 캘리포니아 연안, 남아메리카의 페루 연안, 아프리카 서해안 등 주로 대륙의 서해안에서 잘 발달한다.

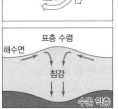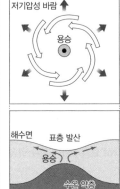

수렴으로 인한 침강(북반구)　　발산으로 인한 용승(북반구)

🔍 과학 돋보기　에크만 수송

• **에크만 나선**: 해수면 위에서 바람이 일정한 방향으로 계속 불면 북반구에서 표면 해수는 전향력의 영향으로 바람 방향의 오른쪽으로 45° 편향되어 흐른다. 또한 수심이 깊어짐에 따라 해수의 흐름은 오른쪽으로 더 편향되고 유속은 더 느려진다. 이를 바닥에 투영하면 나선이 그려지는데, 이를 에크만 나선이라고 한다.

• **에크만층**: 에크만 나선에서 해수의 이동 방향이 표면 해수의 이동 방향과 정반대가 되는 깊이까지의 층을 에크만층(마찰층)이라고 한다.

• **에크만 수송**: 에크만층 전체에서 일어나는 해수의 평균적인 이동으로, 북반구에서는 바람 방향의 오른쪽 90° 방향으로 나타나고 남반구에서는 바람 방향의 왼쪽 90° 방향으로 나타난다.

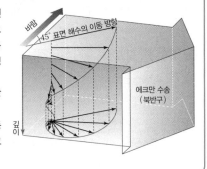

(2) 엘니뇨와 라니냐

① **열대 태평양의 수온 분포**: 평상시 열대 태평양을 따라 동쪽에서 서쪽으로 부는 무역풍으로 인해 동태평양 해역에서는 연안 용승이 활발하다. 해수면 수온은 서 태평양보다 동태평양에서 낮게 나타난다.

② **엘니뇨 시기**: 평상시에 비해 무역풍이 약해지면 동태평양 해역에서는 연안 용승이 약해지고, 서태평양에서 동쪽으로 따뜻한 해수가 이동하여 태평양 중앙부에서 페루 연안에 이르는 해역의 해수면 수온이 상승한다.

③ **라니냐 시기**: 평상시에 비해 무역풍이 강해지면 동태평양 해역에서는 연안 용승이 강해지고, 따뜻한 해수는 서태평양 쪽으로 더욱 집중되므로 페루 연안의 한랭 수역이 확대되어 해수면 수온의 동서 간 차이가 커진다.

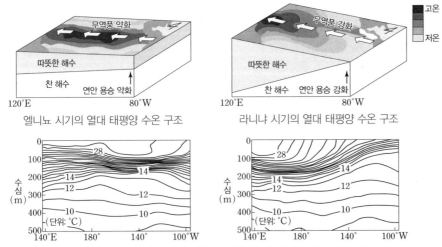

엘니뇨(왼쪽)와 라니냐(오른쪽) 발생 시 열대 태평양의 해수 온도의 연직 분포

(3) 엘니뇨와 남방 진동

① **워커 순환**: 평상시 무역풍으로 인해 열대 서태평양은 따뜻한 해수로부터 열과 수증기를 공급받은 공기가 상승하여 강수대가 형성되고, 상대적으로 온도가 낮은 동태평양은 공기가 하강한다. 이로 인해 열대 태평양 지역에서는 동서 방향의 거대한 순환이 형성되는데, 이를 워커 순환이라고 한다.

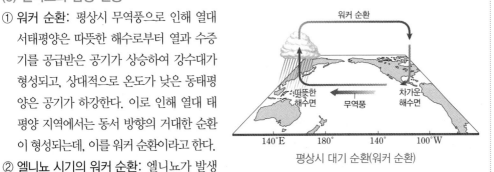

평상시 대기 순환(워커 순환)

② **엘니뇨 시기의 워커 순환**: 엘니뇨가 발생하면 열대 태평양 동쪽 해역에서 해수면 수온이 평년에 비해 상승하고 서태평양의 따뜻한 해수가 동쪽으로 이동한다. 이로 인해 워커 순환에서 공기가 상승하는 지역과 강수대가 동쪽으로 이동하고, 태평양 전체의 기압 분포가 변한다. 엘니뇨가 발생하면 열대 태평양 동쪽 해역에서는 기압이 낮아지고 강수량이 많아지며, 열대 태평양 서쪽 해역에서는 기압이 높아지고 강수량이 적어진다.

개념 체크

○ **엘니뇨**

열대 태평양 중앙부에서 페루 연안에 이르는 해역에서 해수면 수온이 평년보다 높은 상태가 수개월 이상 지속되는 현상이다.

○ **라니냐**

열대 태평양 중앙부에서 페루 연안에 이르는 해역에서 해수면 수온이 평년보다 낮은 상태가 수개월 이상 지속되는 현상이다.

1. 엘니뇨 시기에 무역풍은 평상시보다 (　　)하다.

2. 엘니뇨 시기에 열대 태평양 동쪽 해역에서 해수면 수온은 평상시보다 (　　)다.

3. 라니냐 시기에는 열대 동태평양 해역의 연안 용승이 평상시보다 (　　)해진다.

4. 엘니뇨 시기에 열대 태평양 서쪽 해역에서 해면 기압은 평상시보다 (　　)다.

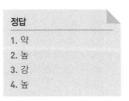

정답

1. 약
2. 높
3. 강
4. 높

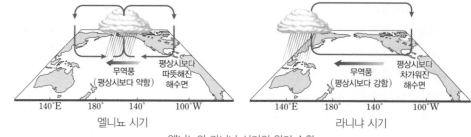

엘니뇨 시기   라니냐 시기

엘니뇨와 라니냐 시기의 워커 순환

③ **남방 진동**: 기상학자 워커가 호주 북부 다윈의 해면 기압과 남태평양 타히티의 해면 기압의 차이를 분석하여 발견한 사실로, 서태평양의 해면 기압이 평상시보다 높아지면 동태평양의 해면 기압은 평상시보다 낮아지고, 서태평양의 해면 기압이 평상시보다 낮아지면 동태평양의 해면 기압은 평상시보다 높아지는 해면 기압 분포의 시소 현상을 남방 진동이라고 한다.

탐구자료 살펴보기 **엘니뇨와 남방 진동**

탐구 자료
그림은 1950년~2020년까지의 남방 진동 지수를 나타낸 것이다.

탐구 결과
1. 엘니뇨 시기에 타히티는 해수면 수온이 상승하여 해면 기압이 낮아지므로 해면 기압 편차(관측값－평년값)는 음(－)의 값이고, 다윈은 해수면 수온이 하강하여 해면 기압이 높아지므로 해면 기압 편차(관측값－평년값)는 양(＋)의 값이다.

2. 1982년~1983년 사이에는 남방 진동 지수가 약 －4.9로 가장 작다. 남방 진동 지수가 큰 음(－)의 값인 시기에는 무역풍이 약하므로 열대 동태평양의 연안 용승이 약하다.

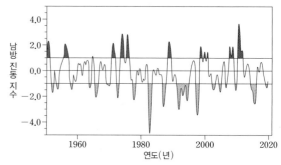

남방 진동 지수＝(남태평양 타히티의 해면 기압 편차－호주 북부 다윈의 해면 기압 편차)/표준 편차

분석 point
• 남방 진동 지수가 큰 음(－)의 값일 때는 엘니뇨 시기이고, 큰 양(＋)의 값일 때는 라니냐 시기이다.
• 남방 진동 지수가 큰 양(＋)의 값인 시기에는 열대 동태평양의 연안 용승이 강하다.

(4) 엘니뇨 남방 진동(엔소, ENSO)

① **엔소(ENSO, El Niño-Southern Oscillation)**: 엘니뇨와 라니냐는 해양에서 발생하는 현상이고 남방 진동은 대기에서 나타나는 현상인데, 이 두 현상은 서로 독립된 것이 아니라 대기와 해양의 끊임없는 상호 작용의 결과로 나타난 것이다. 엘니뇨, 라니냐에 의한 표층 수온의 변화와 대기의 기압 분포가 변하는 현상이 서로 영향을 주고받아 나타나는 하나의 현상으로 생각하여 이 두 현상을 합쳐 엔소(ENSO)라고 한다.

② **엔소의 영향**: 열대 태평양의 수온 변화로 인한 대기 운동의 변화는 파동의 형태로 고위도까지 전파될 수 있으므로, 엔소의 영향은 단지 열대 태평양의 대기와 해양의 상태에만 국한된 것이 아니다.

② 기후 변화의 요인

(1) 고기후 연구: 비교적 짧은 기간 동안 변화하는 대기의 상태를 일기 또는 기상이라고 하며, 기후는 오랜 기간의 기상 평균을 말한다. 지질 시대의 기후는 빙하 시추물, 나무의 나이테, 화석 등의 연구로부터 알아낸다.

빙하 시추물

나무의 나이테

화석

(2) 기후 변화의 자연적 요인 – 지구 외적 요인

① **지구 자전축의 방향 변화**: 지구의 자전축이 약 26000년을 주기로 회전하는데, 이를 세차 운동이라고 한다.

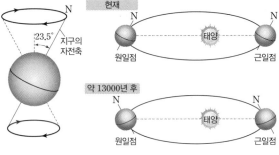
세차 운동과 계절 변화

- 세차 운동에 의해 약 13000년 후에는 자전축의 경사 방향이 현재와 반대가 된다.
- 현재 북반구는 근일점에서 겨울이다. 하지만 지구의 세차 운동에 의해 약 13000년 후에 북반구는 근일점에서 여름이 된다. ➡ 다른 요인의 변화가 없다면 약 13000년 후 북반구에서 기온의 연교차는 현재보다 커진다.

② **지구 자전축의 기울기 변화**

- 현재 지구 자전축의 경사각은 약 23.5°이지만 약 41000년을 주기로 약 21.5°~24.5° 사이에서 변한다.
- 지구 자전축의 기울기가 변하면 각 위도에서 받는 일사량이 변하므로 기후 변화가 생긴다. ➡ 다른 요인의 변화가 없다면 자전축 경사각이 커질수록 기온의 연교차가 커진다.

지구 자전축의 기울기 변화

③ **지구 공전 궤도 이심률의 변화**

- 지구 공전 궤도 이심률이 약 10만 년을 주기로 변한다.
- 현재 근일점과 원일점에 위치할 때 일사량의 차이가 약 7%이지만, 이심률이 최대로 커지면 근일점과 원일점에 위치할 때 일사량의 차이가 최대 23%까지 증가한다.
- 공전 궤도가 현재보다 원에 더 가까워지면(이심률이 작아지면) 근일점 거리는 현재보다 멀어지고, 원일점 거리는 현재보다 가까워진다. ➡ 다른 요인의 변화가 없다면 북반구에서 겨울철은 더 추워지고 여름철은 더 더워지므로 기온의 연교차가 커진다.

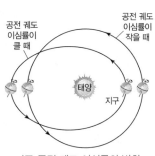
지구 공전 궤도 이심률의 변화

off

개념 체크

○ **빙하 시추물 연구**
빙하 얼음을 구성하는 산소 안정 동위 원소 비율($^{18}O/^{16}O$)을 분석하면 과거 지구의 기온을 알 수 있고, 빙하 얼음 속에 포함된 공기 방울을 분석하면 과거 지구 대기에 포함된 온실 기체의 농도를 알 수 있다.

○ **공전 궤도 이심률과 공전 궤도 긴반지름(장반경)**
지구의 공전 궤도 이심률이 변하더라도 공전 주기가 일정하면 공전 궤도 긴반지름(근일점에서부터 원일점까지 거리의 절반)은 변하지 않는다.

○ **태양의 남중 고도와 계절**
북반구 중위도에서 태양의 남중 고도는 태양이 정남쪽에 있을 때의 고도를 말하며, 이때 태양은 하루 중 고도가 가장 높은 위치에 있다. 태양 빛이 지표면과 이루는 각이 클 때 태양의 남중 고도가 높아 여름이 되고, 태양 빛이 지표면과 이루는 각이 작을 때 태양의 남중 고도가 낮아 겨울이 된다.

1. 지질 시대의 기후는 빙하 시추물, 나무의 (   ), 화석 등의 연구로부터 알아낸다.

2. 지구 자전축의 (   ) 운동에 의해 지구 자전축이 기울어진 방향이 변한다.

3. 지구의 공전 궤도상에서 태양과 가장 가까운 점을 (   )일점이라 하고 가장 먼 점을 (   )일점이라고 한다.

4. 현재 지구가 근일점에 위치할 때, 북반구는 (   )철이고 남반구는 (   )철이다.

정답
1. 나이테
2. 세차
3. 근, 원
4. 겨울, 여름

개념 체크

○ **흑점 수의 증감 주기**
태양 흑점 수는 약 11년을 주기로 증감하는데, 이 기간 중 흑점 수가 가장 많은 시기를 극대기, 가장 적은 시기를 극소기라고 한다.

○ **지표면의 반사율**

구분	반사율(%)
빙하	50~70
숲	8~15
토양	5~40
모래 사막	20~45
아스팔트	4~12

○ **화산 활동과 기후 변화**
화산 활동으로 방출된 이산화 탄소나 수증기 등은 지구 기온을 높이지만, 화산재나 이산화 황 등은 지구 반사율을 증가시켜 지구 기온을 낮춘다. 기후 변화의 자연적 요인에는 지구 온난화를 일으키는 요인도 있지만, 억제하는 요인도 있다.

1. 태양 활동은 흑점 수의 (   )기가 (   )기보다 활발하다.

2. 태양이 방출하는 에너지양은 흑점 수의 (   )기가 (   )기보다 많다.

3. 화산이 폭발할 때 분출된 화산재 등은 지구의 반사율을 (   )시키는 역할을 한다.

정답
1. 극대, 극소
2. 극대, 극소
3. 증가

④ **태양 활동의 변화**: 태양 활동이 달라지면 지구에 도달하는 태양 복사 에너지의 양이 달라진다. 태양 활동의 변화는 흑점 수 변화로 알 수 있는데, 역사적으로 소빙하기로 알려진 시기에 태양 흑점 수가 매우 적었던 시기(마운더 극소기)가 존재한다.

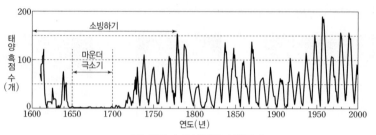

태양 흑점 수의 변화와 소빙하기

(3) 기후 변화의 자연적 요인－지구 내적 요인: 지구의 기후 변화는 지구 외적 요인 이외에 지구 내적 요인에 의해서도 일어난다.

① **수륙 분포의 변화**: 육지와 해양은 비열과 반사율이 다르며, 판의 운동에 의한 수륙 분포의 변화는 기후를 변화시킨다. ➡ 고생대 말에 형성된 초대륙 판게아는 지구의 기후대를 크게 변화시켰고, 생물계의 큰 변화를 일으킨 주요 원인이 되었다. 수륙 분포의 변화는 해류의 변화를 일으켜 기후 변화의 원인이 된다.

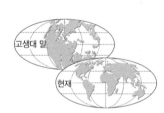

대륙과 해양의 지리적 위치 변화

두 대륙이 연결된 후 북극해로 흘러드는 따뜻한 해류가 변화하였다.

② **화산 활동**: 화산이 폭발할 때 분출된 화산재 등이 성층권에 퍼지면 태양 빛의 산란이 많이 일어나 지구의 반사율이 커지므로 지구의 평균 기온이 하강한다.

피나투보 화산의 분출 모습

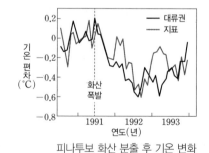

피나투보 화산 분출 후 기온 변화

③ **지표면 상태의 변화**: 극지방의 빙하 면적 변화는 지표면의 반사율을 변화시켜 지표에 흡수되는 태양 복사 에너지의 양을 달라지게 하므로 기후가 변한다.

(4) 기후 변화의 인위적 요인

① **온실 기체의 증가**: 인간 활동에 의해 온실 기체가 증가한다. ➡ 대기 및 지표의 평균 온도가 상승하고 지구의 기후가 변한다.

② **에어로졸 배출**: 산업 활동이나 화석 연료 사용 과정에서 대기로 배출된 에어로졸은 지표면에 도달하는 태양 복사 에너지를 감소시켜 지구의 기온을 낮추는 역할을 할 수 있다.

③ **사막화**: 과잉 방목, 과잉 경작 등에 의한 사막화 현상은 대기 순환을 변화시켜 지구의 기후를 변화시키는 요인이 된다.

④ **도시화**: 도로, 건물 등을 건설하여 숲이 도시화되면 지표의 반사율을 변화시켜 기후 변화가 나타난다.

1975년(왼쪽)과 2001년(오른쪽)에 인공위성에서 관측한 아마존 열대 우림의 변화(사진에 밝게 나타난 영역이 열대 우림이 훼손된 지역이다.)

③ 기후 변화의 영향

(1) 복사 평형: 흡수하는 만큼의 에너지를 방출하여 평균 온도가 일정하게 유지되는 상태이다.

(2) 온실 효과

① 지구 대기는 짧은 파장의 태양 복사 에너지(가시광선)는 잘 통과시키지만, 긴 파장의 지구 복사 에너지(적외선)는 대부분 흡수한 후 지표로 재복사하여 지표면의 온도를 높이는데, 이를 온실 효과라고 한다.

② 온실 효과를 일으키는 수증기, 이산화 탄소, 메테인, 오존 등의 기체를 온실 기체라고 한다. 온실 기체가 온실 효과에 기여하는 정도는 수증기 > 이산화 탄소 > 메테인 > 오존 순이다.

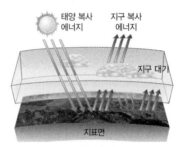

온실 효과

(3) 지구의 열수지 평형

① 지구에 입사하는 태양 복사 에너지 100 단위 중 25 단위는 대기에 흡수, 45 단위는 지표면에 흡수, 30 단위는 우주 공간으로 반사된다. 지구에서 방출하는 지구 복사 에너지 70 단위 중 66 단위는 대기 복사, 4 단위는 지표면 복사이다.

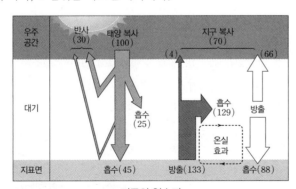

지구의 열수지

② 지구가 흡수하는 복사 에너지양과 지구가 방출하는 복사 에너지양이 같다. ➡ 지구는 복사 평형을 이루고 있어서 연평균 기온이 거의 일정하게 유지된다.

③ 대기 중 온실 기체가 증가하면 대기에서 흡수하는 지표 복사 에너지와 대기에서 지표로 재복사되는 에너지가 증가하여 지표의 온도가 상승한다.

◐ **에어로졸**
대기 중에 떠 있는 1 nm~100 μm의 작은 액체나 고체 입자를 말한다.

◐ **주요 온실 기체의 온실 효과 기여도**

온실 기체	기여도(%)
수증기	30~70
이산화 탄소	9~26
메테인	4~9
오존	3~7

1. 흡수하는 만큼의 에너지를 방출하여 평균 온도가 일정하게 유지되는 상태를 ( )이라고 한다.

2. 지구 대기는 ( ) 복사 에너지보다 ( ) 복사 에너지를 더 많이 흡수한다.

3. 온실 기체가 지구 복사 에너지를 흡수하였다가 지표로 재복사하기 때문에 지구의 평균 기온이 높게 유지되는데, 이를 ( )라고 한다.

4. 대기 중 온실 기체가 증가하면 대기에서 흡수하는 지표 복사 에너지와 대기에서 지표로 재복사하는 에너지가 ( )하여 지표의 온도가 ( )한다.

정답
1. 복사 평형
2. 태양, 지구
3. 온실 효과
4. 증가, 상승

개념 체크

❍ **지구 온난화**
19세기 중반부터 시작된 전 지구적인 지표면 부근의 기온 상승을 의미한다.

1. 인간 활동에 의한 온실 기체 증가가 지구 (　　　)의 주요 원인으로 여겨지고 있다.

2. (　　　) 연료 사용량이 증가하면, 대기 중으로 배출되는 이산화 탄소의 양이 증가한다.

3. 지구 온난화로 인해 열대 해역의 해수면 온도가 상승하면, 태풍 등 열대 저기압의 강도가 (　　　)질 것이다.

4. 지구 온난화의 영향으로 해수의 온도가 상승하면 해수면이 (　　　)한다.

(4) 지구 온난화: 최근 들어 지구의 온실 효과가 강화되어 지구의 평균 기온이 점점 높아지고 있는데, 이를 지구 온난화라고 한다. 대부분의 과학자들은 인간 활동에 의해 대기 중 온실 기체의 양이 증가하였기 때문에 지구 온난화가 나타난다고 생각한다.

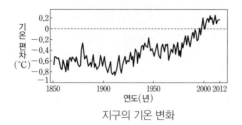

지구의 기온 변화

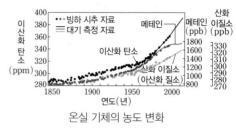

온실 기체의 농도 변화

🔍 **과학 돋보기**　**지구의 기온 변화 경향성**

그림은 기후 모형으로 모의실험한 지구의 기온 변화와 실제 관측한 기온을 나타낸 것이다.

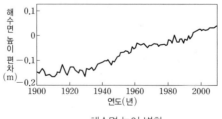

- 태양 활동 변화, 화산 활동 등 자연적 요인만을 고려했을 때 지구의 기온은 약간 낮아졌다가 다시 회복하는 경향이 있다.
- 자연적 요인과 인위적 요인을 함께 고려했을 때 기온 변화 모형은 관측된 기온 변화와 비슷한 경향을 나타낸다.
- 현재의 지구 온난화는 자연적 요인보다는 인위적 요인에 의해 나타난다.

(5) 지구 온난화의 영향

① **해수면 상승**: 해수의 온도가 상승하면 해수의 열팽창이 일어나 해수면이 상승한다. 또한 육지의 빙하가 녹아 바다로 흘러 들어가면 해수면이 상승한다.
② 기후대가 변하여 생태계 변화, 식량 생산 감소, 질병 증가 등이 예상된다.
③ 기상 이변의 발생 횟수와 강도가 증가하고 태풍, 홍수, 가뭄 등에 의한 피해가 커질 것이다.
④ 수자원 변화, 곡물 수확량 감소 등 사회적, 경제적인 측면에 미치는 영향이 커질 것이다.

정답
1. 온난화
2. 화석
3. 커
4. 상승

해수면 높이 변화

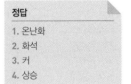

기상 이변으로 인한 홍수 피해

과학 돋보기　　지구 온난화에 의한 미래의 지구 환경 변화

그림 (가)는 4개의 시나리오별 대기 중 이산화 탄소 농도 변화를, (나)는 이 중에서 2개의 시나리오를 바탕으로 기후 모형이 예측한 지표면 온도 변화를 나타낸 것이다.

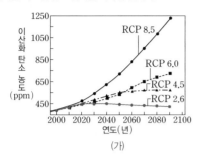
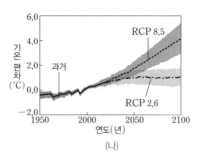

(가)　　　　　　　　　　　　(나)

- RCP 2.6은 이산화 탄소의 최소 배출량 시나리오, RCP 4.5와 RCP 6.0은 중간 수준의 저감 정책을 실시한 시나리오, RCP 8.5는 고농도 배출(현재 추세) 시나리오이다.
- 현재 추세로 온실 기체가 배출된다면 21세기 말(2081년~2100년경)에 지구의 지표면 온도는 현재보다 약 4 °C 상승할 것으로 예측된다.

(6) 지구 환경 보존을 위한 노력

① **온실 기체 배출량 감소**: 자원을 절약하고 대체 에너지를 개발한다.

② **지구 환경 보존을 위한 국제 협약**: 지구 차원의 환경 보호를 위해 세계 각국은 환경 협약을 체결하고 환경 보호에 대한 국가별 의무와 노력을 규정하고 있다.

- 기후 변화에 관한 국제 연합 기본 협약(1992년): 지구 온난화 방지를 위한 협약
- 교토 의정서(1997년): 온실 기체의 감축 목표치를 규정한 국제 협약
- 파리 협정(2015년): 전 세계 온실 기체 감축을 통해 지구의 평균 기온이 산업화 이전 대비 2 °C 이상 상승하지 않도록 하기 위한 국제 협약

탐구자료 살펴보기　　**한반도의 기후 변화 경향성**

탐구 자료

그림 (가)와 (나)는 우리나라의 관측소 6곳(서울, 인천, 강릉, 대구, 목포, 부산)에서 1910년~2019년에 측정한 기온과 강수량을 10년 범위로 평균한 값을 나타낸 것이다.

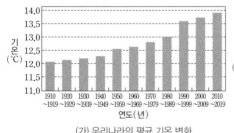
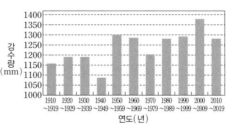

(가) 우리나라의 평균 기온 변화　　　　(나) 우리나라의 평균 강수량 변화

탐구 결과

최근 110년 동안 우리나라의 평균 기온은 지속적으로 상승하였고, 평균 강수량도 대체로 증가하였다.

분석 point

- 지구의 평균 기온은 최근 110년 동안 약 0.85 °C 상승하였으며, 우리나라는 이보다 약 2배 상승하였다.
- 우리나라의 주요 작물 재배지가 북상하고, 바다에서 잡히는 주요 어종이 바뀌는 등 다양한 변화가 일어나고 있다.

개념 체크

○ **RCP**

대표농도경로의 약자로, 대기오염 물질 및 토지 이용 변화 등과 같은 요인들을 바탕으로 향후 온실 기체 배출량과 대기 중 농도가 2100년까지 어떻게 전개될지 나타내는 4가지 경로 시나리오이다.

○ **정부 간 기후 변화 협의체 (IPCC)**

세계 기상 기구(WMO)와 유엔 환경 계획(UNEP)에 의해 인간의 활동이 기후 변화에 미치는 영향을 평가하고, 국제적인 대책을 마련하기 위해 1988년에 설립되었다.

1. 세계 각국은 1997년에는 교토 의정서, 2015년에는 (　　　)을 체결하는 등 기후 변화에 대처하기 위해 노력하고 있다.

2. 지구 온난화로 인해 우리나라의 평균 기온은 (　　　)하고 있는 추세이다.

3. 지구 온난화로 인해 우리나라의 주요 작물 재배지가 (　　　)하고 있는 추세이다.

정답

1. 파리 협정
2. 상승
3. 북상

[24026–0175]

01 그림 (가)와 (나)는 남반구 이느 연안에서 시로 다른 시기에 남풍과 북풍이 지속적으로 불 때를 나타낸 것이다.

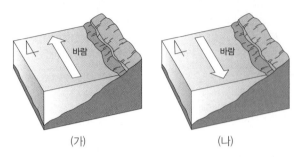

(가)와 (나) 시기에 이 연안에서 표층 해수의 이동 방향으로 적절한 것을 〈보기〉에서 골라 옳게 짝지은 것은?

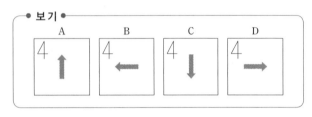

	(가)	(나)		(가)	(나)
①	A	C	②	B	C
③	B	D	④	C	A
⑤	D	B			

[24026–0176]

02 그림은 동태평양의 7월 평균 해수면 수온 분포를 나타낸 것이다.

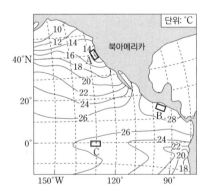

A, B, C 해역 중 용승이 활발하게 일어나는 해역만을 있는 대로 고른 것은?

① A ② B ③ C
④ A, C ⑤ B, C

[24026–0177]

03 그림은 강물이 유입되고 있는 북반구 어느 연안에서 지속적으로 부는 바람을 나타낸 것이다.

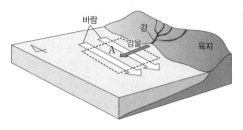

A 해역에 대한 설명으로 옳은 것만을 〈보기〉에서 있는 대로 고른 것은?

● 보기 ●
ㄱ. 강물의 유입으로 표층 염분이 낮아진다.
ㄴ. 바람에 의해 표층 해수는 주로 동쪽으로 이동한다.
ㄷ. 지속적으로 부는 바람에 의해 침강이 일어난다.

① ㄱ ② ㄴ ③ ㄷ
④ ㄱ, ㄷ ⑤ ㄴ, ㄷ

[24026–0178]

04 그림은 평상시 태평양 적도 부근 해역에서 해수의 연직 단면을 나타낸 것이다.

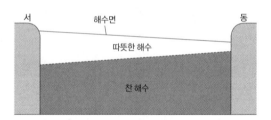

평상시 태평양 적도 부근 해역에 대한 설명으로 옳은 것만을 〈보기〉에서 있는 대로 고른 것은?

● 보기 ●
ㄱ. 해들리 순환에 의해 지표 부근에는 동풍 계열의 바람이 분다.
ㄴ. 남적도 해류에 의해 따뜻한 해수는 동쪽에서 서쪽으로 이동한다.
ㄷ. 해수면 평균 수온은 동태평양 적도 부근 해역이 서태평양 적도 부근 해역보다 높다.

① ㄱ ② ㄴ ③ ㄷ
④ ㄱ, ㄴ ⑤ ㄴ, ㄷ

05 그림 (가)와 (나)는 평상시와 엘니뇨 시기에 태평양 적도 부근 해역에서의 워커 순환을 순서 없이 나타낸 것이다. [24026-0179]

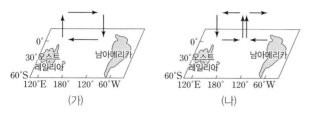

(가)   (나)

이에 대한 설명으로 옳은 것만을 〈보기〉에서 있는 대로 고른 것은?

● 보기 ●
ㄱ. 평상시는 (가)이다.
ㄴ. 동태평양 적도 부근 해역에서 해면 기압은 (가) 시기가 (나) 시기보다 낮다.
ㄷ. 동태평양 적도 부근 해역에서 무역풍은 (가) 시기가 (나) 시기보다 약하다.

① ㄱ   ② ㄴ   ③ ㄷ   ④ ㄱ, ㄷ   ⑤ ㄴ, ㄷ

06 그림 (가)와 (나)는 평상시와 엘니뇨 시기에 남아메리카 페루의 서쪽 연안에서 해수의 연직 모습과 지속적으로 부는 바람을 순서 없이 나타낸 것이다. [24026-0180]

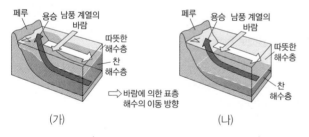

(가)   (나)

이 연안에 대한 설명으로 옳은 것만을 〈보기〉에서 있는 대로 고른 것은?

● 보기 ●
ㄱ. (가)에서 해안선에서 남서쪽으로 갈수록 해수면은 낮아지는 경향을 보인다.
ㄴ. (나)에서 영양염의 평균 농도는 따뜻한 해수층이 찬 해수층보다 높다.
ㄷ. 강수량은 (가) 시기가 (나) 시기보다 적다.

① ㄱ   ② ㄴ   ③ ㄷ   ④ ㄱ, ㄴ   ⑤ ㄴ, ㄷ

07 그림 (가)와 (나)는 1억 년 전과 3천만 년 전의 대륙과 표층 해류의 분포를 순서 없이 나타낸 것이다. [24026-0181]

(가)   (나)

이 자료에 대한 설명으로 옳은 것만을 〈보기〉에서 있는 대로 고른 것은?

● 보기 ●
ㄱ. (가)는 1억 년 전의 대륙과 표층 해류의 분포이다.
ㄴ. 남극 순환 해류는 (나)에서가 (가)에서보다 잘 나타난다.
ㄷ. 대륙과 표층 해류 분포의 변화는 기후 변화를 일으키는 지구 내적 요인이다.

① ㄱ   ② ㄷ   ③ ㄱ, ㄴ   ④ ㄴ, ㄷ   ⑤ ㄱ, ㄴ, ㄷ

08 그림은 중위도 어느 관측소에서 2017년~2021년에 관측한 대기 중 이산화 탄소의 월평균 농도를 나타낸 것이다. [24026-0182]

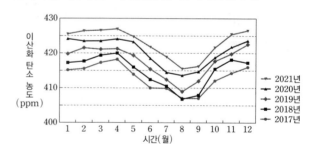

이 자료에 대한 설명으로 옳은 것만을 〈보기〉에서 있는 대로 고른 것은?

● 보기 ●
ㄱ. 이 관측소는 남반구에 위치한다.
ㄴ. 대기 중 이산화 탄소의 연평균 농도는 2021년이 2017년보다 높다.
ㄷ. 연간 대기 중 이산화 탄소의 농도 변화는 2020년이 2018년보다 크다.

① ㄱ   ② ㄴ   ③ ㄷ   ④ ㄱ, ㄴ   ⑤ ㄴ, ㄷ

09 다음은 현재 지구의 공전 궤도와 지구 자전축의 기울기에 대한 설명이다.

[24026-0183]

> • 지구의 공전 궤도:
> 지구의 공전 궤도는 완전한 원이 아니라 원에 가까운 타원이다.
>
>
> A (원일점)   태양   B (근일점)
>
> • 지구 자전축의 기울기: 지구의 자전축은 지구 공전 궤도면의 수직축에 대해 약 23.5° 기울어져 있다.

이에 대한 설명으로 옳은 것만을 〈보기〉에서 있는 대로 고른 것은? (단, 지구 자전축의 기울기 이외의 요인은 변하지 않는다고 가정한다.)

┌─ 보기 ─────────────────────────────
│ ㄱ. 현재 지구가 A에 위치할 때 우리나라는 겨울철이다.
│ ㄴ. 지구가 받는 태양 복사 에너지 총량은 지구가 A에 위치할 때가 B에 위치할 때보다 적다.
│ ㄷ. 지구 자전축의 기울기가 0°가 된다면, 지구가 B에 위치할 때 우리나라에서 낮의 길이는 현재보다 짧아질 것이다.
└────────────────────────────────

① ㄱ   ② ㄴ   ③ ㄷ   ④ ㄱ, ㄴ   ⑤ ㄴ, ㄷ

---

10 그림 (가)와 (나)는 평상시와 엘니뇨 시기의 페루 해류를 순서 없이 나타낸 것이다.

[24026-0184]

(가)

(나)

이에 대한 설명으로 옳은 것만을 〈보기〉에서 있는 대로 고른 것은?

┌─ 보기 ─────────────────────────────
│ ㄱ. 페루 해류는 한류이다.
│ ㄴ. A 해역에서 용승은 (가) 시기가 (나) 시기보다 강하다.
│ ㄷ. A 해역에서의 표층 평균 수온은 (가) 시기가 (나) 시기보다 낮다.
└────────────────────────────────

① ㄱ   ② ㄴ   ③ ㄱ, ㄷ   ④ ㄴ, ㄷ   ⑤ ㄱ, ㄴ, ㄷ

---

11 그림 (가)와 (나)는 1979년부터 2000년까지 지구에서 관측한 태양 흑점 수와 태양 복사 에너지양을 나타낸 것이다.

[24026-0185]

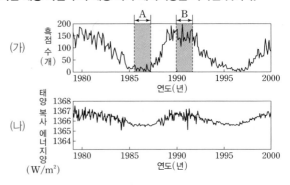

이 자료에 대한 설명으로 옳은 것만을 〈보기〉에서 있는 대로 고른 것은? (단, 지구에서 관측한 태양 복사 에너지양은 태양이 방출하는 에너지양에 의해서만 달라진다고 가정한다.)

┌─ 보기 ─────────────────────────────
│ ㄱ. 평균 흑점 수는 B 시기가 A 시기보다 많다.
│ ㄴ. 태양이 단위 시간당 방출하는 평균 복사 에너지양은 B 시기가 A 시기보다 많을 것이다.
│ ㄷ. 태양 흑점 수 변화는 지구 기후 변화의 지구 외적 요인과 관련이 있다.
└────────────────────────────────

① ㄱ   ② ㄴ   ③ ㄱ, ㄷ   ④ ㄴ, ㄷ   ⑤ ㄱ, ㄴ, ㄷ

---

12 그림은 그린란드 빙하의 융해로 인해 나타날 수 있는 해수면 상승량을 이산화 탄소 배출량에 따른 시나리오 A, B, C에 따라 나타낸 것이다.

[24026-0186]

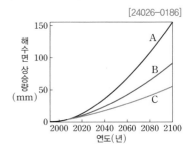

시나리오 A, B, C에 대한 설명으로 옳은 것만을 〈보기〉에서 있는 대로 고른 것은?

┌─ 보기 ─────────────────────────────
│ ㄱ. 이산화 탄소 배출량은 A가 B보다 많다.
│ ㄴ. A와 C에 따른 해수면 상승량의 차는 시간이 지날수록 증가하는 경향을 보인다.
│ ㄷ. A, B, C 모두에서 2080년 그린란드 지역의 지표면 반사율은 2000년보다 작을 것이다.
└────────────────────────────────

① ㄱ   ② ㄷ   ③ ㄱ, ㄴ   ④ ㄴ, ㄷ   ⑤ ㄱ, ㄴ, ㄷ

[24026-0187]

13 다음은 지구의 열수지에 대한 설명이다.

지구는 입사된 ㉠ <u>태양 복사</u> 에너지의 70 %를 흡수하고 30 %를 반사한다. 지구에 입사된 태양 복사 에너지 중에서 대기는 25 %를 흡수하고 지표면은 45 %를 흡수한다. 대기와 지표면은 적외선 복사의 형태로 에너지를 방출한다.

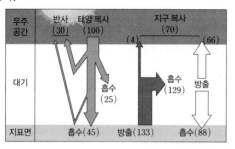

이 자료에 대한 설명으로 옳은 것만을 〈보기〉에서 있는 대로 고른 것은?

● 보기 ●

ㄱ. 지구는 복사 평형 상태이다.
ㄴ. 지구의 반사율(알베도)은 0.3이다.
ㄷ. ㉠에서 최대 에너지를 방출하는 파장은 적외선보다 길다.

① ㄱ　② ㄴ　③ ㄷ　④ ㄱ, ㄴ　⑤ ㄴ, ㄷ

[24026-0188]

14 그림은 약 20000년 전 빙하의 남방 한계선과 해안선을 현재의 수륙 분포에 나타낸 것이다. A와 B는 각각 약 20000년 전 빙하의 남방 한계선과 해안선 중 하나이다.
약 20000년 전에 대한 설명으로 옳은 것만을 〈보기〉에서 있는 대로 고른 것은?

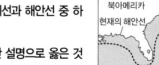

● 보기 ●

ㄱ. 빙하의 남방 한계선은 A이다.
ㄴ. 해수면은 현재보다 높았다.
ㄷ. 빙하기였다.

① ㄱ　② ㄴ　③ ㄱ, ㄷ　④ ㄴ, ㄷ　⑤ ㄱ, ㄴ, ㄷ

[24026-0189]

15 표는 기후 변화를 일으키는 여러 요인에 대한 설명이다.

요인	내용
(가)	지구 자전축의 기울기가 약 41000년을 주기로 약 21.5°~24.5° 사이에서 변한다.
(나)	빙하의 분포 면적이 변하면 지구가 흡수하는 태양 복사 에너지양이 변한다.
(다)	㉠ <u>수륙 분포 변화</u>에 의해 해류가 변한다.

이에 대한 설명으로 옳은 것만을 〈보기〉에서 있는 대로 고른 것은?

● 보기 ●

ㄱ. (가)는 세차 운동이다.
ㄴ. (가), (나), (다) 모두는 기후 변화의 지구 내적 요인이다.
ㄷ. 판의 운동에 의해 ㉠이 일어날 수 있다.

① ㄱ　② ㄴ　③ ㄷ　④ ㄱ, ㄴ　⑤ ㄴ, ㄷ

[24026-0190]

16 그림 (가)는 1981년부터 2021년까지 우리나라의 2월~3월의 평균 기온을, (나)는 1981년부터 2021년까지 우리나라의 매화 개화일, 벚꽃 개화일을 나타낸 것이다. A와 B는 각각 매화 개화일과 벚꽃 개화일 중 하나이다.

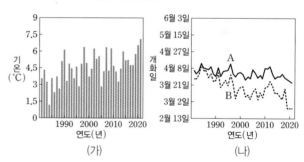

이 자료에 대한 설명으로 옳은 것만을 〈보기〉에서 있는 대로 고른 것은?

● 보기 ●

ㄱ. 매화 개화일은 A이다.
ㄴ. 1981년부터 2021년까지 우리나라의 2월~3월의 평균 기온은 대체로 높아지는 경향을 보인다.
ㄷ. 1981년부터 2021년까지 우리나라의 매화 개화일과 벚꽃 개화일 모두가 대체로 빨라지는 경향을 보인다.

① ㄱ　② ㄷ　③ ㄱ, ㄴ　④ ㄴ, ㄷ　⑤ ㄱ, ㄴ, ㄷ

바람에 의해 용승이 일어나는 해역의 해수 밀도는 같은 깊이의 주변보다 크고, 바람에 의해 침강이 일어나는 해역의 해수 밀도는 같은 깊이의 주변보다 작다.

[24026-0191]

01 그림은 남풍이 지속적으로 부는 남반구의 어느 연안에서 동서 방향으로 관측한 해수의 연직 밀도 분포를 해수면을 표시하지 않고 나타낸 것이다. 이 연안에서는 지속적으로 부는 바람에 의해 용승 또는 침강이 일어난다.

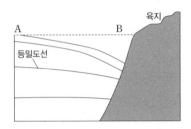

이 연안에 대한 설명으로 옳은 것만을 〈보기〉에서 있는 대로 고른 것은? (단, 해수의 염분은 일정하다고 가정한다.)

● 보 기 ●
ㄱ. 침강이 일어난다.
ㄴ. 지속적으로 부는 남풍에 의해 표층 해수는 주로 A에서 B 쪽으로 이동한다.
ㄷ. A는 B보다 동쪽에 위치한다.

① ㄱ   ② ㄷ   ③ ㄱ, ㄴ   ④ ㄴ, ㄷ   ⑤ ㄱ, ㄴ, ㄷ

한 방향으로 지속적으로 부는 바람에 의해 북반구에서 표층 해수는 주로 바람 방향의 오른쪽 직각 방향으로 이동하고 남반구에서 표층 해수는 주로 바람 방향의 왼쪽 직각 방향으로 이동한다.

[24026-0192]

02 그림은 무역풍에 의해 용승이 일어나는 적도 부근 해역에서 무역풍의 방향을 나타낸 것이다.

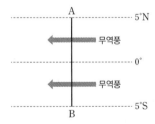

A-B 구간에서 해수면 수온과 수온 약층이 시작되는 깊이를 나타낸 것으로 가장 적절한 것은? (단, 해수면 경사는 표시하지 않았다.)

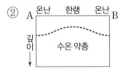
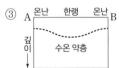

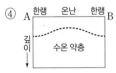
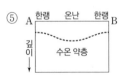

03 그림 (가)와 (나)는 어느 연안에서 용승이 일어나기 전과 후에 관측한 깊이에 따른 햇빛의 양, 영양염의 농도, 식물성 플랑크톤의 밀도를 순서 없이 나타낸 것이다. A와 B는 각각 깊이에 따른 햇빛의 양과 영양염의 농도 중 하나이다.

[24026–0193]

용승이 일어나면 표층에서 영양염의 농도가 증가하고 식물성 플랑크톤의 밀도가 커진다.

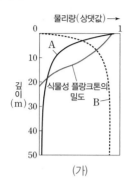
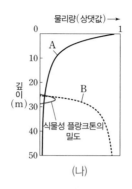

이에 대한 설명으로 옳은 것만을 〈보기〉에서 있는 대로 고른 것은?

─● 보기 ●─
ㄱ. 용승이 일어난 후는 (가)이다.
ㄴ. 깊이에 따른 영양염의 농도는 B이다.
ㄷ. 표층 수온은 (가)가 (나)보다 높을 것이다.

① ㄱ　　　② ㄷ　　　③ ㄱ, ㄴ　　　④ ㄴ, ㄷ　　　⑤ ㄱ, ㄴ, ㄷ

04 다음은 인공 용승에 대한 설명이다.

[24026–0194]

인공 용승은 심해 해수를 인위적으로 해수면으로 끌어 올리는 것으로 지구 온난화 대응 방법으로 제안되었으며, 그 과정은 다음과 같다.
(가) 거대한 파이프가 심해로 내려가면서 ㉠ 깊이 200 m 이상의 심해 해수를 파이프에 담는다.
(나) 심해 해수를 담은 파이프를 ㉡ 해수면까지 끌어 올린다.
(다) 파이프에 담겨 있는 심해 해수를 해수면에 방출한다.

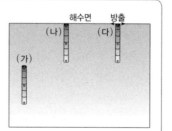

인공 용승은 심해 해수를 인위적으로 해수면으로 끌어 올리는 것으로 심해 해수를 해수면에 방출하면 표층의 영양염 농도가 증가한다.

이에 대한 설명으로 옳은 것만을 〈보기〉에서 있는 대로 고른 것은?

─● 보기 ●─
ㄱ. ㉠의 해수 밀도는 ㉡의 해수 밀도보다 크다.
ㄴ. 이산화 탄소 기체의 용해도는 ㉠의 해수가 ㉡의 해수보다 크다.
ㄷ. (다) 과정은 표층에서 식물성 플랑크톤의 증식을 촉진할 수 있다.

① ㄱ　　　② ㄷ　　　③ ㄱ, ㄴ　　　④ ㄴ, ㄷ　　　⑤ ㄱ, ㄴ, ㄷ

P 시기는 엘니뇨 시기이고 Q 시기는 라니냐 시기이다.

[24026-0195]

05 그림 (가)는 열대 태평양의 엘니뇨·라니냐 감시 해역 A를, (나)는 엘니뇨와 라니냐를 구분하는 어떤 과정을 나타낸 것이다. P와 Q는 각각 엘니뇨와 라니냐 중 하나이다.

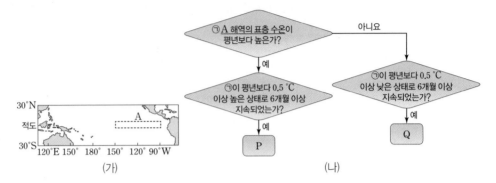

(가)   (나)

Q 시기와 비교한 P 시기에 대한 설명으로 옳지 않은 것은?

① A 해역의 평균 해면 기압이 낮다.

② A 해역에서 용승이 약하다.

③ A 해역에서 무역풍이 약하다.

④ 태평양 적도 부근 해역에서 동서 간 해수면 높이 차가 작다.

⑤ A 해역에서 수온 약층이 시작되는 깊이가 얕다.

[24026-0196]

엘니뇨 시기에 페루 연안의 해수면 수온은 평상시보다 높아지고 페루 연안에서의 용승은 평상시보다 약해진다.

06 다음은 엘니뇨에 대한 설명이다.

- 엘니뇨가 발생한 2016년 12월~2017년 3월에 페루 연안의 해수면 수온은 평상시보다 평균 0.5 ℃ 이상 (㉠)하였다.
- 엘니뇨는 2017년 2월~3월에 ㉡ <u>페루 안데스산맥 지역</u>에 집중 호우를 유발하였다.
- ㉢ <u>2016년 12월~2017년 3월에 페루 연안의 주력 어종인 안초비(멸치류)와 정어리의 어획량이 평상시보다 최대 80 % 감소하였다.</u>

이에 대한 설명으로 옳은 것만을 〈보기〉에서 있는 대로 고른 것은?

┌ 보기 ┐
ㄱ. '상승'은 ㉠에 해당한다.
ㄴ. 2017년 2월~3월에 ㉡의 평균 해면 기압은 평상시보다 낮았다.
ㄷ. 페루 연안 표층에서 엽록소 농도는 ㉢ 시기가 평상시보다 낮았다.
└─────────┘

① ㄱ   ② ㄴ   ③ ㄱ, ㄷ   ④ ㄴ, ㄷ   ⑤ ㄱ, ㄴ, ㄷ

07 그림 (가)는 어느 관측 해역을, (나)와 (다)는 이 관측 해역에서 서로 다른 시기에 1년 동안 관측한 깊이에 따른 수온을 나타낸 것이다. (나)와 (다)는 각각 평상시와 엘니뇨 시기 중 하나이다.

[24026-0197]

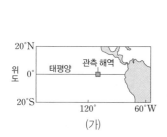

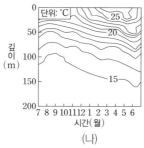

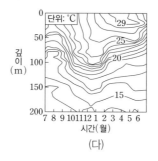

이 자료에 대한 설명으로 옳은 것만을 〈보기〉에서 있는 대로 고른 것은?

┌─ 보기 ─
ㄱ. 이 해역에서 12월에 수온 약층이 시작되는 깊이는 (나) 시기가 (다) 시기보다 얕다.
ㄴ. (다) 시기에 이 해역에서의 용승은 7월~8월이 12월~1월보다 약하다.
ㄷ. 동태평양 적도 부근 해역에서 무역풍은 (나) 시기가 (다) 시기보다 약하다.
└─

① ㄱ   ② ㄴ   ③ ㄷ   ④ ㄱ, ㄴ   ⑤ ㄱ, ㄷ

엘니뇨 시기에 동태평양 적도 부근 해역의 해수면 수온은 평상시보다 높다. 수온 약층은 깊이가 깊어질수록 수온이 급격히 낮아지는 층이다.

08 그림 (가)와 (나)는 서로 다른 해의 1월~3월에 태평양 적도 부근 해역의 해면 기압 편차를 나타낸 것이다. (가)와 (나)는 각각 엘니뇨 시기와 라니냐 시기 중 하나이고, A와 B 모두는 지상의 기상 관측소이며, 편차는 (관측값—평년값)이다.

[24026-0198]

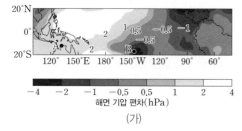

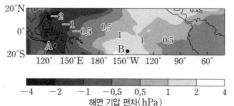

이 자료에 대한 설명으로 옳은 것만을 〈보기〉에서 있는 대로 고른 것은?

┌─ 보기 ─
ㄱ. (B의 해면 기압 편차—A의 해면 기압 편차)는 (가) 시기가 (나) 시기보다 작다.
ㄴ. A 부근의 강수량은 (가) 시기가 (나) 시기보다 많다.
ㄷ. (나) 시기에 동태평양 적도 부근 해역에서 해수면의 높이 편차는 양(+)의 값이다.
└─

① ㄱ   ② ㄷ   ③ ㄱ, ㄴ   ④ ㄴ, ㄷ   ⑤ ㄱ, ㄴ, ㄷ

(가) 시기에 A의 해면 기압 편차는 양(+)의 값이고 B의 해면 기압 편차는 음(−)의 값이다. (나) 시기에 A의 해면 기압 편차는 음(−)의 값이고 B의 해면 기압 편차는 양(+)의 값이다.

지구 공전 궤도 이심률의 변화 주기는 지구 자전축의 기울기 변화 주기보다 길다. 현재 지구 자전축의 기울기는 약 23.5°이다.

[24026-0199]

09 그림은 60만 년 전부터 현재까지 지구 공전 궤도 이심률과 지구 자전축 기울기 변화를 나타낸 것이다. A와 B는 각각 지구 공전 궤도 이심률과 지구 자전축 기울기 중 하나이다.

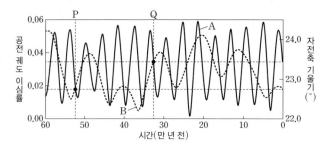

이에 대한 설명으로 옳은 것만을 〈보기〉에서 있는 대로 고른 것은? (단, 지구 공전 궤도 이심률과 자전축 기울기 이외의 요인은 고려하지 않는다.)

● 보기 ●
ㄱ. P 시기에 우리나라에서 기온의 연교차는 현재보다 작다.
ㄴ. 근일점에서 원일점까지의 거리는 P 시기가 Q 시기보다 짧다.
ㄷ. 지구가 근일점에 위치할 때 지구가 받는 태양 복사 에너지 총량은 P 시기가 Q 시기보다 많다.

① ㄱ   ② ㄴ   ③ ㄷ   ④ ㄱ, ㄴ   ⑤ ㄴ, ㄷ

세차 운동에 의해 지구 자전축이 기울어진 방향이 변하고 지구 공전 궤도면의 수직 방향에서 바라본 지구의 북극점 위치도 변한다.

[24026-0200]

10 그림은 현재 지구 공전 궤도면의 수직 방향에서 바라보았을 때 근일점에 위치한 지구의 북극점 위치를 나타낸 것이고, 글은 세차 운동에 대한 설명이다.

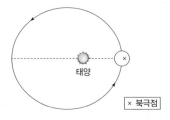

세차 운동: 지구 자전축이 회전하는 현상이다. 세차 운동 방향은 지구 공전 방향과 반대이며 주기는 약 26000년이다.

세차 운동만을 고려했을 때, 6500년 후에 지구 공전 궤도면의 수직 방향에서 바라본 지구의 북극점 위치로 가장 적절한 것은?

① 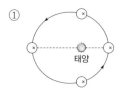   ② 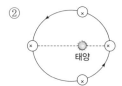   ③

④    ⑤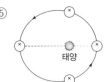

11 그림은 1951년 대비 2010년의 해수면 수온 변화를 요인별로 나타낸 것이다. A는 인위적 요인 중 온실 기체에 의한 해수면 수온 변화이고, B는 인위적 요인 중 온실 기체 이외의 요인에 의한 해수면 수온 변화이다.
이 자료에 대한 설명으로 옳은 것만을 〈보기〉에서 있는 대로 고른 것은?

[24026-0201]

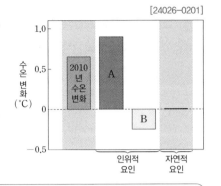

대기 중 온실 기체가 증가하면 온실 효과에 의해 지구의 대기 및 해수면 온도가 상승한다.

━━● 보 기 ●━━
ㄱ. A의 대부분은 대기 중 메테인에 의한 것이다.
ㄴ. 에어로졸은 B에 기여한다.
ㄷ. 화산 폭발에 의한 화산재 분출은 지구 기후 변화의 자연적 요인에 해당한다.

① ㄱ   ② ㄴ   ③ ㄷ   ④ ㄱ, ㄴ   ⑤ ㄴ, ㄷ

[24026-0202]

12 그림은 3월 또는 9월에 우주 공간에서 측정한 반사된 태양 복사 에너지양 분포를 나타낸 것이다.

지구는 입사된 태양 복사 에너지의 일부만 흡수하고 일부는 반사한다.

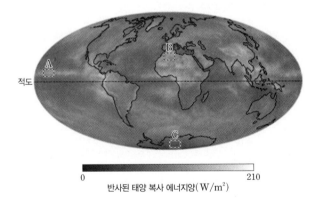

반사된 태양 복사 에너지양(W/m^2)

이 자료에 대한 설명으로 옳은 것만을 〈보기〉에서 있는 대로 고른 것은?

━━● 보 기 ●━━
ㄱ. 3월에 우주 공간에서 측정한 반사된 태양 복사 에너지양 분포이다.
ㄴ. 구름에 의해 반사된 태양 복사 에너지양은 A가 B보다 많다.
ㄷ. B보다 C에서 반사된 태양 복사 에너지양이 적은 주된 원인은 B보다 C에서 지표면 반사율이 작기 때문이다.

① ㄱ   ② ㄴ   ③ ㄷ   ④ ㄱ, ㄴ   ⑤ ㄴ, ㄷ

일반적으로 연평균 표층 염분은 남해가 황해보다 높다. 강수량이 증가하면 표층 염분은 낮아진다.

[24026-0203]

13 그림 (가)는 우리나라 주변 해역의 관측 지점을, (나)는 (가)의 관측 지점에서 1968년~2021년에 측정한 연평균 표층 염분을 나타낸 것이다. A와 B는 각각 황해와 남해 중 하나이다.

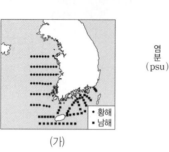

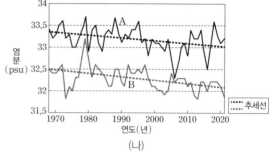

(가)   (나)

이 자료에 대한 설명으로 옳은 것만을 〈보기〉에서 있는 대로 고른 것은?

● 보기 ●
ㄱ. 황해는 A이다.
ㄴ. 황해와 남해 모두에서 연평균 표층 염분은 낮아지는 추세이다.
ㄷ. 이 기간 동안 우리나라의 연평균 강수량은 감소하는 추세였을 것이다.

① ㄱ   ② ㄴ   ③ ㄱ, ㄷ   ④ ㄴ, ㄷ   ⑤ ㄱ, ㄴ, ㄷ

적설 지역이 넓을수록, 적설량이 많을수록 지표면 반사율이 크다.

[24026-0204]

14 그림 (가)와 (나)는 2004년 3월과 9월의 적설 지역과 적설량을 순서 없이 나타낸 것이다. 적설량은 숫자가 클수록 지표면에 눈이 많이 쌓여 있음을 의미한다.

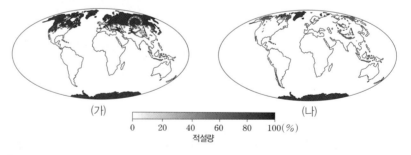

(가)   (나)

0   20   40   60   80   100(%)
적설량

이에 대한 설명으로 옳은 것만을 〈보기〉에서 있는 대로 고른 것은?

● 보기 ●
ㄱ. (가) 시기에 남반구는 겨울철이다.
ㄴ. 북극 지역의 월평균 기온은 (가) 시기가 (나) 시기보다 높았을 것이다.
ㄷ. A 지역의 지표면 반사율은 (가) 시기가 (나) 시기보다 크다.

① ㄱ   ② ㄴ   ③ ㄷ   ④ ㄱ, ㄴ   ⑤ ㄴ, ㄷ

[24026-0205]

15 표는 현재 한반도의 연평균 강수량과 연평균 강수일수 및 (가), (나), (다) 시기에 한반도의 연평균 강수량과 연평균 강수일수를 이산화 탄소 배출량에 따른 시나리오 A와 B로 구분하여 나타낸 것이다.

	현재 (1995년~2014년)	(가) 시기 (2021년~2040년)		(나) 시기 (2041년~2060년)		(다) 시기 (2081년~2100년)	
		A	B	A	B	A	B
연평균 강수량 (mm)	1195.2	1183.4	1163.6	1231.1	1240.7	1233.4	1370.5
연평균 강수일수(일)	123.8	121.1	121.2	122.1	120.4	120.6	116.4

이 자료에 대한 설명으로 옳은 것만을 〈보기〉에서 있는 대로 고른 것은?

● 보기 ●

ㄱ. A에 의하면 현재 → (가) → (나) → (다) 과정에서 연평균 강수량은 지속적으로 증가한다.

ㄴ. B에 의하면 현재 → (가) → (나) → (다) 과정에서 연평균 강수일수는 지속적으로 감소한다.

ㄷ. (다)에서 강수일 당 평균 강수량은 A와 B 모두가 현재보다 많다.

① ㄱ ② ㄴ ③ ㄱ, ㄷ ④ ㄴ, ㄷ ⑤ ㄱ, ㄴ, ㄷ

> 대기 중 이산화 탄소 농도가 변하면 연평균 강수량과 연평균 강수일수가 변할 수 있다.

[24026-0206]

16 그림 (가)는 현재 대비 동아시아 지역의 기온 변화량을 이산화 탄소 배출량에 따른 시나리오 A와 B에 따라 나타낸 것이고, (나)와 (다)는 각각 A 또는 B에 따른 동아시아 지역의 기온 변화량(㉠ 기간 평균 기온−현재 기온)을 나타낸 것이다. 현재 기온은 1995년~2014년의 평균 기온이다.

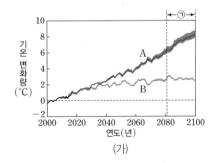 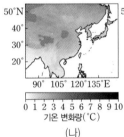 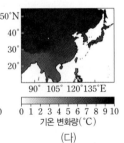

(가) (나) (다)

이 자료에 대한 설명으로 옳은 것만을 〈보기〉에서 있는 대로 고른 것은?

● 보기 ●

ㄱ. 이산화 탄소 배출량은 A가 B보다 많다.

ㄴ. A에 따른 동아시아 지역의 기온 변화량은 (다)이다.

ㄷ. (나)와 (다) 모두에서 기온 변화량은 30°N의 북쪽 지역이 30°N의 남쪽 지역보다 대부분 크다.

① ㄱ ② ㄴ ③ ㄱ, ㄷ ④ ㄴ, ㄷ ⑤ ㄱ, ㄴ, ㄷ

> (가)에서 A에 따른 ㉠ 기간의 기온 변화량은 B에 따른 ㉠ 기간의 기온 변화량보다 크다. ㉠ 기간의 동아시아 지역 기온 변화량은 (다)가 (나)보다 크다.

Ⅲ 우주

2024학년도 대학수학능력시험 18번

18. 표는 별 (가), (나), (다)의 물리량을 나타낸 것이다. 태양의 절대 등급은 +4.8 등급이다.

별	단위 시간당 단위 면적에서 방출하는 복사 에너지 (태양=1)	겉보기 등급	지구로부터의 거리(pc)
(가)	16	( )	( )
(나)	$\frac{1}{16}$	+4.8	1000
(다)	( )	−2.2	5

이에 대한 설명으로 옳은 것만을 <보기>에서 있는 대로 고른 것은?

─────〈 보 기 〉─────

ㄱ. 복사 에너지를 최대로 방출하는 파장은 (가)가 (나)의 $\frac{1}{2}$ 배 이다.

ㄴ. 반지름은 (나)가 태양의 400배이다.

ㄷ. $\frac{(\text{다})의 \text{광도}}{\text{태양의 광도}}$ 는 100보다 작다.

① ㄱ ② ㄴ ③ ㄷ ④ ㄱ, ㄴ ⑤ ㄴ, ㄷ

2024학년도 EBS 수능완성 138쪽 16번

16 ▶23069-0307

표는 별 A, B, C의 물리량을 나타낸 것이다.

별	단위 시간에 단위 면적당 방출하는 에너지양(태양≒1)	반지름 (태양=1)	절대 등급
A	81	(㉠)	+10
B	( )	10	0
C	( )	2.5	0

이에 대한 설명으로 옳은 것만을 <보기>에서 있는 대로 고른 것은? (단, 태양의 절대 등급은 +5등급이라고 가정한다.) [3점]

─────보기─────

ㄱ. ㉠은 0.01보다 크다.

ㄴ. 표면 온도는 A가 B보다 3배 높다.

ㄷ. 최대 에너지를 방출하는 파장은 A가 C의 $\frac{2}{3}$ 배이다.

① ㄱ ② ㄴ ③ ㄱ, ㄷ
④ ㄴ, ㄷ ⑤ ㄱ, ㄴ, ㄷ

연계 분석 수능 18번 문제는 수능완성 138쪽 16번 문제와 연계하여 출제되었다. 두 문제 모두 별의 광도(L)는 반지름(R)의 제곱과 표면 온도(T)의 네제곱의 곱에 비례한다는 것과 별의 밝기의 100배 차는 등급으로 5등급 차에 해당한다는 것을 이해하고, 별의 다양한 물리량을 파악할 수 있는지 평가하고 있다는 점에서 유사성이 높다. 한편 수능완성 문제에서는 별의 표면 온도와 복사 에너지를 최대로 방출하는 파장 사이의 관계에 대해 묻고 있다면, 수능 문제에서는 별의 표면 온도와 복사 에너지를 최대로 방출하는 파장을 연관 짓고 별의 거리비를 이용하여 별의 광도비, 등급 차를 유추한다는 점에서 차이가 있다.

학습 대책 별의 물리량과 관련하여 표면 온도와 복사 에너지를 최대로 방출하는 파장의 관계, 표면 온도에 따른 흡수선의 종류와 세기 변화, 광도와 반지름, 표면 온도와의 관계를 정확하게 이해하고 해석할 수 있는지에 대해 다양한 문제가 출제되고 있다. 또한 수능 문제와 같이 별의 지구로부터의 거리와 밝기 관계를 활용하여 별의 등급을 유추하는 문제가 출제되기도 한다. 특히 수능 문제의 <보기> ㄷ에서는 별의 겉보기 등급과 지구로부터의 거리를 이용하여 절대 등급을 유추하고 태양을 기준으로 하는 광도비로 변환하는 과정에서 여러 물리량 사이의 관계를 종합적으로 이해하고 유추할 수 있는지 묻고 있다. 따라서 별의 여러 물리량 사이의 관계를 종합적으로 연관 지어 해석하고 추론하는 연습이 필요하다.

2024학년도 대학수학능력시험 8번

8. 표는 허블의 은하 분류 기준과 이에 따라 분류한 은하의 종류를 나타낸 것이다. (가), (나), (다)는 각각 막대 나선 은하, 불규칙 은하, 타원 은하 중 하나이다.

분류 기준	(가)	(나)	(다)
(㉠)	○	○	×
나선팔이 있는가?	○	×	×
편평도에 따라 세분할 수 있는가?	×	○	×

(○: 있다. ×: 없다)

이에 대한 설명으로 옳은 것만을 〈보기〉에서 있는 대로 고른 것은?

<보 기>

ㄱ. '중심부에 막대 구조가 있는가?'는 ㉠에 해당한다.
ㄴ. 주계열성의 평균 광도는 (가)가 (나)보다 크다.
ㄷ. 은하의 질량에 대한 성간 물질의 질량비는 (나)가 (다)보다 크다.

① ㄱ   ② ㄴ   ③ ㄷ   ④ ㄱ, ㄴ   ⑤ ㄴ, ㄷ

2024학년도 EBS 수능특강 194쪽 1번

[23026-0271]

01 표는 허블의 은하 분류 기준과 이에 따라 분류한 은하의 종류를 나타낸 것이다. (가), (나), (다)는 각각 타원 은하, 막대 나선 은하, 불규칙 은하 중 하나이다.

분류 기준 \ 은하	(가)	(나)	(다)
(㉠)	○	○	×
나선팔이 있는가?	○	×	×
편명도에 따라 세분할 수 있는가?	×	○	×

(○: 있다. ×: 없다.)

이에 대한 설명으로 옳은 것만을 〈보기〉에서 있는 대로 고른 것은?

보기

ㄱ. '규칙적인 구조가 있는가?'는 분류 기준 ㉠으로 적절하다.
ㄴ. 은하의 질량에 대한 성간 물질의 질량비는 (가)가 (나)보다 작다.
ㄷ. 은하의 색은 (다)가 (나)보다 붉게 보인다.

① ㄱ   ② ㄴ   ③ ㄱ, ㄷ
④ ㄴ, ㄷ   ⑤ ㄱ, ㄴ, ㄷ

연계 분석   수능 8번 문제는 수능특강 194쪽 1번 문제와 연계하여 출제되었다. 두 문제 모두 허블의 은하 분류 기준에 따른 은하의 종류와 그 특징을 이해하고 있는지 묻고 있다는 점에서 유사성이 높다. 한편 수능특강 문제에서는 불규칙 은하를 다른 외부 은하와 구분하는 기준 및 은하를 구성하는 별의 평균 나이와 색깔을 비교할 수 있는지 묻고 있다면, 수능 문제에서는 은하를 구성하는 별 중 주계열성의 표면 온도에 따른 색깔과 광도를 연관 지을 수 있는지 묻고 있다는 점에서 차이가 있다.

학습 대책   허블의 은하 분류와 관련하여 규칙적인 구조의 유무, 나선팔의 유무, 중심부를 가로지르는 막대 구조의 유무, 편평도에 따른 타원 은하의 세분 등에 대해 묻는 문제가 다양하게 출제되고 있다. 또한 수능 문제와 같이 은하를 구성하는 성간 물질의 양, 별의 평균 나이와 색깔을 연관 짓는 문제가 출제되기도 한다. 특히 수능 문제의 〈보기〉 ㄴ에서는 은하를 구성하는 별 중 주계열성의 광도를 색깔과 연관 지어 이해하고 있는지 묻고 있다. 즉, 은하의 질량에 대한 성간 물질의 질량비에 따라 은하를 구성하는 별의 평균 나이와 색깔이 다르다는 것을 이해하고 주계열성의 색깔을 광도와 연관 지어 비교할 수 있는지 묻고 있다. 따라서 은하의 종류와 특징을 단순 지식으로만 암기하기보다는 별의 물리량과 관련된 개념도 은하의 특징을 비교하는 데 이용될 수 있다는 점을 고려하여 은하의 특징을 다양한 각도에서 생각해 보는 연습이 필요하다.

08 별의 특성

개념 체크

◉ 분광 관측

분광기를 사용하여 전자기파를 파장별로 분산시켜서 나타난 스펙트럼을 관측하는 것을 분광 관측이라고 한다. 분광 관측은 별의 물리량 파악에 중요한 역할을 한다.

◉ 전자기파

전자기파는 파장에 따라 감마선, X선, 자외선, 가시광선, 적외선, 전파로 구분하며, 감마선에서 전파 쪽으로 갈수록 파장이 길어진다. 가시광선 중 파란색 빛은 붉은색 빛보다 파장이 짧다.

◉ 흑체 복사

• 구성 물질의 종류에 관계없이 온도에 의해서만 특성이 결정된다.
• 연속 스펙트럼을 방출한다.
• 파장에 따른 복사 에너지 세기의 변화는 플랑크 곡선을 따른다.

1. 분광 관측은 분광기를 이용하여 전자기파를 파장별로 분산시켜 나타난 (　　) 을 관측하는 것이다.

2. 스펙트럼은 연속 스펙트럼, (　　) 스펙트럼, 방출 스펙트럼으로 구분한다.

3. 흑체가 최대 복사 에너지를 방출하는 파장은 (　　) 에 반비례한다.

1 별의 물리량

(1) 분광 관측

① 분광 관측의 역사

• 17세기에 뉴턴은 프리즘을 통과한 햇빛이 무지개처럼 여러 색으로 나누어지는 것을 발견하고, 이를 스펙트럼이라고 불렀다.

• 1814년 프라운호퍼는 태양의 스펙트럼에서 570개 이상의 검은 흡수선을 발견하였다.

• 19세기에 허긴스는 별의 스펙트럼을 분석한 결과 별이 나트륨, 칼슘, 철, 수소 등의 원소로 이루어져 있는 것을 발견하였으며, 1864년에는 성운의 스펙트럼을 분석하였다.

• 20세기 초 피커링과 캐넌은 별의 스펙트럼에 나타나는 수소 흡수선의 종류와 세기에 따라 별을 A, B, C, …, P형의 16가지로 구분하였다. 그 후 흡수선의 세기가 별의 표면 온도와 관련이 있음을 알고, 표면 온도에 따라 나타나는 흡수선의 종류와 세기를 기준으로 O, B, A, F, G, K, M형의 7가지로 분광형을 분류하였다.

• 1943년 모건과 키넌은 별의 스펙트럼에 나타난 흡수선의 선폭을 분석하여 분광형과 광도 계급을 고려한 별의 분류법인 M-K 분류법(여키스 분광 분류법)을 고안하였다.

② 스펙트럼의 종류

• **연속 스펙트럼**: 넓은 파장 범위에 걸쳐 연속적으로 나타나는 색의 띠를 연속 스펙트럼이라고 한다. 백열등 빛을 프리즘에 통과시키면 무지개 색깔의 연속적인 색의 띠를 관찰할 수 있다.

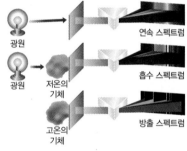

스펙트럼의 종류

• **흡수 스펙트럼**: 연속 스펙트럼이 나타나는 빛을 온도가 낮은 기체에 통과시키면 연속 스펙트럼 위에 검은색 선(흡수선)들이 나타나는데, 이를 흡수 스펙트럼이라고 한다. 별의 대기에 존재하는 기체가 별이 방출하는 빛 중에서 특정 파장의 빛을 흡수할 때 흡수 스펙트럼이 나타난다.

• **방출 스펙트럼**: 기체가 고온으로 가열될 때 불연속적인 파장의 빛이 방출되는데, 특정 파장에 해당하는 빛의 밝은 선(방출선)이 나타나는 스펙트럼을 방출 스펙트럼이라고 한다.

(2) 별의 표면 온도

① 흑체 복사: 입사하는 모든 복사 에너지를 흡수하고, 흡수한 복사 에너지를 모두 방출하는 이상적인 물체를 흑체라고 한다.

• **플랑크 곡선**: 흑체가 방출하는 파장에 따른 복사 에너지 세기를 나타낸 곡선이다.

• **빈의 변위 법칙**: 흑체가 최대 복사 에너지를 방출하는 파장(λ_{max})은 표면 온도(T)가 높을수록 짧아진다.

$$\lambda_{max} = \frac{a}{T} \ (a = 2.898 \times 10^{-3} \, \text{m} \cdot \text{K})$$

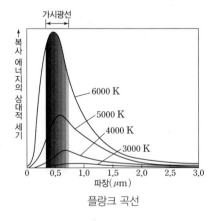

플랑크 곡선

정답

1. 스펙트럼
2. 흡수
3. 표면 온도

- 별의 색과 표면 온도: 별은 거의 흑체와 같이 복사하므로, 별의 표면 온도가 높을수록 최대 복사 에너지를 방출하는 파장이 짧아 파란색을 띠고, 표면 온도가 낮을수록 최대 복사 에 너지를 방출하는 파장이 길어 붉은색을 띤다.

② **색지수와 표면 온도**: 색지수는 별의 표면 온도를 나타내는 척도로 사용되며, U, B, V 필터로 정해지는 겉보기 등급의 차를 이용한다.

- U, B, V 필터: 별의 등급과 색을 측정하기 위해 보통 U(Ultraviolet), B(Blue), V(Visual) 세 종류의 필터를 사용하는데, U, B, V 필터는 각각 $0.36~\mu m$, $0.44~\mu m$, $0.54~\mu m$ 부근 파장의 빛만을 통과시킨다. 이들 필터로 정해지는 겉보기 등급을 각각 U, B, V 등급이라고 하며, 보통 (B−V)를 색지수로 활용한다.

- 색지수와 표면 온도: 표면 온도가 높은 별은 파장이 짧은 자외선과 파란색 부근에서 에너지를 많이 방출하므로 B 등급이 작지만, 파장이 긴 붉은색 부근에서는 에너지를 적게 방출하므로 V 등급이 크다. 즉, 별의 표면 온도가 높을수록 색지수(B−V)는 작아지고, 별의 표면 온도가 낮을수록 색지수(B−V)는 커진다.

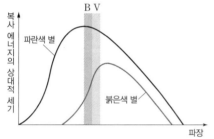

별의 색과 B, V 필터의 파장에 따른 빛의 투과 영역

- **붉은색 별**: B 필터보다 V 필터를 통과한 별빛이 더 밝다.
  ➡ B 등급보다 V 등급이 작다.
  ➡ 색지수(B−V)가 (+) 값이다.
  ➡ 저온의 별이다.

- **파란색 별**: V 필터보다 B 필터를 통과한 별빛이 더 밝다.
  ➡ B 등급보다 V 등급이 크다.
  ➡ 색지수(B−V)가 (−) 값이다.
  ➡ 고온의 별이다.

○ **색지수**
서로 다른 파장대의 필터로 관측한 별의 겉보기 등급 차이로, 짧은 파장대의 등급에서 긴 파장대의 등급을 뺀 값으로 정의한다. 표면 온도가 약 10000 K인 흰색의 별은 색지수가 0이다.

1. 별의 표면 온도가 높을수록 최대 복사 에너지를 방출하는 파장이 짧아 (　　) 색을 띠고, 별의 표면 온도가 낮을수록 최대 복사 에너지를 방출하는 파장이 길어 (　　)색을 띤다.

2. 색지수(B−V)는 별의 표면 온도가 높을수록 (　　)진다.

3. 표면 온도가 약 10000 K인 별은 (　　)색이고, 색지수는 (　　)이다.

🧪 **탐구자료 살펴보기** ▶ **별의 색**

탐구 자료

그림 (가)는 알비레오 쌍성을 이루는 두 별 A와 B의 모습을, (나)는 두 별이 방출하는 복사 에너지의 세기를 파장에 따라 나타낸 것이다. 표는 별 A와 B의 색깔이다.

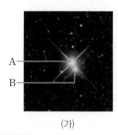

(가)

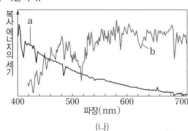

(나)

별	색깔
A	노란색
B	파란색

탐구 결과

1. 별 A는 별 B보다 표면 온도가 낮다.
2. (나)에서 최대 복사 에너지를 방출하는 파장($\lambda_{\max}$)은 a가 b보다 짧으므로 a가 b보다 표면 온도가 높은 별이다. 즉, a는 별 B, b는 별 A에서 방출하는 복사 에너지의 파장에 따른 세기를 나타낸 것이다.

분석 point

- 별의 색은 표면 온도에 따라 다르다. 파란색 별은 분광형이 O형으로 표면 온도는 약 28000 K 이상이며, 노란색 별은 분광형이 G형으로 표면 온도는 약 5000 K∼6000 K이다.
- 빈의 변위 법칙 $\left[\lambda_{\max}=\dfrac{a}{T}~(a=2.898\times10^{-3}~\mathrm{m\cdot K})\right]$에 의하면, 고온의 흑체일수록 최대 복사 에너지를 방출하는 파장($\lambda_{\max}$)이 짧아진다.

정답
1. 파란, 붉은
2. 작아
3. 흰, 0

◎ 중성 원자와 이온의 표현

- 중성 원자: 이온화되지 않은 원자로, 기호 뒤에 로마자 I을 붙여 표현한다.
  📖 H I(중성 수소), He I(중성 헬륨)
- 이온: 전자 1개가 떨어져 나가 +1가로 이온화된 원자는 II, 전자 2개가 떨어져 나가 +2가로 이온화된 원자는 III을 붙여 표현한다.
  📖 Ca II(Ca⁺), Si III(Si²⁺)

1. 분광형이 B0형인 별은 F0형인 별보다 표면 온도가 ( )고, 분광형이 G2형인 별은 G5형인 별보다 표면 온도가 ( )다.

2. 분광형이 A형인 별에서는 ( )에 의한 흡수선이 가장 강하게 나타난다.

3. 태양은 표면 온도가 약 5800 K으로 분광형은 ( )형이고, ( )색 별이다.

4. 흑체가 단위 시간에 단위 면적당 방출하는 에너지는 표면 온도의 ( )제곱에 비례한다.

5. 별의 광도는 ( )의 제곱과 ( )의 네제곱을 곱한 값에 비례한다.

③ **분광형과 표면 온도:** 별의 대기에 존재하는 원소들은 별의 표면 온도에 따라 이온화되는 정도가 다르기 때문에 각각 가능한 이온화 단계에서 특정 흡수선을 형성하므로, 흡수 스펙트럼선의 종류와 세기는 별의 표면 온도에 따라 달라진다.

- **분광형:** 별의 표면 온도에 따라 스펙트럼을 O, B, A, F, G, K, M형의 7개로 분류하며, 각각의 분광형은 다시 고온의 0에서 저온의 9까지 10등급으로 세분한다. O형 별은 표면 온도가 가장 높고 파란색을 띠며, M형 별로 갈수록 표면 온도가 낮아지고 붉은색을 띤다.
- 별의 표면 온도에 따라 원소가 이온화되는 정도가 다르고, 각각 가능한 이온화 단계에서 특정한 흡수선을 형성하기 때문에 별빛의 스펙트럼에는 별마다 다양한 흡수선이 나타난다.
- 표면 온도가 높은 O형, B형 별에서는 이온화된 헬륨(He II)이나 중성 헬륨(He I)에 의한 흡수선이, 표면 온도가 낮은 K형, M형 별에서는 금속 원소와 분자에 의한 흡수선이 강하게 나타나며, 표면 온도가 약 10000 K인 A형 별에서는 중성 수소(H I)에 의한 흡수선이 강하게 나타난다.

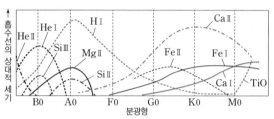

분광형과 흡수선의 상대적 세기

- 태양은 표면 온도가 약 5800 K인 노란색 별로, 이온화된 칼슘(Ca II) 흡수선이 가장 강하게 나타나며, 분광형은 G2형이다.

분광형	색깔	표면 온도(K)	스펙트럼의 모습
O	파란색	28000 이상	30000 K
B	청백색	10000~28000	20000 K
A	흰색	7500~10000	10000 K
F	황백색	6000~7500	7000 K
G	노란색	5000~6000	6000 K
K	주황색	3500~5000	4000 K
M	붉은색	3500 이하	3000 K

(3) 별의 광도와 크기

① **슈테판·볼츠만 법칙:** 흑체가 단위 시간에 단위 면적당 방출하는 에너지양(E)은 표면 온도(T)의 네제곱에 비례한다.

$$E = \sigma T^4 \ (\sigma = 5.670 \times 10^{-8} \ \mathrm{W \cdot m^{-2} \cdot K^{-4}})$$

② **별의 광도**

- 별이 단위 시간 동안 방출하는 에너지의 양을 광도(L)라고 한다.

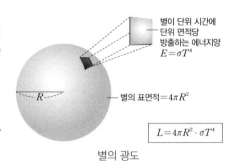

별이 단위 시간에 단위 면적당 방출하는 에너지양 $E = \sigma T^4$

별의 표면적 $= 4\pi R^2$

$$L = 4\pi R^2 \cdot \sigma T^4$$

별의 광도

정답

1. 높, 높
2. H I
3. G2, 노란
4. 네
5. 반지름, 표면 온도

- 반지름이 R인 별의 광도는 별의 표면적과 별이 단위 시간 동안 단위 면적에서 내보내는 에너지양을 곱하여 얻을 수 있다. ➡ $L = 4\pi R^2 \cdot \sigma T^4$

과학 돋보기 | 별의 절대 등급과 광도

- 별의 밝기는 등급으로 나타내며, 1등급의 별은 6등급의 별보다 100배 밝다. 따라서 1등급 간의 밝기 비는 $100^{\frac{1}{5}} = 10^{\frac{2}{5}}$배, 즉 약 2.5배이다.
- 별의 절대 등급은 모든 별을 10 pc(약 32.6광년)의 거리에 옮겨 놓았다고 가정했을 때의 밝기를 등급으로 정한 것으로, 별의 실제 밝기, 즉 별의 광도를 비교할 때 이용될 수 있다.
- 광도가 L_1, L_2인 별의 절대 등급이 각각 M_1, M_2이면 $M_2 - M_1 = 2.5\log\dfrac{L_1}{L_2}$의 관계를 만족한다.

③ **별의 반지름**: 별의 스펙트럼을 분석하여 표면 온도(T)를 알아내고, 별의 절대 등급을 이용하여 별의 광도(L)를 알아내면 별의 반지름(R)을 구할 수 있다.

$$L = 4\pi R^2 \cdot \sigma T^4 \implies R \propto \frac{\sqrt{L}}{T^2}$$

(4) 별의 광도 계급

① 여키스 천문대의 모건과 키넌은 분광형이 같더라도 별의 반지름이 클수록 스펙트럼 흡수선의 선폭이 좁아지는 것을 발견하고, 새로운 별의 분류법을 고안하였다.

② 같은 분광형을 가지는 별들의 스펙트럼에 나타나는 흡수선의 선폭을 비교하여 별의 크기를 알 수 있고, 이를 이용하여 광도를 결정할 수 있다. 이와 같은 방법을 이용하면 같은 분광형을 가진 별들을 광도에 따라 분류할 수 있는데, 이를 광도 계급(luminosity class)이라고 한다.

③ 별의 광도는 표면 온도와 반지름에 의해 결정되므로, 분광형이 같더라도 별의 광도가 다를 수 있다. 별들의 분광형과 절대 등급을 다음 그림과 같이 2차원으로 나타내면 별의 표면 온도, 광도, 반지름을 동시에 비교할 수 있다.

④ 광도 계급은 별을 I~VI(백색 왜성을 포함하면 I~VII)으로 분류하며, 분광형이 같을 때 광도 계급의 숫자가 클수록 별의 반지름과 광도가 작아진다.

⑤ 태양은 표면 온도가 약 5800 K이고 주계열성에 해당하므로, 태양의 분광형과 광도 계급은 G2V이다.

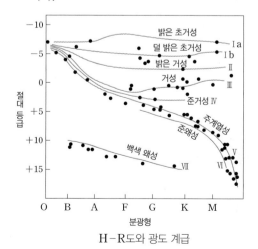

H-R도와 광도 계급

광도 계급	별의 종류
Ia	밝은 초거성
Ib	덜 밝은 초거성
II	밝은 거성
III	거성
IV	준거성
V	주계열성(왜성)
VI	준왜성
VII	백색 왜성

개념 체크

○ **광도 계급**
별의 표면 온도와 광도를 고려하여 별을 분류한 것이다. 분광형이 같을 때 별의 크기와 광도는 광도 계급 I이 가장 크고, 광도 계급의 숫자가 커질수록 작아진다.

1. 별의 광도가 같을 때, 표면 온도가 높을수록 반지름이 (   ).

2. 광도 계급이 I인 별은 (   ), V인 별은 (   )에 해당한다.

3. 별의 분광형이 같을 때, 반지름이 (   )수록 광도 계급의 숫자가 작다.

정답
1. 작다
2. 초거성, 주계열성
3. 크

개념 체크

○ H-R도
가로축에 표면 온도나 분광형 또는 색지수를, 세로축에 절대 등급 또는 광도를 나타낸 그래프이다. H-R도에서 주계열성의 수가 다른 집단에 비해 많은 이유는 별이 진화 과정 중 주계열 단계에서 가장 오랫동안 머무르기 때문이다.

○ H-R도에서 별의 물리량 변화
가로축의 왼쪽으로 갈수록 별의 표면 온도가 높고, 세로축의 위로 갈수록 별의 광도가 크다. 또한 오른쪽 위로 갈수록 별의 반지름이 크다.

1. H-R도의 왼쪽 위에서 오른쪽 아래로 대각선을 따라 분포하는 별들을 ( )이라고 한다.

2. 주계열에서 왼쪽 위에 있는 별일수록 질량이 ( )고, 반지름이 ( )며, 수명이 ( )다.

3. 적색 초거성은 백색 왜성에 비해 표면 온도가 ( ), 평균 밀도가 ( ).

4. H-R도의 세로축에서 위로 갈수록 광도가 ( ).

5. 분광형이 같을 때 거성이 주계열성보다 광도가 큰 이유는 ( )이 크기 때문이다.

정답
1. 주계열성
2. 크, 크, 짧
3. 낮고, 작다
4. 크다
5. 반지름

2 H-R도와 별의 종류

(1) H-R도: 20세기 초 덴마크의 헤르츠스프룽은 별의 분광형과 절대 등급의 관계를 알아보기 위해 그래프를 만들었다. 비슷한 시기에 미국의 천문학자 러셀도 별의 표면 온도(분광형)와 광도(절대 등급) 사이의 관계를 그래프로 그려 분석하였다. 가로축을 별의 분광형(또는 표면 온도), 세로축을 별의 절대 등급(또는 광도)으로 하였으며, 별의 표면 온도, 광도, 반지름과 같은 물리적인 특성을 파악하기 쉽다. 이 그래프를 두 천문학자 이름의 첫 글자를 따서 H-R도라고 한다.

(2) 별의 종류

① **주계열성**: H-R도의 왼쪽 위에서 오른쪽 아래로 대각선을 따라 분포하는 별들로, 모든 별의 약 80 %~90 %가 주계열성에 속한다. ➡ 왼쪽 위에 분포할수록 표면 온도가 높고 광도가 크며 반지름과 질량이 크고, 오른쪽 아래에 분포할수록 표면 온도가 낮고 광도가 작으며 반지름과 질량이 작다. **예** 태양, 스피카, 시리우스 A

② **거성**: 주계열의 오른쪽 위에 분포하는 별들로 대체로 붉은색을 띤다. 표면 온도는 낮으나 반지름이 매우 커서 광도가 크다. 반지름은 태양의 약 10배~100배이며, 광도는 태양의 약 10배~1000배이다. **예** 알데바란 A, 아르크투루스

③ **초거성**: H-R도에서 거성보다 더 위쪽에 분포하는 별들로, 반지름이 태양의 수백 배~1000배 이상인 초대형 별이다. 광도는 태양의 수만 배~수십만 배로 매우 크지만, 평균 밀도가 매우 작다. **예** 베텔게우스, 안타레스

④ **백색 왜성**: H-R도의 왼쪽 아래에 분포하는 별들로, 표면 온도가 높지만 반지름이 매우 작아 어둡게 보이며, 평균 밀도는 태양의 100만 배 정도로 매우 크다. **예** 프로키온 B

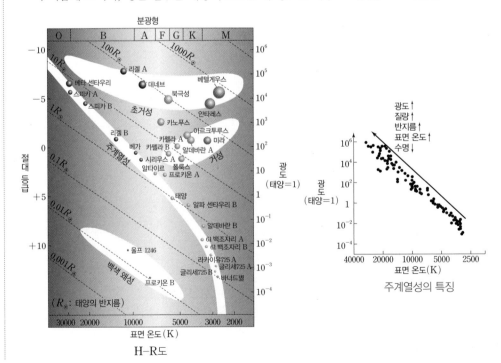

H-R도

주계열성의 특징

탐구자료 살펴보기 H-R도

탐구 자료

표는 여러 별의 절대 등급과 분광형을, 그림은 가로축을 분광형, 세로축을 절대 등급으로 하여 각 별들의 위치를 나타낸 것이다.

별 이름	절대 등급	분광형	별 이름	절대 등급	분광형	별 이름	절대 등급	분광형
태양	+4.8	G2	백조자리 B	+8.3	K7	에니프	−4.5	B1
시리우스 A	+1.5	A1	카프타인별	+10.8	M0	스피카	−3.6	B1
시리우스 B	+11.5	B1	루이텐별 A	+15.3	M6	아르크투루스	−0.3	K2
포말하우트	+2.1	A3	카노푸스	−4.6	F0	안타레스	−4.5	M1
바너드별	+13.2	M5	민타카	−6.0	O9	직녀(베가)	+0.5	A0
북극성	−4.5	G0	크뤼거 B	+11.9	M4	견우(알타이르)	+2.3	A7
센타우루스 A	+4.4	G2	카펠라	−0.7	G2	데네브	−6.9	A2
센타우루스 C	+15.0	M5	알데바란	−0.2	K2	황소자리17	−2.2	B6
프로키온 A	+2.7	F5	리겔	−6.8	B8	벨라트릭스	−3.6	B2
프로키온 B	+13.3	A6	베텔게우스	−5.5	M2	로스128	+13.5	M5
백조자리 A	+7.5	K5	레굴루스	−0.6	B7	−	−	−

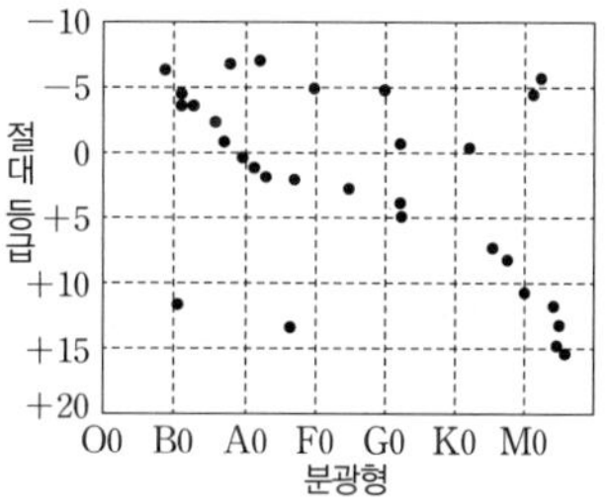

탐구 결과

1. 별들을 분광형과 절대 등급을 축으로 한 그래프에 나타내면 몇 개의 집단으로 분류된다.
2. 대부분의 별들은 그래프의 왼쪽 위에서 오른쪽 아래로 연결된 띠에 분포하며, 태양도 이 띠에 분포한다.

분석 point

- 그림에서 왼쪽 위에서 오른쪽 아래로 연결된 띠에 분포하는 별들은 주계열성으로, 왼쪽 위로 갈수록 광도가 크고 표면 온도가 높은 별이 분포한다. 가장 많은 별들이 분포하는 집단이다.
- 그림에서 주계열의 오른쪽 위에는 표면 온도는 낮지만 반지름이 매우 커서 광도가 큰 별들인 거성과 초거성이 분포하고, 주계열의 왼쪽 아래에는 표면 온도는 높지만 반지름이 매우 작아서 광도가 작은 백색 왜성이 분포한다.

3 별의 진화

(1) 원시별에서 주계열성 전까지

① 별은 밀도가 크고 온도가 낮은 성운에서 탄생한다. 거대한 성운이 회전하면서 수축하면 성운의 밀도가 점점 커지면서 원반이 형성되며, 성운의 중심부에서는 중력 수축에 의해 온도가 높아지고 밀도가 커져 원시별이 생성된다.

② 원시별이 중력 수축하여 내부 온도가 높아지고, 표면 온도가 약 1000 K에 이르면 가시광선을 방출하기 시작한다.

③ 원시별이 중력 수축을 계속하여 중심부 온도가 약 1000만 K이 되면, 중심부에서 수소 핵융합 반응이 일어나는 주계열성이 된다. ➡ 질량이 큰 원시별은 대체로 H-R도의 오른쪽에서 왼쪽으로 수평 방향으로 진화하여 주계열성이 되고, 질량이 작은 원시별은 대체로 H-R도의 위쪽에서 아래쪽으로 수직 방향으로 진화하여 주계열성이 된다.

④ 질량이 클수록 중력 수축이 빠르게 일어나 주계열성에 빨리 도달한다.

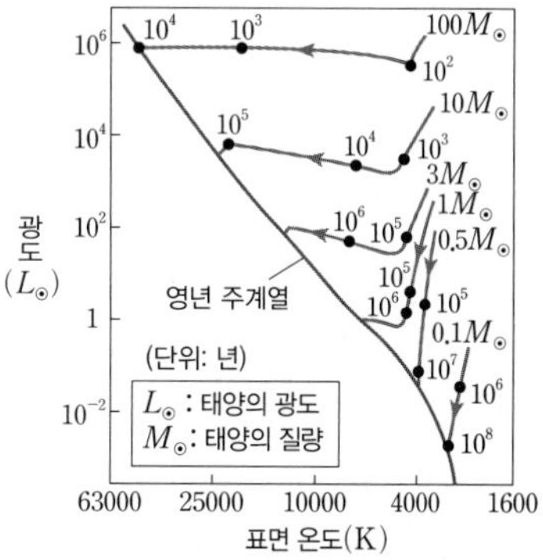

원시별의 진화

개념 체크

영년 주계열
별의 중심부에서 수소 핵융합 반응이 시작되고 중력 수축이 멈추면, 별은 H-R도에서 표준 주계열이라는 곡선 위에 위치한다. 이 위치를 영년 주계열(Zero Age Main Sequence; ZAMS)이라고도 한다. ZAMS는 별이 수소 핵융합 반응을 시작하는 지점을 의미한다.

1. 별은 밀도가 (   ), 온도가 (   ) 성운에서 탄생한다.
2. 원시별이 중력 수축을 하여 중심부의 온도가 약 (   )K이 되면 중심부에서 (   ) 핵융합 반응이 일어나는 주계열성이 된다.
3. 원시별에서 주계열성이 되는 데 걸리는 시간은 질량이 큰 별일수록 (   ).
4. 원시별이 주계열성으로 진화할 때 질량이 큰 원시별은 H-R도에서 대체로 (   ) 방향으로 진화하므로 광도 변화율이 (   )고, 질량이 작은 원시별은 대체로 (   ) 방향으로 진화하므로 광도 변화율이 (   )다.

정답
1. 크고, 낮은
2. 1000만, 수소
3. 짧다
4. 수평, 작, 수직, 크

1. 주계열성은 주로 (　　) 반응에 의해 에너지를 얻는다.

2. 주계열성은 별의 중심 쪽으로 향하는 (　　)과 바깥쪽으로 향하는 (　　)이 평형을 이룬다.

3. 질량이 큰 주계열성일수록 중심부의 온도가 (　　)아 수소 핵융합 반응이 (　　)게 일어나므로, 주계열 단계에 머무르는 시간이 (　　)다.

4. 주계열성은 질량이 클수록 광도가 (　　)고 반지름이 (　　)다.

5. 별의 중심핵에서 수소가 고갈되면 수소 핵융합 반응은 멈추고 중심부의 (　　)핵은 (　　)한다.

(2) 주계열 단계

① 원시별의 중심부 온도가 약 1000만 K에 이르면 별의 중심부에서 수소 핵융합 반응이 일어나 에너지를 생성한다.

② 수소 핵융합 반응에 의해 별의 내부 온도가 상승하여 기체 압력이 커지면 별의 중력과 기체 압력 차에 의한 힘이 평형을 이루는 정역학 평형 상태에 도달하고, 별의 반지름은 거의 일정하게 유지된다.

③ 별의 일생 중 약 90 %를 머무르는 가장 안정적인 단계로, 관측되는 별 중에서는 주계열성이 가장 많다. 질량이 큰 별일수록 중심부의 온도가 높아 수소 핵융합 반응이 빠르게 일어나 수소를 빨리 소비하기 때문에 별이 주계열 단계에 머무르는 기간이 짧아진다.

분광형	색지수 $(B-V)$	표면 온도 (K)	반지름 (태양 반지름=1)	질량 (태양 질량=1)	광도 (태양 광도=1)	주계열성의 수명(년)
O5V	-0.33	40000	12	40	500000	100만
B0V	-0.30	28000	7	18	20000	1000만
A0V	0.0	10000	2.5	3.2	80	5억
F0V	$+0.30$	7400	1.3	1.7	6	27억
G0V	$+0.58$	6000	1.05	1.1	1.2	90억
K0V	$+0.81$	4900	0.85	0.8	0.4	140억
M0V	$+1.40$	3500	0.6	0.5	0.06	2000억

분광형에 따른 주계열성의 물리량 비교

④ **주계열성의 질량 – 광도 관계**: 주계열성은 질량이 큰 별일수록 광도가 크다. ➡ 주계열성의 겉보기 등급을 관측하고 별까지의 거리를 이용하여 절대 등급을 구하면, 질량 – 광도 관계를 이용하여 별의 질량을 간접적으로 구할 수 있다.

⑤ **주계열성의 질량 – 반지름 관계**: 주계열성의 경우 질량이 큰 별일수록 반지름이 크다.

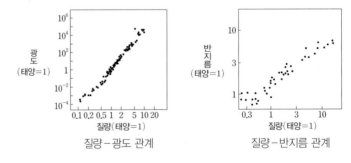

질량 – 광도 관계　　　　　질량 – 반지름 관계

(3) 거성, 초거성 단계

① 별의 중심핵에서 핵융합 반응에 사용되는 수소가 고갈되면 별은 주계열 단계를 벗어난다. 중심부에서 수소 핵융합 반응이 멈추면 별의 중력과 평형을 이루던 기체 압력 차에 의한 힘이 감소하여 중심부는 수축한다.

② 중심부가 수축할 때 발생한 열에너지에 의해 중심부 바로 바깥쪽에서 수소 핵융합 반응이 일어나고, 이때 발생한 열에너지에 의해 별의 바깥층이 팽창하면서 별의 크기가 커진다.

③ 별의 크기가 커지면서 광도가 급격히 커지지만 표면 온도가 낮아져 붉은색으로 보이는데, 이러한 특징을 가진 별을 적색 거성, 적색 초거성이라고 한다.

④ 질량이 태양과 비슷한 별이 주계열 단계를 떠나면 적색 거성으로 진화하고, 질량이 태양보다

매우 큰 별이 주계열 단계를 떠나면 적색 거성보다 반지름과 광도가 크게 증가하여 반지름은 태양의 수백 배 이상, 광도는 태양의 수만 배~수십만 배인 적색 초거성이 되고, H-R도의 오른쪽 맨 위쪽으로 이동한다.

거성(초거성)으로의 진화

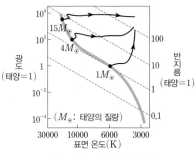

주계열 단계 이후의 진화 경로

(4) 별의 종말

① 질량이 태양과 비슷한 별의 진화

- 거성 단계 이후 중심부는 계속 수축하고, 별의 바깥층은 정역학 평형 상태를 이루기 위해 수축과 팽창을 반복하여 반지름과 표면 온도, 광도가 주기적으로 변하는 맥동 변광성 단계를 거친다.
- 맥동 변광성 단계 이후, 별의 바깥층 물질이 우주 공간으로 방출되어 행성상 성운이 만들어지며, 별의 중심부는 더욱 수축하여 크기는 매우 작고 밀도가 큰 백색 왜성이 된다.

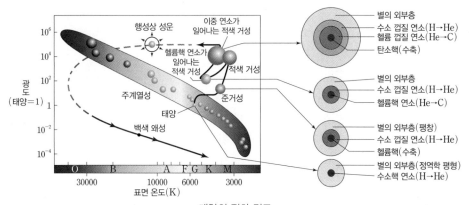

태양의 진화 경로

② 질량이 매우 큰 별의 진화

- 별 중심부에서 계속적인 핵융합 반응이 일어나 탄소, 규소, 철 등의 무거운 원소가 만들어진다. 중심부에서 핵융합 반응이 멈추면 별은 빠르게 중력 수축하다가 결국 엄청난 에너지와 무거운 원소를 우주 공간으로 방출하는 초신성 폭발을 일으킨다.
- 초신성 폭발 이후 중심부는 더욱 수축하여 밀도가 매우 큰 중성자별이 생성된다. 별의 중심부 질량이 더욱 큰 경우에는 밀도와 표면 중력이 너무 커서 빛조차 빠져나올 수 없는 블랙홀이 생성된다.

개념 체크

○ **별의 진화**
주계열 단계 이후에는 별의 질량에 따라 진화 경로가 달라진다.

1. 주계열 단계 이후의 별의 진화 경로는 별의 (   )에 따라 달라진다.

2. 주계열 단계 이후 질량이 태양과 비슷한 별은 적색 (   )으로 진화하고, 질량이 태양보다 매우 큰 별은 적색 (   )으로 진화한다.

3. 질량이 태양 정도인 별이 진화하여 백색 왜성이 되었을 때 별의 중심핵은 주로 (   )로 이루어져 있다.

4. 질량이 매우 큰 별은 마지막 단계에서 중력 수축을 하다가 (   ) 폭발을 한다.

5. 초신성 폭발 이후 중심핵은 질량에 따라 (   )이나 (   )로 진화한다.

정답
1. 질량
2. 거성, 초거성
3. 탄소
4. 초신성
5. 중성자별, 블랙홀

1. 원시별에서는 중력이 기체 압력 차에 의한 힘보다 (　　)므로 별의 크기가 (　　)진다.

2. 중력 수축 에너지는 별이 중력에 의해 수축될 때 위치 에너지의 (　　)로 인해 생성되는 에너지이다.

3. 중력 수축 에너지는 별의 탄생이나 진화 과정에서 내부의 (　　)를 높이는 역할을 한다.

- 초신성 폭발이 일어날 때 금, 은, 우라늄 등 철보다 무거운 원소들이 생성되며, 초신성 폭발 당시 우주 공간으로 방출된 물질들은 초기의 성간 물질과 함께 성운의 일부가 되고, 이 성운에서 다시 새로운 별이 탄생한다.

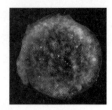

초신성(SN 1572)의 잔해

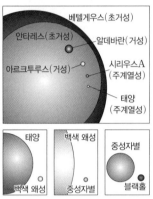

별의 상대적 크기 비교

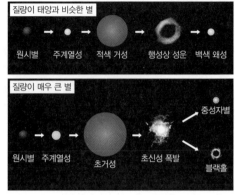

질량에 따른 별의 진화 과정

4 별의 에너지원과 내부 구조

(1) 원시별의 에너지원

① 원시별에서는 별의 중력이 기체 압력 차에 의한 힘보다 크므로 정역학 평형 상태를 이루지 못하고 중력 수축이 일어나 크기가 작아진다.

② **중력 수축 에너지**: 별의 구성 물질이 중력에 의해 수축될 때 위치 에너지의 감소로 생성되는 에너지이다.

③ **중력 수축 에너지의 역할**: 중력 수축 에너지는 별의 탄생이나 진화 과정에서 내부 온도를 높이는 역할을 한다. 반지름이 R_0인 원시 성운이 중력 수축하여 반지름이 R인 별이 될 때, 중력 수축에 의해 감소한 위치 에너지 중 일부가 복사 에너지로 전환된다.

중력 수축 에너지 발생 과정

> **과학 돋보기** 태양의 중력 수축 에너지
>
> 태양 질량 $M_\odot = 2 \times 10^{30}$ kg, 태양 반지름 $R_\odot = 7 \times 10^8$ m이므로, 태양에서 중력 수축 에너지(E)는 $E = \dfrac{1}{2} \cdot \dfrac{GM_\odot^2}{R_\odot} \fallingdotseq 1.9 \times 10^{41}$ J (G: 만유인력 상수)이다. 태양 광도 $L_\odot$은 약 4×10^{26} J/s이므로 중력 수축 에너지를 모두 방출하는 데 소요되는 시간(t)은 $t = \dfrac{E}{L_\odot} \fallingdotseq 1500$만 년이다. 즉, 태양이 만약 중력 수축으로만 현재의 광도를 유지한다면 태양의 수명은 약 1500만 년 밖에 되지 않을 것이다.

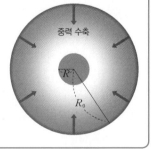

(2) 주계열성의 에너지원

① 태양이 원시 성운에서 중력 수축에 의해 현재의 크기로 작아질 때까지 방출하는 에너지양은 현재의 태양 광도와 비교했을 때 약 1500만 년 동안 방출한 양에 해당한다. 따라서 중력 수축에 의한 에너지만으로는 나이가 약 46억 년인 태양이 방출하는 에너지의 양을 설명할 수 없다.

② **수소 핵융합 반응**: 온도가 1000만 K 이상인 주계열성의 중심부에서는 수소 핵융합 반응에 의해 에너지가 생성된다.

- 4개의 수소 원자핵이 융합하여 만들어진 헬륨 원자핵 1개의 질량은 4개의 수소 원자핵을 합한 질량에 비해 약 0.7 % 작으므로 수소 핵융합 과정에서 질량 결손이 발생한다. 이 질량 결손(Δm)은 아인슈타인의 질량·에너지 등가 원리에 따라 에너지(E)로 전환된다.

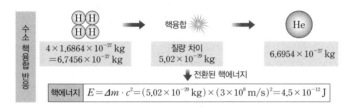

- 수소 핵융합 반응에는 양성자·양성자 반응(p–p 반응)과 탄소·질소·산소 순환 반응(CNO 순환 반응)이 있다.
- 양성자·양성자 반응(p–p 반응)은 수소 원자핵 6개가 여러 반응 단계를 거치는 동안 헬륨 원자핵 1개와 수소 원자핵 2개로 바뀌면서 에너지를 생성하는 과정이다.
- 탄소·질소·산소 순환 반응(CNO 순환 반응)은 4개의 수소 원자핵이 1개의 헬륨 원자핵으로 바뀌면서 에너지를 생성하는 과정에서 탄소, 질소, 산소가 촉매 역할을 한다.

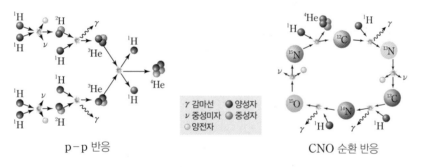

p–p 반응   CNO 순환 반응

- 중심부 온도가 1800만 K 이하인 주계열 하단부의 별은 양성자·양성자 반응(p–p 반응)이 우세하고, 중심부 온도가 1800만 K 이상인 주계열 상단부의 별은 탄소·질소·산소 순환 반응(CNO 순환 반응)이 우세하게 일어난다. 태양의 경우 중심부 온도가 약 1500만 K이므로 양성자·양성자 반응(p–p 반응)이 우세하게 일어난다.

온도에 따른 p–p 반응과
CNO 순환 반응의 에너지 생성량

- 탄소·질소·산소 순환 반응(CNO 순환 반응)은 중심부 온도가 높을 때 양성자·양성자 반응(p–p 반응)에 비해 시간당 많은 양의 에너지를 생성하므로, 탄소·질소·산소 순환 반응(CNO 순환 반응)이 우세하게 일어날수록 별은 밝고, 주계열 단계에서 머무르는 시간이 짧다.

○ 질량·에너지 등가 원리
질량과 에너지는 서로 전환될 수 있다는 것이다. 핵융합 반응에서 감소한 질량을 Δm이라 하고 빛의 속도를 c라고 할 때, 핵융합 반응에 의해 생성되는 에너지양(E)은 Δmc^2에 해당한다.

1. 태양은 현재 (　　) 핵융합 반응에 의해 에너지를 생성하는 (　　)성이다.

2. 수소 핵융합 반응에서는 (　　)개의 수소 원자핵이 융합하여 1개의 헬륨 원자핵을 생성한다.

3. 수소 원자핵 4개의 질량이 헬륨 원자핵 1개의 질량보다 (　　).

4. 태양과 질량이 비슷한 주계열성의 중심부에서는 (　　) 반응보다 (　　) 반응이 우세하게 일어난다.

정답
1. 수소, 주계열
2. 4
3. 크다
4. 탄소·질소·산소 순환(CNO 순환), 양성자·양성자(p–p)

개념 체크

○ **정역학 평형 상태**
기체 압력 차에 의한 힘과 중력이 평형을 이루는 상태로, 정역학 평형 상태의 별은 크기가 거의 일정하게 유지된다.

1. 헬륨 핵융합 반응에서는 3개의 헬륨 원자핵이 융합하여 1개의 (　　) 원자핵을 생성한다.

2. 질량이 매우 큰 별은 중심부의 온도가 (　　)기 때문에 헬륨보다 무거운 원소들의 핵융합 반응이 일어날 수 있다.

3. 질량이 태양보다 훨씬 큰 별의 내부에서 핵융합 반응으로 만들어지는 마지막 원소는 (　　)이다.

4. 주계열성은 기체 압력 차에 의한 힘과 중력이 평형을 이루는 (　　)에 있다.

5. 질량이 태양 정도인 주계열성의 내부 구조는 중심에서부터 중심핵, (　　), (　　) 순으로 되어 있다.

🔍 **과학 돋보기** | **태양이 주계열 단계에 머무르는 시간 계산**

수소 핵융합 반응에서 수소의 질량 결손 비율은 약 0.7 %이고, 수소 핵융합 반응을 일으킬 수 있는 핵의 질량은 현재 태양 질량(2×10^{30} kg)의 약 10 %이므로 태양이 수소 핵융합 반응으로 방출할 수 있는 총 에너지는 $E = \Delta mc^2 = 2 \times 10^{30}$ kg $\times 0.1 \times 0.007 \times (3 \times 10^8$ m/s$)^2 = 1.26 \times 10^{44}$ J이다. 이를 태양의 광도인 4×10^{26} J/s로 나누면 태양이 주계열 단계에 머무르는 시간은 약 100억 년이 된다.

(3) 적색 거성과 초거성의 에너지원

① **헬륨 핵융합 반응**: 온도가 1억 K 이상인 적색 거성의 중심부에서는 3개의 헬륨 원자핵이 융합하여 1개의 탄소 원자핵을 만드는 헬륨 핵융합 반응이 일어난다.

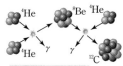

● 양성자　γ 감마선
● 중성자
헬륨 핵융합 반응

② **더 무거운 원소의 핵융합 반응**: 질량이 큰 별은 중력 수축에 의해 중심부의 온도가 더 높아지기 때문에 헬륨보다 더 무거운 원소들의 핵융합 반응이 일어난다. ➡ 별은 질량에 따라 중심부의 온도가 달라지므로 핵융합 반응이 진행되는 정도는 별의 질량에 따라 결정된다. 별의 질량이 클수록 중심부에서는 헬륨 이후에 탄소, 산소, 네온, 마그네슘, 규소 등의 핵융합 반응이 순차적으로 일어날 수 있다. 핵융합 반응으로 만들어지는 마지막 원소는 철(Fe)이다.

$$\text{핵융합 반응 순서: } H \rightarrow He \rightarrow C \rightarrow \cdots \rightarrow Fe$$

(4) 별의 내부 구조

① 주계열성

- 주계열성은 중력과 기체 압력 차에 의한 힘이 평형을 이루는 정역학 평형 상태에 있으므로 수축이나 팽창을 하지 않고 크기가 거의 일정하게 유지된다.

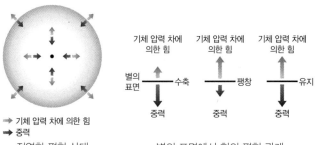

➡ 기체 압력 차에 의한 힘
➡ 중력
정역학 평형 상태　　　별의 표면에서 힘의 평형 관계

- 주계열성의 내부는 중심핵처럼 에너지를 생성하는 영역과 생성된 에너지를 표면으로 전달하는 부분으로 나눌 수 있다.
- 별의 중심핵에서 생성된 에너지는 주로 복사와 대류를 통해 별의 표면으로 전달된다. 이 중 대류는 온도 차가 클 때 에너지를 효과적으로 전달하는 방법이다. 복사를 통해 에너지를 전달하는 영역을 복사층, 대류를 통해 에너지를 전달하는 영역을 대류층이라고 한다.
- 질량이 태양 정도인 주계열성은 수소 핵융합 반응이 일어나는 중심핵을 복사층과 대류층이 차례로 둘러싸고 있다.

정답

1. 탄소
2. 높
3. 철
4. 정역학 평형 상태
5. 복사층, 대류층

- 질량이 태양 질량의 약 2배보다 큰 주계열성은 중심부의 온도가 매우 높기 때문에 중심부에 대류가 일어나는 대류핵이 나타나고, 바깥쪽에 복사층이 나타난다.

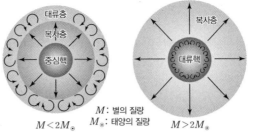

$M < 2M_\odot$ $M > 2M_\odot$

M : 별의 질량
$M_\odot$: 태양의 질량

질량에 따른 주계열성의 내부 구조

② 주계열 단계 이후 별의 내부 구조

- 질량이 태양 정도인 별: 주계열성 내부에서 수소 핵융합 반응이 끝나면 중심에 헬륨핵이 생성되고, 헬륨핵의 중력 수축으로 발생한 에너지가 중심부 외곽에 공급되어 헬륨핵 외곽(수소 껍질)에서 수소 핵융합 반응이 일어난다. 또한 바깥층은 팽창하여 크기가 커지고 표면 온도는 낮아져 적색 거성이 된다. 중심부의 온도가 계속 상승하여 1억 K에 도달하면 헬륨 핵융합 반응이 일어나 탄소와 산소로 구성된 핵이 만들어진다. 질량이 태양 정도인 별은 중심에서 헬륨 핵융합 반응까지만 일어난다.

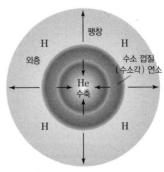

주계열성 → 거성(초거성)으로
진화할 때의 내부 구조

- 질량이 매우 큰 별: 질량이 매우 큰 별은 중심부의 온도가 매우 높기 때문에 더 높은 단계의 핵융합 반응이 일어나며, 최종적으로 철로 이루어진 중심핵이 만들어진다. 또한 별의 내부는 중심으로 갈수록 더 무거운 원소로 이루어진 양파 껍질 같은 구조를 이룬다. 별의 바깥층은 적색 거성보다 더 크게 팽창하여 적색 초거성이 된다.

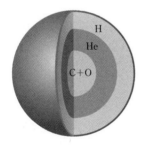

질량이 태양 정도인 별

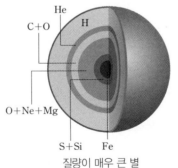

질량이 매우 큰 별

중심부에서 핵융합 반응이 끝난 별의 내부 구조

과학 돋보기 | **핵융합과 핵분열**

- 핵반응에 의한 원자핵의 변환으로 더 안정한 상태의 다른 종류의 원자가 만들어진다. 핵반응에는 무거운 원자핵이 분열되어 가벼운 원자핵들이 되는 핵분열과 가벼운 원자핵들이 결합하여 무거운 원자핵이 되는 핵융합이 있다.
- 우라늄과 같이 무거운 원자핵은 핵분열을 하여 가벼운 원자핵으로 변환되고, 수소와 같이 가벼운 원자핵은 핵융합을 하여 무거운 원자핵으로 변환된다.
- 핵융합의 경우 철보다 무거운 원자핵이 만들어지면 불안정해지므로 철보다 무거운 원소는 핵융합으로 만들어질 수 없다. 철보다 무거운 원소는 초신성 폭발 때 만들어진다. 핵분열의 경우 철보다 가벼운 원자핵이 만들어지면 불안정해지므로, 핵융합 반응과 핵분열 반응의 마지막 단계에서 만들어지는 원소는 철이다.

개념 체크

○ **초거성**

질량이 매우 큰 별이 주계열 단계 이후 크기가 매우 커진 단계이다. 초거성의 내부에서 양파 껍질과 같은 구조를 이루고 있을 때, 각 껍질에서는 여러 가지 원소들이 핵융합 반응으로 에너지를 생성한다.

1. 질량이 태양 질량의 약 2배보다 큰 주계열성의 중심부에는 (   )핵이 있고, 핵의 바깥에는 (   )층이 있다.

2. 주계열 단계에서 거성으로 진화하는 별은 바깥층이 팽창하여 표면 온도가 (   )진다.

3. 질량이 매우 큰 별은 주계열 단계 이후 핵융합 반응이 순차적으로 일어나 중심으로 갈수록 더 (   ) 원소로 이루어진 양파 껍질 같은 구조를 이룬다.

4. 별의 내부에서 핵융합 반응에 의해 (   )보다 무거운 원자핵은 만들어질 수 없다.

정답
1. 대류, 복사
2. 낮아
3. 무거운
4. 철

01 그림은 주계열성 A, B, C의 파장에 따른 복사 에너지의 상대적 세기를 나타낸 것이다.

[24026-0207]

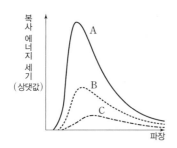

이에 대한 설명으로 옳은 것만을 〈보기〉에서 있는 대로 고른 것은?

┌─ 보기 ●────────────────────────
ㄱ. 표면 온도는 A가 B보다 높다.
ㄴ. 광도는 A가 C보다 크다.
ㄷ. 질량은 C가 B보다 크다.
└────────────────────────────────

① ㄱ   ② ㄷ   ③ ㄱ, ㄴ
④ ㄴ, ㄷ   ⑤ ㄱ, ㄴ, ㄷ

02 별의 물리량에 대한 설명으로 옳은 것만을 〈보기〉에서 있는 대로 고른 것은?

[24026-0208]

┌─ 보기 ●────────────────────────
ㄱ. 별의 표면 온도가 높을수록 수소 흡수선의 세기가 강하다.
ㄴ. 별의 크기가 같다면 별의 표면 온도가 높을수록 광도가 크다.
ㄷ. 복사 에너지를 최대로 방출하는 파장은 파란색 별이 붉은색 별보다 길다.
└────────────────────────────────

① ㄱ   ② ㄴ   ③ ㄷ
④ ㄱ, ㄴ   ⑤ ㄴ, ㄷ

03 그림은 서로 다른 별의 집단 (가)~(라)를 H–R도에 나타낸 것이다.

[24026-0209]

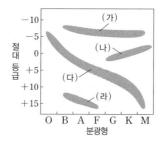

(가)~(라)에 대한 설명으로 옳은 것만을 〈보기〉에서 있는 대로 고른 것은?

┌─ 보기 ●────────────────────────
ㄱ. 분광형이 같을 때 별의 평균 반지름은 (가)가 (나)보다 크다.
ㄴ. 현재 태양이 속한 집단은 (다)이다.
ㄷ. 평균 밀도가 가장 큰 집단은 (라)이다.
└────────────────────────────────

① ㄱ   ② ㄴ   ③ ㄱ, ㄷ
④ ㄴ, ㄷ   ⑤ ㄱ, ㄴ, ㄷ

04 그림은 질량이 다른 주계열성 A와 B의 진화 과정을 단계별로 나타낸 것이다. A와 B의 질량은 각각 태양의 1배, 10배 중 하나이다.

[24026-0210]

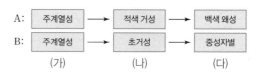

이에 대한 설명으로 옳은 것만을 〈보기〉에서 있는 대로 고른 것은?

┌─ 보기 ●────────────────────────
ㄱ. 질량은 B가 A보다 크다.
ㄴ. (가) → (나) 과정에서 절대 등급 변화량은 A가 B보다 크다.
ㄷ. B는 (나) → (다) 과정에서 철보다 무거운 원소를 생성한다.
└────────────────────────────────

① ㄱ   ② ㄷ   ③ ㄱ, ㄴ
④ ㄴ, ㄷ   ⑤ ㄱ, ㄴ, ㄷ

[24026–0211]

05 표는 별 (가), (나), (다)의 표면 온도와 절대 등급을 나타낸 것이다. (가), (나), (다)는 각각 거성, 백색 왜성, 주계열성 중 하나이다.

별	(가)	(나)	(다)
표면 온도(K)	3000	6000	12000
절대 등급	−0.2	+4.8	+9.8

이에 대한 설명으로 옳은 것만을 〈보기〉에서 있는 대로 고른 것은?

● 보기 ●
ㄱ. 별의 표면에서 단위 시간 동안 방출되는 에너지양은 (가)가 (나)의 100배이다.
ㄴ. 반지름은 (가)가 (다)의 400배이다.
ㄷ. 거성은 (다)이다.

① ㄱ 　　② ㄷ 　　③ ㄱ, ㄴ
④ ㄴ, ㄷ 　　⑤ ㄱ, ㄴ, ㄷ

[24026–0212]

06 그림은 흑체 A와 B의 플랑크 곡선을 나타낸 것이다.

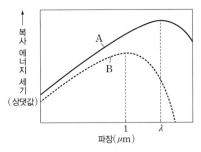

이에 대한 설명으로 옳은 것만을 〈보기〉에서 있는 대로 고른 것은?

● 보기 ●
ㄱ. 표면 온도는 A가 B보다 높다.
ㄴ. λ는 1보다 크다.
ㄷ. 단위 시간에 단위 면적당 방출하는 에너지양은 A가 B보다 많다.

① ㄱ 　　② ㄴ 　　③ ㄱ, ㄷ
④ ㄴ, ㄷ 　　⑤ ㄱ, ㄴ, ㄷ

[24026–0213]

07 그림은 주계열성 A와 B가 단위 시간에 단위 면적당 방출하는 복사 에너지의 상대적 세기를 파장에 따라 나타낸 것이다.

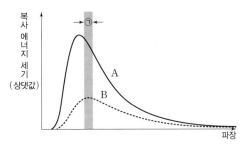

이에 대한 설명으로 옳은 것만을 〈보기〉에서 있는 대로 고른 것은?

● 보기 ●
ㄱ. 동일한 거리에서 ㉠ 파장 영역으로 관측한 등급은 A가 B보다 크다.
ㄴ. 표면 온도는 A가 B보다 높다.
ㄷ. 절대 등급은 A가 B보다 크다.

① ㄱ 　　② ㄴ 　　③ ㄷ
④ ㄱ, ㄴ 　　⑤ ㄴ, ㄷ

[24026–0214]

08 표는 주계열성 (가), (나), (다)의 중심핵 질량(M)과 그에 따른 최종 진화 단계를 나타낸 것이다.

별	중심핵 질량(태양=1)	최종 진화 단계
(가)	$M < 1.4$	㉠
(나)	$1.4 < M < 3$	중성자별
(다)	$M > 3$	㉡

이에 대한 설명으로 옳은 것만을 〈보기〉에서 있는 대로 고른 것은?

● 보기 ●
ㄱ. 백색 왜성은 ㉠에 해당한다.
ㄴ. 주계열 단계에 머무르는 시간은 (가)가 (나)보다 길다.
ㄷ. 밀도는 ㉡이 ㉠보다 크다.

① ㄱ 　　② ㄷ 　　③ ㄱ, ㄴ
④ ㄴ, ㄷ 　　⑤ ㄱ, ㄴ, ㄷ

[24026-0215]

09 그림은 어느 별의 진화 과정에서 나타난 성운의 모습이다. 화살표는 중심핵을 가리키고 있다.

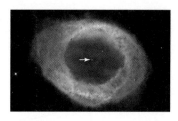

이에 대한 설명으로 옳은 것만을 〈보기〉에서 있는 대로 고른 것은?

● 보기 ●

ㄱ. 거성 단계 이후의 모습이다.

ㄴ. 중심핵은 더욱 수축하여 중성자별이 된다.

ㄷ. 중심핵에는 이 별의 진화 과정에서 생성된 철이 포함되어 있다.

① ㄱ   ② ㄴ   ③ ㄱ, ㄷ

④ ㄴ, ㄷ   ⑤ ㄱ, ㄴ, ㄷ

[24026-0216]

10 그림 (가)와 (나)는 주계열성 A와 B에서 우세하게 일어나는 핵융합 반응을 각각 나타낸 것이다. A와 B의 질량은 각각 태양 질량의 1배와 5배 중 하나이다.

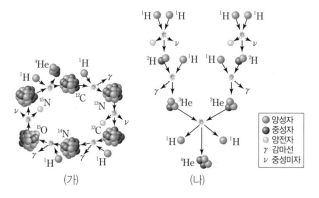

○ 양성자
● 중성자
○ 양전자
γ 감마선
ν 중성미자

(가)   (나)

이에 대한 설명으로 옳은 것만을 〈보기〉에서 있는 대로 고른 것은?

● 보기 ●

ㄱ. (가)에서 ^{12}C는 촉매이다.

ㄴ. 중심부의 온도는 B가 A보다 높다.

ㄷ. 대류가 일어나는 영역의 평균 온도는 A가 B보다 높다.

① ㄱ   ② ㄴ   ③ ㄱ, ㄷ

④ ㄴ, ㄷ   ⑤ ㄱ, ㄴ, ㄷ

[24026-0217]

11 그림은 중심부에서 핵융합 반응이 끝난 직후 별 (가)와 (나)의 내부 구조와 각 층의 주요 원소를 나타낸 것이다.

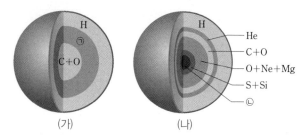

(가)   (나)

이에 대한 설명으로 옳은 것을 〈보기〉에서 고른 것은?

● 보기 ●

ㄱ. 질량은 (가)가 (나)보다 크다.

ㄴ. ㉠은 주로 별 내부의 핵융합 반응으로 생성되었다.

ㄷ. ㉡은 철보다 무거운 원소이다.

ㄹ. 태양은 진화 과정에서 (가)와 같은 내부 구조를 갖는다.

① ㄱ, ㄴ   ② ㄱ, ㄹ   ③ ㄴ, ㄷ

④ ㄴ, ㄹ   ⑤ ㄷ, ㄹ

[24026-0218]

12 그림은 주계열성의 질량에 따른 표면 온도와 별이 주계열 단계에 머무르는 시간을 A와 B로 순서 없이 나타낸 것이다.

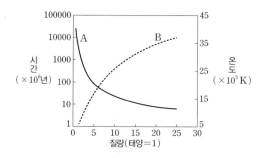

이에 대한 설명으로 옳은 것만을 〈보기〉에서 있는 대로 고른 것은?

● 보기 ●

ㄱ. 주계열 단계에 머무르는 시간에 해당하는 것은 A이다.

ㄴ. 주계열성의 질량이 클수록 표면 온도는 높다.

ㄷ. 주계열성은 복사 에너지를 최대로 방출하는 파장이 짧을수록 주계열 단계에 머무르는 시간이 길다.

① ㄱ   ② ㄷ   ③ ㄱ, ㄴ

④ ㄴ, ㄷ   ⑤ ㄱ, ㄴ, ㄷ

[24026-0219]

13 표는 별 ㉠과 ㉡의 물리량을 나타낸 것이다. 광도는 ㉡이 ㉠보다 크다.

별	반지름(㉠=1)	색지수(B−V)
㉠	1	−0.13
㉡	200	0.3

이에 대한 설명으로 옳은 것만을 〈보기〉에서 있는 대로 고른 것은?

● 보기 ●

ㄱ. 별의 표면에서 단위 시간에 단위 면적당 방출하는 에너지양은 ㉠이 ㉡보다 많다.

ㄴ. 광도는 ㉡이 ㉠의 40000배보다 크다.

ㄷ. H−R도에서 ㉠은 ㉡보다 왼쪽 아래에 위치한다.

① ㄱ   ② ㄴ   ③ ㄱ, ㄷ

④ ㄴ, ㄷ   ⑤ ㄱ, ㄴ, ㄷ

[24026-0220]

14 그림 (가)는 주계열성 A와 B의 파장에 따른 상대적 복사 에너지 세기를, (나)는 H−R도에 A의 위치를 나타낸 것이다.

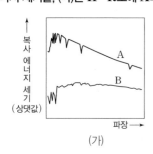 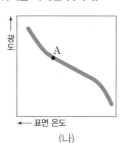

(가)   (나)

이에 대한 설명으로 옳은 것만을 〈보기〉에서 있는 대로 고른 것은?

● 보기 ●

ㄱ. 복사 에너지를 최대로 방출하는 파장은 A가 B보다 짧다.

ㄴ. (나)에서 B는 A보다 오른쪽 아래에 위치한다.

ㄷ. 주계열 단계에 머무르는 시간은 A가 B보다 길다.

① ㄱ   ② ㄷ   ③ ㄱ, ㄴ

④ ㄴ, ㄷ   ⑤ ㄱ, ㄴ, ㄷ

[24026-0221]

15 그림 (가)는 H−R도에 주계열성 A와 B의 위치를, (나)는 핵융합 반응의 한 종류를 나타낸 것이다.

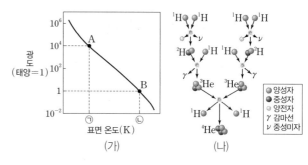

(가)   (나)

이에 대한 설명으로 옳은 것만을 〈보기〉에서 있는 대로 고른 것은?

● 보기 ●

ㄱ. ㉠은 ㉡보다 크다.

ㄴ. 절대 등급은 B가 A보다 10등급 크다.

ㄷ. (나)에 의한 에너지 생성량은 A가 B보다 많다.

① ㄱ   ② ㄴ   ③ ㄱ, ㄷ

④ ㄴ, ㄷ   ⑤ ㄱ, ㄴ, ㄷ

[24026-0222]

16 그림은 주계열성의 질량과 반지름 관계를 나타낸 것이다.

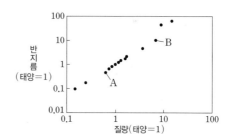

별 A와 B에 대한 설명으로 옳은 것만을 〈보기〉에서 있는 대로 고른 것은?

● 보기 ●

ㄱ. A의 절대 등급은 0등급보다 크다.

ㄴ. 원시별이 주계열성이 되는 데 걸리는 시간은 B가 A보다 길다.

ㄷ. 별의 표면에서 단위 시간 동안 방출하는 에너지양은 A가 B보다 많다.

① ㄱ   ② ㄴ   ③ ㄱ, ㄷ

④ ㄴ, ㄷ   ⑤ ㄱ, ㄴ, ㄷ

17 표는 별 (가), (나), (다)의 절대 등급과 분광형을, 그림의 ㉠은 (가), (나), (다) 중 하나를 H−R도에 나타낸 것이다.

[24026-0223]

별	절대 등급	분광형
(가)	+4.8	G2
(나)	−0.2	A0
(다)	−0.2	G2

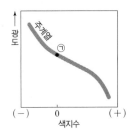

이에 대한 설명으로 옳은 것만을 〈보기〉에서 있는 대로 고른 것은?

●보기●
ㄱ. ㉠에 해당하는 것은 (가)이다.
ㄴ. 수소 흡수선은 (나)가 (가)보다 강하다.
ㄷ. 중심핵의 온도는 (다)가 (가)보다 높다.

① ㄱ   ② ㄷ   ③ ㄱ, ㄴ
④ ㄴ, ㄷ   ⑤ ㄱ, ㄴ, ㄷ

18 그림 (가)는 태양 정도의 질량을 가지는 별의 진화 경로를, (나)는 이 별이 A∼D로 진화하는 과정 중 어느 시기의 내부 구조를 나타낸 것이다.

[24026-0224]

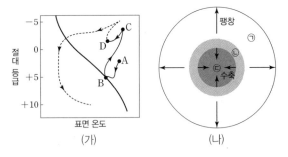

이에 대한 설명으로 옳지 <u>않은</u> 것은?

① A → B 과정에서 별의 반지름은 작아진다.
② B 단계에 머무르는 시간은 D 단계에 머무르는 시간보다 길다.
③ (나)는 B → C 과정에서 나타난다.
④ ㉢ 영역의 온도는 1억 K보다 높다.
⑤ ㉠, ㉡, ㉢에서 수소의 질량비(%)가 가장 큰 영역은 ㉠이다.

19 그림은 주계열성의 표면 온도와 반지름의 관계를 나타낸 것이다.

[24026-0225]

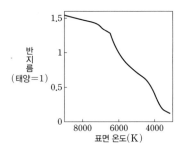

이 자료에 대한 설명으로 옳은 것만을 〈보기〉에서 있는 대로 고른 것은?

●보기●
ㄱ. 반지름이 태양보다 작은 주계열성의 색지수는 0보다 크다.
ㄴ. 표면 온도가 태양보다 높은 주계열성이 단위 시간에 방출하는 에너지양은 태양보다 많다.
ㄷ. 복사 에너지를 최대로 방출하는 파장이 태양보다 짧은 주계열성은 반지름이 태양보다 크다.

① ㄱ   ② ㄷ   ③ ㄱ, ㄴ
④ ㄴ, ㄷ   ⑤ ㄱ, ㄴ, ㄷ

20 그림은 어느 별의 내부 구조를 나타낸 것이다.

[24026-0226]

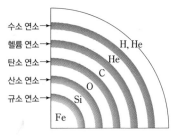

이 별에 대한 설명으로 옳은 것만을 〈보기〉에서 있는 대로 고른 것은?

●보기●
ㄱ. 질량은 태양보다 크다.
ㄴ. 중심부의 온도는 백색 왜성보다 높다.
ㄷ. 표면 온도는 주계열성일 때보다 높다.

① ㄱ   ② ㄷ   ③ ㄱ, ㄴ
④ ㄴ, ㄷ   ⑤ ㄱ, ㄴ, ㄷ

21 그림은 어느 별의 진화 단계 (가)와 (나)에서 나타나는 내부 구조를 나타낸 것이다.

[24026-0227]

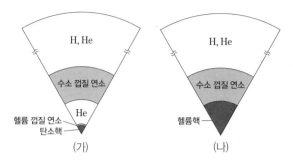

(가)일 때가 (나)일 때보다 큰 값을 가지는 것만을 〈보기〉에서 있는 대로 고른 것은?

● 보기 ●
ㄱ. 별의 나이
ㄴ. 별의 중심부 온도
ㄷ. 별의 질량에 대한 수소의 질량비

① ㄱ   ② ㄷ   ③ ㄱ, ㄴ
④ ㄴ, ㄷ   ⑤ ㄱ, ㄴ, ㄷ

22 그림은 질량이 다른 주계열성 (가)와 (나)의 내부 구조를 나타낸 것이다.

[24026-0228]

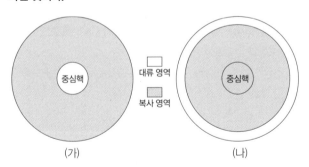

이에 대한 설명으로 옳은 것만을 〈보기〉에서 있는 대로 고른 것은?

● 보기 ●
ㄱ. 질량은 (가)가 (나)보다 크다.
ㄴ. 태양은 (가)와 같은 내부 구조를 가진다.
ㄷ. (나)는 최종 진화 단계에서 백색 왜성이 될 수 있다.

① ㄱ   ② ㄴ   ③ ㄱ, ㄷ
④ ㄴ, ㄷ   ⑤ ㄱ, ㄴ, ㄷ

23 그림은 태양이 $A_0 \to A_1 \to A_2$로 진화하는 경로를 나타낸 것이다.

[24026-0229]

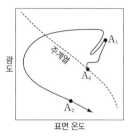

이에 대한 설명으로 옳은 것만을 〈보기〉에서 있는 대로 고른 것은?

● 보기 ●
ㄱ. A_0에서 A_1로 진화하는 동안 별의 반지름은 커진다.
ㄴ. 별의 표면에서 단위 시간에 단위 면적당 방출하는 에너지양은 A_1이 A_2보다 많다.
ㄷ. 수소의 총 질량은 A_0이 A_2보다 크다.

① ㄱ   ② ㄴ   ③ ㄱ, ㄷ
④ ㄴ, ㄷ   ⑤ ㄱ, ㄴ, ㄷ

24 표는 별 A, B, C의 물리량을 나타낸 것이다. A, B, C는 각각 초거성, 거성, 주계열성 중 하나이다.

[24026-0230]

별	광도 (A=1)	반지름 (A=1)	복사 에너지를 최대로 방출하는 파장(nm)
A	1	1	200
B	1	( )	600
C	( )	300	600

이에 대한 설명으로 옳은 것만을 〈보기〉에서 있는 대로 고른 것은?

● 보기 ●
ㄱ. 반지름은 A가 B보다 크다.
ㄴ. 광도는 C가 B의 1000배보다 크다.
ㄷ. 광도 계급이 V인 별은 C이다.

① ㄱ   ② ㄴ   ③ ㄱ, ㄷ
④ ㄴ, ㄷ   ⑤ ㄱ, ㄴ, ㄷ

별의 표면에서 방출된 복사 에너지가 별의 대기를 통과하면서 일부 흡수되어 별의 스펙트럼에 흡수선이 나타난다.

[24026-0231]

01 그림은 어떤 별을 서로 다른 방향에서 관측하여 파장에 따른 상대적 복사 에너지 세기를 ㉠과 ㉡으로 나타낸 것이다.

이 자료에 대한 설명으로 옳은 것만을 〈보기〉에서 있는 대로 고른 것은?

● 보기 ●
ㄱ. ㉠과 ㉡에는 모두 흡수선이 나타난다.
ㄴ. A의 평균 온도는 별의 표면 온도보다 낮다.
ㄷ. 흡수선 a는 별의 대기에 의해 형성되었다.

① ㄱ   ② ㄷ   ③ ㄱ, ㄴ   ④ ㄴ, ㄷ   ⑤ ㄱ, ㄴ, ㄷ

별의 분광형은 별의 스펙트럼에 나타나는 흡수선의 종류와 세기에 따라 별을 분류한 것으로, 별의 표면 온도에 따라 O, B, A, F, G, K, M형으로 분류한다. 태양은 표면 온도가 약 5800 K으로 분광형이 G형에 해당한다.

[24026-0232]

02 표는 별 (가)와 (나)의 광도와 표면 온도를, 그림은 별의 분광형에 따른 H I과 Ca II 흡수선의 상대적 세기를 나타낸 것이다. (가)와 (나)는 각각 거성과 주계열성 중 하나이다.

별	광도(태양=1)	표면 온도(K)
(가)	80	6000
(나)	40	10000

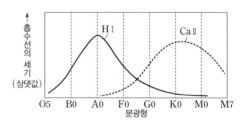

이에 대한 설명으로 옳은 것만을 〈보기〉에서 있는 대로 고른 것은?

● 보기 ●
ㄱ. (가)는 H I 흡수선이 Ca II 흡수선보다 강하다.
ㄴ. 반지름은 (가)가 (나)보다 크다.
ㄷ. 거성은 (가)이다.

① ㄱ   ② ㄴ   ③ ㄱ, ㄷ   ④ ㄴ, ㄷ   ⑤ ㄱ, ㄴ, ㄷ

03 그림은 주계열성 (가), (나), (다)의 스펙트럼을 나타낸 것이다. (가), (나), (다)의 분광형은 각각 B형, A형, K형 중 하나이다.

[24026-0233]

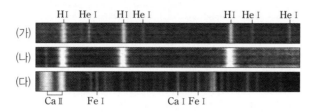

이에 대한 설명으로 옳은 것만을 〈보기〉에서 있는 대로 고른 것은? (단, 스펙트럼에서 흡수선은 흰색으로 표시되었다.)

┌─● 보 기 ●─────────────────────────────
│ ㄱ. 표면 온도가 가장 높은 별은 (나)이다.
│ ㄴ. 주계열 단계에 머무르는 시간은 (나)가 (다)보다 길다.
│ ㄷ. $\dfrac{\text{p-p 반응에 의한 에너지 생성량}}{\text{CNO 순환 반응에 의한 에너지 생성량}}$ 은 (다)가 (가)보다 크다.
└──────────────────────────────────────

① ㄱ   ② ㄴ   ③ ㄷ   ④ ㄱ, ㄷ   ⑤ ㄴ, ㄷ

별의 스펙트럼에서 흡수선의 종류와 세기는 별의 표면 온도에 따라 다르다. H I 흡수선은 표면 온도가 약 10000 K이고 분광형이 A형인 별에서 가장 강하게 나타난다.

04 그림 (가)는 실험실에서 관측한 수소의 스펙트럼을, (나)는 어느 별의 스펙트럼을 나타낸 것이다.

[24026-0234]

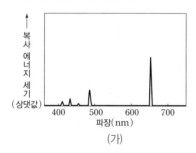

(가)

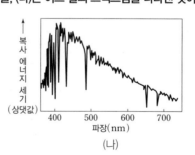

(나)

이에 대한 설명으로 옳은 것만을 〈보기〉에서 있는 대로 고른 것은?

┌─● 보 기 ●─────────────────────────────
│ ㄱ. (가)에는 방출선이 나타난다.
│ ㄴ. (나)에는 수소 흡수선이 나타난다.
│ ㄷ. 표면 온도는 (나)의 별이 태양보다 낮다.
└──────────────────────────────────────

① ㄱ   ② ㄷ   ③ ㄱ, ㄴ   ④ ㄴ, ㄷ   ⑤ ㄱ, ㄴ, ㄷ

별의 표면에서 방출된 빛 중 별의 대기 성분이 특정 파장의 빛을 흡수할 때 흡수 스펙트럼이 나타난다.

[24026-0235]

광도 계급이 Ⅲ인 별은 거성, Ⅶ인 별은 백색 왜성이다. 광도가 약 2.5배 증가하면 절대 등급은 1등급 작아진다.

05 표는 태양과 별 A, B의 물리량을 나타낸 것이다. A와 B의 광도 계급은 각각 Ⅲ과 Ⅶ 중 하나이다.

별	표면 온도(K)	절대 등급	광도(태양=1)
태양	5800	+4.8	1
A	11400	+10.8	( )
B	3800	−0.2	( )

이에 대한 설명으로 옳은 것만을 〈보기〉에서 있는 대로 고른 것은?

● 보기 ●
ㄱ. 광도 계급이 Ⅲ인 별은 A이다.
ㄴ. 평균 밀도는 태양이 B보다 크다.
ㄷ. 반지름은 B가 A의 900배이다.

① ㄱ   ② ㄴ   ③ ㄷ   ④ ㄱ, ㄴ   ⑤ ㄴ, ㄷ

[24026-0236]

단위 시간 동안 별에서 방출된 모든 파장의 복사 에너지를 합한 값은 별의 광도에 해당한다.

06 그림은 광도가 같은 별 A와 B에서 단위 시간 동안 방출된 복사 에너지의 상대적 세기를 파장에 따라 나타낸 것이다.

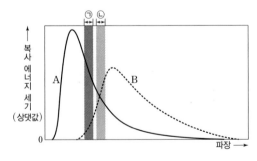

이에 대한 설명으로 옳은 것만을 〈보기〉에서 있는 대로 고른 것은?

● 보기 ●
ㄱ. B는 (㉠ 파장 영역에서 관측한 등급−㉡ 파장 영역에서 관측한 등급)이 0보다 크다.
ㄴ. 별의 반지름은 B가 A보다 크다.
ㄷ. 복사 에너지 세기 곡선과 파장 축이 이루는 면적은 A와 B가 같다.

① ㄱ   ② ㄷ   ③ ㄱ, ㄴ   ④ ㄴ, ㄷ   ⑤ ㄱ, ㄴ, ㄷ

07 그림은 별의 질량에 따라 원시별이 주계열성이 되는 데 걸리는 시간과 주계열 단계에 머무르는 시간을 A와 B로 순서 없이 나타낸 것이다.

[24026-0237]

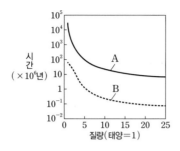

별의 질량이 클수록 원시별이 주계열성이 되는 데 걸리는 시간이 짧고, 주계열 단계에 머무르는 시간도 짧다.

이에 대한 설명으로 옳은 것만을 〈보기〉에서 있는 대로 고른 것은?

● 보기 ●

ㄱ. 질량이 큰 별일수록 수명이 짧다.

ㄴ. 주요 에너지원이 중력 수축 에너지인 기간에 해당하는 것은 A이다.

ㄷ. 질량이 태양의 15배인 별은 주계열 단계에 머무르는 시간이 원시별이 주계열성이 되는 데 걸리는 시간의 약 3배이다.

① ㄱ   ② ㄴ   ③ ㄷ   ④ ㄱ, ㄷ   ⑤ ㄴ, ㄷ

08 그림 (가)와 (나)는 질량이 태양 정도인 별이 주계열 단계를 거쳐 거성으로 진화하는 과정에서 나타나는 광도와 반지름 변화를 각각 나타낸 것이다.

[24026-0238]

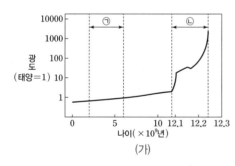

(가)

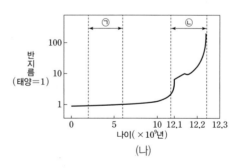

(나)

질량이 태양 정도인 별은 주계열 단계에서 거성으로 진화하는 동안 표면 온도는 낮아지지만 반지름이 크게 커지면서 광도가 커진다.

이에 대한 설명으로 옳은 것만을 〈보기〉에서 있는 대로 고른 것은?

● 보기 ●

ㄱ. ㉠ 기간 동안 별의 표면에서 중력의 크기는 기체 압력 차에 의한 힘의 크기보다 크다.

ㄴ. ㉡ 기간 동안 별의 절대 등급 변화량은 5보다 작다.

ㄷ. 중심핵의 크기는 ㉠ 기간이 ㉡ 기간보다 크다.

① ㄱ   ② ㄷ   ③ ㄱ, ㄴ   ④ ㄴ, ㄷ   ⑤ ㄱ, ㄴ, ㄷ

별의 스펙트럼에서 흡수선이 나타나는 것은 별빛이 대기층을 통과하면서 특정 파장의 에너지가 흡수되었기 때문이다. 흡수선의 파장은 대기에 포함된 원소의 종류에 따라 다르다.

[24026 0239]

09 표는 태양과 별 X의 색지수를, 그림은 태양과 X의 파장에 따른 복사 에너지의 상대적 세기를 ㉠과 ㉡으로 순서 없이 나타낸 것이다. a~d는 H I에 의해 만들어진 흡수선의 파장이다.

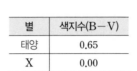

별	색지수(B−V)
태양	0.65
X	0.00

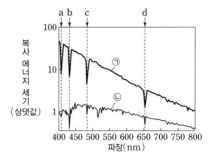

이에 대한 설명으로 옳은 것만을 〈보기〉에서 있는 대로 고른 것은?

● 보 기 ●
ㄱ. X의 스펙트럼은 ㉠이다.
ㄴ. H I에 의한 흡수선은 X보다 태양에서 더 강하다.
ㄷ. 태양과 X는 모두 대기에 수소가 포함되어 있다.

① ㄱ   ② ㄴ   ③ ㄷ   ④ ㄱ, ㄴ   ⑤ ㄱ, ㄷ

별의 분광형은 표면 온도에 따라 O, B, A, F, G, K, M형으로 분류하고, 각각의 분광형은 다시 고온의 0에서 저온의 9까지 10단계로 세분한다.

[24026−0240]

10 표는 별 (가), (나), (다)의 분광형과 광도 계급을 나타낸 것이다.

별	(가)	(나)	(다)
분광형	G1	G3	F5
광도 계급	V	Ⅱ	V

이에 대한 설명으로 옳은 것만을 〈보기〉에서 있는 대로 고른 것은?

● 보 기 ●
ㄱ. 복사 에너지를 최대로 방출하는 파장은 (가)가 (나)보다 길다.
ㄴ. 반지름은 (나)가 (다)보다 크다.
ㄷ. 광도는 (가)와 (다)가 같다.

① ㄱ   ② ㄴ   ③ ㄱ, ㄷ   ④ ㄴ, ㄷ   ⑤ ㄱ, ㄴ, ㄷ

11 그림은 질량이 각각 태양의 1배, 5배인 주계열성 (가), (나)에서 수소 핵융합 반응의 종류에 따른 상대적 에너지 생성 비율을 나타낸 것이다. ㉠과 ㉡은 각각 **p−p** 반응과 **CNO** 순환 반응 중 하나이다.

[24026–0241]

이에 대한 설명으로 옳은 것만을 〈보기〉에서 있는 대로 고른 것은?

● 보 기 ●

ㄱ. ㉠은 CNO 순환 반응이다.

ㄴ. 단위 시간 동안 에너지 생성량은 (가)의 ㉡과 (나)의 ㉠이 같다.

ㄷ. (나)의 중심부에는 대류에 의해 에너지를 전달하는 영역이 발달한다.

① ㄱ　　　　② ㄷ　　　　③ ㄱ, ㄴ　　　　④ ㄴ, ㄷ　　　　⑤ ㄱ, ㄴ, ㄷ

질량이 태양 정도인 별은 중심부 온도가 약 1500만 K이므로 CNO 순환 반응보다 p−p 반응에 의한 에너지 생성량이 많다.

---

12 표는 별 (가), (나), (다)의 분광형, 반지름, 광도를 나타낸 것이다.

[24026–0242]

별	(가)	(나)	(다)
분광형	( )	K2	K2
반지름(태양=1)	10	( )	2
광도(태양=1)	100	400	( )

(가), (나), (다)에 대한 설명으로 옳은 것만을 〈보기〉에서 있는 대로 고른 것은?

● 보 기 ●

ㄱ. 단위 시간에 단위 면적당 방출하는 에너지양은 (가)가 (나)보다 많다.

ㄴ. 반지름은 (나)가 가장 크다.

ㄷ. [(다)의 절대 등급−(나)의 절대 등급]은 5보다 크다.

① ㄱ　　　　② ㄷ　　　　③ ㄱ, ㄴ　　　　④ ㄴ, ㄷ　　　　⑤ ㄱ, ㄴ, ㄷ

별이 단위 시간 동안 방출하는 에너지양은 광도에 해당하고, 광도는 별의 반지름과 표면 온도에 의해 결정된다.

H−R도에서 거성과 초거성은 주계열의 오른쪽 위에, 백색 왜성은 주계열의 왼쪽 아래에 위치한다.

[24026-0243]

13 표는 각각 주계열성, 거성, 백색 왜성에 해당하는 별의 분광형과 절대 등급을 (가), (나), (다)로 순서 없이 나타낸 것이고, 그림은 주계열성의 질량과 광도 사이의 관계를 나타낸 것이다.

별	분광형	절대 등급
(가)	B0	−4.1
(나)	G2	+11.5
(다)	K2	−0.2

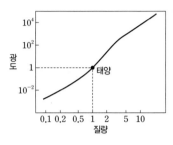

이에 대한 설명으로 옳은 것만을 〈보기〉에서 있는 대로 고른 것은?

● 보기 ●
ㄱ. (가)의 중심핵에서는 주로 대류에 의해 에너지가 전달된다.
ㄴ. (나)의 진화 과정에서 철이 생성되는 시기가 있다.
ㄷ. 평균 밀도는 (나)가 (다)보다 크다.

① ㄱ   ② ㄴ   ③ ㄱ, ㄷ   ④ ㄴ, ㄷ   ⑤ ㄱ, ㄴ, ㄷ

질량이 태양 정도인 주계열성은 수소 핵융합 반응이 일어나는 중심핵, 복사층, 대류층이 발달한다.

[24026-0244]

14 그림 (가)는 광도 계급이 G2 V인 어느 별의 내부 구조를, (나)는 이 별의 중심으로부터의 거리에 따른 수소와 헬륨의 질량비(%)를 나타낸 것이다.

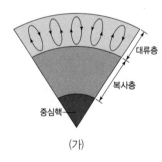

(가)

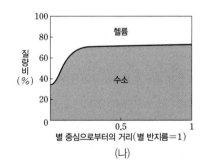

(나)

이 별에 대한 설명으로 옳은 것만을 〈보기〉에서 있는 대로 고른 것은?

● 보기 ●
ㄱ. 질량은 태양 질량의 5배보다 크다.
ㄴ. 주계열 단계를 떠나기 직전의 진화 과정에 있다.
ㄷ. 중심핵에서 $\dfrac{\text{p−p 반응에 의한 헬륨 생성량}}{\text{CNO 순환 반응에 의한 헬륨 생성량}}$ 은 1보다 크다.

① ㄱ   ② ㄷ   ③ ㄱ, ㄴ   ④ ㄴ, ㄷ   ⑤ ㄱ, ㄴ, ㄷ

15 다음은 별 (가), (나), (다)에 대한 설명과 별의 스펙트럼에 나타나는 흡수선의 상대적 세기를 표면 [24026-0245]
온도에 따라 나타낸 것이다. (가), (나), (다)의 분광형은 각각 A0형, G2형, O5형 중 하나이다.

- 최대 복사 에너지 방출 파장은 (가)가 (다)보다 짧다.
- 스펙트럼에서 Ca Ⅱ 흡수선의 상대적 세기는 (나)가 (다)보다 강하다.

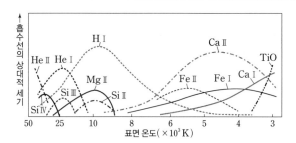

이에 대한 설명으로 옳은 것만을 〈보기〉에서 있는 대로 고른 것은?

● 보기 ●
ㄱ. 표면 온도는 (가)가 (나)보다 높다.
ㄴ. (나)는 흰색 별이다.
ㄷ. H Ⅰ 흡수선의 상대적 세기는 (나)가 (다)보다 강하다.

① ㄱ   ② ㄴ   ③ ㄱ, ㄷ   ④ ㄴ, ㄷ   ⑤ ㄱ, ㄴ, ㄷ

별의 스펙트럼에 나타난 흡수선의 종류와 세기는 별의 표면 온도에 의해 결정된다.

16 그림은 별의 광도 계급을 H-R도에 나타낸 것이고, 표는 별 ㉠, ㉡, ㉢의 물리량을 나타낸 것이다. [24026-0246]

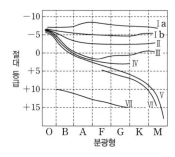

별	절대 등급	분광형	광도 계급
㉠	−0.1	K5	( )
㉡	+7.0	K5	( )
㉢	( )	G1	Ⅶ

이에 대한 설명으로 옳은 것만을 〈보기〉에서 있는 대로 고른 것은?

● 보기 ●
ㄱ. ㉠은 거성에 해당한다.
ㄴ. 반지름은 ㉠이 ㉡의 10배보다 크다.
ㄷ. 광도는 ㉡이 ㉢의 10000배보다 크다.

① ㄱ   ② ㄷ   ③ ㄱ, ㄴ   ④ ㄴ, ㄷ   ⑤ ㄱ, ㄴ, ㄷ

별의 광도는 표면 온도와 반지름에 의해 결정되는데, 별들의 표면 온도가 같아도 반지름이 다르면 광도가 달라진다.

별 중심부에서의 핵융합 반응은 수소 → 헬륨 → 탄소 → … → 규소 순으로 일어난다. 질량이 태양 질량 정도인 별은 거성 단계에서 헬륨 핵융합 반응이 끝난 후 탄소 핵융합 반응을 시작하지 못하고 백색 왜성으로 일생을 마친다.

[24026-0247]

17 그림은 어느 별의 내부 구조를 나타낸 것이다.

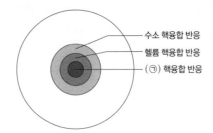

수소 핵융합 반응
헬륨 핵융합 반응
(㉠) 핵융합 반응

이 별에 대한 설명으로 옳은 것만을 〈보기〉에서 있는 대로 고른 것은?

● 보기 ●
ㄱ. 주계열성이다.
ㄴ. 질량은 태양보다 크다.
ㄷ. ㉠은 헬륨보다 무거운 원소이다.

① ㄱ   ② ㄷ   ③ ㄱ, ㄴ   ④ ㄴ, ㄷ   ⑤ ㄱ, ㄴ, ㄷ

주계열성은 중심부의 수소 핵융합 반응으로 인해 수소의 질량비는 감소하고, 헬륨의 질량비는 증가한다.

[24026-0248]

18 그림은 분광형이 G형인 어느 별에서 중심으로부터의 거리에 따른 수소와 헬륨의 질량비(%)를 X와 Y로 순서 없이 나타낸 것이다. ㉠과 ㉡ 구간의 주된 에너지 전달 방식은 각각 복사와 대류 중 하나이다.

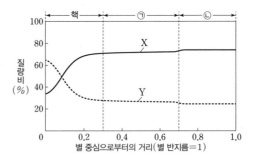

이 별에 대한 설명으로 옳은 것만을 〈보기〉에서 있는 대로 고른 것은?

● 보기 ●
ㄱ. 별의 표면에서 $\dfrac{\text{중력의 크기}}{\text{기체 압력 차에 의한 힘의 크기}}$ 는 1보다 크다.
ㄴ. 헬륨의 질량비는 Y이다.
ㄷ. 복사에 의해 에너지를 전달하는 구간은 ㉠이다.

① ㄱ   ② ㄴ   ③ ㄱ, ㄷ   ④ ㄴ, ㄷ   ⑤ ㄱ, ㄴ, ㄷ

[24026–0249]

19 그림은 온도에 따른 수소 핵융합 반응 **A**와 **B**의 상대적 에너지 생성량을 나타낸 것이다. **A**와 **B**는 각각 **p−p** 반응과 **CNO** 순환 반응 중 하나이다.

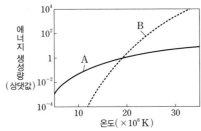

중심부의 온도가 1800만 K 이하인 별에서는 CNO 순환 반응보다 p−p 반응에 의한 에너지 생성량이 많다.

이에 대한 설명으로 옳은 것만을 〈보기〉에서 있는 대로 고른 것은?

> **보기**
>
> ㄱ. CNO 순환 반응은 A이다.
> ㄴ. 별의 진화 과정에서 A가 B보다 먼저 시작된다.
> ㄷ. 분광형이 G5형인 주계열성에서는 B가 A보다 우세하다.

① ㄱ   ② ㄴ   ③ ㄷ   ④ ㄱ, ㄷ   ⑤ ㄴ, ㄷ

[24026–0250]

20 표는 주계열성 (가), (나), (다)의 물리량을 나타낸 것이다.

별	분광형	질량(태양=1)	주계열 단계에 머무르는 시간
(가)	( )	( )	약 250억 년
(나)	A	2.1	( )
(다)	( )	9	약 2600만 년

주계열 단계에 머무르는 시간은 별의 질량에 따라 다르다. 질량이 클수록 단위 시간 동안 방출하는 에너지양이 많아 주계열 단계에 머무르는 시간이 짧다. 태양 정도의 질량을 가지는 별은 약 100억 년 동안 주계열 단계에 머무른다.

이에 대한 설명으로 옳은 것만을 〈보기〉에서 있는 대로 고른 것은?

> **보기**
>
> ㄱ. (가)의 질량은 태양보다 크다.
> ㄴ. 원시별이 주계열성이 되는 데 걸리는 시간은 (가)가 (나)보다 길다.
> ㄷ. (다)의 분광형은 F형이다.

① ㄱ   ② ㄴ   ③ ㄱ, ㄷ   ④ ㄴ, ㄷ   ⑤ ㄱ, ㄴ, ㄷ

[24026-0251]

주계열성의 내부 구조는 별의 질량에 따라 다르다. 태양 정도의 질량을 가지는 주계열성은 중심핵 주변에 복사층이, 복사층 바깥쪽에 대류층이 발달한다.

21 그림은 같은 시기에 생성된 어느 별과 태양의 진화 경로를 H−R도에 순서 없이 나타낸 것이다.

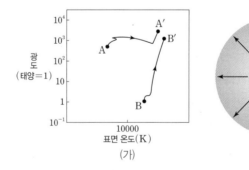

이에 대한 설명으로 옳은 것만을 〈보기〉에서 있는 대로 고른 것은?

● 보기 ●
ㄱ. A가 A′으로 진화하는 동안 정역학 평형 상태를 유지한다.
ㄴ. B′의 내부에서 복사층의 평균 온도는 대류층의 평균 온도보다 높다.
ㄷ. A′과 B′ 모두 중심핵에서 CNO 순환 반응이 일어난다.

① ㄱ　　　　　② ㄴ　　　　　③ ㄱ, ㄷ　　　　　④ ㄴ, ㄷ　　　　　⑤ ㄱ, ㄴ, ㄷ

[24026-0252]

주계열 단계가 끝난 후 H−R도에서 별의 진화 경로는 질량에 따라 다르다. 질량이 큰 별은 대체로 왼쪽에서 오른쪽으로 수평 방향으로 진화하고, 질량이 작은 별은 대체로 아래에서 위로 수직 방향으로 진화한다.

22 그림 (가)는 주계열성 A와 B가 각각 A′, B′으로 진화하는 경로를, (나)는 A와 B 중 하나의 내부 구조를 나타낸 것이다.

(가)　　　　　　　　　　　(나)

이에 대한 설명으로 옳은 것만을 〈보기〉에서 있는 대로 고른 것은?

● 보기 ●
ㄱ. $\dfrac{표면\ 온도}{중심부\ 온도}$ 는 A가 A′보다 크다.
ㄴ. B가 B′으로 진화하는 동안 별 내부에서 수소 핵융합 반응이 일어난다.
ㄷ. (나)는 A의 내부 구조이다.

① ㄱ　　　　　② ㄷ　　　　　③ ㄱ, ㄴ　　　　　④ ㄴ, ㄷ　　　　　⑤ ㄱ, ㄴ, ㄷ

[24026–0253]

23 그림 (가), (나), (다)는 질량이 태양과 비슷한 별의 내부에서 핵융합 반응이 일어나는 영역을 진화 과정에 따라 순서대로 나타낸 것이다.

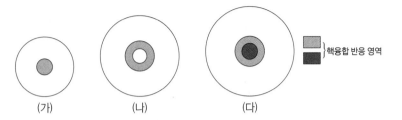

이에 대한 설명으로 옳은 것만을 〈보기〉에서 있는 대로 고른 것은?

● 보 기 ●

ㄱ. 별의 절대 등급은 (가)가 (다)보다 크다.

ㄴ. 중심핵에서 $\dfrac{\text{기체 압력 차에 의한 힘의 크기}}{\text{중력의 크기}}$ 는 (가)가 (나)보다 크다.

ㄷ. 핵융합 반응 영역의 평균 온도는 (다)가 (나)보다 높다.

① ㄱ   ② ㄷ   ③ ㄱ, ㄴ   ④ ㄴ, ㄷ   ⑤ ㄱ, ㄴ, ㄷ

[24026–0254]

24 그림은 어느 별의 진화 과정 중 별 내부의 수소 질량비(%) 변화를 시간 t_1, t_2, t_3으로 구분하여 나타낸 것이다.

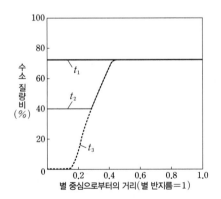

이에 대한 설명으로 옳은 것만을 〈보기〉에서 있는 대로 고른 것은?

● 보 기 ●

ㄱ. t_1은 t_3보다 먼저이다.

ㄴ. t_2는 주계열 단계에 해당한다.

ㄷ. 이 별의 질량은 태양 질량과 비슷하다.

① ㄱ   ② ㄷ   ③ ㄱ, ㄴ   ④ ㄴ, ㄷ   ⑤ ㄱ, ㄴ, ㄷ

09 외계 행성계와 외계 생명체 탐사

Ⅲ. 우주

개념 체크

◇ 외계 행성계 탐사
외계 행성은 직접 관측이 어렵기 때문에 주로 간접적인 방법을 통해 탐사한다. 지금까지 외계 행성을 발견하는 데 가장 많이 이용된 방법은 식 현상을 이용한 방법과 중심별의 시선 속도 변화를 이용한 방법이다.

◇ 도플러 효과
관측자와 광원의 상대적인 운동에 따라 관측되는 빛의 파장이 달라지는 효과를 말한다. 관측자와 광원 사이의 거리가 상대적으로 가까워질 때 빛의 파장이 고유 파장보다 짧게 관측되고, 멀어질 때 빛의 파장이 고유 파장보다 길게 관측된다.

1. 태양계 밖의 별과 그 별 주위를 공전하는 행성들이 이루는 계를 (　　　)라고 한다.

2. 중심별의 시선 속도 변화를 이용하여 행성을 탐사하는 방법은 별과 행성이 (　　　)을 중심으로 공전함에 따라 (　　　) 효과에 의해 생기는 별빛의 파장 변화를 관측하여 행성의 존재를 확인한다.

3. 별 주위를 공전하는 행성에 의해 식 현상이 일어나면 별의 (　　　)가 변하므로 이를 이용하여 외계 행성의 존재를 확인할 수 있다.

4. 거리가 다른 두 별이 같은 시선 방향에 있을 경우 뒤쪽 별의 별빛이 앞쪽 별의 중력에 의해 미세하게 굴절되어 뒤쪽 별의 밝기가 변하는데, 이를 (　　　) 현상이라고 한다.

정답
1. 외계 행성계
2. 공통 질량 중심, 도플러
3. 밝기
4. 미세 중력 렌즈

1 외계 행성계 탐사

(1) 중심별의 시선 속도 변화를 이용하는 방법

① 별과 행성이 공통 질량 중심을 중심으로 공전함에 따라 별의 시선 속도가 변하면서 도플러 효과에 의한 별빛의 파장 변화가 생긴다. 따라서 별빛의 스펙트럼을 분석하면 행성의 존재를 확인할 수 있다.

② 행성의 질량이 클수록 별빛의 도플러 효과가 커서 행성의 존재를 확인하기 쉽다.

③ 행성의 공전 궤도면이 관측자의 시선 방향과 수직에 가까운 경우에는 중심별의 시선 속도 변화가 거의 나타나지 않으므로 행성의 존재를 확인하기 어렵다.

도플러 효과를 이용한 행성 탐사	중심별과 행성의 공전에 따른 중심별의 파장 변화	지구와의 거리 변화		중심별의 시선 속도	중심별의 스펙트럼 변화
		중심별	행성		
	파장이 짧아진다.	가까워짐	멀어짐	(−), 접근	청색 편이
	파장이 길어진다.	멀어짐	가까워짐	(+), 후퇴	적색 편이

(2) 식 현상을 이용하는 방법

① 중심별 주위를 공전하는 행성이 중심별의 앞면을 지날 때 중심별의 일부가 가려지는 식 현상이 나타난다. 식 현상에 의한 중심별의 밝기 변화를 관측하여 행성의 존재를 확인할 수 있다.

② 행성의 반지름이 클수록 중심별이 행성에 의해 가려지는 면적이 커서 중심별의 밝기 변화가 크므로 행성의 존재를 확인하기 쉽다.

③ 행성의 공전 궤도면이 관측자의 시선 방향과 거의 나란할 때 식 현상이 일어날 수 있다.

식 현상을 이용한 행성 탐사

(3) 미세 중력 렌즈 현상을 이용하는 방법

① 거리가 다른 두 개의 별이 같은 시선 방향에 있을 경우 뒤쪽 별의 별빛이 앞쪽 별의 중력에 의해 미세하게 굴절되어 휘어지면서 뒤쪽 별의 밝기가 변하는데, 이를 미세 중력 렌즈 현상이라고 한다. 이때 앞쪽 별이 행성을 가지고 있으면 행성에 의한 미세 중력 렌즈 현상으로 뒤쪽 별의 밝기가 추가적으로 변하는데, 이를 이용하여 앞쪽 별을 공전하는 행성의 존재를 확인할 수 있다.

② 행성의 공전 궤도면이 관측자의 시선 방향과 수직일 때에도 행성에 의한 미세 중력 렌즈 현상이 나타나므로 행성의 존재를 확인할 수 있으며, 지구와 같이 질량이 작은 행성을 찾는 데 상대적으로 유리하다. 미세 중력 렌즈 현상은 드물게 발생하며 주기적인 관측이 불가능하다.

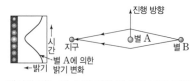

행성이 없는 별 A에 의한 별 B의 밝기 변화

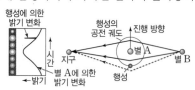

별 A와 행성에 의한 별 B의 밝기 변화

172 EBS 수능특강 지구과학 Ⅰ

탐구자료 살펴보기 | 외계 행성계 탐사 방법

탐구 자료

그림은 행성의 공전 궤도면이 관측자의 시선 방향과 나란한 별 B가 별 A의 앞쪽으로 지나가는 모습을 나타낸 것이다.

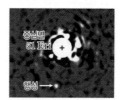

탐구 결과

1. 별 B가 행성 P와의 공통 질량 중심을 중심으로 공전할 때 나타나는 주기적인 별빛의 파장 변화를 관측하면 행성 P의 존재를 확인할 수 있다. ➡ 도플러 효과를 이용한 외계 행성 탐사 방법
2. 행성 P에 의한 식 현상으로 나타나는 별 B의 주기적인 밝기 변화를 관측하면 행성 P의 존재를 확인할 수 있다. ➡ 식 현상을 이용한 외계 행성 탐사 방법
3. 별 B에 의한 미세 중력 렌즈 현상으로 별 A의 밝기 변화가 나타날 때, 행성 P에 의한 별 A의 추가적인 밝기 변화가 나타나면 행성 P의 존재를 확인할 수 있다. ➡ 미세 중력 렌즈 현상을 이용한 외계 행성 탐사 방법

분석 point

행성의 공전 궤도면이 관측자의 시선 방향과 나란한 별 B가 별 A의 앞쪽을 지나갈 경우 도플러 효과, 식 현상, 미세 중력 렌즈 현상을 모두 이용하여 외계 행성의 존재를 확인할 수 있다.

(4) 직접 관측하는 방법

① 외계 행성계를 직접 관측할 때는 행성의 밝기가 중심별에 비해 매우 어두우므로 중심별을 가리고 행성을 직접 촬영하여 존재를 확인할 수 있다. ➡ 행성이 방출하는 에너지는 대부분 적외선 영역이므로 행성을 직접 관측할 때 주로 적외선 영역에서 촬영한다.

② 지구에서 외계 행성계까지의 거리가 가까울수록, 행성의 반지름이 클수록, 행성의 표면 온도가 높을수록 적외선의 세기가 강하므로 직접 촬영하여 행성의 존재를 확인하기 쉽다.

③ 행성 대기를 통과해 온 빛을 분석하여 행성의 대기 성분을 알아낼 수 있다.

중심별 51 페가 +
행성 →

직접 촬영한 외계 행성

(5) 여러 외계 행성계 탐사 방법으로 발견한 행성들의 특징

① 현재까지 수천 개의 외계 행성이 발견되었다.

② **중심별의 시선 속도 변화 이용**: 대부분 질량이 크다.

③ **식 현상 이용**: 대부분 공전 궤도 반지름이 작다.

④ **미세 중력 렌즈 현상 이용**: 대부분 공전 궤도 반지름이 크다.

⑤ 지금까지 발견된 외계 행성은 대부분 목성과 같이 질량이 큰 기체형 행성이었지만 최근에는 외계 생명체가 존재할 가능성이 높은 지구형 행성을 중심으로 탐사하고 있다.

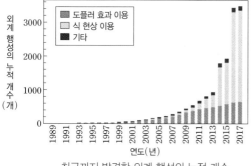

최근까지 발견한 외계 행성의 누적 개수

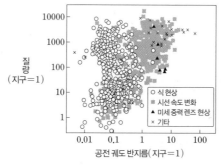

최근까지 발견한 외계 행성의 물리량

개념 체크

○ **외계 행성 탐사 방법**
행성의 공전 궤도면이 관측자의 시선 방향과 나란한 경우에는 도플러 효과, 식 현상, 미세 중력 렌즈 현상 모두를 이용하여 외계 행성의 존재를 확인할 수 있다.

○ **지구와 비슷한 외계 행성 탐사**
지금까지 발견된 외계 행성은 대부분 목성형 행성으로, 생명체가 살기에 부적합하기 때문에 최근에는 주로 지구형 행성을 탐사하고 있다.

1. 행성을 직접 관측할 때는 주로 (　　) 영역에서 촬영한다.

2. 중심별의 시선 속도 변화를 이용하여 발견된 행성들은 대부분 질량이 (　　)고, 식 현상을 이용하여 발견된 행성들은 대부분 공전 궤도 반지름이 (　　)다.

3. 도플러 효과를 이용하여 발견한 행성들은 대부분 지구보다 질량이 (　　)다.

4. 최근까지 발견된 외계 행성 중 가장 많은 수의 행성이 (　　)을 이용한 탐사 방법으로 발견되었다.

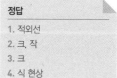

정답
1. 적외선
2. 크, 작
3. 크
4. 식 현상

개념 체크

○ **지구형 행성 탐사**
외계 행성계에서 행성에 의한 식 현상이 일어날 때 중심별의 밝기 변화량을 측정하면 행성의 반지름을 추정할 수 있다. ➡ 지구형 행성을 찾는 데 이용할 수 있다.

1. 직접 관측하여 발견한 외계 행성들은 대부분 지구보다 질량과 공전 궤도 반지름이 (　　)다.

2. 식 현상을 이용하여 발견한 외계 행성들은 대부분 지구보다 공전 궤도 반지름이 (　　)다.

3. 목성형 행성은 지구형 행성보다 생명체가 존재할 가능성이 (　　)다.

4. 행성의 밀도는 기체형(목성형) 행성이 암석형(지구형) 행성보다 (　　)다.

🧪 **탐구자료 살펴보기** ▶ **외계 행성계 탐사 결과**

탐구 사료

그림 (가), (나), (다)는 서로 다른 외계 행성 탐사 방법으로 발견한 외계 행성의 물리량을 나타낸 것이다.

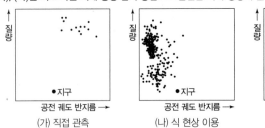

(가) 직접 관측　　(나) 식 현상 이용　　(다) 도플러 효과 이용

탐구 결과

1. (가)에서 직접 관측을 통해 발견한 행성들은 대부분 지구보다 질량과 공전 궤도 반지름이 크다.
2. (나)에서 식 현상을 이용하여 발견한 행성들은 대부분 지구보다 질량이 크고 공전 궤도 반지름이 작다.
3. (다)에서 도플러 효과를 이용하여 발견한 행성들은 대부분 지구보다 질량이 크다.

분석 point

· (가)에서 행성을 직접 관측할 때 행성에서 방출되는 적외선의 양이 많을수록 행성의 존재를 확인하기 쉽다. ➡ 행성의 질량과 반지름이 크고 표면 온도가 높을수록 행성에서 방출되는 적외선의 양이 대체로 많다.
· (나)에서 행성의 공전 궤도 반지름이 작을수록 행성이 중심별을 가리는 식 현상이 일어나는 주기가 짧아 행성의 존재를 확인하기 쉽다. ➡ 행성의 공전 궤도면과 관측자의 시선 방향이 정확하게 일치하는 경우가 드물기 때문에 행성의 공전 궤도 반지름이 작을수록 식 현상이 일어나기 쉽다.
· (다)에서 도플러 효과를 이용할 때 행성의 질량이 클수록 별의 시선 속도 변화가 커서 행성의 존재를 확인하기 쉽다.

② 외계 생명체 탐사

외계 생명체 탐사는 자연에 대한 이해는 물론 지구 생명체를 이해하는 데 큰 도움을 주며, 외계 생명체를 찾기 위해서는 생명 가능 지대에 위치하고 단단한 표면이 있는 지구형 행성을 찾아야 한다.

✏️ **과학 돋보기** ▶ **지구형 행성 탐사**

· 최근에는 외계 생명체를 찾기 위해 지구와 질량이 비슷하고 표면이 암석으로 이루어진 행성을 주로 탐사하고 있다. ➡ 목성과 같은 기체형 행성에는 생명체가 존재할 가능성이 작다.
· 도플러 효과를 이용하면 행성의 질량을 알아낼 수 있다. ➡ 행성의 질량이 클수록 별의 시선 속도 변화가 커서 별빛의 도플러 효과가 커지는 원리를 이용하여 행성의 질량을 구할 수 있다.
· 식 현상을 이용하면 행성의 반지름을 알아낼 수 있다.

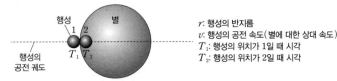

행성　별
　　1　2
T_1　T_2
행성의
공전 궤도

r: 행성의 반지름
v: 행성의 공전 속도(별에 대한 상대 속도)
T_1: 행성의 위치가 1일 때 시각
T_2: 행성의 위치가 2일 때 시각

$$2r = v(T_2 - T_1), \quad r = \frac{v(T_2 - T_1)}{2}$$

· 중심별의 시선 속도 변화를 이용하여 알아낸 행성의 질량과 식 현상을 이용하여 알아낸 행성의 반지름으로 행성의 밀도를 알아낼 수 있다.
· 행성의 밀도를 이용해 기체형(목성형) 행성과 암석형(지구형) 행성을 구분할 수 있다.

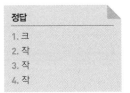

정답

1. 크
2. 작
3. 작
4. 작

(1) **외계 생명체**: 지구가 아닌 공간에 사는 생명을 지닌 존재로, 지구의 생명체와 같이 주로 탄소를 기본으로 하는 물질로 이루어져 있을 것으로 추정하고 있다. ➡ 탄소는 최외각 전자 수가 4개로, 탄소 원자 1개는 최대 4개의 다른 원자와 결합할 수 있다. 또한 탄소는 다른 원자들과 다양한 방식으로 결합하여 복잡하고 다양한 화합물을 만든다.

(2) **생명 가능 지대**: 별의 주위에서 물이 액체 상태로 존재할 수 있는 거리의 범위이다. 주계열성인 별의 광도는 별의 질량이 클수록 크므로, 생명 가능 지대는 중심별의 질량에 따라 다르게 나타난다. ➡ 태양계의 경우 생명 가능 지대는 금성과 화성 사이에 위치한다.

(3) **지구에 생명체가 존재할 수 있는 이유**

① **태양으로부터의 거리**: 지구는 태양에서 약 1억 5천만 km 떨어져 있고, 금성이나 화성과 달리 액체 상태의 물이 존재할 수 있었다. 이로 인해 대기 중의 이산화 탄소가 물에 녹아 감소함으로써 온실 효과가 적절하게 일어났으며, 생명체가 살기에 알맞은 온도가 되었다.

② **물의 특성과 생명체의 존재**: 액체 상태의 물은 열용량이 커서 많은 양의 열을 오랜 시간 보존할 수 있고, 다양한 물질을 녹일 수 있는 좋은 용매이므로 생명체가 탄생하고 진화할 수 있는 서식 환경으로 중요한 요건이 된다. 지구에는 액체 상태의 물이 존재하므로 생명체가 출현할 수 있었고, 현재와 같이 진화할 수 있었다.

③ **대기의 역할**: 지구 대기는 구성 성분과 양이 적절하여 태양에서 오는 자외선 등을 차단하고 생명체를 보호하는 역할을 한다.

개념 체크

○ **별의 질량과 광도**
주계열성인 별의 질량이 클수록 중심핵에서 핵융합 반응이 활발하게 일어나며, 단위 시간당 방출하는 에너지가 많아 광도가 크다.

1. 별의 주위에서 물이 액체 상태로 존재할 수 있는 거리의 범위를 (　　　) 지대라고 한다.

2. 주계열성인 중심별의 질량이 클수록 광도가 (　　　)다.

3. 주계열성인 중심별의 질량이 클수록 생명 가능 지대는 중심별로부터 (　　　)진다.

4. 태양이 진화함에 따라 광도가 커지면 생명 가능 지대의 폭이 (　　　)진다.

🧪 **탐구자료 살펴보기**　**중심별의 질량과 생명 가능 지대**

탐구 자료
그림은 주계열성인 중심별의 질량을 기준으로 한 이론적인 생명 가능 지대를 나타낸 것이다.

탐구 결과
1. 주계열성인 중심별의 질량이 클수록 생명 가능 지대는 중심별로부터 멀어진다.
2. 주계열성인 중심별의 질량이 클수록 생명 가능 지대의 폭은 넓어진다.

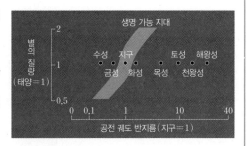

분석 point
주계열성인 중심별은 질량이 클수록 광도가 커지며, 생명 가능 지대는 중심별로부터 멀어지고 폭도 넓어진다.

🔍 **과학 돋보기**　**태양의 진화에 따른 태양계 생명 가능 지대의 변화**

- 태양이 진화함에 따라 태양의 광도가 점차 커진다.
- 시간이 흐름에 따라 태양으로부터 생명 가능 지대까지의 거리가 점차 멀어지고 생명 가능 지대의 폭도 넓어진다.
- 지구는 현재 생명 가능 지대에 위치하지만 미래에는 생명 가능 지대를 벗어나게 된다. ➡ 미래(약 10억 년 후 이후)에는 생명 가능 지대가 지구 공전 궤도보다 바깥쪽에 위치하게 되므로 지구는 현재보다 온도가 높아 지표면의 물이 대부분 기체 상태로 존재할 것이다.

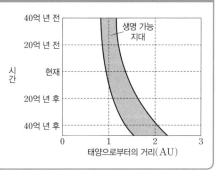

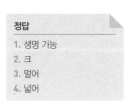
정답
1. 생명 가능
2. 크
3. 멀어
4. 넓어

○ **별의 질량과 수명(진화 속도)**
별(주계열성)의 질량이 클수록 중심부에서 핵융합 반응이 활발하게 일어나 연료가 빠르게 소모되므로 광도가 크고 수명이 짧다.

○ **식 현상을 이용한 행성의 대기 성분 분석**
행성이 항성 앞을 지날 때 행성의 대기를 통과한 별빛의 흡수 스펙트럼을 분석하면 행성의 대기 성분을 알아낼 수 있다.

1. 액체 상태의 (   )은 다양한 종류의 화학 물질을 녹일 수 있으므로 (   )에서 복잡한 유기물 분자가 생성될 수 있다.

2. 행성의 (   )은 우주에서 들어오는 우주선 등의 고에너지 입자를 차단한다.

3. 주계열성은 H−R도에서 왼쪽 위에 분포할수록 표면 온도가 (   )고, 질량과 광도가 (   )다.

4. 주계열성인 별의 질량이 클수록 수명이 (   )므로, 생명 가능 지대에 위치한 행성이 생명 가능 지대에 머무를 수 있는 시간은 (   )다.

5. 별의 질량이 (   )면 수명이 (   )기 때문에 별 주위를 공전하는 행성에서 생명체가 탄생하여 진화할 시간이 부족하다.

정답
1. 물, 물
2. 자기장
3. 높, 크
4. 짧으, 짧
5. 크, 짧

(4) 외계 생명체가 존재하기 위한 행성의 조건

① 물이 액체 상태로 존재할 수 있는 생명 가능 지대에 위치해야 한다. ➡ 액체 상태의 물은 다양한 종류의 화학 물질을 녹일 수 있으므로 물에서 복잡한 유기물 분자가 생성될 수 있다.

② 구성 성분과 양이 적절한 대기를 가지고 있어야 한다. ➡ 대기가 적절한 온실 효과를 일으킬 때 생명체가 살아가기에 적당한 온도를 유지할 수 있다. 행성의 대기 성분은 식 현상이 일어날 때 행성의 대기를 통과한 별빛을 분석하여 알아낼 수 있다.

③ 행성의 자기장이 우주에서 들어오는 고에너지 입자를 차단시켜 주어야 한다. ➡ 행성의 자기장이 중심별과 우주에서 들어오는 우주선 등의 고에너지 입자를 차단시켜 생명체가 존재하는 데 유리한 환경을 만든다.

④ 행성에서 생명체가 탄생하여 진화하기 위해서는 행성이 생명 가능 지대에 오랫동안 머물러 있어야 한다. ➡ 중심별의 질량이 클수록 수명이 짧아서 행성이 생명 가능 지대에 머무르는 시간이 짧다.

• 중심별이 질량이 큰 주계열성일 때: 별의 중심부에서 연료 소모율이 커서 광도가 크고 수명이 짧다. 별의 수명이 짧으면 별 주위를 공전하는 행성에서 생명체가 탄생하여 진화할 시간이 부족하다. 따라서 별의 질량이 매우 크면 생명체가 존재하기에 적합한 환경을 이루지 못한다.

탐구자료 살펴보기 | **주계열성의 질량에 따른 수명과 생명 가능 지대**

탐구 자료

그림은 H−R도에 주계열성의 질량과 수명을 나타낸 것이다.

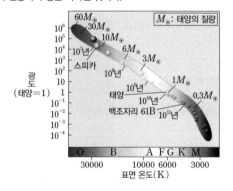

탐구 결과

주계열성	질량	표면 온도 (K)	분광형	수명 (년)	생명 가능 지대 중심별로부터의 거리	생명 가능 지대 폭
스피카	약 $10M_\odot$	약 25000	B형	약 10^7	태양계보다 멀다.	태양계보다 넓다.
태양	$1M_\odot$	약 6000	G형	약 10^{10}	−	−
백조자리 61B	약 $0.6M_\odot$	약 4000	K형	약 10^{11}	태양계보다 가깝다.	태양계보다 좁다.

분석 point

• 주계열성은 H−R도에서 왼쪽 위에 분포할수록 표면 온도가 높고, 질량과 광도가 크다.
• 주계열성은 질량이 클수록 중심부에서 연료 소모율이 커서 광도가 크고 수명이 짧다.
• 주계열성은 질량이 클수록 광도가 커서 생명 가능 지대가 중심별로부터 멀어지고 폭도 넓어진다.

- 중심별이 질량이 작은 주계열성일 때: 별의 중심부에서 연료 소모율이 작아서 광도가 작고 수명이 길다. 별의 광도가 작으면 생명 가능 지대가 중심별에 가까워져 생명 가능 지대 안에 있는 행성의 자전 주기와 공전 주기가 같아질 가능성이 높아진다. 이 경우 행성은 항상 같은 면이 별 쪽을 향하게 되므로 낮과 밤의 변화가 없어 생명체가 살기 어렵다.(평균 온도는 액체 상태의 물이 존재할 수 있는 온도이지만, 낮인 지역은 온도가 너무 높고, 밤인 지역은 온도가 너무 낮으므로 대부분의 지역에서 액체 상태의 물이 존재할 수 없다.) 따라서 별의 질량이 매우 작으면 생명체가 살기에 적합한 환경을 이루지 못한다.

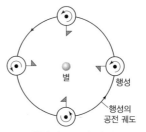
행성의 동주기 자전

(5) 외계 생명체 탐사: 외계 행성계 탐사 결과 우리은하에는 별이 행성을 거느리고 있는 외계 행성계가 많이 존재한다는 것을 알게 되었으며, 외계 생명체 탐사가 지니는 여러 가지 의의 때문에 세계 여러 국가와 단체에서 외계 생명체 탐사를 활발하게 진행하고 있다.

① **외계 지적 생명체 탐사(Search for Extra-Terrestrial Intelligence; SETI):** 외계 지적 생명체를 찾기 위한 일련의 활동을 통틀어 부르는 말로, 전파 망원경을 이용하여 외계 행성으로부터 오는 전파를 찾거나 전파를 보내서 외계 지적 생명체를 찾고 있다.

② **우주 탐사선:** 태양계 천체를 중심으로 외계 생명체를 탐사하는 탐사선으로 로제타호, 탐사 로봇으로 퍼서비어런스 등이 있다.

전파 망원경(앨런 망원경 집합체, ATA)

- 로제타호: 혜성 67P를 탐사한 우주 탐사선으로, 물과 유기물의 기원에 대한 정보를 얻기 위한 탐사를 수행하였다.
- 퍼서비어런스: 무인 화성 탐사 로버로, 2021년 2월 18일 화성에 착륙하여 현재까지 화성의 생명체 존재 여부, 화성의 고대 환경 조사, 화성 지표면의 지질 역사 등에 대한 연구를 진행 중이다.

③ **우주 망원경:** 최근에는 우주 망원경으로 생명 가능 지대에 속한 외계 행성을 찾고, 행성의 대기 성분을 분석하여 생명체가 존재할 수 있는 환경인지 파악하는 연구도 진행되고 있다.

- 케플러 망원경: 2009년에 발사된 우주 망원경으로 2018년 11월 임무가 종료될 때까지 외계 행성을 2600개 이상 발견하였으며, 생명체가 존재할 가능성이 높은 지구형 행성도 10여 개 발견하였다. ➡ 식 현상을 이용하여 외계 행성을 탐사하였다.
- 테스 망원경: 2018년에 발사된 우주 망원경으로 케플러 우주 망원경보다 약 400배 더 넓은 영역을 탐사하면서 가동된 지 한 달 만에 행성을 가지고 있을 가능성이 높은 별 73개를 발견하였으며, 지구와 비슷한 규모의 행성 2개를 찾아냈다. ➡ 주로 식 현상을 이용하여 외계 행성을 탐사한다.
- 제임스 웹 망원경: 2021년에 발사한 우주 망원경으로 주된 임무는 적외선 영역에서 우주를 탐사하여 우주의 초기 상태에 대해 연구하는 것이다. 또한 적외선 영역에서 탐사하므로 코로나그래프를 이용하여 중심별의 별빛을 차단한 상태에서 외계 행성이나 행성의 고리 등을 찾는 임무를 수행 중이다. ➡ 외계 행성을 직접 촬영하여 그 존재를 확인할 수 있다.

개념 체크

◐ 외계 생명체 탐사
우주에서 오는 전파를 분석할 뿐만 아니라 최근에는 우주 망원경으로 생명 가능 지대에 속한 지구형 외계 행성을 찾고 행성의 대기 성분을 분석하여 생명체가 존재할 수 있는 환경인지 파악하는 연구도 진행하고 있다.

◐ 우주 망원경
주로 인공위성에 탑재하여 우주에 설치한 망원경으로, 대기에 의해 차단되어 지표에 거의 도달하지 못하는 전자기파 영역(감마선, 엑스선, 자외선, 적외선)에서 정밀하게 관측하기 위해 우주에 설치한다.

1. 행성이 중심별에 가까이 있으면 (   ) 주기와 자전 주기가 같아질 수 있는데, 이를 동주기 자전이라고 한다.

2. 퍼서비어런스는 (   )의 지표 환경 및 생명체 존재 여부에 대한 탐사를 진행 중이다.

3. 케플러 망원경은 주로 (   )을 이용하여 외계 행성을 탐사하였다.

4. 2018년에 발사된 (   ) 망원경은 케플러 망원경보다 약 400배 더 넓은 우주 영역을 탐사할 수 있다.

정답
1. 공전
2. 화성
3. 식 현상
4. 테스

01 표는 여러 가지 외계 행성계 탐사 방법 (가), (나), (다)의 특징을 나타낸 것이다. [24026–0255]

탐사 방법	특징
(가)	별의 시선 속도 변화를 관측하여 행성의 존재를 탐사한다.
(나)	별의 밝기가 주기적으로 어두워지는 것을 관측하여 행성의 존재를 탐사한다.
(다)	코로나그래프를 이용하여 중심별을 가린 후, 행성을 직접 촬영한다.

이에 대한 설명으로 옳은 것만을 〈보기〉에서 있는 대로 고른 것은?

● 보 기 ●
ㄱ. (가)에서 별의 시선 속도 변화는 행성의 반지름이 클수록 크다.
ㄴ. (나)는 미세 중력 렌즈 현상을 이용하는 외계 행성 탐사 방법에 해당한다.
ㄷ. (다)에서는 주로 적외선 영역의 파장을 이용하여 행성을 촬영한다.

① ㄱ　② ㄷ　③ ㄱ, ㄴ　④ ㄴ, ㄷ　⑤ ㄱ, ㄴ, ㄷ

02 다음은 어느 외계 행성계에서 중심별과 행성이 공통 질량 중심을 중심으로 원 궤도로 한 바퀴 공전하는 동안 서로 다른 세 시기 A, B, C일 때 관측한 특징을 나타낸 것이다. B와 C 시기는 A 시기보다 나중이다. [24026–0256]

- A: 중심별의 적색 편이가 최대이다.
- B: 지구와 행성 사이의 거리가 최대이다.
- C: 중심별의 시선 속도가 0이다.

이에 대한 설명으로 옳은 것만을 〈보기〉에서 있는 대로 고른 것은? (단, 중심별과 행성의 공통 질량 중심과 지구 사이의 거리는 일정하고, 행성의 공전 궤도면은 시선 방향과 나란하다.)

● 보 기 ●
ㄱ. 시간 순서는 A → B → C이다.
ㄴ. B 무렵에 행성에 의한 식 현상이 일어난다.
ㄷ. C 전후에 중심별의 시선 속도는 (+) 값에서 (−) 값으로 바뀐다.

① ㄱ　② ㄷ　③ ㄱ, ㄴ　④ ㄴ, ㄷ　⑤ ㄱ, ㄴ, ㄷ

03 그림은 어느 외계 행성계에서 관측한 중심별의 밝기 변화를 나타낸 것이다. a와 b의 밝기 변화는 각각 행성 A와 B에 의한 식 현상으로 나타났으며, A와 B는 원 궤도로 공전한다. [24026–0257]

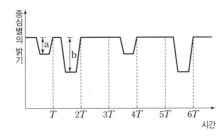

이에 대한 설명으로 옳은 것만을 〈보기〉에서 있는 대로 고른 것은? (단, 행성의 공전 궤도면은 시선 방향과 나란하며, 각 행성과 중심별의 공통 질량 중심과 지구와의 거리는 일정하다.)

● 보 기 ●
ㄱ. 행성의 반지름은 A가 B보다 작다.
ㄴ. 공전 주기는 A가 B보다 길다.
ㄷ. 2T일 때, 중심별의 시선 속도는 (+) 값이다.

① ㄱ　② ㄴ　③ ㄱ, ㄷ　④ ㄴ, ㄷ　⑤ ㄱ, ㄴ, ㄷ

04 그림 (가)는 행성 a를 가진 별 A가 별 B의 앞쪽을 통과하는 모습을, (나)는 (가)에서 A 또는 B의 밝기 변화를 관측하여 시간에 따라 나타낸 것이다. [24026–0258]

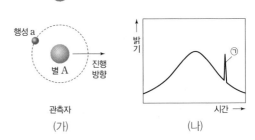

(가)　　　　　(나)

이에 대한 설명으로 옳은 것만을 〈보기〉에서 있는 대로 고른 것은?

● 보 기 ●
ㄱ. (나)는 B의 밝기 변화를 관측한 것이다.
ㄴ. ㉠은 A, B, 관측자가 일직선상에 있을 때 나타난다.
ㄷ. 행성의 공전 궤도면이 시선 방향과 수직일 때에는 이 탐사 방법을 이용할 수 없다.

① ㄱ　② ㄴ　③ ㄱ, ㄷ　④ ㄴ, ㄷ　⑤ ㄱ, ㄴ, ㄷ

[24026-0259]

05 표는 주계열성 A, B, C의 질량과 중심별로부터의 생명 가능 지대 범위를 나타낸 것이다.

별	질량(태양=1)	생명 가능 지대 범위(AU)
A	㉠	0.3～0.5
B	1.2	1.2～2.0
C	2.3	( )

이에 대한 설명으로 옳은 것만을 〈보기〉에서 있는 대로 고른 것은?

● 보기 ●

ㄱ. ㉠은 1.2보다 작다.

ㄴ. C의 생명 가능 지대의 폭은 0.8 AU보다 넓다.

ㄷ. 생명 가능 지대에 위치한 행성이 생명 가능 지대에 머무를 수 있는 시간은 A가 가장 길다.

① ㄱ ② ㄴ ③ ㄱ, ㄷ

④ ㄴ, ㄷ ⑤ ㄱ, ㄴ, ㄷ

[24026-0260]

06 그림은 태양의 진화에 따른 생명 가능 지대의 변화를 나타낸 것이다.

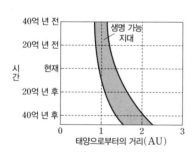

이 기간에 대한 설명으로 옳은 것만을 〈보기〉에서 있는 대로 고른 것은?

● 보기 ●

ㄱ. 태양의 광도는 점점 커진다.

ㄴ. 태양으로부터 1 AU의 거리에서 단위 시간에 단위 면적당 받는 태양 복사 에너지양은 점점 많아진다.

ㄷ. 20억 년 후 지구의 표면에서 물은 대부분 고체 상태로 존재할 것이다.

① ㄱ ② ㄷ ③ ㄱ, ㄴ

④ ㄴ, ㄷ ⑤ ㄱ, ㄴ, ㄷ

[24026-0261]

07 표는 별 A, B, C의 표면 온도와 반지름을 나타낸 것이다. A, B, C 중 두 개의 별은 주계열성에 해당한다.

별	표면 온도(태양=1)	반지름(태양=1)
A	1	1
B	0.5	1000
C	2	3.3

이에 대한 설명으로 옳은 것만을 〈보기〉에서 있는 대로 고른 것은?

● 보기 ●

ㄱ. 중심별에서 생명 가능 지대까지의 거리는 A가 B보다 멀다.

ㄴ. 생명 가능 지대의 폭은 B가 C보다 넓다.

ㄷ. 생명 가능 지대에 위치하는 행성에서 물이 액체 상태로 존재할 수 있는 시간은 A가 C보다 짧다.

① ㄱ ② ㄴ ③ ㄱ, ㄷ

④ ㄴ, ㄷ ⑤ ㄱ, ㄴ, ㄷ

[24026-0262]

08 그림은 태양계와 글리제-581 행성계의 생명 가능 지대와 행성들의 공전 궤도 반지름을 나타낸 것이다.

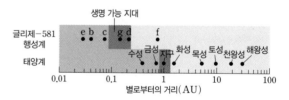

이에 대한 설명으로 옳은 것만을 〈보기〉에서 있는 대로 고른 것은? (단, 글리제-581은 주계열성이다.)

● 보기 ●

ㄱ. 중심별의 질량은 글리제-581이 태양보다 크다.

ㄴ. 표면 온도는 글리제-581의 행성 g가 수성보다 높다.

ㄷ. 글리제-581의 행성 중 동주기 자전으로 인해 낮과 밤의 변화가 나타나지 않을 가능성은 e가 f보다 높다.

① ㄱ ② ㄷ ③ ㄱ, ㄴ

④ ㄴ, ㄷ ⑤ ㄱ, ㄴ, ㄷ

미세 중력 렌즈 현상을 이용하는 외계 행성 탐사 방법은 행성의 공전 궤도면이 관측자의 시선 방향과 수직일 때도 행성의 존재를 확인할 수 있다.

[24026-0263]

01 표는 외계 행성계 탐사 방법 (가), (나), (다)의 특징을 구분하여 나타낸 것이다. (가), (나), (다)는 각각 중심별의 시선 속도 변화를 이용하는 방법, 식 현상을 이용하는 방법, 미세 중력 렌즈 현상을 이용하는 방법 중 하나이다.

구분	(가)	(나)	(다)
행성의 질량을 추정할 수 있는가?	×	○	○
행성의 반지름을 추정할 수 있는가?	○	×	×
행성의 공전 궤도면이 시선 방향과 수직일 때 행성의 존재를 확인할 수 있는가?	×	○	×

○: 예 ×: 아니요

이에 대한 설명으로 옳은 것만을 〈보기〉에서 있는 대로 고른 것은?

● 보기 ●
ㄱ. (가)는 별의 주기적인 밝기 변화를 관측한다.
ㄴ. (나)의 행성 탐사에는 도플러 효과가 이용된다.
ㄷ. 질량이 작은 행성의 탐사에는 (나)보다 (다)를 이용하는 것이 상대적으로 유리하다.

① ㄱ   ② ㄷ   ③ ㄱ, ㄴ   ④ ㄴ, ㄷ   ⑤ ㄱ, ㄴ, ㄷ

별과 행성이 공통 질량 중심을 중심으로 공전할 때, 별과 행성의 공전 주기와 공전 방향이 같으므로 별과 행성은 공통 질량 중심을 기준으로 항상 반대쪽에 위치한다.

[24026-0264]

02 그림은 어느 외계 행성계에서 별과 행성이 공통 질량 중심을 중심으로 원 궤도로 공전하는 동안 별과 지구 사이의 거리 변화를 시간에 따라 나타낸 것이다.

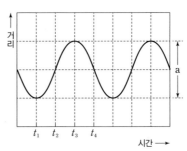

이에 대한 설명으로 옳은 것만을 〈보기〉에서 있는 대로 고른 것은? (단, 행성의 공전 주기 및 별과 행성의 공통 질량 중심과 지구 사이의 거리는 일정하고, 행성의 공전 궤도면은 시선 방향과 나란하다.)

● 보기 ●
ㄱ. 별의 스펙트럼에서 적색 편이는 t_2 무렵에 최대로 나타난다.
ㄴ. 행성에 의한 식 현상은 t_3 무렵에 일어난다.
ㄷ. 행성의 질량이 클수록 a는 증가한다.

① ㄱ   ② ㄷ   ③ ㄱ, ㄴ   ④ ㄴ, ㄷ   ⑤ ㄱ, ㄴ, ㄷ

[24026-0265]

03 그림 (가)와 (나)는 어느 외계 행성계에서 행성 A와 B에 의한 중심별의 시선 속도 변화를 각각 나타낸 것이다. 중심별의 시선 속도 변화는 중심별과 행성이 공통 질량 중심을 중심으로 공전하는 과정에서만 나타난다.

행성계에서 행성의 공전 주기는 공전 궤도 반지름이 작을수록 짧다.

이에 대한 설명으로 옳은 것만을 〈보기〉에서 있는 대로 고른 것은? (단, 행성의 공전 궤도면은 시선 방향과 나란하다.)

● 보기 ●

ㄱ. 공전 궤도 반지름은 A가 B보다 작다.
ㄴ. 행성의 질량은 A가 B보다 작다.
ㄷ. t_4 무렵에 중심별과 지구 사이의 거리는 멀어진다.

① ㄱ   ② ㄷ   ③ ㄱ, ㄴ   ④ ㄴ, ㄷ   ⑤ ㄱ, ㄴ, ㄷ

[24026-0266]

04 그림 (가)와 (나)는 어느 외계 행성계에서 서로 다른 행성 A와 B에 의한 식 현상으로 나타나는 중심별의 밝기 변화를 순서대로 나타낸 것이다. 행성에 의해 중심별이 가려지는 전체 시간의 $\frac{1}{2}$에 해당하는 시간을 각각 t_1, t_2라고 할 때, t_1과 t_2는 같고, A와 B의 질량과 반지름은 같다.

행성이 중심별의 앞쪽을 지나갈 때 중심별의 겉보기 밝기가 감소하며, 밝기 감소량은 행성의 단면적에 비례한다.

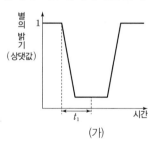

(가)

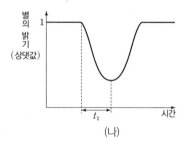

(나)

이에 대한 설명으로 옳은 것만을 〈보기〉에서 있는 대로 고른 것은?

● 보기 ●

ㄱ. 행성이 중심별을 가리는 면적의 최댓값은 A가 B보다 작다.
ㄴ. 공전 속도는 A가 B보다 빠르다.
ㄷ. 중심별과 행성이 공통 질량 중심을 중심으로 공전하는 동안, A에 의한 중심별의 시선 속도 최댓값이 B에 의한 중심별의 시선 속도 최댓값보다 크게 나타난다.

① ㄱ   ② ㄷ   ③ ㄱ, ㄴ   ④ ㄴ, ㄷ   ⑤ ㄱ, ㄴ, ㄷ

별과 행성이 공통 질량 중심 주위를 회전할 때, 별의 시선 속도가 변하면서 도플러 효과에 의해 별빛의 파장 변화가 생긴다. 이를 이용하여 행성의 존재를 확인할 수 있다.

[24026-0267]

05 그림 (가)는 공통 질량 중심 주위를 원 궤도로 회전하는 중심별과 행성의 공전 궤도를, (나)는 행성이 A 또는 C의 위치에 있을 때 중심별의 스펙트럼에 나타난 어느 흡수선의 파장 변화를 나타낸 것이다.

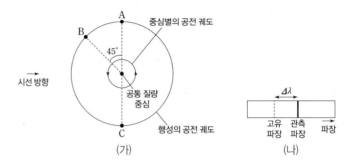

(가)   (나)

이에 대한 설명으로 옳은 것만을 〈보기〉에서 있는 대로 고른 것은? (단, 행성의 공전 주기는 일정하다.)

● 보기 ●

ㄱ. (나)가 관측될 때, 행성은 A 위치에 있다.

ㄴ. 행성의 질량이 커진다면, (나)에서 흡수선의 파장 변화량은 $\Delta\lambda$보다 크다.

ㄷ. 행성이 B에 있을 때, 중심별의 스펙트럼에서 (나)의 흡수선의 파장 변화량은 $\dfrac{\Delta\lambda}{2}$보다 크다.

① ㄱ　　　　② ㄷ　　　　③ ㄱ, ㄴ　　　　④ ㄴ, ㄷ　　　　⑤ ㄱ, ㄴ, ㄷ

생명 가능 지대는 별의 주위에서 물이 액체 상태로 존재할 수 있는 거리의 범위로, 중심별의 광도가 클수록 생명 가능 지대는 중심별에서 멀어진다.

[24026-0268]

06 그림은 서로 다른 외계 행성계에 속한 행성 A, B, C의 공전 궤도 반지름과 행성 표면에서 단위 시간에 단위 면적당 받는 중심별의 복사 에너지양을 나타낸 것이다.

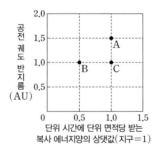

이에 대한 설명으로 옳은 것만을 〈보기〉에서 있는 대로 고른 것은?

● 보기 ●

ㄱ. 생명 가능 지대의 폭은 A를 포함한 행성계가 B를 포함한 행성계보다 넓다.

ㄴ. 중심별의 광도는 B가 C보다 크다.

ㄷ. B의 표면에 있는 물은 대부분 기체 상태로 존재할 것이다.

① ㄱ　　　　② ㄷ　　　　③ ㄱ, ㄴ　　　　④ ㄴ, ㄷ　　　　⑤ ㄱ, ㄴ, ㄷ

07 그림은 2022년까지 발견한 외계 행성의 개수를 탐사 방법에 따라 나타낸 것이다.

[24026-0269]

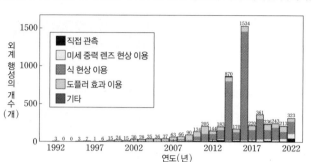

이 자료에 대한 설명으로 옳은 것만을 〈보기〉에서 있는 대로 고른 것은?

┌─● 보 기 ●──────────────────────────────────────
│ ㄱ. 중심별의 시선 속도 변화를 이용하여 발견한 외계 행성의 개수가 가장 많다.
│ ㄴ. 2016년에 발견된 외계 행성 개수가 급격히 증가한 것은 주로 케플러 망원경에 의해 이루
│   어진 성과이다.
│ ㄷ. 탐사 방법 중 행성을 가진 중심별의 밝기 변화를 관측하는 것은 미세 중력 렌즈 현상을 이
│   용하는 탐사 방법이다.
└──

① ㄱ   ② ㄴ   ③ ㄱ, ㄷ   ④ ㄴ, ㄷ   ⑤ ㄱ, ㄴ, ㄷ

최근까지 외계 행성을 발견하는 데 가장 많이 이용된 방법은 주로 식 현상을 이용하는 방법과 중심별의 시선 속도 변화를 이용하는 방법이다.

08 다음은 우주 망원경 (가)와 (나)에 대한 설명이다. (가)와 (나)는 각각 제임스 웹 망원경과 케플러 망원경 중 하나이다.

[24026-0270]

┌──
│ (가) NASA의 외계 행성 탐사 계획을 기반으로 생명 가능 지대에 있는 지구와 유사한 행성
│   을 찾는 목적을 가진 우주 망원경이다. 행성을 가진 중심별의 미세한 밝기 변화를 관측하
│   여 외계 행성의 존재 유무를 탐사한다.
│ (나) 허블 우주 망원경과 스피처 우주 망원경의 뒤를 잇는 망원경으로 우주의 탄생과 기원을
│   이해할 수 있는 과학적 관측 자료를 수집하고, 코로나그래프를 이용하여 중심별의 별빛
│   을 차단한 상태에서 적외선을 이용하여 외계 행성의 대기 조성 및 환경 등에 대해 연구한다.
└──

이에 대한 설명으로 옳은 것만을 〈보기〉에서 있는 대로 고른 것은?

┌─● 보 기 ●──────────────────────────────────────
│ ㄱ. (가)는 식 현상을 이용하여 외계 행성을 탐사한다.
│ ㄴ. 평균 관측 파장은 (가)가 (나)보다 길다.
│ ㄷ. (가)가 (나)보다 먼저 발사된 망원경이다.
└──

① ㄱ   ② ㄴ   ③ ㄱ, ㄷ   ④ ㄴ, ㄷ   ⑤ ㄱ, ㄴ, ㄷ

외계 생명체 탐사 방법으로는 지상의 전파 망원경을 이용하는 외계 지적 생명체 탐사(SETI), 우주 탐사선 및 우주 망원경을 이용하는 탐사 방법이 있다.

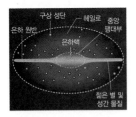
1 외부 은하

(1) 은하의 분류

① **허블의 은하 분류:** 허블은 외부 은하를 가시광선 영역에서 관측되는 형태에 따라 타원 은하, 나선 은하, 불규칙 은하로 분류하였다. ➡ 타원 은하(Elliptical galaxy)는 E, 정상 나선 은하(Normal spiral galaxy)는 S, 막대 나선 은하(Barred spiral galaxy)는 SB, 불규칙 은하(Irregular galaxy)는 Irr로 표현한다.

형태에 따른 외부 은하의 분류

② **은하의 종류**

- **타원 은하:** 성간 물질이 거의 없는 타원형 은하로, 비교적 늙고 온도가 낮은 별들로 이루어져 있다. 타원 은하는 타원의 납작한 정도에 따라 E0~E7로 세분하여 나타내는데, 모양이 가장 원에 가깝게 보이는 은하는 E0, 가장 납작한 타원형으로 보이는 은하는 E7에 해당한다.
- **나선 은하:** 은하핵과 나선팔로 구성되어 있다. 나선팔에는 젊은 별들과 성간 물질이 모여 있고, 중심부에는 은하핵을 포함한 중앙 팽대부라고 하는 별의 분포 밀도가 큰 부분이 위치한다.
  - 나선 은하는 은하핵을 가로지르는 막대 모양 구조의 유무에 따라 막대 나선 은하와 정상 나선 은하로 구분한다. 나선팔에는 성간 물질과 젊은 별들이 많으며, 중앙 팽대부와 헤일로에는 늙은 별들과 구상 성단이 주로 분포한다.
  - 나선팔이 감긴 정도와 은하핵의 상대적인 크기에 따라 Sa, Sb, Sc 또는 SBa, SBb, SBc로 구분한다. ➡ 나선 은하의 경우 뒤에 붙은 소문자가 a → b → c 순으로 갈수록 중심핵의 크기가 상대적으로 작고 나선팔이 느슨하게 감겨 있다.
- **불규칙 은하:** 규칙적인 모양을 보이지 않거나 비대칭적인 은하로, 성간 물질과 젊은 별들이 많이 분포한다.

🧪 탐구자료 살펴보기　은하의 종류

탐구 자료
그림은 허블의 은하 분류상 서로 다른 형태의 세 은하 A, B, C를 가시광선으로 관측한 것이다.

탐구 결과
A는 불규칙 은하, B는 막대 나선 은하, C는 타원 은하이다.

　　　A　　　　　　B　　　　　　C

분석 point

구분		별	성간 물질의 함량(%)	예
타원 은하		주로 늙은 별	적다	M32, M49
나선 은하	중앙 팽대부와 헤일로	주로 늙은 별	적다	우리은하, 안드로메다은하
	나선팔	주로 젊은 별	많다	
불규칙 은하		주로 젊은 별	많다	NGC 1427A

(2) **특이 은하**: 허블의 분류 체계로는 분류하기 어려운 전파 은하, 퀘이사, 세이퍼트은하 등을 특이 은하라고 한다. 이 은하들은 일반적인 은하에 비해 전파나 X선 영역에서 강한 에너지를 방출할 뿐만 아니라 그 밝기가 시간에 따라 변하는 등 일반 은하와는 다른 특성을 보인다.

① **전파 은하**: 보통의 은하보다 수백 배 이상 강한 전파를 방출하는 은하로, 관측하는 방향에 따라 중심부가 뚜렷한 전파원으로 보이거나 제트(jet)로 연결된 로브(lobe)가 중심부의 양쪽에 대칭으로 나타나는 모습으로 관측된다. ➡ 전파 은하의 제트와 로브의 일부 영역에서는 강한 X선을 방출하는데, 이것은 전파 은하 중심부에 있는 거대 질량 블랙홀에 의해 고속으로 움직이는 전자와 강한 자기장 때문이라고 추정하고 있다.

가시광선 영상

로브
중심부
제트
가시광선 영상과 전파 영상의 합성

전파 은하(헤라클레스 A)

② **퀘이사**: 수많은 별들로 이루어진 은하이지만 너무 멀리 있어 하나의 별처럼 보인다.
- 퀘이사는 적색 편이가 매우 크게 나타난다. ➡ 적색 편이가 크다는 것은 퀘이사가 매우 먼 거리에 위치하여 빠른 속도로 멀어지고 있다는 뜻이다.
- 대부분의 퀘이사는 우주 생성 초기에 만들어진 것이고, 지금까지 발견된 가장 멀리 있는 퀘이사는 우주가 탄생한 후 약 7억 년이 되었을 때 생성된 것이다.
- 퀘이사에서 방출되는 에너지는 보통 은하의 수백 배나 되지만 에너지가 방출되는 영역의 크기는 태양계 정도이다. 이렇게 작은 공간에서 많은 양의 에너지를 방출하고 있는 것으로 보아 퀘이사의 중심에는 질량이 매우 큰 블랙홀이 있을 것으로 추정된다.

퀘이사(3C 273)

③ **세이퍼트은하**
- 일반적인 은하에 비해 핵이 다른 부분보다 상대적으로 밝고, 은하 내의 가스운이 매우 빠른 속도로 움직이고 있어 스펙트럼에서 넓은 방출선이 관측된다. 이것은 은하의 중심부에 질량이 매우 큰 천체가 있다는 것을 의미하기 때문에 세이퍼트은하의 중심부에는 거대한 블랙홀이 있을 것으로 추정된다.
- 세이퍼트은하는 대부분 나선 은하의 형태로 관측되며, 전체 나선 은하 중 약 2 %가 세이퍼트은하로 분류된다.

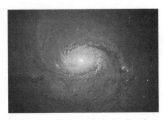

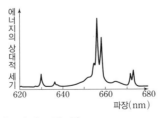

에너지의 상대적 세기

620   640   660   680
파장(nm)

세이퍼트은하(M77)의 모습과 스펙트럼

개념 체크

○ **퀘이사(Quasar)**
처음 발견 당시 별처럼 관측되었기 때문에 항성과 비슷하다는 뜻인 준항성체라는 이름을 붙였다.

○ **적색 편이**
천체가 관측자로부터 멀어질 때 관측되는 파장이 정지 상태의 파장(고유 파장)에 비해 길어지는 현상이다.

1. 전파 은하의 중심부에서 강하게 뿜어져 나오는 물질의 흐름을 (   )라고 한다.

2. 퀘이사는 수많은 별들로 이루어진 은하이지만 매우 (   ) 있어 하나의 별처럼 보인다.

3. (   )은하는 일반적인 은하에 비해 매우 밝은 핵을 가지며, 스펙트럼에서 폭이 넓은 방출선을 보인다.

4. 세이퍼트은하는 대부분 (   ) 은하의 형태로 관측된다.

5. 전파 은하, 퀘이사, 세이퍼트은하와 같은 특이 은하는 대부분 중심부에 질량이 매우 큰 (   )을 가지고 있는 것으로 추정된다.

정답
1. 제트
2. 멀리
3. 세이퍼트
4. 나선
5. 블랙홀

개념 체크

○ **허블 법칙**
2018년 국제천문연맹 총회에서 '허블 법칙'을 '허블─르메트르 법칙'으로 수정하여 부를 것을 권고하는 권고안이 통과되었다.

○ **허블 상수(H)**
은하까지의 거리와 후퇴 속도가 비례한다는 것을 나타내는 상수로 최근 연구에 의하면 약 68 km/s/Mpc이다.

1. 가까운 곳에 위치한 두 은하 사이에 강한 인력이 작용하면 두 은하가 (　　) 할 수 있다.

2. 허블은 외부 은하를 관측하여 대부분 은하들의 스펙트럼에서 (　　) 편이가 나타남을 알아냈다.

3. 허블 법칙은 은하의 거리와 (　　　)가 비례한다는 것이다.

4. 외부 은하의 거리를 가로축 물리량으로, 후퇴 속도를 세로축 물리량으로 나타낸 그래프에서 기울기는 (　　)이다.

(3) 충돌 은하

① 우주에 무리를 지어 분포하는 은하들 중 서로 가까이 있는 은하들 사이에는 큰 인력이 작용하여 충돌하기도 한다. 하지만 은하들이 충돌할 때 별들끼리 충돌하는 경우는 거의 없다.

② 두 은하가 충돌할 때는 거대한 분자운들이 충돌하게 되고 격렬한 충격이 발생하면서 급격히 기체가 압축되어 많은 별들이 탄생할 수 있다.

③ 두 은하가 가까이 접근하면 은하의 형태가 변형되어 길게 휘어진 구조물처럼 특이하게 보이기도 한다.

④ 현재 약 250만 광년 떨어져 있는 안드로메다은하는 우리은하와 점점 가까워지고 있으며, 약 40억 년 후에 충돌할 것으로 추정하고 있다.

충돌 은하(NGC 6050)

2 허블 법칙과 우주론

(1) 외부 은하의 관측

① **외부 은하의 스펙트럼 관측**: 멀리 있는 외부 은하들의 스펙트럼을 관측하면 대부분 흡수선들의 위치가 원래 위치보다 파장이 긴 적색 쪽으로 이동하는 적색 편이가 나타난다. ➡ 적색 편이는 외부 은하가 우리은하로부터 멀어질 때 나타난다.

② **외부 은하의 스펙트럼 관측과 후퇴 속도**: 외부 은하의 후퇴 속도(v)와 흡수선의 파장 변화량($\Delta\lambda$＝관측 파장─고유 파장) 사이에는 다음과 같은 관계가 성립한다.

$$v = c \times \frac{\Delta\lambda}{\lambda_0}$$

(c: 빛의 속도, λ_0: 흡수선의 고유 파장, $\Delta\lambda$: 흡수선의 파장 변화량)

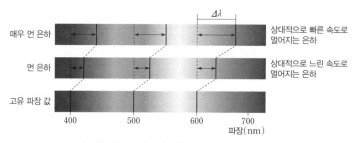

외부 은하의 스펙트럼 관측과 후퇴 속도

(2) 허블 법칙과 우주 팽창

허블은 거리가 알려진 외부 은하들의 적색 편이를 측정하여 은하들의 후퇴 속도와 거리와의 관계를 조사한 결과 은하들의 후퇴 속도(v)가 거리(r)에 비례한다는 사실을 알아냈으며, 이 관계를 허블 법칙이라고 한다. ➡ $v = H \cdot r$ (H: 허블 상수)

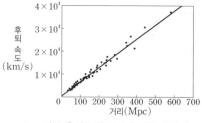

외부 은하들의 거리에 따른 후퇴 속도

정답

1. 충돌
2. 적색
3. 후퇴 속도
4. 허블 상수

① 멀리 있는 은하일수록 빠르게 멀어지는 현상은 우주가 팽창한다는 것을 의미한다.

② 외부 은하의 거리와 후퇴 속도의 관계식에서 허블 상수(H)는 1 Mpc당 우주가 팽창하는 속도(km/s)를 나타내는 값이다.

③ **우주의 나이(t)**: 우주가 일정한 속도로 팽창한 것으로 가정할 때 허블 법칙으로부터 우주의 나이는 $t = \dfrac{r}{v} = \dfrac{r}{H \cdot r} = \dfrac{1}{H}$로 구할 수 있다. 현재 우주의 나이는 약 138억 년으로 추정하고 있다.

④ **관측 가능한 우주의 크기**: 빛의 속도가 유한하기 때문에, 관측 가능한 우주의 크기는 우주의 나이$\left(\dfrac{1}{H} \right)$에 빛의 속도($c$)를 곱한 값으로 정의된다.

개념 체크

◐ **우주의 중심**
은하들이 서로 멀어지는 우주에서는 어떤 은하에서 보더라도 은하들 사이의 거리가 멀어지는 것으로 나타나기 때문에 특정한 위치를 우주의 중심으로 정할 수 없다.

◐ **등방성**
우주를 관측할 때 우주의 어느 방향을 보더라도 우주의 물리적 특성이 동등하게 나타난다는 것이다.

🧪 탐구자료 살펴보기 | **외부 은하의 스펙트럼 관측과 우주 팽창**

탐구 자료

그림은 외부 은하들의 거리와 Ca 흡수선의 적색 편이를 이용하여 구한 후퇴 속도를 나타낸 것이다. 화살표는 Ca 흡수선의 파장 변화량을 나타낸다.

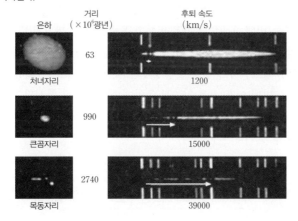

은하	거리 ($\times 10^6$광년)	후퇴 속도 (km/s)
처녀자리	63	1200
큰곰자리	990	15000
목동자리	2740	39000

탐구 결과

1. 거리가 가장 먼 목동자리 은하의 후퇴 속도가 가장 빠르고, 거리가 가장 가까운 처녀자리 은하의 후퇴 속도가 가장 느리다.

2. 거리가 먼 은하일수록 후퇴 속도가 빠르다.

3. 은하들의 거리와 후퇴 속도의 관계는 우주 팽창한다는 증거이다.

분석 point

• 은하들의 스펙트럼에서 Ca 흡수선이 원래보다 파장이 길어지는 쪽으로 이동하였는데, 이는 은하들이 관측자로부터 멀어지고 있음을 의미한다.

• Ca 흡수선의 파장 변화량은 은하의 후퇴 속도에 비례하므로 목동자리 은하의 후퇴 속도가 가장 빠르다.

1. 멀리 있는 은하일수록 빠르게 멀어지는 현상은 우주가 (　　)한다는 것을 의미한다.

2. 관측 가능한 우주의 크기는 우주의 (　　)에 (　　)의 속도를 곱한 값이다.

3. 외부 은하의 후퇴 속도는 외부 은하 흡수선의 (　　) 변화량에 비례한다.

4. (　　) 우주론은 우주가 매우 뜨거운 한 점에서 폭발하여 팽창하였다는 이론이다.

(3) 빅뱅 우주론(대폭발 우주론)

① **빅뱅 우주론**: 우주의 모든 물질과 에너지가 매우 작고 뜨거운 한 점에 모여 있다가 대폭발이 일어난 후 팽창하면서 냉각되어 현재와 같은 우주가 생성되었다는 이론이다.

② 빅뱅 우주론은 우주의 물질이 균일하고 등방적으로 분포하고 있다는 우주론의 원리와 중력의 원리를 설명하는 아인슈타인의 일반 상대성 이론에 기반하고 있다.

정답

1. 팽창
2. 나이, 빛
3. 파장
4. 빅뱅(대폭발)

개념 체크

○ 중수소
수소의 동위 원소 중 하나로, 원자핵이 양성자 1개와 중성자 1개로 구성된 원소이다.

1. 정상 우주론에서는 우주가 팽창할 때 우주의 온도와 밀도가 (　　)하다고 주장한다.

2. 빅뱅 우주론에 의하면 초기 우주에서 생성된 수소와 헬륨의 질량비는 약 (　　)이다.

3. 양성자 (　　)개와 중성자 2개로 이루어진 원자핵은 헬륨 원자핵이다.

🔍 **과학 돋보기** ┃ 빅뱅 우주론과 정상 우주론

구분	빅뱅 우주론	정상 우주론
우주의 팽창 여부	팽창	팽창
우주의 질량	일정	증가
우주의 밀도	감소	일정
우주의 온도	감소	일정
특징	온도와 밀도가 매우 높은 한 점에서 대폭발이 일어난 후 점차 팽창한다.	우주 밀도가 일정하게 유지되어야 하므로 우주가 팽창하면서 생겨난 빈 공간에 새로운 물질이 계속 생성된다.
모형	시간의 경과 →	시간의 경과 →

(4) 빅뱅 우주론의 근거: 우주가 팽창한다는 사실은 과거에는 우주의 크기가 매우 작고 뜨거웠다는 사실을 암시하기 때문에 빅뱅 우주론의 가정과 잘 들어맞는다.

① **가벼운 원소의 비율:** 빅뱅 우주론에 따르면 초기 우주는 매우 뜨거워 빅뱅으로부터 약 1초 후 우주의 온도는 약 100억 K에 달했으며 양성자, 전자, 중성자 등의 입자들이 모두 뒤엉켜 있었다. 이후 우주가 식으면서 중성자는 양성자와 결합해 중수소가 되었다. 이렇게 만들어진 중수소의 대부분은 빅뱅 이후 처음 약 3분 동안에 헬륨핵으로 합성되었고 소량의 리튬도 만들어졌다. ➡ 빅뱅 우주론에 따르면 수소와 헬륨의 질량비가 약 3 : 1이 되어야 하는데, 이 예측은 관측 결과와 잘 들어맞는다.

🧪 **탐구자료 살펴보기** ┃ 빅뱅 우주론에서 예측한 수소와 헬륨의 질량비

탐구 자료

그림 (가)는 우주 초기 헬륨 원자핵이 생성되기 전의 양성자와 중성자의 개수비를, (나)는 헬륨 원자핵이 생성된 후의 수소와 헬륨의 질량비를 나타낸 것이다.

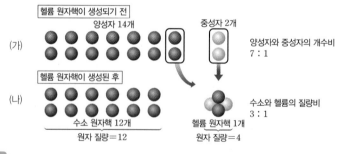

탐구 결과

1. 우주 초기에 생성된 양성자와 중성자의 개수비는 약 7 : 1이었다.
2. 양성자 2개와 중성자 2개가 결합하여 1개의 헬륨 원자핵이 생성되고 12개의 양성자(수소 원자핵)가 남는다.
3. 헬륨 원자핵이 생성된 후 수소 원자핵과 헬륨 원자핵의 질량비는 약 3 : 1이었다.

분석 point

빅뱅 우주론에서 예측한 수소와 헬륨의 질량비(약 3 : 1)는 관측 결과와 잘 들어맞는다.

정답
1. 일정
2. 3 : 1
3. 2

② 우주 배경 복사

- 빅뱅 우주론에 따르면 우주는 초기에 매우 뜨거운 상태였기 때문에 원자핵과 전자가 결합하지 않은 상태로 뒤섞여 있어서 빛이 자유롭게 진행할 수 없었다. ➡ 불투명한 우주

- 빅뱅으로부터 약 38만 년 후 우주가 충분히 식게 되자 원자핵과 전자가 결합해 중성 원자가 만들어지면서 투명해졌다. 이와 함께 복사(빛)와 물질이 분리되기 시작했고, 복사(빛)가 우주를 자유롭게 진행하기 시작하였다. ➡ 투명한 우주

우주 배경 복사의 세기 분포

- 우주 배경 복사는 우주의 온도가 약 3000 K일 때 방출되었던 복사로, 우주가 팽창하는 동안 온도가 낮아지고 파장이 길어져 현재는 약 2.7 K 복사로 관측되고 있다.

- 1964년 미국의 펜지어스와 윌슨은 통신 위성용 전파 망원경으로 우연히 하늘의 모든 방향에서 같은 세기로 나타나는 약 7.3 cm 파장의 전파를 발견하였는데, 이것이 곧 빅뱅 우주론에서 예상하던 우주 배경 복사임이 밝혀졌다.

과학 돋보기 — 우주 배경 복사 관측

1965년 관측	1992년 관측	2003년 관측	2013년 관측
펜지어스와 윌슨의 지상 관측	코비(COBE) 망원경 관측	더블유맵(WMAP) 망원경 관측	플랑크 망원경 관측

1960년대에 펜지어스와 윌슨이 최초로 관측한 이후 우주 배경 복사는 다양한 우주 망원경으로 더욱 정밀하게 관측되었고, 초기 우주의 온도 분포를 더 정확하게 알 수 있게 되었다. 플랑크 망원경이 관측한 우주 배경 복사로 알아낸 우주 초기의 온도 분포는 거의 균일하다.

---

(5) 빅뱅 우주론의 한계와 급팽창 이론

① 빅뱅 우주론의 문제점

- 우주의 평탄성 문제: 초기 빅뱅 우주론에 따르면 물질의 양에 따라 우주 공간은 양수 혹은 음수의 곡률을 갖게 되고, 곡률이 0인 편평한 공간이 될 가능성은 거의 없다. 그러나 관측에 따르면 우주 공간은 완벽할 정도로 편평한데, 빅뱅 우주론에서는 그 이유를 설명하지 못한다.

- 우주의 지평선 문제: 현재 관측 결과 우주의 모든 영역에서 물질이나 우주 배경 복사가 거의 균일한데 이는 멀리 떨어진 두 지역이 과거에는 정보 교환이 있었다는 것을 의미한다. 그러나 빅뱅 우주론에서는 그 이유를 설명하지 못한다.

- 우주의 자기 홀극 문제: 현재 우주에는 초기 우주 때 생성된 자기 홀극이 많이 존재해야 하지만 아직까지 발견되지 않았다. 빅뱅 우주론에서는 그 이유를 설명하지 못한다.

개념 체크

◐ **우주 배경 복사**
우주의 온도가 약 3000 K일 때 방출된 복사로, 우주가 팽창하는 동안 파장이 길어져 현재는 온도가 약 2.7 K인 복사로 관측된다.

◐ **자기 홀극**
일반적인 자석에는 언제나 N극과 S극이 함께 존재하는데, 이와는 달리 N극 또는 S극만을 가지고 있는 입자(또는 물질)를 말한다.

1. 초기 우주에서 중성 원자가 생성되면서 모든 방향으로 퍼져 나간 빛이 현재 (　　　)로 관측된다.

2. 우주 배경 복사는 우주의 온도가 약 (　　　)K일 때 방출되었던 복사이다.

3. 현재 관측되는 우주 배경 복사는 약 (　　　) K 흑체 복사와 같은 에너지 분포를 보인다.

4. 플랑크 망원경이 관측한 (　　　) 복사로 알아낸 우주 초기의 온도 분포는 거의 (　　　)하다.

5. 빅뱅 우주론으로 설명할 수 없는 문제점 중 현재 우주 공간이 거의 완벽할 정도로 편평한 것을 우주의 (　　　) 문제라고 한다.

정답
1. 우주 배경 복사
2. 3000
3. 2.7
4. 우주 배경, 균일
5. 평탄성

개념 체크

○ **백색 왜성**
태양 정도의 질량을 가지는 별의 마지막 진화 단계로, 별의 외곽 물질은 방출되어 행성상 성운이 되고 남은 부분은 핵융합 반응 없이 서서히 식어가는 천체이다.

1. (　　) 이론으로 우주의 평탄성 문제와 지평선 문제를 해결할 수 있다.

2. 우주 전체가 곡률을 가지고 있더라도 우주 생성 초기에 급팽창하여 공간의 크기가 매우 커지게 되면 관측되는 우주의 영역은 (　　)하게 관측된다.

3. Ia형 (　　)은 백색 왜성이 주변의 별로부터 물질을 끌어들여 폭발할 때 나타나며, 최대로 밝아졌을 때의 (　　)등급이 일정하다.

4. 과거에는 우주를 구성하는 물질의 (　　) 때문에 시간에 따라 우주의 팽창 속도가 (　　)할 것이라고 예상하였다.

5. 최근의 관측 결과 현재의 우주는 팽창 속도가 (　　)하는 것으로 밝혀졌다.

② 급팽창 이론(인플레이션 이론): 우주 탄생 직후 $10^{-36} \sim 10^{-34}$초 사이에 우주가 빛보다 빠른 속도로 팽창했다는 이론으로, 빅뱅 우주론으로 해결할 수 없는 세 가지 문제점을 해결하기 위해 제안된 수정된 빅뱅 우주론에 해당한다.

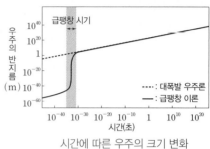

시간에 따른 우주의 크기 변화

- 우주가 전체적으로는 곡률을 가지고 있더라도 우주 생성 초기에 급격히 팽창하여 공간의 크기가 매우 커지게 되면 관측되는 우주의 영역은 평탄하게 보이게 된다고 주장함으로써 우주의 평탄성 문제를 설명하였다.
- 우주 생성 초기에 우주가 급팽창하였기 때문에 팽창이 일어나기 이전에 가까이 있었던 두 지역은 서로 정보를 교환할 수 있었다고 주장함으로써 우주의 지평선 문제를 설명하였다.
- 우주가 생성 초기에 급격히 팽창하였기 때문에 자기 홀극의 밀도는 관측 가능량 미만으로 희박해졌다고 주장함으로써 우주의 자기 홀극 문제를 해결하였다.

(6) 우주의 가속 팽창

① Ia형 초신성을 외부 은하의 거리를 측정하는 도구로 활용하면서 우주의 거리를 이전보다 훨씬 멀리까지 측정할 수 있게 되었다.

② Ia형 초신성은 백색 왜성이 주변의 별로부터 물질을 끌어들여 백색 왜성이 가질 수 있는 질량의 한계를 넘어설 때 중력을 이기지 못하고 붕괴하면서 폭발하는 초신성이다.

③ Ia형 초신성은 매우 밝으며, 거의 일정한 질량에서 폭발하기 때문에 최대로 밝아졌을 때의 절대 등급이 일정해 멀리 있는 외부 은하의 거리 측정에 이용되며, 거리에 따른 겉보기 등급을 분석하여 과거 우주의 팽창 속도를 알아낼 수 있다.

④ 우주를 구성하는 물질의 인력 때문에 시간에 따라 우주의 팽창 속도가 감소할 것이라고 예상해 왔지만, 1998년 수십 개의 Ia형 초신성 관측 자료를 분석한 결과 우주의 팽창 속도가 점점 증가하고 있다는 것을 알아냈다. 현재는 더 많은 초신성 표본을 이용해 우주의 팽창 속도 변화를 정확하게 알아내려는 노력이 진행되고 있다.

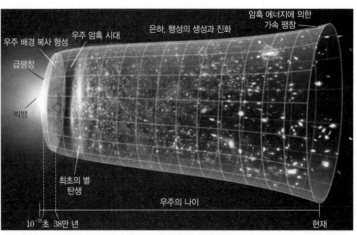

우주의 급팽창과 가속 팽창

정답

1. 급팽창
2. 평탄
3. 초신성, 절대
4. 인력, 감소
5. 증가

3 암흑 물질과 암흑 에너지

최근 정밀한 관측 결과 우주 배경 복사에 나타난 미세하게 불균일한 정도를 자세히 분석하면 급팽창 시기에 해당하는 우주의 불균일한 정도를 알아낼 수 있다. 또한 이 불균일한 정도로 시간에 따른 우주의 변화를 추정해 볼 수 있으며, 이를 통해 우주의 구성 물질, 우주의 팽창 속도, 우주 공간의 기하학적 모양 등을 밝혀낼 수 있다.

(1) **암흑 물질**: 전자기파로 관측되지 않아 우리 눈에 보이지 않기 때문에 중력을 이용한 방법으로 존재를 추정할 수 있는 물질이다.

개념 체크

○ **암흑 에너지**
우주는 우주에 존재하는 물질들에 의해 인력이 작용함에도 불구하고 팽창 속도가 증가하고 있다. 이와 같이 우주의 팽창 속도를 증가시키는 에너지를 암흑 에너지라고 한다.

1. 전자기파로 관측되지 않아 우리 눈에 보이지 않기 때문에 중력을 이용한 방법으로 그 존재를 확인할 수 있는 물질을 (　　　)이라고 한다.

2. 최근 암흑 물질의 존재를 확인하는데 (　　　) 현상을 이용하기도 한다.

3. 우리은하의 회전 속도를 관측하여 (　　　)의 존재를 확인할 수 있다.

🔍 과학 돋보기　중력 렌즈 현상을 이용한 암흑 물질의 확인

은하단과 암흑 물질에 의한 중력 렌즈 현상으로 외부 은하가 왜곡되어 보이는 모습

- 암흑 물질은 전자기파 관측을 통해 존재를 확인할 수 없는 물질로, 최근 중력 렌즈 현상을 관측하여 간접적으로 존재를 확인하고 있다.
- 은하단과 암흑 물질에 의한 중력 렌즈 현상으로 외부 은하가 여러 개의 왜곡된 영상으로 관측된다. ➡ 중력 렌즈 효과를 이용해 은하단에서의 암흑 물질 분포를 계산할 수 있다.

🧪 탐구자료 살펴보기　우리은하의 회전 속도를 이용한 암흑 물질의 존재 확인

탐구 자료

그림은 우리은하의 예측되는 회전 속도 곡선과 관측되는 회전 속도 곡선을 나타낸 것이다.

탐구 결과

1. 우리은하의 중심부(T보다 가까운 영역)는 중심으로부터 멀어질수록 회전 속도가 증가한다.
2. 우리은하에서 물질의 대부분이 중심부에 밀집되어 있다면 별들의 회전 속도는 케플러 제3법칙에 의해 은하 중심으로부터 멀어질수록 감소할 것으로 예측된다.
3. T보다 먼 영역에서는 예측된 회전 속도보다 관측된 회전 속도가 빠르다.

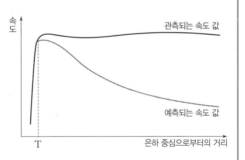

분석 point

- 우리은하를 구성하는 물질은 예측한 것처럼 중심부에만 집중되어 있지 않고, 은하 외곽에도 많이 분포한다.
- T보다 먼 영역의 회전 속도 곡선으로부터 계산되는 우리은하의 질량은 관측된 물질의 총 질량보다 훨씬 크다. 이는 전자기파로는 관측되지 않는 암흑 물질이 은하 원반과 헤일로에 분포하고 있음을 나타낸다. ➡ 암흑 물질은 별들의 회전 속도 및 중력 렌즈 현상 등을 통해 간접적으로 그 존재를 알아낼 수 있다.

---

(2) 암흑 에너지

① 우주의 모든 물질들 사이에는 인력이 작용하므로 만약 우주를 팽창시키는 어떤 에너지가 없다면 우주는 물질들의 인력에 의해 수축하거나 팽창 속도가 감소할 것이다.

정답

1. 암흑 물질
2. 중력 렌즈
3. 암흑 물질

② 최근의 관측 결과 현재 우주는 팽창 속도가 계속 증가하는 것으로 밝혀졌다. 이것은 우주 안에 있는 물질들의 인력을 합친 것보다 더 큰 어떤 힘이 우주를 팽창시키고 있음을 의미한다. 과학자들은 이 힘을 발생시키는 에너지를 암흑 에너지라고 하는데, 암흑 에너지는 우주에 널리 퍼져 있으며 척력으로 작용해 우주를 가속 팽창시키는 역할을 하는 것으로 추정하고 있다.

과학 돋보기   암흑 에너지와 우주의 가속 팽창

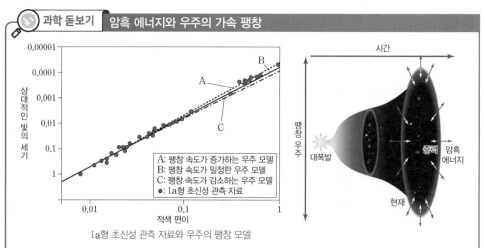

Ⅰa형 초신성 관측 자료와 우주의 팽창 모델

- A(가속 팽창 우주 모델)는 보통 물질, 암흑 물질, 암흑 에너지를 모두 고려한 모델이며, C(감속 팽창 우주 모델)는 보통 물질과 암흑 물질만 고려한 모델이다.
- 20세기 말에 Ⅰa형 초신성을 관측하여 얻은 자료는 A(가속 팽창하는 모델)와 거의 비슷하게 나타난다.
- 지금까지 알려진 이론과 관측 증거들을 종합하면, 우주는 약 138억 년 전에 빅뱅으로 탄생하여 짧은 순간 급격히 팽창하였으며, 이후에 팽창 속도가 조금씩 감소하다가 수십억 년 전부터 암흑 에너지에 의해 다시 증가하기 시작하였다. ➡ 현재 우주는 암흑 에너지에 의해 가속 팽창하고 있다.

(3) 우주의 구성

① 2013년에 과학자들은 플랑크 우주 망원경으로 관측한 결과를 바탕으로 우주가 약 4.9 %의 보통 물질, 약 26.8 %의 암흑 물질, 약 68.3 %의 암흑 에너지로 구성되어 있다고 주장하였다.

현재 우주의 구성

② 과학자들은 현재 우주는 평탄하지만 많은 양의 암흑 에너지가 우주를 가속 팽창시키기 때문에 우주는 영원히 팽창할 것이라고 예측하고 있다. 그러나 암흑 물질과 암흑 에너지에 대한 더 많은 이해가 가능해질 때 우주의 정확한 모습이 밝혀질 것이다.

과학 돋보기   암흑 물질과 암흑 에너지를 찾을 유클리드 망원경

유클리드 망원경은 우주에 분포하는 암흑 물질과 암흑 에너지를 찾기 위해 2023년에 발사된 우주 망원경으로, 약한 중력 렌즈 현상을 이용하여 우주의 넓은 영역에 대한 이미지를 구현함으로써 암흑 물질과 암흑 에너지를 찾고자 한다. 또한 은하들의 적색 편이 등을 측정하여 100억 광년 범위의 우주를 포함하는 입체 지도를 작성할 계획이다.

유클리드 망원경

(4) 우주의 미래: 우주가 영원히 팽창할지, 팽창을 멈추게 될지는 우주 내부에 있는 물질과 에너지양에 의해 결정된다.

① 임계 밀도: 평탄 우주의 밀도이다.

② 우주 모형(암흑 에너지를 고려하지 않을 경우)

열린 우주	우주의 평균 밀도가 임계 밀도보다 작고, 곡률이 음(−)인 우주이다.
닫힌 우주	우주의 평균 밀도가 임계 밀도보다 크고, 곡률이 양(+)인 우주이다.
평탄 우주	우주의 평균 밀도가 임계 밀도와 같고, 곡률이 0인 우주이다.

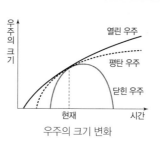

우주의 크기 변화

열린 우주

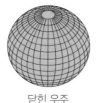
닫힌 우주

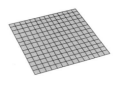
평탄 우주

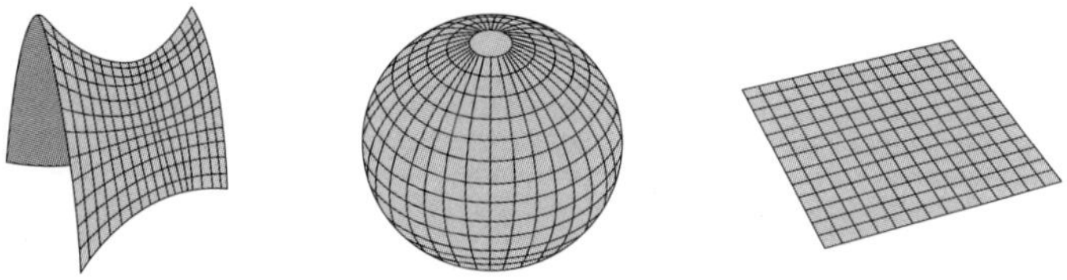

열린 우주, 닫힌 우주, 평탄 우주의 기하학적 성질을 표현한 2차원 구조

③ 우주 모형에 따른 팽창 속도

• 과학자들은 최근의 관측 자료를 근거로 현재의 우주는 평탄하지만 팽창 속도가 점점 증가하는 것으로 보고 있으며, 이처럼 우주의 팽창 속도가 증가하는 것은 척력으로 작용하는 암흑 에너지 때문인 것으로 설명하고 있다.

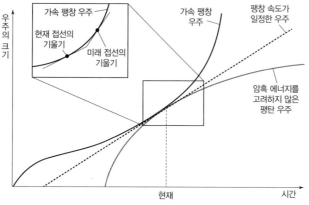

우주 모형에 따른 팽창 속도 변화

• 현재 우주는 최근에 관측한 결과를 분석하여 팽창 속도가 점점 증가하는 가속 팽창 우주임이 밝혀졌다. 또한 우주의 크기가 0이 되는 점이 대폭발이 일어난 시점이므로 현재부터 이점까지의 시간으로 우주의 나이를 추정할 수 있다. 따라서 우주의 나이는 가속 팽창 우주 모형으로 추정한 값이 암흑 에너지를 고려하지 않은 평탄 우주 모형으로 추정한 값보다 많다.

개념 체크

� 우주의 미래(암흑 에너지를 고려하지 않을 경우)
• 평탄 우주: 우주의 평균 밀도가 임계 밀도와 같을 때 팽창 속도가 계속 감소하여 0으로 수렴하는 우주 모형이다.
• 열린 우주: 우주의 평균 밀도가 임계 밀도보다 작을 때 영원히 팽창하는 우주 모형이다.
• 닫힌 우주: 우주의 평균 밀도가 임계 밀도보다 클 때 팽창 속도가 계속 감소하다가 결국은 수축하여 크기가 다시 감소하는 우주 모형이다.

1. 평탄 우주에서는 우주의 평균 밀도와 ( ) 밀도가 같다.

2. 닫힌 우주는 곡률이 ( )인 우주이다.

3. 현재 우주는 ( )하지만 ( )에 의해 팽창 속도가 점점 증가한다고 추정하고 있다.

4. 우주의 나이는 가속 팽창 우주 모형으로 추정한 값이 팽창 속도가 일정한 우주 모형으로 추정한 값보다 ( )다.

정답
1. 임계
2. 양(+)
3. 평탄, 암흑 에너지
4. 많

[24026–0271]

01 그림은 허블의 은하 분류를 나타낸 것이다.

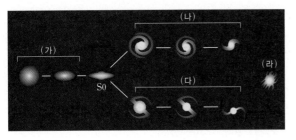

이에 대한 설명으로 옳은 것만을 〈보기〉에서 있는 대로 고른 것은?

● 보기 ●
ㄱ. (가)는 (나)보다 은하를 구성하는 별들의 평균 색지수 값이 크다.
ㄴ. (나)와 (다)는 중심부의 막대 모양 구조의 유무에 따라 구분한다.
ㄷ. 은하는 (가)에서 (라)의 형태로 진화한다.

① ㄱ
② ㄷ
③ ㄱ, ㄴ
④ ㄴ, ㄷ
⑤ ㄱ, ㄴ, ㄷ

[24026–0272]

02 표는 은하 (가)와 (나)의 물리량을 나타낸 것이다. (가)와 (나)는 각각 타원 은하와 불규칙 은하 중 하나이다.

은하	질량(태양=1)	색지수(B−V)	성간 물질 질량 / 전체 질량 (%)
(가)	$10^5 \sim 10^{13}$	$+1.0$	(㉠)
(나)	$10^8 \sim 10^{10}$	$+0.3 \sim +0.4$	(㉡)

이에 대한 설명으로 옳은 것만을 〈보기〉에서 있는 대로 고른 것은?

● 보기 ●
ㄱ. 타원 은하는 (가)이다.
ㄴ. ㉠은 ㉡보다 크다.
ㄷ. (가)는 (나)보다 새로운 별의 탄생이 많다.

① ㄱ
② ㄷ
③ ㄱ, ㄴ
④ ㄴ, ㄷ
⑤ ㄱ, ㄴ, ㄷ

[24026–0273]

03 그림 (가)와 (나)는 정상 나선 은하와 막대 나선 은하를 순서 없이 나타낸 것이다.

(가)   (나)

이에 대한 설명으로 옳은 것만을 〈보기〉에서 있는 대로 고른 것은?

● 보기 ●
ㄱ. 허블의 은하 분류에서 (가)는 SB, (나)는 S에 해당한다.
ㄴ. (가)에서 성간 물질의 함량비(%)는 나선팔보다 중앙 팽대부에서 높다.
ㄷ. 허블의 은하 분류상 우리은하는 (나)에 해당한다.

① ㄱ
② ㄴ
③ ㄱ, ㄷ
④ ㄴ, ㄷ
⑤ ㄱ, ㄴ, ㄷ

[24026–0274]

04 그림은 어느 외부 은하의 구조를 나타낸 것이다. A와 B는 각각 나선팔과 중앙 팽대부 중 하나이다.

A가 B보다 큰 값을 가지는 물리량만을 〈보기〉에서 있는 대로 고른 것은?

● 보기 ●
ㄱ. 은하를 구성하는 별들의 평균 색지수
ㄴ. 성간 물질의 함량비(%)
ㄷ. 구성하는 별들의 평균 연령

① ㄱ
② ㄴ
③ ㄱ, ㄷ
④ ㄴ, ㄷ
⑤ ㄱ, ㄴ, ㄷ

[24026–0275]

05 그림은 전파 은하 M87의 가시광선 영상과 전파 영상을 나타낸 것이다.

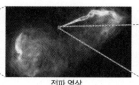

가시광선 영상   전파 영상   전파 영상

이 은하에 대한 설명으로 옳은 것만을 〈보기〉에서 있는 대로 고른 것은?

─● 보기 ●─
ㄱ. 허블의 은하 분류상 불규칙 은하에 해당한다.
ㄴ. 관측자의 시선 방향과 나란한 방향으로 제트가 분출되고 있다.
ㄷ. 중심부에는 질량이 거대한 블랙홀이 존재한다.

① ㄱ   ② ㄷ   ③ ㄱ, ㄴ
④ ㄴ, ㄷ   ⑤ ㄱ, ㄴ, ㄷ

[24026–0276]

06 그림은 1929년에 허블이 발표한 외부 은하의 거리와 후퇴 속도와의 관계를 나타낸 것이다.

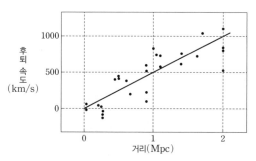

이 자료에 대한 설명으로 옳은 것만을 〈보기〉에서 있는 대로 고른 것은? (단, 현재 허블 상수는 약 68 km/s/Mpc이다.)

─● 보기 ●─
ㄱ. 거리가 먼 외부 은하일수록 대체로 적색 편이가 크다.
ㄴ. 허블 상수는 약 500 km/s/Mpc이다.
ㄷ. 허블의 허블 상수로 결정한 우주의 나이는 현재의 허블 상수로 결정한 우주의 나이보다 많다.

① ㄱ   ② ㄷ   ③ ㄱ, ㄴ
④ ㄴ, ㄷ   ⑤ ㄱ, ㄴ, ㄷ

[24026–0277]

07 그림은 허블 우주 망원경이 촬영한 다양한 충돌 은하의 모습을 나타낸 것이다.

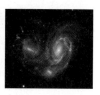

이에 대한 설명으로 옳은 것만을 〈보기〉에서 있는 대로 고른 것은?

─● 보기 ●─
ㄱ. 충돌하는 은하 사이에는 허블 법칙이 성립한다.
ㄴ. 충돌 이후에 은하는 나선 은하로 진화한다.
ㄷ. 충돌 과정에서 성운이 충돌하는 빈도가 별이 충돌하는 빈도보다 높다.

① ㄱ   ② ㄷ   ③ ㄱ, ㄴ
④ ㄴ, ㄷ   ⑤ ㄱ, ㄴ, ㄷ

[24026–0278]

08 그림은 우주의 물리량 A, B, C의 변화를 시간에 따라 나타낸 것이다.

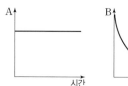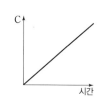

이에 대한 설명으로 적절한 것만을 〈보기〉에서 있는 대로 고른 것은?

─● 보기 ●─
ㄱ. 정상 우주론에서 우주의 밀도는 A에 해당한다.
ㄴ. 빅뱅 우주론에서 우주의 온도는 B에 해당한다.
ㄷ. 정상 우주론과 빅뱅 우주론 모두에서 우주의 부피는 C에 해당한다.

① ㄱ   ② ㄴ   ③ ㄱ, ㄷ
④ ㄴ, ㄷ   ⑤ ㄱ, ㄴ, ㄷ

[24026-0279]

09 그림은 우주 망원경 (가)~(라)로 천체를 관측하여 구한 허블 상수를 나타낸 것이다.

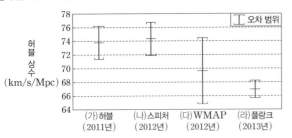

(가)~(라)에 대한 설명으로 옳은 것만을 〈보기〉에서 있는 대로 고른 것은?

> **보기**
> ㄱ. 관측값의 오차 범위는 (다)가 가장 크다.
> ㄴ. 우주의 나이는 (라)의 측정값보다 (가)의 측정값을 이용할 때 많게 계산된다.
> ㄷ. 관측 가능한 우주의 크기는 (나)의 측정값을 이용할 때 가장 크게 계산된다.

① ㄱ　　② ㄴ　　③ ㄱ, ㄷ　　④ ㄴ, ㄷ　　⑤ ㄱ, ㄴ, ㄷ

[24026-0280]

10 그림 (가)와 (나)는 어느 우주론에서 시간에 따른 우주의 질량과 물리량 A의 변화를 나타낸 것이다. 이 우주론은 정상 우주론과 빅뱅 우주론 중 하나이다.

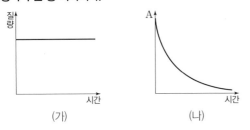

이 우주론에 대한 설명으로 옳은 것만을 〈보기〉에서 있는 대로 고른 것은?

> **보기**
> ㄱ. 정상 우주론이다.
> ㄴ. 우주의 밀도는 A에 해당한다.
> ㄷ. 약 2.7 K 우주 배경 복사의 관측은 이 우주론의 증거가 된다.

① ㄱ　　② ㄴ　　③ ㄱ, ㄷ　　④ ㄴ, ㄷ　　⑤ ㄱ, ㄴ, ㄷ

[24026-0281]

11 그림 (가)와 (나)는 빅뱅 이후 서로 다른 시기의 우주의 모습을 나타낸 것이다.

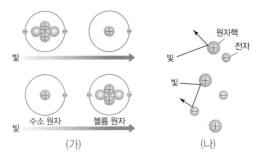

이에 대한 설명으로 옳은 것만을 〈보기〉에서 있는 대로 고른 것은?

> **보기**
> ㄱ. (가)가 (나)보다 과거의 모습이다.
> ㄴ. 우주 배경 복사는 (나) 시기 이후에 형성되었다.
> ㄷ. (나) 시기에 우주의 온도는 3000 K보다 높다.

① ㄱ　　　　　② ㄷ　　　　　③ ㄱ, ㄴ
④ ㄴ, ㄷ　　　⑤ ㄱ, ㄴ, ㄷ

[24026-0282]

12 그림 (가)와 (나)는 코비(COBE) 망원경과 플랑크(Planck) 망원경으로 관측한 우주 배경 복사의 분포를 순서 없이 나타낸 것이다.

이에 대한 설명으로 옳은 것만을 〈보기〉에서 있는 대로 고른 것은?

> **보기**
> ㄱ. 플랑크 망원경의 관측 결과는 (가)이다.
> ㄴ. (가)와 (나)는 모두 가시광선 영역에서 관측하였다.
> ㄷ. (가)와 (나)의 관측 결과는 현재 우주의 온도 분포를 나타낸다.

① ㄱ　　　　　② ㄴ　　　　　③ ㄱ, ㄷ
④ ㄴ, ㄷ　　　⑤ ㄱ, ㄴ, ㄷ

[24026-0283]

13 그림은 빅뱅 이후 시간에 따른 우주의 반지름 변화를 나타낸 것이다. (가)와 (나)는 각각 빅뱅 우주론과 급팽창 이론 중 하나이다.

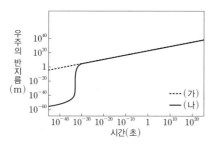

이에 대한 설명으로 옳은 것만을 〈보기〉에서 있는 대로 고른 것은?

┌─ 보 기 ─
ㄱ. (가)는 빅뱅 우주론이다.
ㄴ. 현재 우주 배경 복사가 우주의 모든 영역에서 거의 균일하게 관측되는 것은 (나)로 설명할 수 있다.
ㄷ. (가)와 (나)는 수소와 헬륨의 질량비가 약 3 : 1로 관측되는 것을 설명할 수 있다.
└──────

① ㄱ   ② ㄴ   ③ ㄱ, ㄷ
④ ㄴ, ㄷ   ⑤ ㄱ, ㄴ, ㄷ

[24026-0284]

14 다음은 빅뱅 우주론으로 설명하기 어려운 문제를 나타낸 것이다.

┌──────
(가) 우주의 평탄성 문제
(나) 우주의 지평선 문제
(다) 우주의 자기 홀극 문제
└──────

이에 대한 설명으로 옳은 것만을 〈보기〉에서 있는 대로 고른 것은?

┌─ 보 기 ─
ㄱ. 현재 우주의 곡률이 0인 것은 (가)에 해당한다.
ㄴ. 현재 우주의 모든 영역에서 물질이나 우주 배경 복사가 거의 균일하게 관측되는 것은 (나)에 해당한다.
ㄷ. (가), (나), (다)는 모두 가속 팽창 우주 모형으로 설명할 수 있다.
└──────

① ㄱ   ② ㄷ   ③ ㄱ, ㄴ
④ ㄴ, ㄷ   ⑤ ㄱ, ㄴ, ㄷ

[24026-0285]

15 그림은 우주의 나이에 따른 팽창 가속도를 나타낸 것이다.

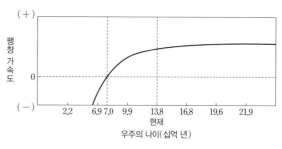

이 자료에 대한 설명으로 옳은 것만을 〈보기〉에서 있는 대로 고른 것은?

┌─ 보 기 ─
ㄱ. 우주의 나이가 69억 년일 때 우주는 감속 팽창을 하였다.
ㄴ. 우주의 나이가 70억 년일 때 우주의 팽창 속도는 0이다.
ㄷ. 우주의 나이가 219억 년일 때 우주에서 암흑 에너지가 차지하는 비율은 물질이 차지하는 비율보다 높다.
└──────

① ㄱ   ② ㄴ   ③ ㄱ, ㄷ
④ ㄴ, ㄷ   ⑤ ㄱ, ㄴ, ㄷ

[24026-0286]

16 그림은 빅뱅 이후 현재까지 우주 팽창 속도의 변화를 나타낸 것이다.

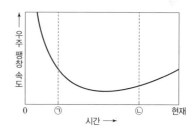

이에 대한 설명으로 옳은 것만을 〈보기〉에서 있는 대로 고른 것은?

┌─ 보 기 ─
ㄱ. ㉠ 시기에 우주는 감속 팽창한다.
ㄴ. 우주 배경 복사의 파장은 ㉡ 시기가 ㉠ 시기보다 길다.
ㄷ. 우주에서 암흑 에너지가 차지하는 비율은 ㉡ 시기가 ㉠ 시기보다 높다.
└──────

① ㄱ   ② ㄷ   ③ ㄱ, ㄴ
④ ㄴ, ㄷ   ⑤ ㄱ, ㄴ, ㄷ

17 그림은 우주 모형 (가), (나), (다)에서 공간의 기하학적 성질을 표현한 2차원 구조이다. (가), (나), (다)는 각각 닫힌 우주, 열린 우주, 평탄 우주 모형 중 하나에 해당한다.

[24026-0287]

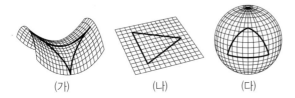

(가)   (나)   (다)

이에 대한 설명으로 옳은 것만을 〈보기〉에서 있는 대로 고른 것은?

● 보기 ●
ㄱ. (가)에서 삼각형의 내각의 합은 180°보다 작다.
ㄴ. 우주의 곡률은 (나)가 (다)보다 작다.
ㄷ. (다)에서 $\dfrac{우주의\ 평균\ 밀도}{임계\ 밀도}$ 는 1보다 작다.

① ㄱ   ② ㄷ   ③ ㄱ, ㄴ
④ ㄴ, ㄷ   ⑤ ㄱ, ㄴ, ㄷ

18 표는 우주 모형 (가)와 (나)의 특징을 나타낸 것이다. (가)와 (나)는 각각 닫힌 우주, 열린 우주, 평탄 우주 모형 중 하나에 해당한다.

[24026-0288]

우주 모형	(우주의 평균 밀도 − 임계 밀도)	곡률
(가)	(+)	(㉠)
(나)	(㉡)	0

이에 대한 설명으로 옳은 것만을 〈보기〉에서 있는 대로 고른 것은?

● 보기 ●
ㄱ. (가)는 열린 우주이다.
ㄴ. ㉠과 ㉡은 모두 음(−)의 값이다.
ㄷ. 현재 우주의 곡률은 (가)보다 (나)와 유사하다.

① ㄱ   ② ㄷ   ③ ㄱ, ㄴ
④ ㄴ, ㄷ   ⑤ ㄱ, ㄴ, ㄷ

19 그림은 시간에 따른 우주 구성 요소 A, B, C의 밀도를 나타낸 것이다. A, B, C는 각각 보통 물질, 암흑 물질, 암흑 에너지 중 하나이다.

[24026-0289]

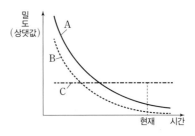

이에 대한 설명으로 옳은 것만을 〈보기〉에서 있는 대로 고른 것은?

● 보기 ●
ㄱ. A는 중력 렌즈 현상을 발생시킨다.
ㄴ. 전자기파를 이용하여 관측할 수 있는 것은 B이다.
ㄷ. 우주에 존재하는 C의 총량은 시간에 관계없이 일정하다.

① ㄱ   ② ㄷ   ③ ㄱ, ㄴ   ④ ㄴ, ㄷ   ⑤ ㄱ, ㄴ, ㄷ

20 그림은 서로 다른 우주 모형 (가)와 (나)에서 시간에 따른 우주의 상대적 크기를, 표는 (가)와 (나)에서 임계 밀도(ρ_c)에 대한 물질 밀도(ρ_m) 및 암흑 에너지 밀도(ρ_Λ)비를 A와 B로 순서 없이 나타낸 것이다.

[24026-0290]

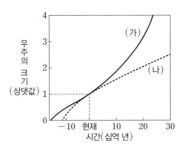

우주 모형	$\dfrac{\rho_m}{\rho_c}$	$\dfrac{\rho_\Lambda}{\rho_c}$
A	0.3	0.7
B	1.0	0

이에 대한 설명으로 옳은 것만을 〈보기〉에서 있는 대로 고른 것은?

● 보기 ●
ㄱ. 현재 우주의 팽창 가속도는 (가)가 (나)보다 크다.
ㄴ. (나)에 해당하는 우주 모형은 A이다.
ㄷ. 우주의 곡률은 (가)가 (나)보다 작다.

① ㄱ   ② ㄷ   ③ ㄱ, ㄴ   ④ ㄴ, ㄷ   ⑤ ㄱ, ㄴ, ㄷ

01 다음은 허블이 외부 은하를 분류하는 과정에서 사용한 분류 기준의 일부를 나타낸 것이다.

[24026-0291]

> (가) 규칙적인 구조가 있는가?
> (나) 중심부에 막대 구조가 나타나는가?
> (다) 편평도에 따라 세분할 수 있는가?

외부 은하를 각각 타원 은하, 정상 나선 은하, 막대 나선 은하, 불규칙 은하로 분류하는 과정에 대한 설명으로 옳은 것만을 〈보기〉에서 있는 대로 고른 것은?

● 보기 ●
ㄱ. 외부 은하 중 불규칙 은하를 다른 은하와 구분할 수 있는 분류 기준은 (가)이다.
ㄴ. (나)로부터 정상 나선 은하와 막대 나선 은하를 분류할 수 있다.
ㄷ. (다)는 타원 은하에 적용되는 분류 기준이다.

① ㄱ   ② ㄴ   ③ ㄱ, ㄷ   ④ ㄴ, ㄷ   ⑤ ㄱ, ㄴ, ㄷ

허블은 외부 은하를 가시광선 영역에서 관측되는 형태에 따라 타원 은하, 나선 은하, 불규칙 은하로 분류하였다.

02 그림 (가)는 은하 ㉠과 ㉡의 색지수(B−V)를, (나)는 ㉠과 ㉡의 물리량 A를 나타낸 것이다. ㉠과 ㉡은 각각 타원 은하와 불규칙 은하 중 하나이다.

[24026-0292]

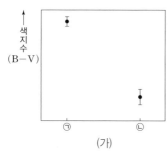
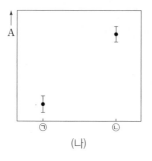
(가)   (나)

이에 대한 설명으로 옳은 것만을 〈보기〉에서 있는 대로 고른 것은?

● 보기 ●
ㄱ. 붉은색 별은 ㉠보다 ㉡에 많이 분포한다.
ㄴ. 타원 은하는 ㉠이다.
ㄷ. '성간 기체의 함량비(%)'는 A에 해당한다.

① ㄱ   ② ㄴ   ③ ㄱ, ㄷ   ④ ㄴ, ㄷ   ⑤ ㄱ, ㄴ, ㄷ

타원 은하는 주로 늙고 붉은색 별로 구성되어 있으며, 불규칙 은하는 주로 젊고 파란색 별로 구성되어 있다.

[24026-0293]

세이퍼트은하는 일반적인 은하에 비해 핵이 다른 부분보다 상대적으로 밝고, 퀘이사는 매우 먼 거리에 있어 하나의 별처럼 보인다.

03 그림은 특이 은하 (가)와 (나)의 개수 분포를 적색 편이에 따라 나타낸 것이다. (가)와 (나)는 각각 세이퍼트은하와 퀘이사 중 하나이다.

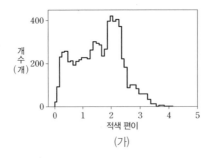
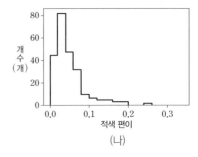

(가)   (나)

이에 대한 설명으로 옳은 것만을 〈보기〉에서 있는 대로 고른 것은?

● 보기 ●
ㄱ. 지구로부터의 평균 거리는 (가)가 (나)보다 멀다.
ㄴ. 시직경은 (가)가 (나)보다 크다.
ㄷ. (가)와 (나) 모두 중심부에 질량이 매우 큰 블랙홀이 존재한다.

① ㄱ   ② ㄴ   ③ ㄱ, ㄷ   ④ ㄴ, ㄷ   ⑤ ㄱ, ㄴ, ㄷ

[24026-0294]

퀘이사는 매우 먼 거리에서 빠른 속도로 멀어지고 있는데, 이는 대부분의 퀘이사가 우주 생성 초기에 생성되었다는 것을 의미한다.

04 그림 (가)는 어느 천체 A의 모습을, (나)는 이 천체의 스펙트럼과 수소 방출선들의 파장 변화량(→)을 나타낸 것이다.

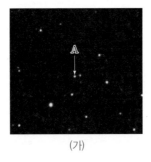
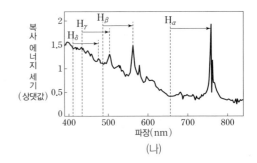

(가)   (나)

이에 대한 설명으로 옳은 것만을 〈보기〉에서 있는 대로 고른 것은?

● 보기 ●
ㄱ. (나)에서 고유 파장이 긴 방출선일수록 $\dfrac{파장\ 변화량}{고유\ 파장}$ 이 크다.
ㄴ. A는 우리은하 내부에 위치하는 천체이다.
ㄷ. 단위 시간에 방출하는 총 에너지양은 A가 우리은하보다 많다.

① ㄱ   ② ㄴ   ③ ㄷ   ④ ㄱ, ㄷ   ⑤ ㄴ, ㄷ

[24026-0295]

05 그림은 은하에서 단위 시간당 방출하는 복사 에너지의 상대적 세기를 파장에 따라 나타낸 것이다. 은하 A와 B는 각각 일반적인 은하와 특이 은하 중 하나에 해당한다.

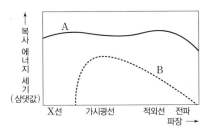

특이 은하는 일반적인 은하에 비해 전파나 X선 영역에서 강한 에너지를 방출하며, 그 밝기가 시간에 따라 변하는 등 일반적인 은하와는 다른 특성을 보인다.

이에 대한 설명으로 옳은 것만을 〈보기〉에서 있는 대로 고른 것은?

┌─● 보기 ●───┐

ㄱ. 특이 은하는 A이다.

ㄴ. 단위 시간에 방출하는 복사 에너지양은 A가 B보다 많다.

ㄷ. 은하 중심부에 존재하는 블랙홀의 질량은 A가 B보다 크다.

└──┘

① ㄱ   ② ㄴ   ③ ㄱ, ㄷ   ④ ㄴ, ㄷ   ⑤ ㄱ, ㄴ, ㄷ

[24026-0296]

06 그림 (가)와 (나)는 어느 세이퍼트은하와 타원 은하의 스펙트럼을 순서 없이 나타낸 것이다.

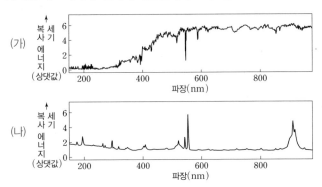

세이퍼트은하는 스펙트럼에서 폭이 넓은 방출선이 나타난다.

이에 대한 설명으로 옳은 것만을 〈보기〉에서 있는 대로 고른 것은?

┌─● 보기 ●───┐

ㄱ. 은하를 구성하는 별들의 평균 색지수는 (가)가 (나)보다 크다.

ㄴ. 새로운 별의 탄생은 (가)에서가 (나)에서보다 많다.

ㄷ. $\dfrac{\text{중심부 밝기}}{\text{은하 전체 밝기}}$ 는 (가)가 (나)보다 크다.

└──┘

① ㄱ   ② ㄴ   ③ ㄱ, ㄷ   ④ ㄴ, ㄷ   ⑤ ㄱ, ㄴ, ㄷ

정상 우주론은 우주가 팽창하면서 생겨난 빈 공간을 같은 밀도로 채우기 위해 새로운 물질이 계속 만들어진다고 설명한다.

[24026 0297]

07 표는 빅뱅 우주론과 정상 우주론에서 우주의 물리량 A, B, C의 변화를 나타낸 것이다.

우주의 물리량	빅뱅 우주론	정상 우주론
A	일정	증가
B	증가	증가
C	감소	일정

A, B, C에 들어갈 물리량으로 가장 적절한 것은?

	A	B	C
①	밀도	온도	부피
②	온도	부피	질량
③	부피	온도	밀도
④	질량	부피	온도
⑤	질량	밀도	온도

허블 법칙은 은하들의 후퇴 속도(v)와 거리(r)의 관계를 나타낸 것으로, 다음과 같이 나타낼 수 있다.

$v = H \cdot r$ (H: 허블 상수)

[24026–0298]

08 다음은 은하 A, B, C에 대한 설명이다.

- A, B, C는 허블 법칙을 만족한다.
- A와 B 사이의 거리는 30 Mpc이다.
- C에서 A를 관측하면 A는 $2100\sqrt{3}$ km/s의 속도로 멀어진다.
- B에서 관측한 C의 스펙트럼에서 고유 파장이 600 nm인 흡수선은 608.4 nm로 관측된다.

이에 대한 설명으로 옳은 것만을 〈보기〉에서 있는 대로 고른 것은? (단, 허블 상수는 **70 km/s/Mpc**, 빛의 속도는 3×10^5 **km/s이다.**)

● 보기 ●
ㄱ. A에서 관측했을 때, C의 후퇴 속도는 B의 2배이다.
ㄴ. B에서 A를 관측했을 때, 고유 파장이 600 nm인 흡수선은 604.2 nm로 관측된다.
ㄷ. C에서 관측했을 때, A와 B의 사잇각은 60°이다.

① ㄱ   ② ㄴ   ③ ㄱ, ㄷ   ④ ㄴ, ㄷ   ⑤ ㄱ, ㄴ, ㄷ

[24026–0299]

09 그림은 어느 우주론에서 시간에 따른 우주의 변화를 나타낸 것이다. 그림에서 점(·)은 은하를 나타낸다.

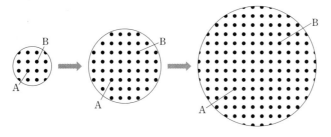

이에 대한 설명으로 옳은 것만을 〈보기〉에서 있는 대로 고른 것은?

┌─● 보 기 ●─────────────────────────────
│ ㄱ. 시간이 경과함에 따라 우주의 온도는 점점 낮아진다.
│ ㄴ. A에서 관측할 때, B의 스펙트럼에서는 적색 편이가 나타난다.
│ ㄷ. 은하들 사이에는 허블 법칙이 성립한다.
└──────────────────────────────────────

① ㄱ   ② ㄷ   ③ ㄱ, ㄴ   ④ ㄴ, ㄷ   ⑤ ㄱ, ㄴ, ㄷ

정상 우주론에서 우주는 밀도가 일정한 상태에서 팽창하므로 우주의 부피가 증가한 만큼 질량이 증가하며 온도가 일정하다.

[24026–0300]

10 표는 은하 (가)와 (나)의 스펙트럼에 나타난 흡수선 A와 B의 고유 파장과 파장 변화량을 나타낸 것이다.

흡수선	고유 파장(nm)	(가)의 파장 변화량(nm)	(나)의 파장 변화량(nm)
A	400	(㉠)	8
B	600	9	(㉡)

이에 대한 설명으로 옳은 것만을 〈보기〉에서 있는 대로 고른 것은? (단, 빛의 속도는 $3 \times 10^5 \, \text{km/s}$이며, 두 은하는 허블 법칙을 만족한다.)

┌─● 보 기 ●─────────────────────────────
│ ㄱ. ㉡은 ㉠의 2배이다.
│ ㄴ. (나)의 후퇴 속도는 6000 km/s이다.
│ ㄷ. 지구에서 은하까지의 거리는 (나)가 (가)의 1.5배이다.
└──────────────────────────────────────

① ㄱ   ② ㄷ   ③ ㄱ, ㄴ   ④ ㄴ, ㄷ   ⑤ ㄱ, ㄴ, ㄷ

멀리 있는 외부 은하의 스펙트럼을 관측하면 대부분의 외부 은하가 우리은하로부터 멀어지므로 적색 편이가 나타나며, 외부 은하의 후퇴 속도는 파장 변화량에 비례한다.

허블 상수는 외부 은하의 후퇴 속도와 거리 사이의 관계를 나타내는 비례 상수로, 우주의 팽창률에 해당한다.

[24026-0301]

11 그림은 외부 은하의 거리와 시선 속도와의 관계를, 표는 외부 은하 A와 B의 거리와 시선 속도를 나타낸 것이다. A와 B는 허블 법칙을 만족한다.

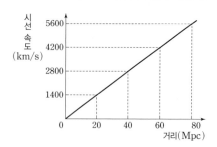

은하	거리(Mpc)	시선 속도(km/s)
A	50	( )
B	( )	6300

이에 대한 설명으로 옳은 것만을 〈보기〉에서 있는 대로 고른 것은? (단, 빛의 속도는 $3 \times 10^5 \, \text{km/s}$이다.)

● 보기 ●

ㄱ. 허블 상수는 70 km/s/Mpc이다.

ㄴ. A에서 고유 파장이 600 nm인 흡수선은 603.5 nm로 관측된다.

ㄷ. 고유 파장이 400 nm인 흡수선의 파장 변화량은 A가 B의 $\frac{5}{9}$배이다.

① ㄱ   ② ㄴ   ③ ㄱ, ㄷ   ④ ㄴ, ㄷ   ⑤ ㄱ, ㄴ, ㄷ

우주 배경 복사는 우주의 온도가 약 3000 K일 때 방출된 복사로, 우주가 팽창하는 동안 온도가 낮아지고 파장이 길어져 현재는 온도가 약 2.7 K인 복사로 관측된다.

[24026-0302]

12 그림은 서로 다른 시기에 우주 배경 복사의 상대적 세기를 파장에 따라 나타낸 것이다. A와 B는 각각 현재와 우주의 크기가 현재의 2배인 시기 중 하나이다.

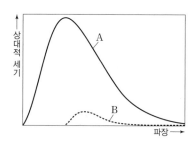

이에 대한 설명으로 옳은 것만을 〈보기〉에서 있는 대로 고른 것은?

● 보기 ●

ㄱ. 우주 배경 복사의 온도는 A가 B보다 높다.

ㄴ. 우주의 크기가 현재의 2배인 시기는 A이다.

ㄷ. $\frac{\text{암흑 에너지의 비율}}{\text{암흑 물질의 비율}}$ 은 A가 B보다 크다.

① ㄱ   ② ㄷ   ③ ㄱ, ㄴ   ④ ㄴ, ㄷ   ⑤ ㄱ, ㄴ, ㄷ

[24026–0303]

13 표는 빅뱅 이후 A ~ D 시기에 발생한 주요 사건을 나타낸 것이다.

시기	빅뱅 이후 시간	주요 사건
A	$10^{-36} \sim 10^{-34}$초	급팽창
B	1초~3분	헬륨 원자핵 생성
C	약 38만 년	중성 원자 생성
D	약 2억~5억 년	초기의 별, 은하 생성

이에 대한 설명으로 옳은 것만을 〈보기〉에서 있는 대로 고른 것은?

┌─ 보기 ●─────────────────────────────────
ㄱ. A 이후에 우주의 곡률은 0보다 작아졌다.
ㄴ. B 이후의 우주에서 수소와 헬륨의 질량비는 약 3 : 1이다.
ㄷ. 우주 배경 복사는 C 무렵에 형성되었다.
└───

① ㄱ　　② ㄴ　　③ ㄱ, ㄷ　　④ ㄴ, ㄷ　　⑤ ㄱ, ㄴ, ㄷ

급팽창 이론은 빅뱅 이후 약 $10^{-36} \sim 10^{-34}$초 사이에 우주가 급격히 팽창함에 따라 관측되는 우주의 영역이 평탄하게 보이게 되었다고 설명함으로써 우주의 평탄성 문제를 해결하였다.

[24026–0304]

14 그림은 빅뱅 이후 우주를 구성하는 요소의 상대적 비율 변화를 시간에 따라 나타낸 것이다. A, B, C는 각각 보통 물질, 암흑 물질, 암흑 에너지 중 하나이다.

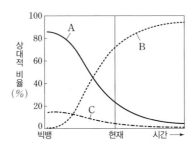

이에 대한 설명으로 옳은 것만을 〈보기〉에서 있는 대로 고른 것은?

┌─ 보기 ●─────────────────────────────────
ㄱ. A에는 중성자가 포함된다.
ㄴ. 시간이 흐름에 따라 B의 밀도는 커진다.
ㄷ. C는 전자기파를 이용하여 관측할 수 있다.
└───

① ㄱ　　② ㄷ　　③ ㄱ, ㄴ　　④ ㄴ, ㄷ　　⑤ ㄱ, ㄴ, ㄷ

현재 우주는 약 4.9 %의 보통 물질, 약 26.8 %의 암흑 물질, 약 68.3 %의 암흑 에너지로 구성되어 있다.

우주의 미래가 열린 우주, 닫힌 우주, 평탄 우주 중 어떤 형태로 변할지는 우주의 평균 밀도와 임계 밀도에 의해 결정된다.

[24026-0305]

15 그림 (가)는 암흑 에너지를 고려하지 않을 때 우주 모형 A, B, C에서 빅뱅 이후 시간에 따른 우주의 크기 변화를 나타낸 것이고, (나)는 A, B, C 중 한 모형에서 공간의 기하학적인 구조를 2차원으로 표현한 것이다. A, B, C는 각각 닫힌 우주, 평탄 우주, 열린 우주 중 하나이다.

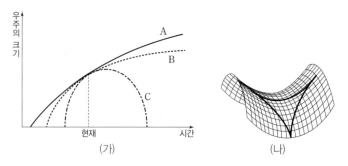

(가)   (나)

이에 대한 설명으로 옳은 것만을 〈보기〉에서 있는 대로 고른 것은?

┌─ 보기 ─────────────────────────────────┐
ㄱ. 빅뱅 이후 현재까지 걸린 시간은 A가 가장 길다.

ㄴ. B에서 우주의 밀도는 임계 밀도와 같다.

ㄷ. (나)는 C의 기하학적인 구조를 표현한 것이다.
└──────────────────────────────────────┘

① ㄱ   ② ㄷ   ③ ㄱ, ㄴ   ④ ㄴ, ㄷ   ⑤ ㄱ, ㄴ, ㄷ

물질에는 보통 물질과 암흑 물질이 포함되며, 물질 밀도와 암흑 에너지 밀도의 합이 임계 밀도와 같을 때 우주는 평탄 우주에 해당한다.

[24026-0306]

16 그림은 우주가 각각 가속 팽창과 감속 팽창을 하는 경우에 해당하는 우주의 물리량 A와 B의 관계를 나타낸 것이다. A와 B는 각각 임계 밀도에 대한 물질 밀도의 비$\left(\dfrac{\rho_m}{\rho_c}\right)$와 임계 밀도에 대한 암흑 에너지 밀도의 비$\left(\dfrac{\rho_\Lambda}{\rho_c}\right)$ 중 하나이다.

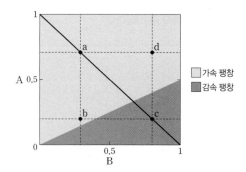

이에 대한 설명으로 옳은 것만을 〈보기〉에서 있는 대로 고른 것은?

┌─ 보기 ─────────────────────────────────┐
ㄱ. $\dfrac{\rho_\Lambda}{\rho_c}$는 A이다.

ㄴ. a~d 중 현재 우주의 구성과 가장 유사한 것은 a이다.

ㄷ. a~d 중 우주의 곡률이 가장 큰 경우는 d이다.
└──────────────────────────────────────┘

① ㄱ   ② ㄷ   ③ ㄱ, ㄴ   ④ ㄴ, ㄷ   ⑤ ㄱ, ㄴ, ㄷ

[24026–0307]

17 그림 (가)는 우주 구성 요소 A와 B의 상대적 밀도비를 우주의 나이에 따라 나타낸 것이고, (나)는 A와 B의 상대적 밀도비에 따른 우주의 팽창 속도 변화를 나타낸 것이다. A와 B는 각각 물질과 암흑 에너지 중 하나이다.

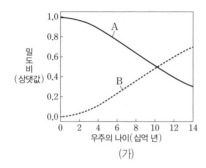 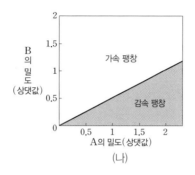

(가) (나)

이에 대한 설명으로 옳은 것만을 〈보기〉에서 있는 대로 고른 것은?

┌─ 보기 ─────────────────────────
│ ㄱ. 암흑 에너지는 A이다.
│ ㄴ. 암흑 에너지 밀도와 물질 밀도가 같으면 우주는 가속 팽창한다.
│ ㄷ. 우주의 나이가 40억 년일 때 우주는 감속 팽창했다.
└────────────────────────────

① ㄱ   ② ㄷ   ③ ㄱ, ㄴ   ④ ㄴ, ㄷ   ⑤ ㄱ, ㄴ, ㄷ

암흑 에너지는 현재 우주 구성 요소의 약 68.3 %를 차지하며, 척력으로 작용해 우주를 가속 팽창시키는 역할을 한다.

[24026–0308]

18 그림 (가)와 (나)는 빅뱅 이후 T_1 시기와 T_2 시기의 우주 구성 요소의 비율을 나타낸 것이다. A, B, C는 각각 보통 물질, 암흑 물질, 암흑 에너지 중 하나이다.

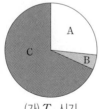 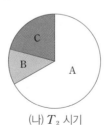

(가) T_1 시기   (나) T_2 시기

이에 대한 설명으로 옳은 것만을 〈보기〉에서 있는 대로 고른 것은?

┌─ 보기 ─────────────────────────
│ ㄱ. 현재 우주를 가속 팽창시키는 역할을 하는 것은 A이다.
│ ㄴ. 보통 물질의 비율은 T_1 시기가 T_2 시기보다 크다.
│ ㄷ. 우주 배경 복사의 파장은 T_1 시기가 T_2 시기보다 길다.
└────────────────────────────

① ㄱ   ② ㄷ   ③ ㄱ, ㄴ   ④ ㄴ, ㄷ   ⑤ ㄱ, ㄴ, ㄷ

빅뱅 이후 보통 물질과 암흑 물질의 비율은 점점 감소하였고, 암흑 에너지의 비율은 점점 증가하였다.

[24026–0309]

19 그림은 우주 모형 A와 B에서 은하의 적색 편이(z)와 거리 사이의 관계를, 표는 우주 모형 (가)와 (나)에서 임계 밀도(ρ_c)에 대한 물질 밀도(ρ_m) 및 암흑 에너지 밀도(ρ_Λ)비를 나타낸 것이다. A와 B는 각각 가속 팽창 우주 모형, 감속 팽창 우주 모형 중 하나이고, (가)와 (나)는 각각 A, B 중 하나이다.

최근의 관측 결과 우주는 평탄하지만 암흑 에너지에 의해 가속 팽창하고 있다.

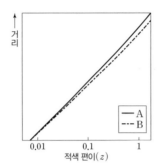

우주 모형	$\dfrac{\rho_m}{\rho_c}$	$\dfrac{\rho_\Lambda}{\rho_c}$
(가)	0.3	0.7
(나)	1	0

A와 B에 대한 설명으로 옳은 것만을 〈보기〉에서 있는 대로 고른 것은?

● 보기 ●
ㄱ. z＝1인 Ia형 초신성의 겉보기 밝기는 B보다 A에서 밝게 관측될 것이다.
ㄴ. A는 (가)에 해당한다.
ㄷ. 우주의 곡률은 A가 B보다 작다.

① ㄱ   ② ㄴ   ③ ㄱ, ㄷ   ④ ㄴ, ㄷ   ⑤ ㄱ, ㄴ, ㄷ

[24026–0310]

20 그림 (가)는 어느 우주 모형에서 시간에 따른 우주의 상대적 크기를 나타낸 것이고, (나)는 120억 년 전 은하 P에서 방출된 파장 λ인 빛이 80억 년 전 은하 Q를 지나 현재의 관측자에게 도달하는 모습을 나타낸 것이다. 우주를 진행하는 빛의 파장은 우주의 크기 변화에 비례하여 길어진다.

우주의 크기가 커지면 우주 배경 복사의 파장이 길어진다.

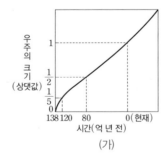
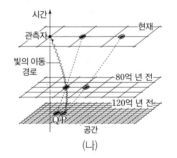

(가)   (나)

이 자료에 대한 설명으로 옳은 것만을 〈보기〉에서 있는 대로 고른 것은?

● 보기 ●
ㄱ. 우주 공간에서 현재 관측자로부터 Q까지의 거리는 80억 광년이다.
ㄴ. P에서 방출된 파장 λ인 빛이 현재 관측자에게 도달할 때 파장은 5λ이다.
ㄷ. 80억 년 전에 Q에서 관측한 P의 적색 편이$\left(\dfrac{\Delta\lambda}{\lambda}\right)$는 $\dfrac{3}{2}$이다.

① ㄱ   ② ㄷ   ③ ㄱ, ㄴ   ④ ㄴ, ㄷ   ⑤ ㄱ, ㄴ, ㄷ

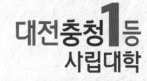

신입생
기숙사 우선입사

의사포함 의료보건계열
국가시험 **전국수석 13회**

2023 중앙일보 대학평가
순수취업률 비수도권 1위

세계 3대 디자인 공모전 **7년 연속 수상**
(iF Design Award/RedDot Design Award/
IDEA Design Award)

ESG
교육가치 실현

15년 연속
등록금 동결

가르쳤으면
끝까지 **책임지는** 대학
건양대학교

취업명문

대전메디컬캠퍼스
논산창의융합캠퍼스
특성화 운영

기업요구형
예약학과 운영

신입생
무료건강검진

건양대학교병원

영등포 김안과병원

서울·경기
통학버스 운영

의료보건계열이
강한 대학

장학금 지급률 **52.8%**
(국가 및 지방자치단체 포함시, 2021년 결산 기준)

정답과 해설

수능특강

과학탐구영역

지구과학 Ⅰ

2025학년도 수능 연계교재

본 교재는 대학수학능력시험을 준비하는 데 도움을 드리고자 과학과 교육과정을 토대로 제작된 교재입니다.
학교에서 선생님과 함께 교과서의 기본 개념을 충분히 익힌 후 활용하시면 더 큰 학습 효과를 얻을 수 있습니다.

Come to HUFS
Meet the World

한국외대의 고유한 강점과 첨단 학문을 융합하여
한국외대형 융합인재를 키웁니다.

입학안내
02-2173-2500 / https://adms.hufs.ac.kr

한국외국어대학교
HANKUK UNIVERSITY OF FOREIGN STUDIES

수능특강

과학탐구영역 지구과학 I

정답과 해설

01 판 구조론과 대륙 분포의 변화

01 대륙 이동의 증거

베게너가 제시한 대륙 이동의 증거에는 멀리 떨어져 있는 대륙에서 발견되는 같은 종의 고생물 화석 분포와 지질 구조의 연속성 등이 있다.

✗. 글로소프테리스는 고생대 후기에 번성한 육상 식물이다. 글로소프테리스 화석이 멀리 떨어진 두 대륙에서 발견되는 것은 과거 두 대륙이 붙어 있었다가 분리되어 이동했다는 대륙 이동의 증거가 된다.

㉡. A는 애팔래치아산맥이다. 애팔래치아산맥은 고생대 말에 판게아가 형성되는 과정에서 북아메리카 대륙이 아프리카 대륙 및 유럽 대륙과 충돌하여 형성되었으며, 이후 대서양이 형성되면서 애팔래치아산맥과 칼레도니아산맥으로 분리되었다.

㉢. 판게아가 분리되면서 대서양이 형성되었으며, 중생대 이후 대서양의 면적은 점점 넓어졌다. 따라서 대서양의 면적은 중생대보다 신생대에 넓었다.

02 맨틀 대류설

홈스는 맨틀 상하부의 온도 차로 인해 맨틀 대류가 일어날 수 있으며, 맨틀 위에 떠 있는 지각이 맨틀 대류에 의해 이동한다고 주장하였다.

㉠. 홈스는 방사성 원소의 붕괴열과 지구 중심부에서 맨틀로 올라오는 열에 의해 맨틀 대류가 일어난다고 주장하였다. 따라서 '방사성 원소의 붕괴열'은 ㉠에 해당한다.

㉡. 홈스는 맨틀 내에서 주위보다 온도가 높은 곳은 맨틀 물질이 상승하고, 주위보다 온도가 낮은 곳은 맨틀 물질이 하강한다고 설명하였다. 따라서 맨틀 물질의 온도는 영역 A가 B보다 낮다.

✗. 맨틀 대류설 발표 당시 홈스는 지각이 맨틀 위에 떠 있다고 설명하였다.

03 음향 측심법

해수면에서 해저면을 향해 초음파를 발사하면 초음파는 해저면에 반사되어 되돌아온다. 이때 초음파가 해저면에 반사되어 되돌아오는 데 걸리는 시간을 측정하여 해저 지형의 높낮이를 추정할 수 있다.

㉠. 해령에서 멀어질수록 해저 퇴적물의 두께가 두꺼워진다. 초음파의 왕복 시간을 고려할 때, P_4 부근에 해령이 위치하기 때문에 해저 퇴적물의 두께는 P_1이 P_3보다 두껍다.

✗. 관측 지점 중 P_4에서 수심이 가장 얕으므로 P_3과 P_5 사이에는 판의 발산형 경계인 해령이 존재한다.

㉢. 관측 지점 중 수심이 가장 깊은 곳은 초음파의 왕복 시간이 7.7초인 곳으로 수심이 5775 m이고, 수심이 가장 얕은 곳은 초음파의 왕복 시간이 3.9초인 곳으로 수심이 2925 m이다. 따라서 관측 지점 중 수심의 최댓값과 최솟값의 차는 2850 m이다.

04 대륙의 이동

인도 대륙은 71 Ma부터 현재까지 북쪽으로 이동하였기 때문에 인도 대륙에서 서로 다른 시기에 생성된 암석의 고지자기 복각은 대륙의 위치에 따라 다르게 나타난다.

✗. 인도 대륙의 시간에 따른 위도 변화량은 71 Ma~55 Ma가 38 Ma~10 Ma보다 크다. 따라서 인도 대륙의 이동 속도는 일정하지 않았다.

㉡. 히말라야산맥은 인도 대륙과 유라시아 대륙이 충돌하면서 형성되었다. 따라서 히말라야산맥은 신생대에 형성되었다.

✗. A 기간(38 Ma~10 Ma)은 B 기간(71 Ma~55 Ma)에 비해 인도 대륙의 위도 변화량이 작다. 한편, 위도에 따른 고지자기 복각의 크기 변화량은 저위도가 고위도보다 크게 나타난다. 따라서 인도 대륙에서 생성된 암석의 복각 크기 변화량은 A 기간이 B 기간보다 작다.

05 지구 자기장

지질 시대 동안 지구 자기장이 역전되는 현상이 반복되었다. 지구 자기장의 방향이 현재와 같은 시기를 정자극기(정상기), 현재와 반대인 시기를 역자극기(역전기)라고 한다. (가)는 역자극기(역전기), (나)는 정자극기(정상기)이다.

✗. (가)는 역자극기(역전기)이므로, (가)에서 지리상 남극과 지자기 북극은 일치한다.

✗. A 지점은 적도에 위치한 곳으로, A 지점에서 자기력선은 지표면에 나란한 방향으로 배열된다.

㉢. B 지점은 지구 자기장 자기력선의 축과 지표면이 만나는 곳이며, 이곳에서 자기력선이 지표면 밖으로 나오고 있으므로 지자기 남극에 해당한다.

06 고지자기 복각

화산암체가 이동할 때 고지자기 복각의 변화를 통해 화산암체의 위도 변화를 추정할 수 있다. (나)에서 A는 B보다 먼저 생성된 암석이며, 고지자기 복각이 크다.

㉠. A의 암석은 정자극기에 생성되었으며 고지자기 복각이 양(+)의 값이다. 즉, 화산암체는 A가 생성된 시기에 북반구에

위치했지만, 현재는 남반구에 위치하기 때문에 A가 생성된 이후에 남쪽으로 이동했다.

✗. B는 정자극기에 생성된 암석이고 고지자기 복각이 양(+)의 값이므로 B가 생성될 당시 화산암체는 북반구에 위치했다.

✗. A와 B가 생성될 당시에는 화산암체가 북반구에 위치했지만, 현재 화산암체는 남반구 중위도에 위치한다. 따라서 6천만 년 전부터 현재까지 화산암체의 위도는 낮아졌다가 높아졌으므로 고지자기 복각의 크기는 작아졌다가 커졌다.

07 고지자기 줄무늬
해령 주변에서는 고지자기 줄무늬가 해령 축을 중심으로 대칭적으로 분포한다. 이는 해령에서 생성된 해양 지각이 해저가 확장되면서 양쪽으로 이동하기 때문이다.

✗. 해령에서 멀어질수록 해저 퇴적물의 두께는 두꺼워진다. 따라서 ㉠은 B의 하부, ㉡은 A의 하부의 해양 지각 및 퇴적물 분포에 해당한다.

✗. 해령 축은 북쪽 방향에 대해 기울어져 있다. B의 암석이 만들어질 당시 잔류 자기(고지자기) 방향은 남쪽을 향하므로 고지자기 방향은 해령 축에 대해 기울어진 상태가 된다.

㉢. 해령에서 멀어질수록 해저 퇴적물 최하층의 연령이 많다. 따라서 해저 퇴적물 최하층의 연령은 ㉠이 ㉡보다 적다.

08 판의 이동
모든 판은 끊임없이 이동하고 있으며, 이 과정에서 판의 경계와 대륙 분포의 변화가 나타난다.

✗. A의 내부에서 판의 이동 속력은 위치에 따라 다르게 나타난다.

㉡. B와 D는 각각 북동쪽, 북서쪽으로 이동하기 때문에 판의 경계를 기준으로 한 상대적인 운동을 고려할 때, 두 판 사이에는 수렴형 경계가 발달한다.

㉢. 판의 이동 방향 및 이동 속력을 고려할 때, C의 경계에는 주로 수렴형 경계가 발달한다. C는 해양판이기 때문에 C의 경계에는 주로 해구가 발달한다.

09 해저 확장
해령 축으로부터의 거리가 멀어질수록 해양 지각의 나이는 많아진다. 또한 해령 정상으로부터 해저면까지의 깊이가 깊어질수록 해양 지각의 나이는 대체로 많아진다. 해령에서 해양 지각의 확장 속도는 A가 B보다 빠르다.

㉠. ㉠ 지점과 ㉡ 지점은 지각의 나이가 같다. 지각의 나이가 같을 때 해령 축으로부터의 거리는 B가 A보다 가깝기 때문에 ㉠ 지점이 ㉡ 지점보다 해령 축으로부터의 거리가 가깝다.

㉡. 지각의 나이가 같을 때 해령 축으로부터의 거리는 A가 B보다 멀다. 즉, 해양 지각의 평균 확장 속력은 A가 B보다 빠르다. 따라서 고지자기 줄무늬의 평균적인 폭은 A가 B보다 넓다.

✗. A와 B 모두 해양 지각의 나이가 많을수록 해령 정상으로부터 해저면까지의 깊이가 대체로 깊다. 즉, 수심이 대체로 깊다.

10 대륙 분포의 변화
고생대 말에는 분리되었던 대륙들이 충돌하면서 합쳐져 초대륙 판게아가 형성되었다.

㉠. (가)는 고생대 초기, (나)는 고생대 말기의 대륙 분포에 해당한다.

✗. 고생대 말기에 해당하는 (나) 시기에 초대륙 판게아가 형성되었다.

✗. 해안선의 총 길이는 대륙들이 흩어져 있을 때보다 초대륙이 형성된 시기에 상대적으로 짧다. 대륙들의 분포를 고려할 때 (가)보다 (나)에서 대륙들이 많이 붙어 있으므로 해안선의 총 길이는 (가)가 (나)보다 길다.

11 지괴의 이동과 고지자기극의 겉보기 이동
고지자기극은 고지자기 방향으로 추정한 지리상 북극이고, 지리상 북극의 위치가 변하지 않았다고 가정하면 지괴의 이동에 의해 고지자기극의 겉보기 이동이 나타난다. 시기별 고지자기 복각의 크기는 지괴의 위도가 높을수록 큰 값을 나타낸다.

✗. 지괴의 위도 변화량은 60 Ma~40 Ma와 40 Ma~20 Ma가 같지만, 지괴의 경도 변화량은 60 Ma~40 Ma보다 40 Ma~20 Ma가 크다. 따라서 시간에 따른 지괴의 이동 거리를 비교할 때, 지괴는 60 Ma~40 Ma가 40 Ma~20 Ma보다 느리게 이동하였다.

✗. 고지자기 복각의 크기는 지괴의 위도가 높을수록 큰 값을 나타낸다. 40 Ma에 지괴의 위도는 약 0°이고 20 Ma에 지괴의 위도는 약 10°S이므로, 고지자기 복각의 크기는 40 Ma가 20 Ma보다 작다.

㉢. 지질 시대 동안 지자기 북극은 하나뿐이었으므로 지괴가 이동하거나 회전하지 않는다면 고지자기극의 위도는 언제나 90°이다. 하지만 지괴가 이동하거나 회전하면 이에 따라 고지자기극의 위도 역시 변하게 된다. 지괴에서 구한 10 Ma의 고지자기극의 위도는 현재 지리상 북극과 일치하기 때문에 90°이지만, 지괴에서 구한 30 Ma의 고지자기극의 위도는 지괴의 이동과 회전에 의한 위치 변화가 있으므로 90°보다 낮다.

12 초대륙의 형성과 분리
과학자들은 초대륙이 분리되었다가 합쳐져 다시 초대륙이 형성되고 이 과정이 되풀이된다고 생각한다.

㉠. (가)는 초대륙이 분리되는 과정이며, 발산형 경계가 형성된다.

㉡. (나)는 대륙과 대륙이 충돌하여 초대륙이 형성되는 과정이며, 습곡 산맥이 형성된다.

㉢. 지질 시대 동안 대륙이 충돌하여 초대륙이 형성되고, 초대륙이 다시 분리되는 과정은 반복적으로 일어났다.

01 대륙 이동의 증거

베게너가 제시한 대륙 이동의 증거로는 대서양 양쪽 대륙 해안선 굴곡의 유사성, 고생물 화석 분포, 고생대 말 빙하 퇴적층의 분포와 빙하 이동 흔적, 지질 구조의 연속성 등이 있다.

✗. 빙하의 이동 흔적은 빙하기에 빙하가 확장될 때나 간빙기에 빙하가 녹아 이동할 때 형성된다. 따라서 (가)에서 빙하의 이동 흔적과 대륙 이동은 직접적인 관련이 없다.

✗. 대서양 양쪽 해안에서 발견되는 암석 분포와 지질 구조가 대륙들 간에 연속성을 갖는 것은 대륙 이동의 증거이다. 즉, (나)는 판게아가 존재한 시기에 형성된 지층이므로, 사암층에서 신생대 화석은 산출될 수 없다.

ⓒ. 판게아가 형성되었을 때 대륙 A와 B는 서로 붙어 있었기 때문에 A와 B의 일부 지역에서는 연속된 지질 구조가 나타난다.

02 판 구조론의 정립

(가)는 대륙 이동설을 주장한 베게너, (나)는 맨틀 대류설을 주장한 홈스, (다)는 해령 주변에서 변환 단층이 형성되는 이유를 설명한 윌슨이다.

✗. 음향 측심법은 1940년대~1950년대에 개발된 해저 탐사 기술로, 해저 확장설이 대두되는 데 중요한 역할을 하였다. 베게너가 대륙 이동설을 주장할 당시에는 음향 측심법이 개발되지 않았다.

Ⓑ. 홈스의 맨틀 대류설은 대륙 이동의 원동력을 모두 설명하기에 부족했고, 발표 당시에는 홈스의 주장을 뒷받침할 만한 결정적인 증거가 없었기 때문에 많은 과학자들에게 인정받지 못했다.

Ⓒ. 윌슨은 해령의 열곡과 열곡이 어긋난 구간에서 천발 지진이 활발하게 발생하는 것을 발견하고 이 구간에 변환 단층이 발달한다고 주장하였다.

03 지구 자기장

지구가 가지고 있는 고유한 자기장을 지구 자기장이라고 한다. 나침반의 자침은 지구 자기장 방향으로 배열되며, 나침반 자침의 N극은 현재 북쪽을 향한다.

⃝. 현재 지구 자기장 자기력선의 축은 지구 자전축에 대해 조금 기울어져 있기 때문에 지자기 북극과 지리상 북극이 일치하지 않지만, 오랜 시간 동안 평균한 지자기 북극의 위치는 지리상 북극과 일치한다. 따라서 오랜 시간 동안의 위치를 평균하여 나타내면 ⃝과 ⓛ은 같은 곳에 위치한다.

ⓛ. 나침반 자침의 N극이 지구 중심을 향하는 곳은 지자기 북극

이다. 지자기 북극에서 θ는 90°이다.

ⓒ. A와 B는 모두 지리상 적도에 위치하지만, 지구 자기장을 고려할 때 A에서 복각은 0°이고, B에서 복각은 양(+)의 값을 나타낸다. 따라서 나침반 자침의 N극과 수평면이 이루는 각(θ)의 크기는 A에서가 B에서보다 작다.

04 음향 측심법

초음파의 속력이 v, 해수면에서 발사한 초음파가 해저면에 반사되어 되돌아오는 데 걸리는 시간이 t라면 수심 d는 다음과 같다.

$$수심(d) = \frac{1}{2}vt$$

음향 측심법을 이용해 수심을 구하면, 구간 A−B에서 가장 깊은 곳의 수심은 7500 m보다 깊다.

⃝. 구간 A−B에서 초음파 왕복 시간의 최댓값은 10초보다 길고, 최솟값은 4초보다 짧다. 따라서 A−B 구간에서 수심의 최댓값은 7500 m보다 깊고, 최솟값은 3000 m보다 얕기 때문에 수심의 최댓값과 최솟값의 차는 4500 m보다 크다.

✗. A 지점과 B 지점 사이에는 판의 수렴형 경계가 발달한다. 따라서 A 지점은 판의 경계에 대해 대체로 동쪽으로, B 지점은 판의 경계에 대해 대체로 서쪽으로 이동한다.

✗. B 지점이 위치한 판이 A 지점이 위치한 판 아래로 섭입하므로, 섭입대는 A 지점이 위치한 판 하부에 존재한다.

05 해저 확장과 고지자기 줄무늬

해령 주변의 고지자기 줄무늬는 해령 축을 기준으로 대칭적으로 나타난다. 만약 해령 축을 기준으로 양쪽에서 해저가 확장되는 속력이 서로 다르다면 고지자기 줄무늬의 폭도 다르게 나타날 것이다. X 지점으로부터 120 km 떨어진 곳은 해저 퇴적물의 두께가 0이므로 해령 축에 해당한다. 구간 X−Y가 북서−남동 방향으로 기울어져 있으므로, 해령 축은 지리상 북극 방향에 대해 북동−남서 방향으로 기울어져 있다.

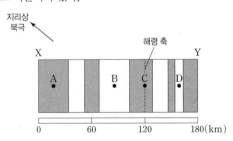

⃝. A는 B보다 해령 축으로부터의 거리가 멀다. 따라서 해양 지각의 나이는 A가 B보다 많다.

✗. 지괴가 생성된 후 이동하지 않는다면 지괴에서 구한 고지자기극의 위도는 언제나 90°이다. 하지만 지괴가 이동한다면 지괴에서 구한 고지자기극의 위도 역시 변하게 된다. C는 해령 축에 위치하기 때문에 C에서 구한 고지자기극의 위도는 90°이다. 이에

비해 A는 해령 축으로부터의 거리가 C에 비해 멀기 때문에 A에서 구한 고지자기극의 위도가 C에서 구한 고지자기극의 위도보다 낮다.

✗. 암석이 생성될 때 잔류 자기 방향은 언제나 지자기 북극(＝지리상 북극) 방향을 향한다. 즉, 정자극기에 고지자기 방향은 북쪽을 향하고, 역자극기에 고지자기 방향은 남쪽을 향한다. 따라서 역자극기에 해당하는 D에서 해양 지각을 이루는 암석의 고지자기 방향은 남쪽을 향한다.

06 섭입대와 해저 확장설

해저 확장설에 따르면 해령에서 생성된 해양 지각은 맨틀 대류를 따라 이동하며 해구에서 침강하여 맨틀로 들어간다.

◯. 섭입대 주변에서 지진이 발생하는 깊이는 해구에서 섭입당하는 판 쪽으로 갈수록 점차 깊어진다. 이는 해양 지각이 해구에서 섭입되기 때문이다. 섭입대 주변에서 지진이 발생하는 깊이 변화는 해저 확장설에서 해양 지각의 소멸을 설명하는 증거가 된다.

◯. A와 B의 경계를 기준으로 A 쪽으로 갈수록 진원의 깊이가 점차 깊어진다. 즉, 판의 섭입이 일어나므로, 판의 경계에는 해구가 발달한다.

✗. 판의 경계 부근에서 진앙은 B보다 A에 주로 분포한다. 이로부터 B가 A 아래로 섭입하는 것을 알 수 있다. 따라서 판의 밀도는 A가 B보다 작다.

07 대륙의 이동과 고지자기극의 겉보기 이동

지질 시대 동안 지리상 북극의 위치가 변하지 않았다고 가정하면 대륙의 이동에 의해 고지자기극의 겉보기 이동이 나타난다. (나)는 300 Ma의 대륙 분포를 나타낸 것이므로, (가)에서 300 Ma에 A와 B에서 구한 고지자기극의 위치를 일치시키면 (나)와 같은 대륙 분포가 나타나야 한다.

✗. 오랜 시간 동안 평균한 지자기 북극의 위치는 지리상 북극과 같다. 고지자기극의 겉보기 이동은 대륙의 이동에 의해 나타나는 것이므로, 대륙이 이동하지 않는다면 대륙에서 구한 고지자기극의 위치는 지리상 북극과 일치한다. 대륙에서 구한 400 Ma의 고지자기극이 저위도에 위치하는 것은 대륙 이동에 의한 결과이다. 400 Ma에 지자기 북극은 지리상 북극 부근에 위치하였다.

◯. A에서 구한 300 Ma 고지자기극과 B에서 구한 300 Ma 고지자기극을 일치시켰을 때 (나)와 같은 대륙 분포가 나타나야 한다. B에 대하여 A는 상대적으로 시계 방향으로 회전했으므로 ㉠은 A, ㉡은 B에서 각각 구한 고지자기극의 겉보기 이동 경로에 해당한다.

✗. 고지자기극은 고지자기로 추정한 지리상 북극이며, 지리상 북극의 위치는 변하지 않았으므로 대륙이 이동하지 않았다면 대륙에서 구한 고지자기극의 위치는 지리상 북극과 일치해야 한다. B에서 구한 시기별 고지자기극의 위치가 지리상 북극에 대해 계속 변하고 있으며, 300 Ma에 고지자기극의 위치가

현재 지리상 북극과 일치하지 않으므로 300 Ma에 B의 위치는 현재와 같을 수 없다.

08 해저 확장과 해양 지각의 연령 변화

해양 지각의 연령은 해령 축에서 멀어질수록 많아진다. 해령의 열곡과 열곡이 어긋난 구간에는 변환 단층이 발달하며, 변환 단층은 판의 보존형 경계에 해당한다.

✗. A와 B 사이에는 진앙이 분포하지 않기 때문에 판의 경계가 존재하지 않는다. 따라서 A와 B 사이에는 맨틀 대류의 상승부가 위치할 수 없다. 맨틀 대류의 상승부는 해령이 발달하는 곳에 나타난다.

✗. A와 C는 같은 판에 속해 있으므로, A와 C 사이에는 변환 단층이 발달할 수 없다.

◯. 해령 축으로부터 B는 해양 지각의 연령이 240만 년보다 많은 곳에 위치하고, C는 해양 지각의 연령이 240만 년보다 적은 곳에 위치한다. 따라서 암석의 연령은 B가 C보다 많다.

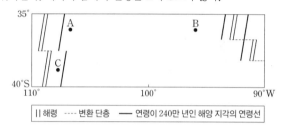

09 대륙 분포의 변화

판의 운동은 지속적으로 일어나고 있으며, 판의 운동에 의해 대륙 분포도 끊임없이 변하고 있다.

✗. 현재보다 t_1 시기에 대서양의 면적은 넓어지고, 태평양의 면적은 좁아진다. 따라서 (나)에서 A는 태평양, B는 대서양이다.

◯. 대서양의 면적은 t_1 시기가 t_2 시기보다 넓다. 따라서 t_1과 t_2 시기 사이에 대서양에는 수렴형 경계가 발달한다.

◯. 대륙붕의 총 면적은 대륙들이 분리되어 있을 때가 합쳐져 있을 때보다 넓다. 따라서 t_1, t_2, t_3 시기 중 대륙붕의 총 면적은 t_3 시기에 가장 좁다.

10 판의 이동

판 내부에 위치한 지점들의 위치 변화를 측정하면 판의 이동 방향과 이동 속력을 추정할 수 있다. 8년 동안 A는 남동쪽으로 이동했고, B와 C는 북서쪽으로 이동했다.

✗. 남북 방향, 동서 방향의 위치 변화를 고려할 때, 판의 평균 이동 속력은 A가 속한 판이 B가 속한 판보다 빠르다.

◯. 8년 동안 A는 남동쪽으로, C는 북서쪽으로 이동했다. A는 B보다 서쪽에 위치하고, B는 C보다 서쪽에 위치하므로 이 시기 동안 A와 C 사이의 거리는 점차 가까워졌다.

◯. 판의 경계가 판의 평균 이동 방향에 대해 수직으로 발달한다고 했으므로, 판의 이동 방향을 고려할 때 t 시기의 위도는 B가

C보다 높다. 참고로 t 시기에 A, B, C의 위치는 아래와 같다.

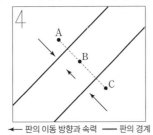

← 판의 이동 방향과 속력 —— 판의 경계

11 초대륙의 분리와 형성

판의 운동과 함께 대륙들이 이동하면 분리되었던 대륙들이 합쳐져서 초대륙을 형성하기도 하고, 초대륙이 분리되기도 한다. 과학자들은 초대륙이 형성되는 주기를 약 3억 년~5억 년으로 추정한다.

ㄱ. (가) → (나) 과정에서 판의 발산형 경계가 형성되며, 발산형 경계에서는 새로운 해양판이 생성된다.

ㄴ. (다)에는 기존에 형성되었던 판의 발산형 경계와 함께 해양판의 섭입이 일어나는 수렴형 경계가 발달한다. 따라서 (다)에는 맨틀 대류의 상승부와 하강부가 모두 존재한다.

ㄷ. (라)의 A는 대륙판과 대륙판이 충돌한 경계에 위치한다. 대륙판과 대륙판이 충돌하는 경계에서는 과거 대륙판 주변의 해양판이 섭입하는 과정에서 섭입되지 않고 남은 해양 퇴적물 속의 해양 생물 화석이 산출될 수 있다.

12 해저 확장과 고지자기 복각

위도가 높은 지역에서 생성된 해양 지각일수록 고지자기 복각의 크기가 크다. 일정한 기간에 퇴적된 해저 퇴적물의 두께는 해저 퇴적물의 퇴적 속도가 빠른 지역일수록 두껍게 나타난다.

ㄱ. A에서 측정한 고지자기 복각은 $+20°$이고, B에서 측정한 고지자기 복각은 $-30°$이다. 따라서 지각이 생성될 당시의 위도는 A가 B보다 낮다.

ㄴ. 서로 다른 해역에서 해저 퇴적물의 퇴적 시간이 동일하다면 퇴적된 해저 퇴적물의 두께는 퇴적 속도에 비례하여 나타난다. A와 B에서 동일한 기간에 퇴적된 해저 퇴적물의 두께는 A가 B보다 두꺼우므로 깊이 10 m까지 해저 퇴적물의 평균 퇴적 속도는 A가 B보다 빠르다.

ㄷ. A와 B는 각각 서로 다른 해령에서 생성되어 이동한 지점이며, 각각의 해령 축으로부터의 거리가 같다. 따라서 해양 지각의 연령에 따른 해령 축으로부터의 이동 거리를 고려할 때, 최근 천만 년 동안 판의 평균 확장 속력은 A가 속한 판이 B가 속한 판보다 빠르다.

---

02 판 이동의 원동력과 마그마 활동

수능 2점 테스트
본문 29~31쪽

01 ③ **02** ⑤ **03** ⑤ **04** ① **05** ① **06** ② **07** ②
08 ③ **09** ④ **10** ① **11** ④ **12** ③

01 지구 내부의 층상 구조

지구 내부는 물리적 상태에 따라 암석권, 연약권, 하부 맨틀, 외핵, 내핵으로 구분된다. ㉠은 암석권, ㉡은 연약권, ㉢은 외핵, ㉣은 내핵이다.

ㄱ. ㉠(암석권)과 ㉣(내핵)은 모두 고체 상태이다.

ㄴ. ㉡(연약권)은 상부 맨틀 중 암석권의 하부에서부터 깊이 약 400 km까지를 말하며, 부분 용융 상태이다.

ㄷ. 열점은 맨틀 내에 고정된 마그마의 생성 장소이다.

02 맨틀 대류 모델

맨틀 대류를 설명하는 모델에는 상부 맨틀에서만 대류가 일어나는 모델과 맨틀 전체에서 대류가 일어나는 모델이 있다. 어느 모델이든 맨틀 대류에 의해 해저가 확장되고 섭입대가 형성되는 것을 설명할 수 있다.

ㄱ. (가)는 상부 맨틀에서만 대류가 일어나는 모델이며, 연약권에서 맨틀 대류가 일어난다.

ㄴ. (나)는 맨틀 전체에서 대류가 일어나는 모델이며, 맨틀과 외핵의 경계부에서 상승한 맨틀 물질에 의한 화산 활동이 판의 내부에서도 일어나는 것을 설명할 수 있다.

ㄷ. (가)와 (나) 모두 맨틀 대류가 상승하는 곳에 해령이 발달하며, 맨틀 대류에 의한 해저 확장을 설명할 수 있다.

03 판의 이동에 작용하는 힘

판의 이동에 작용하는 힘에는 맨틀 대류에 의한 힘, 섭입하는 판이 잡아당기는 힘, 해령에서 판을 밀어내는 힘 등이 있다.

ㄱ. A에는 해령이 발달하며, 해령에서는 판을 밀어내는 힘이 작용한다.

ㄴ. 해령에서 만들어진 해양 지각이 해구에서 소멸될 때까지 해양판은 맨틀 대류에 의해 이동한다. 따라서 B에서는 맨틀 대류에 의한 힘이 작용한다.

ㄷ. C의 북동쪽에는 섭입대가 존재한다. 따라서 C에서는 섭입하는 판이 잡아당기는 힘이 작용한다.

판을 이동시키는 힘

04 화산대와 판의 경계

태평양 주변부의 화산대는 대체로 판의 경계와 나란하게 나타난다. 열점은 판의 경계는 아니지만 화산 활동이 활발하게 일어난다.

㉠. A에는 호상 열도가 나타나므로 해양판의 섭입이 일어나기 시작하는 곳에 해구가 존재한다.

✗. B는 판의 내부에서 화산 활동이 일어나는 곳으로, B의 하부에 열점이 있다. 열점은 새로운 해양판이 생성되는 곳이 아니며, 새로운 해양판은 발산형 경계(해령)에서 생성된다.

✗. 해양판이 대륙판 아래로 섭입하는 곳에서는 해구와 호상 열도가 발달하거나 해구와 습곡 산맥이 발달한다. C는 해양판이 대륙판 아래로 섭입하는 곳으로 해구와 습곡 산맥이 발달한다.

05 판의 경계

발산형 경계에서는 판과 판이 서로 멀어지며, 수렴형 경계에서는 판과 판이 서로 가까워진다. 발산형 경계와 섭입형 수렴형 경계 부근에서는 지진과 화산 활동이 활발하게 일어난다.

㉠. A에는 섭입형 수렴형 경계, B에는 발산형 경계가 발달한다. 따라서 진원의 평균 깊이는 A가 B보다 깊다.

✗. ㉠ 판의 동쪽 경계는 발산형 경계이다. 따라서 ㉠ 판의 동쪽 경계 부근에는 주로 해령이 발달한다.

✗. 화산 활동은 판의 발산형 경계 또는 섭입형 수렴형 경계 부근에서 활발하게 일어난다. 판의 경계는 대서양 연안보다 태평양 연안에 많이 발달하므로, 화산 활동 역시 대서양 연안보다 태평양 연안에서 활발하게 일어난다.

06 플룸 구조론

플룸 구조론은 플룸의 상승이나 하강으로 지구 내부의 변동이 일어난다는 이론으로, 판과 맨틀 전체의 상호 관계를 중심으로 지구 내부 물질의 운동을 설명한다. 뜨거운 플룸은 주로 맨틀과 외핵의 경계에서 뜨거운 맨틀 물질이 상승하면서 생성되고, 차가운 플룸은 주로 섭입형 수렴형 경계에서 섭입한 판에 의해 생성된다.

✗. A는 뜨거운 플룸으로, 뜨거운 맨틀 물질이 상승하면서 생성된다.

㉡. 뜨거운 플룸이 상승하면서 열점이 만들어지고, 열점은 오랫동안 많은 양의 마그마를 분출하여 ㉠과 같은 화산섬을 형성한다.

✗. 아시아 대륙의 하부에서는 차가운 플룸이 하강하고 있다. 차가운 플룸은 섭입한 판이 상부 맨틀과 하부 맨틀의 경계에 머물다가 일정량 이상이 되면 맨틀과 외핵의 경계부 쪽으로 가라앉으면서 생성된다. 따라서 아시아 대륙의 하부에는 섭입대가 대체로 상

부 맨틀과 하부 맨틀의 경계까지 발달한다.

07 열점과 판의 이동

고정된 열점에서 마그마가 분출하여 형성된 화산암체는 판과 함께 이동하므로, 화산암체의 분포와 연령을 파악하면 판의 이동 방향 및 이동 속력을 알 수 있다. 고정된 열점에서 마그마가 분출하여 형성된 화산암체는 고지자기 복각의 크기가 모두 같다.

✗. 화산암체 A, B, C에서 고지자기 복각의 크기가 같으므로 화산암체들은 열점에서 마그마가 분출하여 형성되었다. 한편 호상 열도는 판이 섭입하는 수렴형 경계 부근에서 형성되며, 열점과는 관련이 없다.

✗. 최근에 만들어진 화산암체들의 이동 방향을 통해 최근의 판의 이동 방향을 파악할 수 있다. 최근에 만들어진 화산암체들의 이동 방향은 (나)보다 (가)에 가깝다. 따라서 최근 천만 년 동안 A가 속한 판의 이동 방향은 (나)보다 (가)에 가깝다.

㉢. 열점에서는 맨틀 물질의 부분 용융으로 마그마가 생성된다. 따라서 A, B, C 모두 현무암질 마그마에 의한 화산 활동으로 형성되었다.

08 판의 경계와 마그마 활동

마그마가 활발하게 생성되는 장소에는 해령 하부, 섭입대 부근, 열점 등이 있다. A는 열점에서 만들어진 마그마가 분출하는 곳이고, B는 해령 하부에서 만들어진 마그마가 분출하는 곳이다. C는 주로 섭입대 부근에서 만들어진 마그마와 대륙 지각 하부에서 만들어진 마그마가 혼합되어 생성된 마그마가 분출하는 곳이다.

㉠. A의 하부에는 열점이 위치한다. 열점에서는 주로 압력 감소에 의해 현무암질 마그마가 생성된다.

㉡. B는 해령 하부에서 만들어진 마그마가 분출되는 장소이다. B에서 분출되는 마그마는 현무암질 마그마이므로 SiO_2 함량이 52 % 이하이다.

✗. C에서 분출되는 마그마는 주로 안산암질 마그마이다. 안산암질 마그마가 분출하면 화산암인 안산암이 주로 생성된다.

09 판 경계부의 변화와 마그마 생성

일반적으로 지구 내부의 온도는 암석의 용융 온도에 도달하지 못하므로 대부분의 지구 내부에서는 마그마가 생성되지 않는다. 하지만 지구 내부의 환경 변화로 인해 지구 내부의 온도가 암석의 용융 온도에 도달하면 암석이 녹아서 마그마가 생성될 수 있다. 지하의 온도 분포가 (가)에서 (나)로 변한 것은 새로운 판의 경계가 발달할 때 맨틀 물질의 상승 운동이 있었기 때문이다.

㉠. 일반적으로 지각과 맨틀은 고체 상태이므로 지하 온도는 각 깊이에서의 용융 온도보다 낮다. 따라서 A는 지하 온도에 해당한다.

㉡. 이 해역에서는 새로운 판의 경계가 발달할 때, 맨틀 물질이 상승하여 압력이 감소하는 과정에서 마그마가 만들어진다. 즉, 새로운 판의 경계는 맨틀 대류의 상승부에 위치한 발산형 경계이고,

(가) → (나) 과정에서 이 해역에는 해령이 발달한다.

✗. 이 해역에서는 해령이 발달하고, 주로 현무암질 마그마가 생성된다.

10 섭입대와 지진파 단층 촬영 영상

지진파 단층 촬영 영상에서 지진파의 속도가 빠른 곳은 주위보다 온도가 낮고, 지진파의 속도가 느린 곳은 주위보다 온도가 높다. 섭입대 부근의 지진파 단층 촬영 영상에서는 섭입대를 따라 지진파의 속도가 빠른 영역이 나타난다.

◯. (나)의 지진파 단층 촬영 영상에서 지진파의 속도가 주위보다 빠른 영역이 섭입대를 따라 나타나므로 이 지역에는 수렴형 경계가 존재한다.

✗. A에서는 해양판이 섭입할 때 빠져나온 물의 영향으로 연약권을 구성하는 광물의 용융 온도가 낮아져 현무암질 마그마가 생성되지만, 지하 깊은 곳이므로 현무암이 생성되지는 않는다.

✗. ◯은 해양판의 섭입에 의해 만들어진 마그마가 분출하여 형성된 화산섬이다. 해양판의 섭입이 일어나는 곳에서는 차가운 플룸이 생성될 수 있으므로 ◯의 하부에는 열점이 존재할 수 없다.

11 화성암

마그마가 지하 깊은 곳에서 서서히 냉각되면 조립질 조직을 가진 심성암이 생성되고, 지표 부근에서 빠르게 냉각되면 세립질 조직이나 유리질 조직을 가진 화산암이 생성된다. 화성암은 화학 조성(SiO_2 함량)에 따라 산성암, 중성암, 염기성암으로 구분한다.

✗. ◯은 결정의 크기가 작은 세립질 조직이나 결정을 형성하지 못한 유리질 조직의 화산암이고, ◯은 결정의 크기가 큰 조립질 조직의 심성암이다. 따라서 ◯은 ◯보다 결정의 크기가 작다.

◯. A는 C보다 SiO_2 함량이 적으므로 암석의 색은 A가 C보다 어둡다.

◯. B는 결정의 크기가 작은 화산암이다. 따라서 B의 산출 상태는 ◯보다 ◯에 가깝다.

12 우리나라의 화성암 지형

설악산의 공룡 능선은 지하 깊은 곳에서 마그마가 관입하여 생성된 심성암이 지표에 노출되어 형성된 지형이고, 울릉도 국수 바위는 마그마가 지표 부근에서 빠르게 냉각되면서 형성된 지형이다.

◯. 설악산 공룡 능선은 심성암 지형, 울릉도 국수 바위는 화산암 지형이다. 따라서 ◯은 심성암, ◯은 화산암이다.

◯. 심성암이 융기하여 지표에 노출될 때 압력 감소로 인해 팽창하면서 판상으로 갈라진 판상 절리가 형성된다. 따라서 '판상 절리'는 ◯에 해당한다.

✗. 화산암이 생성될 때 마그마가 지표 부근에서 급속히 냉각되면 부피가 급격히 수축하여 기둥 모양으로 갈라진 주상 절리가 발달할 수 있다. 마그마의 냉각 속도가 느릴수록 주상 절리는 잘 발달하지 않는다.

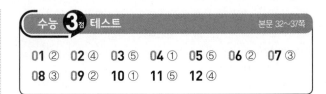

01 암석권과 연약권

암석권의 두께가 두꺼운 지역일수록 연약권이 나타나기 시작하는 깊이가 깊다. 해령 부근에서는 해령에 가까울수록 암석권의 평균 두께가 대체로 얇다.

✗. 구간 X−Y는 해양의 발산형 경계(해령) 부근에 위치한다. 구간 X−Y에서는 해령으로부터 멀어질수록 지각의 나이가 많아지기 때문에 암석권의 두께 역시 지각의 나이가 많을수록 두껍다.

◯. A에는 해령이 위치한다. 해령은 화산 활동으로 생성된 해저 산맥으로 주변 해저 지형에 비해 수심이 얕다. 즉, 주변에 비해 높게 솟아오른 지형이다. 따라서 A 부근에서는 중력에 의해 판이 미끄러지면서 판을 밀어내는 힘이 작용한다.

✗. B는 다른 지역에 비해 암석권의 두께가 두껍다. 맨틀 대류의 상승부에서는 판의 발산에 의해 암석권의 두께가 얇으므로, B는 맨틀 대류의 상승부에 위치할 수 없다.

02 판의 이동에 작용하는 힘

판의 경계 중 해구가 차지하는 비율이 높은 판은 섭입대에서 섭입하는 판이 판을 잡아당기는 힘이 크게 작용하여 대체로 판의 평균 이동 속력이 빠르다.

✗. A, B, C 중 판의 면적은 B가 가장 넓고, A가 가장 좁다. 하지만 판의 평균 이동 속력은 A가 C보다 빠르기 때문에 판의 면적이 넓을수록 판의 평균 이동 속력이 빠른 것은 아니다.

◯. A의 서쪽 경계는 B와 접해 있으며, A의 평균 이동 방향은 북동쪽, B의 평균 이동 방향은 북서쪽이다. 따라서 A와 B 사이에는 판의 발산형 경계가 발달하고, 판의 경계에서는 판을 밀어내는 힘이 작용한다.

◯. 판의 경계 중 해구가 차지하는 비율은 A가 C보다 크다. 이때 판의 평균 이동 속력도 A가 C보다 빠르기 때문에 섭입하는 판이 판 전체를 잡아당기는 힘은 상대적으로 A가 C보다 클 것이다.

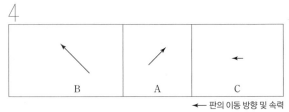

판의 상대적 위치와 이동 속력(모식도)

03 플룸의 연직 운동

차가운 플룸은 주위보다 온도가 낮고 밀도가 크기 때문에 지구 내부로 하강하는 연직 운동이 나타나고, 뜨거운 플룸은 주위보다 온도가 높고 밀도가 작기 때문에 상승하는 연직 운동이 나타난다.

㉠. 가열된 물의 상승을 통해 뜨거운 플룸이 상승하는 원리를 설명할 수 있으므로, '뜨거운 플룸'은 A에 해당한다.

㉡. (라)에서 수조 바닥을 가열하면 주위보다 온도가 높아지고 밀도가 작아진 물이 상승하는 연직 운동이 나타난다. 따라서 ㉠에서는 밀도 차에 의한 연직 운동이 일어난다.

㉢. (라)에서 나무토막은 가열된 물이 상승하여 밀어내는 힘에 의해 분리된다. 이와 같이 뜨거운 플룸의 연직 운동이 대규모로 일어나면 그 과정에서 대륙이 분리될 수 있다.

04 태평양 주변부의 안산암선과 지진대

안산암선은 태평양 주변부의 판 경계와 대체로 나란하게 나타나며 태평양 주변부의 지진대와도 대체로 나란하다.

㉠. 태평양에서 안산암선은 태평양 주변부의 수렴형 경계 부근에 분포한다. 따라서 태평양판을 이루는 해양 지각의 연령은 안산암선에 가까울수록 대체로 많다.

✗. 섭입대 부근의 연약권에서 생성된 현무암질 마그마가 상승하여 대륙 지각 하부에 도달하면 대륙 지각을 이루고 있는 암석이 가열되어 유문암질 마그마가 생성될 수 있다. 이때 유문암질 마그마가 상승한 현무암질 마그마와 혼합되면 주로 안산암질 마그마가 만들어진다.

✗. 태평양에서 안산암선 안쪽에서는 현무암질 마그마가 분출하고, 안산암선 바깥쪽에서는 안산암질 마그마와 현무암질 마그마가 모두 분출한다. 따라서 구간 A에서 안산암은 안산암선을 기준으로 대부분 동쪽에 분포한다.

05 열점과 화산암체

고정된 열점에서는 오랫동안 많은 양의 마그마가 분출하면서 화산암체를 만든다. 이때 화산암체들은 판의 운동에 의해 이동하지만, 고지자기 복각의 크기는 일정하다. A_1과 A_2는 연령이 다르지만 고지자기 복각이 동일한 것으로 보아 고정된 열점에서 마그마가 분출하여 생성되었다. 즉, A의 화산암체들은 고정된 열점에서 마그마가 분출하여 생성되었다.

㉠. A의 화산암체들은 연령이 다르지만 고지자기 복각이 같다. 즉, A의 화산암체들은 고정된 열점에서 마그마가 분출하여 생성되었기 때문에 A_1과 A_2는 현무암으로 이루어졌다.

㉡. B의 화산암체들은 대체로 판의 경계와 나란하게 발달한다. 판 경계의 동쪽에 화산암체가 발달하는 것은 B의 하부에 섭입대가 존재하기 때문이고, 섭입대 부근에는 용융된 맨틀 물질이 존재한다.

㉢. 판의 경계를 기준으로 서쪽에 위치한 판이 동쪽에 위치한 판 아래로 섭입한다. 따라서 지진은 판의 경계를 기준으로 서쪽보다 동쪽에서 활발하게 일어난다.

06 지진파 단층 촬영 영상

지진파 단층 촬영 영상에서 지진파의 속도 편차가 음(−)의 값인 곳에는 주위보다 온도가 높고 밀도가 작은 물질이 분포하고, 지진파의 속도 편차가 양(+)의 값인 곳에는 주위보다 온도가 낮고 밀도가 큰 물질이 분포한다.

✗. ㉠은 구간 X−Y에서 깊이 1660 km, 95°E 부근에 위치하며, 하부에는 깊이 2500 km 이상까지 지진파 속도 편차가 양(+)의 값인 영역이 존재한다. 뜨거운 플룸이 상승하는 곳의 지진파 속도 편차는 대체로 음(−)의 값이므로 ㉠의 하부에서는 뜨거운 플룸의 대규모 상승 운동이 일어나지 않는다.

㉡. ㉡은 구간 X−Y에서 깊이 1660 km, 140°E 부근에 위치하며 상부에는 지진파 속도 편차가 양(+)의 값인 영역이 존재한다. 일본 부근에 발달하는 섭입형 수렴형 경계의 위치를 고려할 때, ㉡의 상부에는 섭입대를 따라 이동하는 해양판이 존재한다.

✗. (나)에서 A 지점과 B 지점은 깊이가 같다. 따라서 물질의 온도는 지진파 속도 편차가 음(−)의 값인 A 지점이 양(+)의 값인 B 지점보다 높다.

07 변동대와 마그마

마그마가 주로 생성되는 곳은 열점, 해령 하부, 섭입대 부근 등이다.

✗. A는 판의 경계가 아닌 마그마 생성 장소로 열점에 해당한다. 열점에서는 맨틀 물질이 상승하여 압력 감소에 의해 마그마가 생성된다.

✗. B는 해령의 하부에 위치하며 현무암질 마그마가 만들어진다. 따라서 B 부근에서는 심성암인 반려암 또는 화산암인 현무암이 생성될 수 있다.

㉢. C는 섭입대 부근의 연약권에 해당한다. 이곳에서는 해양판이 섭입하여 온도와 압력이 상승하면 해양 지각과 퇴적물의 함수 광물에 포함된 물이 빠져나오고, 이 물의 영향으로 연약권을 구성하는 광물의 용융 온도가 낮아져 주로 현무암질 마그마가 생성된다. 따라서 A와 C는 평균 깊이가 같지만 암석의 용융 온도는 A가 C보다 높으므로 ㉠은 ㉡보다 크다.

08 판의 경계와 지각의 나이

해양 지각은 판의 경계에서 끊임없이 생성과 소멸의 과정을 거친다. 이에 비해 대륙 지각은 판의 경계에서 생성과 소멸의 과정을 거치지 않으므로 지각의 나이는 대체로 대륙 지각이 해양 지각보다 많다. 또한 해양 지각은 일반적으로 해령에서 멀어질수록 나이가 많아지며, 판의 경계가 이동하지 않는다면 판의 이동 속력이 느릴수록 거리에 따른 지각의 나이 증가량이 커진다.

㉠. a가 속한 판과 b가 속한 판의 경계(수렴형 경계) 부근에서는 a가 속한 판이 b가 속한 판 아래로 섭입한다. 즉, a가 속한 판은 섭입하는 판이 판을 잡아당기는 힘이 작용하여 판의 경계 부근으로 이동하는 판의 이동 속력이 상대적으로 빠르다. 한편 (나)에서

거리에 따른 해양 지각의 나이 변화량도 a가 b보다 작다. 따라서 판의 경계가 이동하지 않는다면 판의 평균 이동 속력은 a가 속한 판이 b가 속한 판보다 빠를 것이다.

Ⓛ. a에서 지각의 나이는 동쪽으로 갈수록 많아지기 때문에 a가 속한 판은 해양판이다. a가 속한 판과 b가 속한 판의 경계를 기준으로 동쪽에 진앙이 많이 분포하는 것으로 보아 a가 속한 해양판은 b가 속한 판의 아래로 섭입한다.

✗. a에는 해양 지각만 존재하지만 b에는 해양 지각과 대륙 지각이 모두 존재한다. 따라서 지각의 평균 두께는 a가 b보다 얇다.

09 지구 내부 구조와 암석의 용융 곡선

암석권은 지각과 상부 맨틀의 일부를 포함하는 두께 약 100 km의 암석으로 이루어진 층이다. 연약권은 상부 맨틀 중에서 암석권의 하부에서부터 깊이 약 400 km까지에 해당한다. 해양 지각은 대륙 지각보다 두께가 얇기 때문에 해양 지각이 위치한 곳은 대륙 지각이 위치한 곳보다 맨틀이 시작되는 깊이가 얕다. ⓐ는 대륙의 지하 온도 분포, ⓑ는 해양의 지하 온도 분포에 해당한다.

✗. A 과정은 해양 하부에서 상부 맨틀의 온도가 상승하는 경우에 해당한다. 따라서 A 과정에서는 유문암질 마그마가 생성될 수 없다.

✗. B 과정은 맨틀 물질이 상승할 때 압력 감소에 의해 맨틀 물질이 용융되어 마그마가 생성되는 경우에 해당한다. 따라서 B 과정에서 상승하는 물질에 작용하는 압력은 점차 작아진다.

Ⓔ. 이 지역의 맨틀에 물이 공급된다면 맨틀의 용융 곡선은 Ⓔ에서 Ⓛ으로 변하므로 마그마가 생성되기 시작하는 깊이는 대륙의 하부가 해양의 하부보다 깊을 것이다.

10 판의 경계와 판의 이동

해령 축을 기준으로 판의 확장 속력이 빠를수록 거리에 따른 해양 지각의 연령 변화는 작게 나타난다. 만약 해령이 이동한다면 판의 이동 속력은 새로운 판이 생성되어 확장되는 속력과 해령의 이동 속력을 모두 고려하여 계산해야 한다. 판의 이동 방향은 A가 서쪽, B가 동쪽이며, B는 A에 비해 판의 확장 속력은 2배 빠르지만, 판의 이동 속력은 3배 빠르다. 따라서 해령은 서쪽에서 동쪽으로 이동한다.

Ⓖ. 판의 확장 속력은 B가 A의 2배이다. Ⓖ과 Ⓛ은 각각의 해령으로부터 생성된 지각의 이동 거리가 거의 같으므로 지각의 연령은 Ⓖ이 Ⓛ보다 적다. 따라서 해저 퇴적물의 퇴적 시간을 고려할 때 해저 퇴적물의 두께는 Ⓖ이 Ⓛ보다 얇다.

✗. 현재 해령은 서쪽에서 동쪽으로 이동하고 있으며, 이동 속력(상댓값)은 1이다. 판의 확장 속력(상댓값)은 서쪽으로 4, 동쪽으로 8이므로 해령의 이동 속력은 판의 확장 속력보다 느리다.

✗. C의 이동 속력(상댓값)은 1이다. 만약 C의 이동 방향이 동쪽이라면 해령과 이동 방향 및 이동 속력이 같다. 따라서 해령과 해

구 사이의 거리는 일정하게 유지된다.

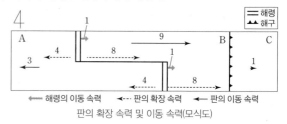

판의 확장 속력 및 이동 속력(모식도)

11 화성암의 분류

화성암은 마그마의 냉각 속도(결정 크기)에 따라 화산암과 심성암으로 분류하고, SiO_2 함량에 따라 염기성암, 중성암, 산성암으로 분류한다. 일반적으로 화성암을 만든 마그마의 생성 깊이가 깊을수록 마그마의 생성 당시 온도가 높다.

Ⓖ. 대륙판과 해양판의 수렴형 경계에서는 섭입대 부근의 연약권에서 현무암질 마그마가 생성될 수 있다. 이 현무암질 마그마가 상승하여 대륙 지각 하부에 도달하면 대륙 지각을 이루고 있는 암석이 가열되어 유문암질 마그마가 생성될 수 있다. 또한 상승한 현무암질 마그마와 유문암질 마그마가 혼합되면 안산암질 마그마가 생성될 수 있다. A는 결정의 크기가 크고 염기성암이며, B는 결정의 크기가 중간 정도이고 중성암이므로, 대륙판과 해양판이 수렴하는 지역의 대륙 지각 지표면 아래에서는 A와 B가 모두 생성될 수 있다.

Ⓛ. A와 C 중 화성암의 결정 크기는 A가 C보다 크다. A는 조립질 조직을, C는 세립질 조직을 나타내므로 암석이 생성될 당시 마그마의 냉각 속도는 A가 C보다 느리다.

Ⓔ. B는 중성암, C는 산성암이므로, 어두운색 광물의 함량비(%)는 B가 C보다 높다.

12 우리나라의 화성암 지형

북한산 인수봉을 이루는 화성암은 화강암, 재인 폭포를 이루는 화성암은 현무암이다. 북한산 인수봉에서는 지하 깊은 곳에서 마그마가 관입하여 생성된 심성암이 융기하여 지표면에 노출되면서 만들어진 지질 구조를 관찰할 수 있다. 재인 폭포에서는 화산암이 생성될 때 마그마가 지표 부근에서 급속히 냉각되면서 부피가 급격히 수축되어 기둥 모양으로 갈라진 주상 절리를 관찰할 수 있다.

✗. Ⓖ은 색이 밝은 화성암이고 Ⓔ은 색이 어두운 화성암이다. 따라서 Ⓖ은 산성암이고 Ⓔ은 염기성암이다.

Ⓛ. Ⓛ은 심성암, Ⓜ은 화산암이다. 따라서 암석이 생성된 깊이는 Ⓛ이 Ⓜ보다 깊다.

Ⓔ. Ⓔ은 심성암이 생성된 후 융기하는 과정에서 형성된 구조이고, Ⓗ은 화산암이 생성되는 과정에서 마그마의 급속한 냉각에 의해 형성된 구조이다. 따라서 Ⓛ(심성암)과 Ⓔ(판상 절리)의 생성 시기 차이는 Ⓜ(화산암)과 Ⓗ(주상 절리)의 생성 시기 차이보다 크다.

03 퇴적암과 지질 구조

수능 **2**점 테스트 　　　　　본문 45~47쪽

01 ③　**02** ①　**03** ③　**04** ②　**05** ①　**06** ⑤　**07** ⑤
08 ①　**09** ④　**10** ③　**11** ⑤　**12** ②

01 속성 작용

퇴적물이 쌓이면 아랫부분의 퇴적물이 윗부분에 쌓인 퇴적물의 무게에 의해 치밀하게 다져지는 다짐 작용과 퇴적물 속의 수분이나 지하수에 녹아 있던 석회질 물질, 규질 물질, 산화 철 등이 퇴적 입자 사이에 침전되어 퇴적물 알갱이들을 단단히 붙게 하여 굳어지게 하는 교결 작용을 받는다.
㉠. 이 과정에서 다짐 작용을 받아 퇴적물 입자들 간의 거리가 가까워졌으므로 퇴적물 입자들끼리의 접촉 면적이 증가했다.
✗. 이 과정에서 다짐 작용과 교결 작용은 동시에 일어났다.
㉢. 이 과정에서 원 내부의 공극이 감소하였고 퇴적물 입자와 교결 물질이 증가하였으므로, 원 내부의 물질 밀도가 증가했다.

02 속성 작용

퇴적물이 쌓인 곳에서 지표면으로부터의 깊이가 깊은 부분은 얕은 부분보다 먼저 쌓였고, 속성 작용을 받은 기간이 더 길다.
㉠. 지표면으로부터의 깊이가 깊을수록 위에서 아래로 누르는 퇴적물의 무게가 증가하므로 퇴적물이 받는 압력이 커진다.
✗. 지표면으로부터의 깊이가 깊은 부분은 얕은 부분보다 다짐 작용을 더 오래 받았기 때문에 퇴적물 입자 사이의 평균 거리는 감소한다.
✗. 속성 작용을 받는 동안 공극의 부피는 감소하고, 교결 물질의 양은 증가한다. 따라서 지표면으로부터의 깊이가 깊을수록 퇴적물 내부에서의 $\dfrac{\text{공극의 부피}}{\text{생성된 교결 물질의 양}}$ 값은 작아진다.

03 유기적 퇴적암

유기적 퇴적암은 생물의 유해나 골격의 일부가 쌓여서 만들어진 퇴적암이다.
㉠. (가)의 주요 성분은 탄산 칼슘으로, (가)가 퇴적되면 석회암이 만들어진다.
㉡. (나)의 규질 생물체는 골격이 단단하므로 (나)가 퇴적되어 생성된 퇴적암에서는 생물체의 골격 흔적이 발견될 수 있다.
✗. (가)와 (나)가 쌓여서 만들어진 퇴적암은 생물체의 유해나 골격 일부가 쌓여서 만들어진 유기적 퇴적암이다.

04 퇴적 구조

㉠은 연흔에 대한 설명이므로 A는 연흔, ㉡은 건열에 대한 설명이므로 B는 건열이다. C는 점이 층리에 해당한다.
✗. 상부로 갈수록 입자의 크기가 작아지는 특징이 나타나는 퇴적 구조는 점이 층리(C)이다.
✗. 건열(B)로 물이 흘러간 방향을 알 수 없다.
㉢. 연흔은 수심이 얕은 곳에서 물결의 영향을 받아 형성되고, 건열은 퇴적된 점토질 물질이 수면 위로 노출되어 건조해지면서 형성된다. 한편 해양 환경에서 점이 층리는 수심이 깊은 곳에서 형성되므로 연흔과 건열에 비해 형성되는 장소의 평균 수심이 깊다.

05 화석과 퇴적암의 종류

퇴적암이 형성될 때 그 당시 생존했던 생물의 유해나 골격, 흔적이 지층 내에 기록될 수 있으며, 생물의 화석으로 퇴적암의 퇴적 환경을 추론할 수 있다.
✗. 삼엽충은 해양에서 서식하던 생물이므로 (가)는 해양 환경에서 퇴적되었다.
㉡. 공룡은 중생대에 생존했던 생물이므로 (나)는 중생대에 퇴적되었다.
✗. (가)의 석회암은 침전 작용 또는 석회질 생물체의 유해가 퇴적되어 생성되고, (나)의 셰일은 쇄설성 퇴적물이 퇴적되어 생성된다.

06 퇴적 환경

퇴적 환경 중 연안 환경은 육상 환경과 해양 환경이 만나는 곳에서 퇴적암이 만들어지는 환경으로 삼각주, 조간대, 해빈, 사주, 석호 등이 있다.
㉠. 화진포 호수는 석호이므로 연안 환경에 해당한다.
㉡. 해빈은 모래가 쌓여 모래사장을 이루는 곳으로, 얕은 해안에서는 연흔이 형성될 수 있다.
㉢. 석호는 과거에 만이었으며, 만의 입구에 모래가 쌓여 바다로부터 격리된 것이다.

07 단층과 습곡

단층면을 기준으로 상반과 하반의 상대적인 이동을 통해 역단층, 정단층 등을 구분한다. 이 지층에서는 습곡과 역단층이 관찰된다.
㉠. 습곡은 암석이 횡압력을 받아 휘어진 지질 구조이고, 역단층은 횡압력을 받아 상반이 하반에 대해 위로 이동한 단층이다.
㉡. 이 지층에서는 단층면을 기준으로 상반이 하반에 대해 위로 이동한 역단층이 관찰된다.
㉢. 단층면이 경사져 있을 때 그 윗부분을 상반, 아랫부분을 하반이라고 한다. 이 지층의 단층 구조 하반에서는 배사와 향사 구조가 모두 나타난다.

08 단층의 종류

단층면을 경계로 양쪽 암석의 상대적인 이동에 따라 단층의 종류가 달라진다.

◯. (가)는 수평 방향으로 어긋나게 작용하는 힘을 받아 지괴가 수평 방향으로 이동한 주향 이동 단층이다.

✘. (나)는 장력을 받아 상반이 하반에 대해 아래로 이동한 정단층이다.

✘. 경사진 단층면의 위쪽 지괴는 상반, 아래쪽 지괴는 하반이다. ㉠과 ㉡은 모두 상반이다.

09 절리

절리는 암석에 생긴 틈이나 균열이다. 주로 지표로 분출한 용암이 식을 때 부피가 수축하여 긴 기둥 모양으로 갈라진 주상 절리가 형성될 수 있다.

✘. 주상 절리는 주로 용암이 냉각되어 부피가 수축할 때 형성된다.

◯. 주상 절리는 기둥 모양을 하고 있으며, 기둥의 단면은 주로 오각형이나 육각형이다.

◯. 주상 절리는 화산암에서 잘 나타난다.

10 부정합

부정합면을 경계로 상하 지층이 나란하면 평행 부정합, 상하 지층의 경사가 서로 다르면 경사 부정합이다.

◯. 이 지역에서는 부정합면을 경계로 상하 지층이 나란한 평행 부정합이 나타난다.

◯. 부정합은 퇴적 → 융기 → 풍화·침식 → 침강 → 퇴적 과정을 거쳐 형성된다. 이 지역에서는 1개의 부정합면이 나타나므로, 이 지역은 최소 1번의 침강이 있었다.

✘. 평행 부정합은 조륙 운동, 경사 부정합은 조산 운동을 받은 지층에서 잘 나타난다. 따라서 이 지역은 조산 운동보다 조륙 운동을 겪었을 가능성이 크다.

11 부정합

부정합면을 경계로 상하 지층이 나란하면 평행 부정합, 상하 지층의 경사가 서로 다르면 경사 부정합, 부정합면의 하부에 심성암이나 변성암이 분포하면 난정합이다.

◯. (가)에는 부정합면의 하부에 심성암이 있으므로 난정합이 나타난다.

◯. 조산 운동이 일어날 때 거대한 습곡 산맥이 만들어지며 지층이 경사지게 된다. 따라서 (나)는 조륙 운동보다 조산 운동을 받은 지층에서 잘 나타난다.

◯. 부정합면 위의 역암을 기저 역암이라고 한다. (가)와 (나) 각각의 부정합면 위에 자갈이 넓게 퇴적되어 있으므로 기저 역암임을 알 수 있다.

12 관입과 포획

마그마가 기존 암석의 약한 부분을 뚫고 들어가는 것을 관입이라고 한다.

✘. A가 관입암이므로 기존 암석인 B의 약한 부분을 뚫고 들어가 생성된 것이다. 따라서 A는 B보다 나중에 생성되었다.

◯. 마그마가 관입할 때 주변 암석의 일부가 떨어져 나와 마그마 속으로 유입되는 것을 포획이라고 한다. 따라서 B의 일부가 A 내부에 포획될 수 있다.

✘. A가 B를 관입하였으므로 A와의 경계에 닿아 있는 B에는 변성 작용의 흔적이 나타날 수 있다.

수능 3점 테스트
본문 48~53쪽

01 ④	02 ②	03 ①	04 ③	05 ③	06 ③	07 ④
08 ③	09 ④	10 ①	11 ②	12 ⑤		

01 속성 작용

속성 작용은 퇴적물이 쌓여 퇴적암이 되기까지의 전체 과정으로 새로운 퇴적물이 지속적으로 공급되며 퇴적 환경의 변화가 없다면 시간 경과에 따라 공극이 감소하고 퇴적물의 밀도가 커진다.

ㄱ. (가)와 (나)에서 모두 지표면으로부터 깊은 곳에 위치한 퇴적물일수록 퇴적물의 밀도가 크므로 속성 작용을 더 많이 받았음을 알 수 있다.

ㄴ. ㉠에 위치하는 퇴적물은 시간 경과에 따라 윗부분에 새로 공급된 퇴적물의 무게에 의해 더 치밀하게 다져지므로 퇴적물 입자 사이의 평균 거리가 가까워진다.

ㄷ. (나)에서 퇴적물의 밀도가 급격히 커지는 깊이가 나타나므로, t_1과 t_2 시기 사이에 발생한 단층은 정단층이다.

02 퇴적암의 종류

역암, 이암은 쇄설성 퇴적암이고, 석탄은 유기적 퇴적암이며, 석회암은 화학적 퇴적암 또는 유기적 퇴적암이다.

ㄱ. 석탄은 퇴적물의 기원이 식물체이므로 '퇴적물의 기원이 식물체인가?'에서 '예'로 분류된다.

ㄴ. A는 석회암이다. 석회암에서는 산호, 조개 등 다양한 해양 생물체의 골격으로 만들어진 흔적이 발견될 수 있다.

ㄷ. 쇄설성 퇴적암에 해당하는 역암과 이암 중 건열은 이암에서 형성될 수 있으므로 B는 역암, C는 이암이다. 하천의 상류에서는 주로 입자의 크기가 큰 퇴적물이 퇴적되므로 이암(C)보다 역암(B)이 더 잘 형성된다.

03 점이 층리

수심이 깊은 곳에 다양한 크기의 퇴적물이 한꺼번에 퇴적될 때 큰 입자들은 부유 시간이 짧아서 밑바닥에 먼저 가라앉고 작은 입자들은 부유 시간이 길어서 서서히 가라앉아 점이 층리가 형성된다.

ㄱ. a는 c보다 위쪽에 위치하며, a는 c보다 크기가 작은 입자의 부피비가 더 크다.

ㄴ. 점이 층리는 대륙 주변부의 해저에 쌓여 있던 퇴적물이 빠르게 이동하여 수심이 깊은 바다에 쌓일 때나 홍수가 일어나 퇴적물이 수심이 깊은 호수로 유입될 때 잘 형성된다.

ㄷ. ㉠에서 위로 갈수록 입자의 크기가 점점 작아지므로 ㉠은 역전되지 않았다.

04 퇴적 구조와 퇴적암

(가)의 퇴적 구조 ㉠은 건열, ㉡은 연흔이다. 건열은 수심이 얕은 물밑에 점토질 물질이 쌓인 후 퇴적물의 표면이 대기에 노출되어 건조해지면서 갈라져 형성된다. 연흔은 수심이 얕은 물밑에서 퇴적물이 퇴적될 때 물결의 영향을 받아 형성된다.

ㄱ. ㉠과 ㉡은 층리면을 위에서 비스듬히 내려다본 모습이다.

ㄴ. (나)에서 A는 역암, B는 셰일 또는 이암에 해당한다. 연흔과 건열은 퇴적물 입자가 작을 때 잘 형성되므로 A보다 B에서 발견될 가능성이 높다.

ㄷ. 건열은 퇴적물의 표면이 대기에 노출되어 건조해지면서 갈라져 형성되므로 수심이 깊은 물밑 환경에서는 형성될 수 없다. 연흔은 퇴적물이 퇴적될 때 물결의 영향을 받아 형성되므로 수심이 얕은 물밑에서 형성된다.

05 퇴적 환경

경사가 급한 골짜기에서 흘러내리는 유수가 경사가 완만한 평야에 이르면 유속이 느려지므로 유수에 의해 운반되어 오던 퇴적물이 쌓여 부채를 펼친 모양의 지형이 형성되는데, 이를 선상지라고 한다.

ㄱ, ㄴ. (가)에서는 경사가 급한 골짜기에서 경사가 완만한 평야에 도달할 때, (나)에서는 경사가 급한 해저 협곡에서 경사가 완만한 해저 평원에 도달할 때 퇴적물의 이동 속도가 급격히 느려져 퇴적물이 부채꼴 모양으로 퍼지며 퇴적된다.

ㄷ. (가)에서는 홍수 등 큰 비가 내릴 때 골짜기에서 더 많은 양의 퇴적물을 이동시켜 선상지에 많은 퇴적물이 공급되기도 한다. (나)에서는 해저 지진 등으로 퇴적물이 한꺼번에 쏟아져 내려와 많은 양의 퇴적물이 A에 공급된다. 따라서 (가)의 선상지와 (나)의 A에는 모두 퇴적물이 일정한 주기로 공급되지 않는다.

06 퇴적 환경

하천과 호수는 육상 환경, 삼각주는 연안 환경이다. ㉠은 삼각주, ㉡은 하천, ㉢은 호수이다.

ㄱ. 삼각주와 하천은 물의 흐름이 있는 곳이므로 사층리가 발달할 수 있다.

ㄴ. 홍수가 나면 육지로부터 퇴적물이 호수로 한꺼번에 쏟아져 들어오므로 점이 층리가 만들어질 수 있다. 따라서 '점이 층리'는 A에 해당한다.

ㄷ. ㉠은 하천의 하류에 형성된 삼각주이다. 삼각주에는 주로 작고 가벼운 퇴적물이 퇴적되므로 역암이 잘 형성될 수 없다.

07 습곡과 부정합

연흔과 사층리를 통해 지층의 위와 아래를 구별해 보면 D층이 가장 위에 위치한(가장 최근에 형성된) 지층이라는 것을 알 수 있다.

습곡이 형성되기 전과 후의 모습

✗. 지층들이 아래로 오목하게 휘어진 모습으로 나타나므로 향사 구조이다.

◯. A가 가장 아래에 위치하므로 가장 먼저 퇴적된 지층은 A이다.

◯. 기저 역암을 포함한 C도 습곡 작용을 받았으므로 부정합이 형성된 이후에 습곡이 만들어졌다.

08 습곡

습곡에서 위로 볼록하게 휘어진 부분을 배사, 아래로 오목하게 휘어진 부분을 향사라고 한다.

◯. 습곡은 횡압력이 작용하여 형성된다.

◯. 지층이 아래로 오목하게 휘어져 있으므로 향사 구조이다.

✗. 습곡은 암석이 비교적 온도가 높은 지하 깊은 곳에서 횡압력을 받아 휘어진 지질 구조이다. 습곡이 지하 깊은 곳에서 형성된 후 융기하여 지표에 드러난 것이다.

09 단층과 부정합

깊이에 따른 퇴적층의 연령이 불연속적으로 급격히 많아지면, 퇴적이 중단된 기간이 있거나 정단층이 발생한 것으로 추측할 수 있다. 나중에 생성된 지층이 이전에 생성된 지층보다 아래에 위치한다면, 습곡이나 역단층이 발생한 것으로 추측할 수 있다. 이곳에서는 단층과 부정합이 1회씩 발생했으므로 ㉠과 ㉢은 부정합면으로, ㉡은 단층면으로 해석할 수 있다.

B와 C 사이에 부정합면이 있고, A, B, C의 연령을 고려하여 단층이 발생하기 전과 후의 지질 단면을 나타내면 아래 그림과 같다.

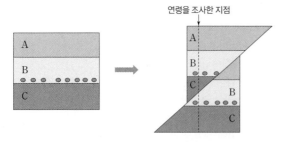

✗. B와 C의 경계가 부정합면이므로 B 내부에서 C의 침식물인 기저 역암이 발견될 수 있다.

◯. C보다 나중에 생성된 B가 C의 아래에 위치하므로 역단층이 나타난다.

◯. ㉠, ㉡, ㉢ 중 단층면은 연령이 적은 B가 연령이 많은 C보다 아래에 있는 경계인 ㉡에서 관찰된다.

10 열곡대와 단층

발산형 경계는 주로 장력이 작용하여 판과 판이 서로 멀어지는 곳이다.

◯. 마그마가 분출되는 화산 주변에서는 주상 절리가 형성될 수 있다.

✗. 발산형 경계에서는 주로 장력이 작용한다. (나)에서 길게 분포한 골짜기와 수직한 방향으로 장력이 작용한다.

✗. (나)에서는 장력이 작용하므로 주로 정단층이 발달한다.

11 판상 절리

주상 절리는 주로 용암이 냉각될 때 형성되고, 판상 절리는 지하에 있던 심성암이 지표로 노출되는 과정에서 형성된다.

✗. 판상 절리가 형성되는 과정이며, 판상 절리는 화성암 중 심성암에서 주로 관찰된다. 화산암에서는 주로 용암이 급속히 냉각되면서 부피가 급격히 수축되어 기둥 모양으로 갈라진 주상 절리가 주로 관찰된다.

◯. A 위쪽의 지층이 침식됨에 따라 ㉠ 방향의 압력이 작아진다. ㉠ 방향의 압력이 작아지면 A의 부피가 팽창하고 절리가 형성된다.

✗. 암석의 부피 팽창으로 인해 판상 절리가 형성되었다.

12 관입과 부정합

(가)에서 A 내부에 B의 침식물이 포함되어 있으므로 B는 부정합면 아래에 위치한 암석이다. (나)에서 A의 연령은 C의 연령보다 많으므로 C가 A를 관입한 모습이며, C는 관입암이다.

◯. A는 부정합면 위에 위치한 암석이므로 B는 A보다 먼저 생성된 암석이다. A, B, C를 생성 순서대로 나열하면 B → A → C 이다.

◯. A는 관입 당한 암석이므로 A에서 떨어져 나온 암석 조각이 포획되어 C 내부에서 관찰될 수 있다.

◯. A, B, C 중 C의 연령이 가장 적으므로 부정합이 형성된 이후에 관입이 일어났다.

04 지구의 역사

수능 2점 테스트
본문 61~64쪽

01 ④ 02 ③ 03 ③ 04 ② 05 ① 06 ④ 07 ③
08 ① 09 ④ 10 ① 11 ① 12 ② 13 ② 14 ④
15 ⑤ 16 ②

01 지사학의 법칙

지층의 선후 관계는 현재 지각에서 발생하는 지질학적 사건들이 조건이 동일하다면 과거에도 동일하게 일어났다는 동일 과정의 원리를 바탕으로 여러 가지 법칙을 이용하여 결정한다.

ㄱ. 동물군 천이의 법칙은 오래된 지층에서 새로운 지층으로 갈수록 더욱 진화된 생물의 화석이 산출된다는 법칙이다. 이 지역의 지층 생성 순서를 파악할 때 화석을 이용하지 않았으므로 동물군 천이의 법칙은 필요한 지사학의 법칙이 아니다.

ㄴ. 지층 누중의 법칙은 퇴적물이 쌓일 때 새로운 퇴적물은 이전에 쌓인 퇴적물 위에 쌓이므로, 지층의 역전이 없었다면 아래에 있는 지층은 위에 있는 지층보다 먼저 퇴적되었다는 법칙이다. 지층 누중의 법칙을 적용하여 A가 B보다 먼저 생성된 것을 알 수 있다.

ㄷ. 관입의 법칙을 적용하여 관입한 E가 관입 당한 A, B, C, D보다 나중에 생성된 것을 알 수 있다.

ㄹ. 부정합의 법칙을 적용하여 B가 생성되고 긴 시간이 흐른 후 기저 역암을 포함하는 C가 생성된 것을 알 수 있다.

02 관입과 분출

마그마가 주변의 암석을 관입한 경우 주변의 암석은 화성암보다 먼저 생성되었으며, 주변의 암석이 변성 작용을 받을 수 있다. 마그마가 지표로 분출한 경우 화성암 위의 지층은 화성암보다 나중에 생성되었으며, 화성암 위의 지층에는 변성 작용을 받은 부분이 나타나지 않는다.

ㄱ. (나)는 변성 작용을 받은 부분이 D의 하부와 F의 상부에 모두 나타나므로 마그마가 관입한 경우이다.

ㄴ. (가)는 변성 작용을 받은 부분이 C의 상부에만 나타나므로 마그마가 분출한 경우이다. 따라서 (가)는 C가 퇴적된 후 B가 분출하고 오랜 시간이 경과한 후에 A가 퇴적되었다. (나)는 F가 퇴적되고 D가 퇴적된 후 E가 관입하였다. 따라서 A~F 중 가장 최근에 생성된 것은 A이다.

ㄷ. (가)에서 B와 A 사이에 B의 침식물인 기저 역암이 있으므로 부정합이 나타난다.

03 암상에 의한 지층 대비

비교적 가까운 지역의 지층을 구성하는 암석의 종류, 조직, 지질 구조 등의 특징을 대비하여 지층의 선후 관계를 판단한다.

ㄱ. Ⅰ, Ⅱ, Ⅲ의 응회암층은 동일한 화산 활동에 의해 생성되었으므로 세 지역의 지층을 대비할 때 열쇠층으로 이용할 수 있다.

ㄴ. Ⅰ의 이암층은 응회암층이 생성되기 이전에 생성되었고, Ⅱ의 이암층은 응회암층이 생성된 이후에 생성되었다.

ㄷ. Ⅰ, Ⅱ, Ⅲ에서 응회암층 아래에 석회암층과 역암층이 동일하게 나타난다. 따라서 Ⅰ의 응회암층 아래에 위치한 석회암층과 역암층은 Ⅲ의 응회암층 아래에 위치한 석회암층과 역암에 대비할 수 있으므로, Ⅰ의 석회암층은 Ⅲ의 역암층보다 나중에 생성되었다.

04 화석에 의한 지층 대비

같은 종류의 표준 화석이 산출되는 지층은 같은 시기에 생성된 지층이라고 할 수 있으므로, 같은 종류의 표준 화석이 산출되는 지층을 연결하여 지층의 선후 관계를 판단한다.

ㄱ. 공룡 발자국 화석은 중생대의 표준 화석이고 방추충 화석은 고생대의 표준 화석이므로, Ⅰ 지역의 이암층이 Ⅱ 지역의 셰일층보다 오래되었다.

ㄴ. 삼엽충은 해양 생물이므로, 삼엽충 화석이 산출되는 Ⅱ 지역의 이암층은 해양 환경에서 생성되었다.

ㄷ. Ⅲ 지역에서 공룡 발자국 화석이 산출되는 이암층은 중생대에 생성되었고, 삼엽충 화석이 산출되는 셰일층은 고생대에 생성되었다. 따라서 역전된 지층이라는 것을 알 수 있다. 지층의 역전이 일어나려면 지각 변동을 받아야 하므로, Ⅲ 지역은 지각 변동을 받았던 적이 있다.

05 상대 연령

속씨식물은 중생대에 출현하였으며, 삼엽충은 고생대에 번성하였다.

ㄱ. 고생대 표준 화석인 삼엽충 화석이 중생대에 출현한 속씨식물 화석보다 위에 있으므로 이 지역의 지층은 역전되었다.

ㄴ. 셰일층과 사암층이 생성된 후에 마그마가 관입하여 화성암이 생성되었다. 중생대는 약 2.52억 년 전에 시작되었으므로, 속씨식물 화석이 산출되는 사암층은 약 2.52억 년 전 이후에 생성되었다. 따라서 화성암의 절대 연령은 2.6억 년보다 많을 수 없다.

ㄷ. 사암층과 셰일층의 지층 경계와 셰일층의 층리가 나란하지 않으며, 삼엽충과 속씨식물의 출현 시기 차이가 크므로, 사암층과 셰일층은 부정합 관계로 판단할 수 있다.

06 상대 연령

이 지역의 지질학적 사건을 시간 순서대로 나열하면 경사층 형성 → 단층 X-X′ → A 관입 → B 관입 → 단층 Y-Y′ 순이다.

✗. 단층 X−X'은 A 관입 이전에 형성되었고, 단층 Y−Y'은 B 관입 이후에 형성되었으므로, 단층 Y−Y'은 단층 X−X'보다 나중에 형성되었다.

ⓛ. 단층 X−X'은 정단층으로, 장력에 의해 형성되었다.

ⓒ. 관입 당한 암석은 관입암보다 먼저 생성되었다. B가 A를 관입하였으므로 관입의 법칙을 이용하여 A가 B보다 먼저 생성된 것을 알 수 있다.

07 절대 연령

반감기는 방사성 동위 원소가 붕괴하여 처음 함량의 반으로 줄어드는 데 걸리는 시간이다.

ⓖ. 반감기가 4번 지났을 때 모원소는 6.25 %가 남는다. 암석 A에 포함된 방사성 동위 원소의 반감기가 5700년이므로 A의 절대 연령은 22800년이다. 따라서 x는 22800이다.

ⓛ. 방사성 동위 원소의 양이 100 %에서 75 %로 감소하는 데 걸리는 시간은 75 %에서 50 %로 감소하는 데 걸리는 시간보다 짧다. 따라서 암석 C의 절대 연령은 3억 5천만 년보다 적으므로, y는 z보다 크다.

✗. 앞으로 7억 년 후 암석 B에 포함된 방사성 동위 원소는 2번의 반감기를 지나므로 방사성 동위 원소의 양은 처음 양의 12.5 %이다.

08 절대 연령

반감기는 방사성 동위 원소가 붕괴하여 처음 양의 반으로 줄어드는 데 걸리는 시간이다.

ⓖ. X가 처음 양의 50 %가 되는 데 걸리는 시간은 2억 년이므로, X의 반감기는 2억 년이다.

✗. 방사성 동위 원소의 양이 100 %에서 75 %로 감소하는 데 걸리는 시간은 75 %에서 50 %로 감소하는 데 걸리는 시간보다 짧다. 따라서 이 암석의 연령은 1억 년보다 적다.

✗. 현재 이 암석에 포함되어 있는 X의 양이 처음 양의 75 %이고 X의 반감기가 2억 년이므로, 현재로부터 4억 년 후에는 현재 양의 $\frac{1}{4}$인 18.75 %가 포함되어 있다. 따라서 4억 년 후로부터 1억 년이 더 지나면 처음 양의 18.75 %보다 적은 양이 포함되어 있다.

09 화석과 절대 연령

화폐석과 매머드 모두 신생대에 살았던 생물이다.

✗. A는 화폐석 화석이 산출된 지층을 관입하였고, 그 후 매머드 화석이 산출된 지층이 부정합으로 퇴적되었으므로 약 6600만 년 전~258만 년 전(신생대 팔레오기~네오기에 해당)에 생성되었다. 현재 A에 포함되어 있는 X의 양이 처음 양의 12.5 % 이하라면 X는 3번의 반감기를 지난 이후이므로 A의 절대 연령은 9000만 년보다 많다. 따라서 현재 A에 포함되어 있는 X의 양은 A의

생성 당시 양의 12.5 % 이하일 수 없다.

ⓛ. B는 부정합면을 관입하였으므로 부정합이 형성된 이후에 관입하였다.

ⓒ. 기저 역암이 부정합면 위에 있으므로 이 지층은 역전되지 않았다.

10 지질 시대의 생물

ⓖ. 선캄브리아 시대에는 오존층이 형성되지 않아 육지에 강한 자외선이 도달하였으므로 생물이 바다에서 살았다. 따라서 원시 조류는 수중 환경에서 서식하였다.

✗. 속씨식물은 중생대 백악기에 출현하였고, 신생대에 번성하였다.

✗. 양치식물은 고생대에 번성하였고, 겉씨식물은 고생대에 출현하여 중생대에 번성하였다.

11 지질 시대의 기후

고생대와 신생대에 빙하기가 있었으며 중생대에는 빙하기 없이 대체로 온난했다.

ⓖ. 페름기는 고생대 말에 해당하며 고생대 말에 평균 기온이 낮아진 것을 통해 빙하기가 있었음을 알 수 있다.

✗. 중생대에는 전반적으로 온난한 기후가 지속되었으며, 빙하기가 없었다.

✗. 신생대 팔레오기와 네오기는 대체로 온난하였으나 제4기에 접어들면서 점차 한랭해져 여러 번의 빙하기와 간빙기가 있었다.

12 지질 시대의 환경

로디니아는 약 12억 년 전에 형성된 초대륙이고, 판게아는 약 2억 7천만 년 전에 형성된 초대륙이다.

✗. 로디니아는 약 12억 년 전인 원생 누대에 형성된 초대륙이다.

✗. 판게아는 약 2억 7천만 년 전인 고생대 말에 형성되었으며, 중생대 초부터 분리되기 시작했다.

ⓒ. 초대륙이 형성될 때 여러 대륙들이 충돌하면서 대규모 조산 운동이 일어난다.

13 지질 시대의 생물

㉠은 남세균(사이아노박테리아)이다. 남세균은 원핵생물로 바다에서 출현하였으며 광합성을 통해 지구의 대기 조성을 변화시켰다. 남세균이 광합성을 하면서 부유하는 입자를 고착시켜 스트로마톨라이트 화석이 형성되었다.

✗. 시생 누대에 남세균이 출현하였다.

ⓛ. 남세균의 광합성으로 대기 중 산소 농도가 점차 증가하였다.

✗. 현재도 남세균은 생존하며, 스트로마톨라이트도 계속 형성되고 있다.

14 지질 시대의 생물

A는 고생대에만 생존한 동물이고, B는 중생대에만 생존한 동물이다. C는 고생대에 출현하였으므로 겉씨식물이고, D는 중생대에 출현하였으므로 속씨식물이다.

㉠. A는 고생대에만 생존하였고 B는 중생대에만 생존하였으므로, 생존 기간만을 고려할 때 A와 B 화석은 모두 표준 화석으로 적합하다.

㉡. 고사리는 양치식물로 겉씨식물 출현 이전에도 생존했고 현재도 생존하고 있다. 따라서 고사리의 생존 기간은 C의 생존 기간을 포함한다.

✗. 속씨식물이 출현한 시기는 중생대 백악기이며, 판게아가 분리되기 시작한 시기는 중생대 초이다.

15 지질 시대의 환경과 생물

⑤ A: 속씨식물은 신생대에 번성했으며, 대형 포유류인 매머드는 신생대 제4기에 번성했다.

B: 중생대 쥐라기에는 겉씨식물이 번성하였고, 파충류와 조류의 특징을 모두 가진 최초의 시조새가 출현하였다.

C: 고생대 석탄기에는 최초의 파충류가 출현하였고, 양서류가 전성기를 이루었으며, 양치식물이 거대한 삼림을 형성하였다.

16 생물 대멸종

지질 시대 동안 5번의 생물 대멸종이 있었으며, 그 시기는 고생대 오르도비스기 말, 데본기 후기, 페름기 말, 중생대 트라이아스기 말, 백악기 말이다.

✗. 고생대 페름기 말에는 초대륙 판게아가 형성되었으므로, ㉠은 판게아 분리와는 관계가 없다.

㉡. 중생대 백악기 말(㉡)에는 공룡이 멸종하였다.

✗. ㉠ 이전 속의 수 최댓값은 약 1250개이고, ㉠ 직후 속의 수 최솟값은 약 250개이다. ㉡ 이전 속의 수 최댓값은 약 2500개이고, ㉡ 직후 속의 수 최솟값은 약 1600개이다.

$\dfrac{\text{대멸종 직후 속의 수 최솟값}}{\text{대멸종 이전 속의 수 최댓값}}$ 을 비교하면 $\dfrac{250}{1250} < \dfrac{1600}{2500}$ 이므로 ㉠이 ㉡보다 작다.

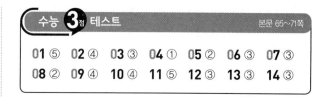
수능 **3**점 테스트 본문 65~71쪽

01 ⑤	**02** ④	**03** ③	**04** ①	**05** ②	**06** ③	**07** ③
08 ②	**09** ④	**10** ④	**11** ⑤	**12** ③	**13** ③	**14** ③

01 지층 대비

Ⅰ, Ⅱ, Ⅲ 지역에서 공통적으로 발견되는 응회암층을 기준으로 지층 대비를 하면 아래와 같다.

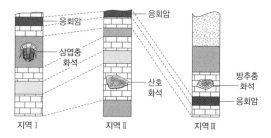

㉠. 응회암층 생성 이전의 지층에서 삼엽충 화석이 산출되었고, 응회암층 생성 이후의 지층에서 방추충 화석이 산출되었으므로 응회암층은 고생대에 생성되었다.

㉡. 지층 대비를 통해 산호 화석이 산출된 지층이 삼엽충 화석이 산출된 지층보다 아래에 위치하므로 더 오래되었다.

㉢. 가장 오래된 지층은 지역 Ⅱ의 지층 중 가장 아래에 위치한 지층이다.

02 지층의 생성 순서

화성암의 연령이 가장 적으므로 화성암이 가장 최근에 생성되었다. 따라서 다른 지층들이 모두 생성된 후 마그마가 관입하여 화성암이 생성되었다.

✗. 부정합면의 하부에 심성암이나 변성암이 분포하는 경우 난정합이라고 한다. 이 지역에서는 난정합이 나타나지 않는다.

㉡. 마그마가 관입하였을 때 이암층의 하부와 접촉했기 때문에 이암층의 하부에는 변성 작용을 받은 부분이 있다.

㉢. 사층리는 물이 흘러가거나 바람이 불어가는 방향의 비탈면에 퇴적물이 쌓여 형성된다. 따라서 사암층은 퇴적물이 ㉡ 방향으로 이동하다가 퇴적되어 생성되었다.

03 상대 연령

부정합면 위에서는 기저 역암이 발견되며, 부정합면 상부의 지층에 대해 하부의 지층이 경사지면 경사 부정합, 평행하면 평행 부정합이다.

㉠. 2개의 부정합이 있으므로 이 지역의 지층이 침강한 횟수는 최소 2회이다.

㉡. 지하 깊은 곳에서 생성된 화강암이 융기하면서 부피가 팽창하여 판상 절리가 나타날 수 있다.

✗. 아래쪽 부정합면의 하부에는 현무암과 편마암이 있으므로 난정합이고, 위쪽 부정합면의 하부에는 경사층이 있으므로 경사 부정합이다.

04 지사학의 법칙
이 지역에서는 습곡, 단층, 관입암, 부정합이 모두 나타난다.
㉠. 퇴적물이 쌓일 때 새로운 퇴적물은 이전에 쌓인 퇴적물 위에 쌓이므로, 지층의 역전이 없었다면 아래에 있는 지층은 위에 있는 지층보다 먼저 퇴적되었다. 따라서 퇴적암의 생성 순서는 A → B → C → D → E이다.
✗. 단층에 의해 P가 어긋나 있고, Q는 어긋나지 않았으므로, 지질학적 사건은 P 관입 → 단층 → Q 관입 순으로 일어났다. P의 절대 연령은 3억 년이고 Q의 절대 연령은 2억 년이므로, 단층은 3억 년 전~2억 년 전 사이에 형성되었다.
✗. Q 관입 이전에 C가 퇴적되었으므로 C는 2억 년 전 이전에 생성되었다. 화폐석은 신생대에 생존했으므로 C에서는 화폐석 화석이 발견될 수 없다.

05 절대 연령
난정합은 부정합면의 하부에 심성암이나 변성암이 분포하는 부정합이다.
✗. A와 B 주변의 지층은 모두 변성 작용을 받았으며, 이를 계속 유지하고 있으므로 난정합을 포함하여 부정합을 관찰할 수 없다.
㉡. A에는 반감기가 7억 년인 X가 처음 양의 50 % 포함되어 있으므로 A의 절대 연령은 7억 년이다. 사암층은 A가 관입하기 전에 생성되었으므로 사암층의 절대 연령은 7억 년보다 많다.
✗. B에는 반감기가 13억 년인 Y가 처음 양의 50 % 포함되어 있으므로 B의 절대 연령은 13억 년이다. 셰일층은 B가 관입하기 전에 생성되었으므로 셰일층의 절대 연령은 13억 년보다 많다. 따라서 셰일층은 현생 누대 이전에 퇴적되었다.

06 절대 연령
모원소의 함량이 100 %에서 75 %로 감소하는 데 걸리는 시간은 75 %에서 50 %로 감소하는 데 걸리는 시간보다 짧다. A에 포함된 X의 양은 3억 년 후 처음 양의 75 %이다. X의 양이 100 %에서 75 %가 될 때까지 3억 년이 걸렸으므로, X의 반감기는 6억 년보다 길다.
㉠. 3억 년 후 Y의 양은 처음 양의 12.5 %가 되었으므로 3회 반감하였다. 3억 년 동안 3회 반감하였으므로 Y의 반감기는 1억 년이다.
✗. 생성 당시부터 현재까지 A에 포함된 X가 1회 반감하였다. 따라서 이 화성암의 절대 연령은 X의 반감기와 같으므로 6억 년보다 길다.
㉢. 15억 년 이상일 것으로 예상되는 암석의 절대 연령을 측정할

때 반감기가 1억 년인 Y를 이용하면 반감기를 15회 지났으므로 남아 있는 모원소의 양이 매우 적다. 따라서 Y보다 반감기가 긴 X를 이용하여 절대 연령을 측정하는 것이 적절하다.

07 절대 연령
모원소의 붕괴 곡선은 아래로 오목한 모양이므로 시간에 따른 모원소의 감소는 점차 천천히 일어난다. 자원소의 생성 곡선은 위로 볼록한 모양이므로 시간에 따른 자원소의 증가는 점차 천천히 일어난다.
㉠. Y의 함량(%)이 A가 B보다 크므로, A는 B보다 먼저 생성된 암석이다.
✗. B는 A보다 연령이 적으므로, B에서 Y의 함량이 증가하는 속도가 A에서 Y의 함량이 증가하는 속도보다 빠르다. 따라서 (A의 Y 함량－B의 Y 함량)은 t_2일 때가 t_3일 때보다 크다.
㉢. B에서 Y 함량이 50 %라는 것은 X가 50 %로 줄어들었다는 것이므로 X의 반감기는 (t_3-t_1)이다. B가 생성된 후 $4(t_3-t_1)$의 시간이 지나면 X는 4회 반감하여 B의 $\dfrac{\text{Y 함량}}{\text{X 함량}} = \dfrac{93.75\,\%}{6.25\,\%} = 15$이므로 7보다 크다.

08 지질 시대의 환경
남세균의 광합성에 의해 대기 중의 이산화 탄소 농도가 감소하였고, 산소 농도가 증가하였다. 산소는 해수 속의 철 성분과 결합하여 산화 철 형태로 침전하였다.
✗. 선캄브리아 시대에 생성된 산소는 대부분 해수 속에서 산화 철을 형성하는 데 먼저 사용되었다.
✗. 남세균의 광합성으로 생성된 산소는 먼저 해수 속의 철 이온과 반응하여 산화 철을 형성하였다. 따라서 ㉠이 일어난 이후에 대기 중 산소 농도가 증가하였다.
㉢. 지구에 존재하는 대부분의 호상 철광층은 남세균이 출현한 선캄브리아 시대에 형성되었다.

09 생물 대멸종
고생대 페름기 말에는 가장 큰 규모의 생물 대멸종이 일어났다. 중생대 백악기 말의 생물 대멸종은 운석 충돌 등에 의해 일어난 것으로 추정하고 있다.
✗. A는 고생대에만 생존했으므로 삼엽충이고, B는 현재도 생존하므로 완족류이다.
㉡. A(삼엽충)는 고생대 페름기 말에 멸종하였다. 고생대 페름기 말의 생물 대멸종은 화산 활동 증가, 판게아 형성으로 인한 육지 건조화, 기후 변화 등에 의해 발생한 것으로 추정하고 있다.
㉢. B는 고생대 페름기 말의 대멸종 추정 원인인 ㉠의 영향으로 과의 수가 급격히 감소하였다. 이는 중생대 백악기 말의 대멸종

추정 원인인 ⓒ의 영향으로 감소한 과의 수보다 더 큰 폭으로 감소했다.

10 지질 시대

시생 누대는 약 40억 년 전부터 약 25억 년 전까지, 원생 누대는 약 25억 년 전부터 약 5.41억 년 전까지, 현생 누대는 약 5.41억 년 전부터 현재까지이므로 지속 시간은 원생 누대＞시생 누대＞현생 누대이다. 또한 현생 누대의 고생대, 중생대, 신생대의 지속 시간은 고생대＞중생대＞신생대이다. 따라서 A는 현생 누대, B는 시생 누대, C는 원생 누대, D는 신생대, E는 고생대, F는 중생대이다.

✗. 고생대, 중생대, 신생대는 현생 누대이므로, (나)는 (가)의 A에 포함된다.

ⓛ. 로디니아는 원생 누대에 존재했던 초대륙이므로, A, B, C 중 C 시기에 존재했다.

ⓒ. D는 신생대, E는 고생대, F는 중생대이므로, 오래된 시기부터 나열하면 E → F → D이다.

11 지질 시대의 기후와 생물

지질 시대 동안 식물은 양치식물, 겉씨식물, 속씨식물 순으로 등장했다.

ⓝ. 고생대 캄브리아기, 실루리아기, 데본기는 대체로 온난했으며, 오르도비스기, 석탄기, 페름기에는 빙하기가 있었다. 중생대는 전반적으로 온난한 기후가 지속되었으며, 빙하기가 없었다. 따라서 A의 생존 시기(고생대)는 B의 생존 시기(중생대)보다 평균 기온이 낮았다.

ⓛ. 양치식물과 겉씨식물은 고생대부터 존재했고, 속씨식물은 중생대 백악기부터 존재했다. 따라서 B의 생존 시기 중 양치식물, 겉씨식물, 속씨식물이 모두 존재했던 시기가 있었다.

ⓒ. 생존 기간이 길고, 분포 면적이 좁으며, 환경 변화에 민감한 생물의 화석이 시상 화석으로 이용된다. A, B, C 중 시상 화석으로 가장 적합한 것은 C이다.

12 지질 시대의 생물

고생대 캄브리아기는 해양 생물만 생존했던 시기로 해양 무척추동물이 번성하였다. 원생 누대 말기에는 에디아카라 동물군이 생존했으며 화석으로 남아 있다.

ⓝ. 캄브리아기부터 현생 누대이므로 캄브리아기의 시작 시점을 비교하면 된다. 캄브리아기의 시작 시점은 1994년에는 5억 4천 4백만 년 전이고 2020년에는 5억 4천 1백만 년 전이므로, 현생 누대의 기간은 2020년 추정치가 1994년 추정치보다 짧다.

✗. 최초의 양서류는 고생대 데본기에 출현하였다.

ⓒ. ⓛ 시기에는 다세포 생물들이 생존했으며 그 일부가 에디아카라 동물군 화석으로 남아 있다.

13 생물 대멸종

현생 누대 동안 모두 5번의 생물 대멸종이 있었고, 대멸종으로 생물 과의 수가 감소한 이후 다시 증가했다.

ⓝ. 동물군 A는 고생대에 번성하였다가 고생대 말에 멸종하였으므로 삼엽충은 동물군 A에 속한다.

✗. 동물군 B는 ⓛ이 일어난 시기에 과의 수가 급격히 감소했지만 중생대, 신생대에도 계속 생존했다.

ⓒ. ⓒ이 일어난 시기에 동물군 C는 B보다 생물 과의 수가 크게 감소하였지만, ⓒ이 일어난 이후 생물 과의 수는 C가 B보다 크게 증가했다.

14 지질 시대의 기후와 빙하기

지구의 평균 기온이 하강하면 빙하의 분포는 저위도 쪽으로 확장된다.

ⓝ. (가)에서 북반구보다 남반구에서 빙하 분포의 위도가 더 빈번하게 저위도 쪽으로 확장되었다.

ⓛ. 고생대 중기와 말기, 신생대 후기에 빙하가 저위도 쪽으로 확장되었으며, 이 시기에 평균 기온이 낮았다. 따라서 5억 년 전 이후에 빙하가 저위도 쪽으로 확장된 시기는 대체로 빙하기와 일치한다고 할 수 있다.

✗. 중생대에는 빙하기가 없었으며, ⓝ은 고생대 말기의 한랭했던 시기에 남반구 빙하 분포의 위도 범위를 나타낸다.

05 대기의 변화

01 고기압과 저기압

고기압은 주변보다 기압이 높은 곳이고, 저기압은 주변보다 기압이 낮은 곳이다. 북반구 고기압에서는 지표 부근의 바람이 시계 방향으로 불어 나가고, 북반구 저기압에서는 지표 부근의 바람이 시계 반대 방향으로 불어 들어간다.

㉠. A는 주변보다 기압이 낮은 저기압 중심이므로 상승 기류가 발달하여 날씨가 흐리다.

㉡. 그림에서 등압선 분포를 보면, A는 기압이 996 hPa보다 낮고, B는 기압이 996 hPa보다 높으며, C는 기압이 996 hPa이다. 따라서 기압이 가장 높은 지역은 B이다.

✗. 저기압에서는 지표 부근의 바람이 중심을 향해 시계 반대 방향으로 불어 들어가므로 C에서는 주로 북풍 계열의 바람이 불 수 없다.

02 우리나라에 영향을 미치는 기단

우리나라에 영향을 미치는 기단에는 시베리아 기단(A), 양쯔강 기단(B), 오호츠크해 기단(C), 북태평양 기단(D)이 있다. 고위도에서 발생한 기단은 저위도에서 발생한 기단보다 온도가 낮고, 대륙 위에서 발생한 기단은 해상에서 발생한 기단보다 습도가 낮다.

㉠. 시베리아 기단은 발원지가 고위도 대륙 위이므로 한랭 건조하고, 오호츠크해 기단은 발원지가 고위도 해상이므로 한랭 다습하다. 따라서 시베리아 기단(A)은 오호츠크해 기단(C)보다 습도가 낮다.

✗. 정체성 고기압은 중심부가 거의 이동하지 않고 한곳에 머무르는 고기압으로, 시베리아 기단과 북태평양 기단에서 형성되기도 한다. B는 양쯔강 기단이므로, B에서는 이동성 고기압이 형성된다.

✗. 이날 우리나라 주변 일기도에서 서쪽에는 고기압이, 동쪽에는 저기압이 형성되어 있는 서고동저형의 기압 배치가 나타나므로, 우리나라는 주로 시베리아 기단(A)의 영향을 받는다.

03 정체성 고기압

정체성 고기압은 연직 기압 분포에 따라 온난 고기압과 한랭 고기압으로 분류할 수 있다. 고기압권 내의 기온이 주위보다 높은 고기압을 온난 고기압, 고기압권 내의 기온이 주위보다 낮은 고기압

을 한랭 고기압이라고 한다.

㉠. 이 정체성 고기압은 지표 부근부터 상층까지 주위보다 중심의 기압이 높게 나타나는 온난 고기압이다. 온난 고기압은 중심이 주위보다 기온이 높아 상층에서도 고기압이 되어 키 큰 고기압이라고 한다.

㉡. A와 B 각 지점에서 400 hPa까지 높이를 비교해 보면 400 hPa 등압면의 높이는 A가 B보다 높다.

✗. 이 정체성 고기압은 온난 고기압이다. 우리나라에 영향을 주는 온난 고기압에 해당하는 것으로는 북태평양 고기압이 있다. 시베리아 고기압은 정체성 고기압 중 한랭 고기압에 해당한다.

04 온대 저기압

우리나라 주변에 발달하는 온대 저기압은 주로 저기압 중심의 남서쪽으로 한랭 전선을, 남동쪽으로 온난 전선을 동반한다.

㉠. A와 B는 모두 중위도 지방에 위치하므로, A와 B의 이동은 편서풍의 영향을 받는다.

㉡. 온대 저기압의 일생은 정체 전선 형성 → 파동 형성 → 온대 저기압 발달 → 폐색 전선의 형성 시작 → 폐색 전선 발달 → 온대 저기압 소멸 순이다. A는 온대 저기압 발달 단계에 해당하고, B는 폐색 전선이 형성되어 있다. 따라서 온대 저기압의 일생에서 B는 A보다 나중 단계에 해당한다.

✗. 일기도에서 ㉠과 ㉡의 기압은 모두 1012 hPa로 같다.

05 폐색 전선과 정체 전선

(가)는 폐색 전선으로, 이동 속도가 상대적으로 빠른 한랭 전선이 이동 속도가 상대적으로 느린 온난 전선을 따라잡아 두 전선이 겹쳐질 때 형성된다. (나)는 정체 전선으로, 찬 기단과 따뜻한 기단의 세력이 비슷하여 전선이 한곳에 오랫동안 머무른다.

㉠. (가)에서 한랭 전선 후면의 찬 공기가 온난 전선 전면의 찬 공기 아래에 놓여 있고 B 지점에 폐색 전선이 형성되어 있다. 폐색 전선 부근의 공기는 한랭 전선 후면의 찬 공기와 온난 전선 전면의 찬 공기가 겹쳐져서 한랭 전선 후면의 찬 공기보다 온도가 높다. 따라서 기온은 A 지점 부근이 B 지점 부근보다 낮다.

✗. B에는 한랭 전선과 온난 전선이 겹쳐진 폐색 전선이 있다. 폐색 전선 주변에서는 공기가 상승하여 구름이 발달하므로 날씨가 흐리다.

㉢. (나)는 정체 전선이다. 정체 전선에서 따뜻한 기단의 세력이 강해지면 따뜻한 기단이 찬 기단을 밀어 정체 전선은 ㉠ 방향(고위도 쪽)으로 이동한다.

06 정체 전선

우리나라 부근의 장마 전선은 주로 북쪽의 차고 다습한 오호츠크해 기단과 남쪽의 따뜻하고 다습한 북태평양 기단이 만나 형성된다. 두 기단의 세력이 거의 비슷하여 전선은 거의 이동하지 않지

만, 어느 한쪽 기단의 세력이 강화 또는 약화되면 전선은 북쪽 또는 남쪽으로 이동할 수 있다.

✗. 우리나라의 봄철에는 주로 양쯔강 기단의 영향을 받으므로 이동성 고기압과 저기압이 자주 나타난다. 그런데 이 일기도에서는 장마 전선이 나타나므로 봄철에 자주 관측되는 기압 배치가 아니다.

ⓒ. ㉠은 차고 다습한 오호츠크해 기단에서 발달한 고기압이고, ㉡은 따뜻하고 다습한 북태평양 기단에서 발달한 고기압이다. 따라서 중심부의 기온은 ㉠이 ㉡보다 낮다.

ⓒ. 찬 공기와 따뜻한 공기가 만나면 찬 공기는 따뜻한 공기 아래로 파고들고 따뜻한 공기는 찬 공기를 타고 올라간다. 장마 전선의 전선면은 상대적으로 따뜻한 공기가 위치한 B 지역보다 상대적으로 찬 공기가 위치한 A 지역 쪽으로 기울어져 있으므로, 전선상에 구름을 형성하는 수증기는 주로 A 지역에 위치한 기단보다 B 지역에 위치한 기단에서 공급되었다.

07 정체성 고기압과 이동성 고기압

(가)는 서고동저형의 기압 배치가 나타나므로 겨울철의 일기도이고, (나)는 이동성 고기압이 나타나므로 봄철의 일기도이다.

㉠. A는 정체성 고기압이고, B는 이동성 고기압이다. 정체성 고기압은 고기압의 중심부가 거의 이동하지 않고 한곳에 머무르는 고기압이고, 이동성 고기압은 시베리아 기단에서 일부가 떨어져 나오거나 양쯔강 기단에서 발달하여 이동하는 비교적 규모가 작은 고기압이다. 따라서 공간 규모는 A가 B보다 크다.

✗. (나)에 발달한 전선은 온대 저기압에 동반된 한랭 전선과 온난 전선이다. 한랭 전선과 온난 전선을 동반한 온대 저기압은 편서풍의 영향으로 주로 서쪽에서 동쪽으로 이동한다.

✗. A와 B는 모두 고기압이므로, 우리나라가 각각 A와 B의 영향을 받을 때 날씨는 모두 맑다.

08 기상 위성 영상

적외 영상은 물체가 온도에 따라 방출하는 적외선 에너지양의 차이를 이용하는 것으로, 온도가 높을수록 어둡게, 온도가 낮을수록 밝게 나타난다. 따라서 구름의 최상부 높이가 높을수록 온도가 낮아 밝게 나타나며, 물체의 표면에서 방출하는 적외선 에너지양을 탐지하는 것이므로 태양 빛이 없는 야간에도 관측이 가능하다.

㉠. 가시 영상은 구름과 지표면에서 반사된 태양 빛의 반사 강도를 나타낸 것으로, 야간에는 태양 빛이 없어서 이용할 수 없다. 이 시각에는 가시 영상에 구름이 나타나므로 관측 시각은 낮이다.

ⓒ. 적외 영상에서 밝게 보이는 부분은 구름의 최상부 높이가 높다. 적외 영상에서 A는 B보다 어둡게 보이므로, 구름 최상부의 높이는 A가 B보다 낮다.

ⓒ. 가시 영상에서 밝게 보이는 부분은 구름의 두께가 두껍다. 가시 영상에서 A와 C는 B보다 밝게 보이고, 적외 영상에서 A는 B보다 어둡게 보인다. 그러나 C는 가시 영상과 적외 영상에서 모두

B보다 밝게 보이므로, A, B, C 중 구름의 두께는 C가 가장 두껍다.

09 온대 저기압과 날씨

온대 저기압에 동반된 한랭 전선 후면에서는 적란운이 발달하고 소나기가 내리며, 뇌우 현상이 나타날 수 있다.

㉠. (나)는 뇌우를 관측한 모습이다. 뇌우는 온난 전선과 한랭 전선 사이에 위치한 B 지역보다 한랭 전선 후면에 위치한 A 지역에서 주로 관측된다.

✗. B 지역은 온난 전선과 한랭 전선 사이에 위치하므로 주로 남서풍이 분다.

✗. A 지역의 기압은 1008 hPa이고, B 지역의 기압은 1010 hPa과 1012 hPa 사이이므로 기압은 A 지역이 B 지역보다 낮다.

10 한랭 전선 통과 후 날씨

한랭 전선이 통과한 후에는 기온이 하강하고 기압이 상승하며, 풍향은 남서풍에서 북서풍으로 바뀐다.

✗. T_1과 T_2 사이에 기압은 낮아지다가 높아졌고, 풍향은 남서풍에서 북서풍으로 변했다. 따라서 통과한 전선은 한랭 전선이다.

㉠. 바람 자료에서 풍속은 T_1일 때 $10 \sim 12$ m/s이고, T_2일 때 $5 \sim 7$ m/s이다. 따라서 풍속은 T_1일 때가 T_2일 때보다 빠르다.

✗. T_1은 한랭 전선이 통과하기 전이고 T_2는 한랭 전선이 통과한 후이므로, 이 지역은 T_1일 때는 한랭 전선 전면에 위치하고 T_2일 때는 한랭 전선 후면에 위치한다. 한랭 전선 후면에서는 적운형 구름이 형성되므로, 구름의 두께는 한랭 전선 후면에 위치한 T_2일 때가 한랭 전선 전면에 위치한 T_1일 때보다 두껍다.

11 태풍의 발생과 이동

태풍은 주로 위도 $5° \sim 25°$의 열대 해상에서 발생한다. 태풍이 발생하기 위해서는 바다에서 열과 수증기를 공급받아야 하며, 주변의 공기가 회전하면서 수렴해야 하므로 전향력이 작용해야 한다.

✗. 적도 부근 해역에서는 전향력이 약해 공기가 회전하는 데 필요한 힘을 얻지 못하므로 태풍이 발생하기 어렵다. 따라서 태풍의 발생 빈도는 적도~5°N에서 가장 높은 것이 아니고, 5°N~25°N에서 가장 높다.

㉠. 태풍은 대체로 발생 위치에서 무역풍과 편서풍의 영향으로 점차 고위도 쪽으로 이동하다가 소멸한다.

✗. A는 무역풍대에 위치한다. 따라서 A에서 발생한 태풍은 발생 초기에 무역풍과 북태평양 고기압의 영향을 받아 대체로 북서쪽으로 진행한다.

12 태풍과 적외 영상

태풍을 촬영한 적외 영상에서 태풍의 눈, 소용돌이가 잘 관측된다. 적외 영상은 물체가 온도에 따라 방출하는 적외선 에너지양의

차이를 이용하는 것으로, 온도가 높을수록 어둡게, 온도가 낮을수록 밝게 나타난다.

✗. A 지역은 태풍 자체의 저기압성 소용돌이에 의해 북서풍 계열의 바람이 분다.

◯. B 지역은 구름이 없으므로, 날씨가 맑은 고기압 영역이다. 따라서 B 지역에는 여름철 우리나라에 영향을 주는 북태평양 기단이 위치한다.

✗. C 지역은 적외 영상에서 밝은 흰색으로 보이므로 구름 최상부의 높이가 높은 구름이 나타난다. 따라서 C 지역은 상승 기류가 발달한다. 한편 태풍의 눈에는 구름이 거의 없어 적외 영상에서 어둡게 보이므로, 상승 기류가 발달하지 않는다.

13 태풍

태풍은 발생 초기에 무역풍과 북태평양 고기압의 영향을 받아 대체로 북서쪽으로 진행하다가 위도 $25°\sim30°$ 부근에서 편서풍의 영향으로 진로를 바꾸어 북동쪽으로 진행하는 포물선 궤도를 그린다.

✗. $T_1\sim T_3$ 동안 태풍의 중심 기압은 950 hPa → 930 hPa → 920 hPa → 945 hPa → 965 hPa로 낮아지다가 높아졌다. 태풍의 중심 기압이 낮을수록 태풍의 세력이 강하므로, 태풍의 세력은 강해지다가 약해졌다.

◯. 태풍은 저기압이므로, 북반구에서는 바람이 시계 반대 방향으로 불어 들어간다. 따라서 T_2일 때, 제주도에는 북풍 계열의 바람이 불었을 것이다.

◯. $T_1\sim T_3$ 동안 각 태풍 위치 사이의 시간 간격이 일정하므로, 태풍 위치 사이의 거리가 가까우면 이동 속력이 느리고, 태풍 위치 사이의 거리가 멀면 이동 속력이 빠르다. 따라서 태풍의 평균 이동 속력은 태풍 위치 사이의 거리가 가까운 A 해역을 통과할 때가 태풍 위치 사이의 거리가 먼 B 해역을 통과할 때보다 느렸다.

14 태풍

태풍이 우리나라를 통과할 때 관측소의 위치에 따라 풍향 변화가 다르게 나타난다. 관측소가 태풍의 안전 반원에 위치하는 경우 풍향이 시계 반대 방향으로 변하고, 위험 반원에 위치하는 경우 풍향이 시계 방향으로 변한다.

◯. 관측 시간 동안 풍향이 시계 반대 방향으로 변했으므로, 이 지역은 $T_1\sim T_3$ 동안 태풍의 안전 반원에 위치하였다.

◯. 태풍은 중심 기압이 낮을수록 세력이 강하고, 순간 최대 풍속이 빠르다. 따라서 태풍의 최대 풍속은 태풍의 중심 기압이 낮은 T_1일 때가 태풍의 중심 기압이 높은 T_2일 때보다 빨랐을 것이다.

◯. $T_1\sim T_3$ 동안 태풍의 중심 기압이 계속 높아졌으므로, 태풍의 세력은 계속 약해졌다.

15 태풍과 날씨

태풍의 눈이 통과하는 지역에서는 태풍의 눈이 관측소를 통과할 때 풍속이 최소가 된다. 태풍의 중심인 태풍의 눈에서는 약한 하강 기류가 나타나 날씨가 맑고 바람이 약하다. 태풍의 눈 바로 바깥쪽에는 태풍 영역에서 풍속이 가장 빠르고 강수량이 가장 많은 눈벽(eye wall)이 존재한다.

✗. 그림에서 기압이 최소일 때 풍속은 최대가 아니다.

◯. T_1일 때는 풍속이 매우 빠르고 T_2일 때는 풍속이 가장 느린 것으로 보아, T_1일 때 눈벽이 지나간다. 눈벽은 태풍의 눈 주변을 둘러싸고 있는 두꺼운 구름을 말하는 것으로, 눈벽 지역에서는 많은 비가 내린다. 따라서 시간당 강수량은 T_1일 때가 T_2일 때보다 많다.

◯. 태풍의 눈에서는 약한 하강 기류가 나타나 날씨가 맑고 바람이 약하다. 따라서 T_1, T_2, T_3 중에서 태풍의 눈이 이 지역을 통과한 시기는 풍속이 가장 느리게 관측된 T_2이다.

16 열대 저기압과 온대 저기압

(가)는 전선이 발달하지 않고 태풍의 눈이 발달한 것으로 보아 열대 저기압이고, (나)는 온난 전선과 한랭 전선이 발달한 것으로 보아 온대 저기압이다.

◯. (가)와 (나)는 모두 가시 영상이고, 가시 영상은 태양 빛이 있는 낮에만 촬영이 가능하므로, (가)와 (나)는 모두 낮에 촬영한 것이다.

◯. (가)에서 ㉠은 태풍의 눈 주변의 눈벽 영역으로 가시 영상에서 밝게 나타나고, (나)에서 ㉡은 온대 저기압에 동반된 온난 전선상의 구름 영역으로 가시 영상에서 ㉠보다 덜 밝게 나타나는 것으로 보아 구름의 두께는 영역 ㉠이 영역 ㉡보다 두껍다.

✗. 북반구 저기압 부근에서는 바람이 주변부에서 중심부를 향해 시계 반대 방향으로 불어 들어간다. (가)는 북반구 어느 지역의 열대 저기압이므로 지표 부근의 공기는 태풍 중심을 향해 시계 반대 방향으로 불어 들어간다.

17 뇌우의 발달 단계

뇌우의 발달 과정은 적운 단계 → 성숙 단계 → 소멸 단계이다. (가)는 성숙 단계, (나)는 적운 단계에 해당한다. 성숙 단계에서는 상승 기류와 하강 기류가 함께 나타나며 천둥, 번개, 소나기, 우박 등이 동반된다. 적운 단계에서는 강한 상승 기류에 의해 적운이 발달한다.

◯. 적운 단계인 (나)에서는 적운이 발달하지만 아직 강수 현상이 나타나지 않고, 성숙 단계인 (가)에서는 소나기, 우박, 천둥, 번개 등이 동반된다. 따라서 강수 현상은 주로 성숙 단계인 (가)에서 나타난다.

◯. (나)의 구름은 적운으로 대기가 불안정하여 상승 기류가 발달할 때 잘 발생한다.

✗. 물체가 방출하는 적외선 에너지양은 물체의 온도가 높을수록 많다. 구름 최상부의 온도는 구름 최상부의 높이가 높을수록 낮다. (가)의 구름은 주로 적란운이고, (나)의 구름은 적운으로 구름 최상부의 높이는 (가)가 (나)보다 높다. 따라서 구름의 최상부에서 단위 시간에 단위 면적당 방출하는 적외선 에너지양은 구름 최상부 온도가 높은 (나)가 (가)보다 많다.

18 기단의 변질

기단이 발원지를 떠나 성질이 다른 지역으로 이동하면 이동한 지역의 지표면이나 해수면의 영향을 받아 성질이 변하게 되는데, 이를 기단의 변질이라고 한다.

✗. 겨울철에 한랭 건조한 시베리아 기단이 따뜻한 황해상을 지나면서 열과 수증기를 공급받아 기온과 습도가 높아지고, 기층이 불안정해져 우리나라의 서해안에는 폭설이 내리기도 한다. 시베리아 기단은 대륙성 기단이다.

ⓛ. 해역 A에 발달한 구름은 가시 영상에서 밝게 나타나는 것으로 보아 구름의 두께가 두껍다. 따라서 이 해역에 발달한 구름은 주로 적운형 구름이다.

ⓒ. 한랭 건조한 시베리아 기단이 따뜻한 황해상을 지나가면 황해로부터 열을 공급받아 기온이 높아진다. 따라서 기단의 변질 후의 기온 분포는 ㉠보다 대기 하층의 기온이 더 높은 ㉡이다.

19 우박

우박은 얼음의 결정 주위에 차가운 물방울이 얼어붙어 크기가 커진 얼음덩어리가 땅 위로 떨어진 것이다. 얼음덩어리를 상승시킬 정도로 강한 상승 기류가 발달해야 우박이 생성될 수 있다.

㉠. 강한 천둥과 우박, 돌풍을 동반한 강한 비가 내리는 것은 뇌우의 발달 단계 중 성숙 단계에 나타난다.

㉡. 우박은 대기가 불안정하여 강한 상승 기류가 발달할 때 잘 발생한다. 이날 대기 상층에는 찬 공기가 들어오고 대기 하층에는 따뜻한 공기가 위치해 대기 상층과 하층의 기온 차가 커서 대기가 불안정하였으므로 '불안정'은 ㉡에 해당한다.

㉢. 우박이 생성되기 위해서는 얼음덩어리를 상승시킬 정도로 강한 상승 기류가 발달해야 한다. 이날 중부 지방에는 우박 예보가 발표된 것으로 보아 강한 상승 기류가 발달했을 것이다.

20 황사

황사는 발원지에서 발생한 모래 먼지가 상층의 편서풍을 타고 멀리까지 이동하여 서서히 내려오는 현상이다.

㉠. 그림을 보면 대부분의 관측소에서 연간 황사 발생 일수가 (가)일 때가 (나)일 때보다 많다. 따라서 평균 연간 황사 발생 일수는 (가)일 때가 (나)일 때보다 많다.

㉡. (나)일 때 황사는 대체로 우리나라의 동쪽 지역보다 서쪽 지역에서 많이 관측되었다. 이는 황사의 발원지가 주로 우리나라의 서쪽에 위치하고, 황사가 주로 편서풍을 타고 이동해 오기 때문이다.

✗. 중국 내륙의 사막화가 심해지면 토양이 더 건조해지기 때문에 황사 발생 일수가 증가할 것이다.

01 ②	**02** ②	**03** ⑤	**04** ③	**05** ④	**06** ②	**07** ①
08 ①	**09** ②	**10** ③	**11** ⑤	**12** ①	**13** ④	**14** ⑤
15 ②	**16** ①	**17** ②	**18** ③	**19** ③	**20** ⑤	

01 고기압과 저기압

북반구와 남반구에서 고기압, 저기압의 공기가 휘어지는 방향은 각각 반대이다. 북반구에서는 저기압 중심을 향해 바람이 시계 반대 방향으로 불어 들어가고, 남반구에서는 저기압 중심을 향해 바람이 시계 방향으로 불어 들어간다.

✗. 이 지역에서는 바람이 중심을 향해서는 시계 방향으로 불어 들어가고, 중심에서 바깥쪽으로는 시계 반대 방향으로 불어 나온다. 따라서 이 지역은 남반구에 위치한다.

✗. A를 향해서 바람이 불어 들어가므로 A는 저기압 중심이고, B에서는 바람이 불어 나오므로 B는 고기압 중심이다. 따라서 A의 기압은 1004 hPa보다 낮고, B의 기압은 1004 hPa보다 높다.

ⓒ. A는 저기압 중심이고 B는 고기압 중심이므로, 상승 기류가 나타나는 지점은 A이다.

02 온대 저기압의 일생

온대 저기압은 정체 전선 형성 → 파동 형성 → 온대 저기압 발달 → 폐색 전선의 형성 시작 → 폐색 전선 발달 → 소멸 단계의 변화 과정을 거친다.

✗. (가)에서는 중심의 남서쪽으로 한랭 전선을, 남동쪽으로 온난 전선을 동반한 온대 저기압이 나타난다. (나)에서는 한랭 전선과 온난 전선이 합쳐져서 폐색 전선이 발달한다. 따라서 온대 저기압의 변화 과정은 (가) → (나)이다.

ⓒ. 영역 A는 한랭 전선의 후면에 발달한 구름이고, 영역 B는 온난 전선의 전면에 발달한 구름이다. 한랭 전선의 후면에는 주로 적운형 구름이, 온난 전선의 전면에는 주로 층운형 구름이 발달하므로 구름의 평균 두께는 영역 A가 영역 B보다 두껍다. 또한 가시 영상에서 영역 A가 영역 B보다 밝은색을 띠는 것으로 보아 구름의 평균 두께는 영역 A가 영역 B보다 두껍다.

✗. 영역 C는 폐색 전선이 위치하는 곳으로 가시 영상에서 밝은색을 띠는 것으로 보아 두꺼운 적운형 구름이 형성되었음을 알 수 있다. 따라서 영역 C에서 단위 면적당 방출되는 적외선 복사의 세기는 구름 최상부가 지표면보다 약하다.

03 온대 저기압의 특성

온대 저기압은 찬 기단과 따뜻한 기단이 만나는 중위도의 정체 전선상의 파동으로부터 발생하며, 북반구에서는 찬 공기가 남하하는 남서쪽으로 한랭 전선을, 따뜻한 공기가 북상하는 남동쪽으로 온난 전선을 동반한다.

ⓒ. (가)에서 온대 저기압의 이동 경로는 대체로 서쪽에서 동쪽이다. 따라서 우리나라가 속해 있는 편서풍대에서 온대 저기압의 이동은 주로 편서풍의 영향을 받았다고 해석할 수 있다.

ⓒ. ㉠은 온대 저기압이 발달한 시점에 가깝고, ㉡은 온대 저기압이 소멸한 시점에 가깝다. 온대 저기압의 일생은 정체 전선 형성 → 파동 형성 → 온대 저기압 발달 → 폐색 전선의 형성 시작 → 폐색 전선 발달 → 온대 저기압 소멸 순이다. 따라서 폐색 전선이 발달할 가능성이 더 높은 것은 ㉡이다.

ⓒ. (가)에서 A는 대륙 위에서 발달한 온대 저기압의 이동 경로이고, B~E는 해양 위에서 발달한 온대 저기압의 이동 경로이다. (나)에서 이동 경로별 겨울철(12월~2월) 온대 저기압 수를 보면, 경로 A(대륙 위에서 발달한 온대 저기압)의 경우는 4개이고, 경로 B~E(해양 위에서 발달한 온대 저기압)의 경우는 36개이다. 따라서 해양 위에서 발달한 온대 저기압 수는 대륙 위에서 발달한 온대 저기압 수보다 많다.

04 폐색 전선

폐색 전선에서 한랭 전선을 형성한 찬 공기보다 온난 전선을 형성한 찬 공기의 온도가 더 낮을 때는 한랭 전선 후면의 공기가 온난 전선 전면의 공기 위에 놓이게 된다.

ⓒ. A 지역은 B 지역보다 저기압 중심에 가까이 위치하므로, 기압은 A 지역이 B 지역보다 낮다.

✗. 폐색 전선을 경계로 (가)의 B 지역은 (나)의 ㉠ 지역 쪽이고, (가)의 C 지역은 (나)의 ㉡ 지역 쪽이다. (나)에서 ㉠ 지역의 공기가 ㉡ 지역의 공기 위에 놓여 있으므로, 기온은 ㉠ 지역이 ㉡ 지역보다 높다. 따라서 기온은 B 지역이 C 지역보다 높다.

ⓒ. ㉠ 지역은 한랭 전선면에서 구름의 두께가 두꺼운 적란운이 발달하고, ㉡ 지역은 온난 전선면에서 구름의 두께가 얇은 층운형 구름이 발달한다. 적외 영상은 물체가 온도에 따라 방출하는 적외선 에너지양의 차이를 이용하는 것으로, 온도가 높을수록 어둡게, 온도가 낮을수록 밝게 나타나므로, 구름의 최상부 높이가 높을수록 밝게 나타난다. 따라서 적란운이 발달하는 ㉠ 지역의 구름이 층운형 구름이 발달하는 ㉡ 지역의 구름보다 적외 영상에서 대체로 밝게 보인다.

05 북반구와 남반구의 온대 저기압

북반구와 남반구의 중위도 지방에서는 온대 저기압이 생성되고 소멸한다. 온대 저기압은 편서풍의 영향으로 북반구와 남반구에서 모두 서쪽에서 동쪽으로 이동하지만, 북반구와 남반구에서 전향력의 방향이 달라 북반구의 온대 저기압은 시계 반대 방향으로 바람이 불어 들어가고, 남반구의 온대 저기압은 시계 방향으로 바람이 불어 들어간다.

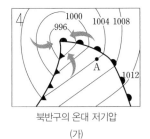

북반구의 온대 저기압
(가)

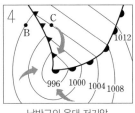

남반구의 온대 저기압
(나)

✗. (가)는 북반구의 온대 저기압에 동반된 온난 전선이고, (나)는 남반구의 온대 저기압에 동반된 한랭 전선이다. 북반구의 온대 저기압은 시계 반대 방향으로 바람이 불어 들어가고, 남반구의 온대 저기압은 시계 방향으로 바람이 불어 들어가므로 지점 A에서는 남풍 계열의 바람이, 지점 C에서는 북풍 계열의 바람이 분다.

◯. 지점 A는 온난 전선 후면에 위치하므로 강수 현상이 거의 없고, 지점 B는 한랭 전선 후면에 위치하므로 주로 강수 현상이 나타난다. 따라서 강수 현상은 지점 A보다 지점 B에서 나타날 가능성이 높다.

◯. 지점 C는 한랭 전선 전면에 위치하고 전선이 동쪽 방향으로 이동하므로 시간이 지나 한랭 전선이 통과하면 지점 C의 기온이 하강한다.

06 온난 전선과 폐색 전선

북반구에서 온난 전선은 온대 저기압 중심에서 남동쪽으로 형성되고, 폐색 전선은 이동 속도가 상대적으로 빠른 한랭 전선이 온난 전선을 따라잡아 합쳐져 형성된다. 폐색 전선에서는 전선 전면과 후면의 기온 차가 크게 나타나지 않는다.

✗. T_1과 T_2 사이 기압이 하강하고 기온은 급격히 상승하므로, 이 시간에 이 지역을 통과한 전선은 온난 전선이다. 따라서 온난 전선이 통과한 T_1과 T_2 사이에 풍향은 남동풍에서 남서풍으로 바뀐다.

✗. T_1과 T_2 사이에 이 지역을 통과한 전선은 온난 전선이다. T_3 이전에 기압이 하강하고 T_3과 T_4 사이에 기압 하강률이 감소하며, T_3과 T_4 사이에 기온은 상승하다가 하강한 것으로 보아 폐색 전선이 통과하였음을 알 수 있다. 온대 저기압의 일생에서 T_1과 T_2 사이에 통과한 온난 전선이 T_3과 T_4 사이에 통과한 폐색 전선보다 먼저 나타난다.

◯. 이 지역은 T_1일 때 온난 전선 전면에 위치하므로 층운형 구름이 주로 관측되고, T_2일 때 온난 전선 후면에 위치하므로 구름이 거의 없는 맑은 날씨가 나타나며, T_3과 T_4 사이에는 폐색 전선이 통과한다. 폐색 전선의 전면과 후면에서는 모두 상승 기류가 발달하여 구름이 생성된다. 따라서 T_1~T_4 중 구름의 양이 가장 적을 때는 T_2이다.

07 온대 저기압

온대 저기압의 일생은 정체 전선 형성 → 파동 형성 → 온대 저기압

발달 → 폐색 전선의 형성과 발달 → 소멸 과정을 겪는다.

◯. 전선 부근에서는 기온 변화가 급격히 나타나므로, 온대 저기압 주변에서 등온선의 간격이 좁은 곳에 전선이 형성되어 있다. 그림을 보면 온대 저기압의 일생 중 (가)는 폐색 전선의 형성과 발달 단계이고, (나)는 온대 저기압의 발달 단계이다. 따라서 온대 저기압의 일생에서 (가)는 (나)보다 나중 단계이다.

✗. 폐색 전선을 동반한 온대 저기압 중심의 위치는 폐색 전선이 온난 전선, 한랭 전선과 만나는 위치인 지점 B보다 지점 A에 가깝다.

✗. 지점 C는 한랭 전선 후면에 위치하고 지점 D는 온난 전선 전면에 위치하므로, 지점 C에서는 주로 적운형 구름이, 지점 D에서는 주로 층운형 구름이 발달한다. 적외 영상에서는 구름 최상부의 높이가 높을수록(구름 최상부의 온도가 낮을수록) 밝게 나타난다. 따라서 적외 영상에서 나타난 평균적인 구름의 밝기는 지점 D보다 지점 C에서 밝다.

08 한랭 전선 통과 후의 일기 변화

한랭 전선이 통과한 후에는 기온이 하강하고 기압이 상승한다. 전선을 경계로 기온, 바람 등이 급변하므로, 시간-높이 그래프에서 풍향이 급격하게 변한 시간에 전선이 통과하였다.

◯. 시간-높이 그래프에서 풍향이 급격하게 변한 시간에 전선이 통과하였으므로, 전선이 통과 중인 시간은 T_2에 가장 가깝다. T_1은 전선 통과 전, T_3은 전선 통과 후이다.

✗. 이 지역은 지표면에서 높이 300 m 부근까지 풍속은 전선 통과 후가 전선 통과 전보다 대체로 빠르다.

✗. 이 지역은 전선 통과 전에는 남서풍이, 전선 통과 후에는 북서풍이 우세하게 불었으므로, 이 지역을 통과한 전선은 한랭 전선이다. 따라서 전선 통과 후인 T_3일 때 이 지역의 상공에는 한랭 전선면이 나타난다.

09 기상 위성 영상

가시 영상에서 밝게 보이는 부분은 구름의 두께가 두꺼운 곳이고, 적외 영상에서 밝게 보이는 부분은 구름의 최상부 높이가 높은 곳이다.

✗. 가시 영상은 구름과 지표면에서 반사된 태양 빛의 반사 강도를 나타낸 것으로, 태양 빛이 있는 낮에만 관측이 가능하다. 적외 영상은 물체가 온도에 따라 방출하는 적외선 에너지양의 차이를 이용하는 것으로, 태양 빛이 없는 밤에도 관측이 가능하다. (가)의 서쪽에 태양 빛이 없어서 관측이 안 된 어두운 부분이 있으므로, 이 영상은 가시 영상이다. 가시 영상에서 밝은 영역은 지구 자전에 의해 점차 서쪽으로 더 넓어질 것이므로, 이 영상은 우리나라가 밤일 때 촬영한 것이 아니라, 오전 시간대에 촬영한 것이다.

◯. 구름 A는 가시 영상에서는 회색으로 보이고, 적외 영상에서

는 흰색으로 밝게 보이는 것으로 보아 구름의 두께는 얇고 구름 최상부의 높이가 높은 구름이다. 구름 B는 가시 영상과 적외 영상 모두에서 흰색으로 밝게 보이는 것으로 보아 적란운이다. 구름 C는 가시 영상에서는 흰색으로 밝게 보이고, 적외 영상에서는 회색으로 보이는 것으로 보아 구름의 두께는 두껍고 구름의 최상부 높이가 낮은 구름이다. 따라서 A, B, C 중 구름 최하부의 높이가 가장 높은 것은 A이다.

✗. 물체의 온도가 낮을수록 적외선을 적게 방출하므로, 구름 최상부의 높이가 높을수록 온도가 낮아 적외선을 적게 방출한다. 적외 영상에서는 구름 최상부의 온도가 낮을수록 밝게 나타나므로, 구름 최상부에서 단위 시간에 단위 면적당 방출되는 적외선 에너지양은 적외 영상에서 어두운 C가 적외 영상에서 밝은 B보다 많다.

10 장마 전선

장마 전선은 정체 전선의 한 종류로, 고온 다습한 북태평양 기단과 한랭 다습한 오호츠크해 기단이 만나거나 고온 다습한 북태평양 기단과 대륙 기단이 만날 때 형성될 수 있다.

◯. 장마 전선은 많은 비를 동반하므로, (가)에서 장마 전선은 12시간 누적 강수량이 가장 많은 위도 30°N 부근에 위치한다.

◯. 가시 영상은 구름과 지표면에서 반사된 태양 빛의 반사 강도를 나타내는 것으로, 육지는 약간 밝게, 구름은 매우 밝게, 바다는 어둡게 나타난다. 지점 A는 고기압 중심으로 날씨가 맑고 바다에 위치하므로 가시 영상에서 어둡게 나타난다. 지점 B는 장마 전선에서 상승 기류에 의해 구름이 생성되는 곳으로 가시 영상에서 밝게 보인다.

✗. 지점 B에서는 대체로 동쪽에서 불어오는 바람과 남서쪽에서 불어오는 바람이 만나 상승 기류가 우세하다.

11 태풍의 이동

태풍은 발생 초기에는 무역풍과 북태평양 고기압의 영향으로 대체로 북서쪽으로 진행하다가 전향점을 지난 후에는 편서풍의 영향으로 북동쪽으로 진행하는 포물선 궤도를 그린다.

◯. 태풍은 북태평양 고기압의 가장자리를 따라 이동하므로, 북태평양 고기압이 우리나라 쪽으로 더 많이 확장되면 태풍의 이동 경로가 우리나라 쪽으로 더 치우친다. 따라서 태풍의 이동 경로가 우리나라 쪽으로 더 치우친 (가)일 때가 (나)일 때보다 북태평양 고기압의 세력이 강하다.

◯. 제주도는 태풍 A가 통과할 때 태풍 진행 방향의 오른쪽(위험 반원)에 위치하므로 태풍 A의 영향을 받는 동안 풍향은 시계 방향으로 변한다.

◯. 속력은 같은 시간 동안 이동 거리가 멀수록 빠르다. 따라서 태풍 B의 평균 이동 속력은 태풍 위치 사이의 간격이 좁은 전향점 부근이 태풍 위치 사이의 간격이 넓은 무역풍대보다 느리다.

12 태풍과 날씨

태풍이 통과할 때 관측소가 태풍 이동 경로의 왼쪽(안전 반원)에 위치하면 풍향은 시계 반대 방향으로 변한다.

◯. 그림 (가)와 (나)에서 8월 31일 15시에 풍속이 최대이고, 시간당 강수량도 최대이다.

✗. 이 관측소에서 태풍이 통과하는 동안 풍향은 북동풍 → 북풍 → 서풍으로 시계 반대 방향으로 변하는 것으로 보아 이 관측소는 태풍 이동 경로의 왼쪽에 위치하였다.

✗. (나)를 보면 이 관측소에서 시간당 강수량은 대체로 태풍 통과 후보다 태풍 통과 전에 더 많았다.

13 태풍의 에너지원과 소멸

태풍의 에너지원은 열대 해상에서 상승한 공기 중의 수증기가 응결하면서 발생하는 숨은열(응결열)이다. 따라서 태풍의 세력이 유지되거나 더 강하게 발달하려면 지속적인 에너지(수증기) 공급이 필요한데, 태풍이 차가운 바다 위를 지나거나 육지에 상륙하면 열과 수증기의 공급이 줄어들어 세력이 약해진다. 또한 태풍이 육지에 상륙하면 지표면과의 마찰이 증가하여 세력이 급격히 약해진다.

✗. 태풍이 우리나라에 상륙하여 통과하는 동안 중심 기압은 상승하다가 일정하게 유지되었고, 최대 풍속은 느려지다가 일정하게 유지되었다. 따라서 태풍이 우리나라를 통과하는 동안 태풍의 세력은 약해지다가 일정하게 유지되었다.

◯. 8월 31일 12시는 태풍이 우리나라에 상륙하기 3시간 전으로, 태풍의 이동 경로로 보아 태풍은 남해안에 위치하였을 것이다. 또한 이 시기에 남해안의 평균 해수면 온도는 약 26 ℃로 태풍이 주로 발생하는 열대 해상의 해수면 온도(약 27 ℃ 이상)와 큰 차이가 없으므로 태풍은 육지에 상륙했을 때보다 세력이 강했을 것이다. 따라서 8월 31일 12시에 태풍의 최대 풍속은 우리나라에 상륙했을 때 최대 풍속인 36 m/s보다 빨랐을 것이다.

◯. A 지역에는 9월 1일 0시에 태풍의 중심이 가장 가깝게 지나갔다. 태풍은 중심으로 갈수록 기압이 낮아지고 A 지역은 태풍의 중심에서 약간 떨어져 있으므로, 9월 1일 0시에 A 지역에서 관측된 기압은 태풍의 중심 기압인 980 hPa보다 높았을 것이다.

14 태풍

태풍은 열대 저기압이므로 주변부에서 중심으로 갈수록 기압이 낮아진다. 태풍의 에너지원은 수증기가 응결할 때 방출하는 숨은열(응결열)이며, 태풍이 육지에 상륙하면 수증기의 공급이 줄어들고 지표면과의 마찰이 증가하여 세력이 급격히 약해진다.

◯. 태풍은 관측소 A 부근을 통과한 후 B 부근을 통과했다. 기압이 가장 낮은 시각은 ㉠이 ㉡보다 먼저이므로, ㉠은 태풍이 먼저 통과한 관측소 A에서 관측한 것이고, ㉡은 태풍이 나중에 통과한 관측소 B에서 관측한 것이다.

ⓛ. A는 태풍 이동 경로의 오른쪽(위험 반원)에 위치하므로, A에서 관측 기간 동안 풍향은 시계 방향으로 변하였다.

ⓒ. 태풍은 T_1일 때 바다 위에 위치하였고, T_2일 때 육지 위에 위치하였다. 태풍은 육지 위에 있을 때보다 바다 위에 있을 때 수증기를 더 많이 공급받을 수 있으므로, 태풍의 구름에서 방출되는 숨은열(응결열)의 양은 태풍이 바다 위에 있는 T_1일 때가 육지 위에 있는 T_2일 때보다 많았다.

15 태풍에 의한 해일

태풍은 강한 저기압으로 태풍이 지나가는 해역은 공기가 해수면을 누르는 힘이 약해 해수면 높이가 평상시보다 높아진다.

✗. 태풍의 중심부로 갈수록 풍속은 빨라지다가 태풍의 눈에서 약해진다. 지점 A는 지점 B보다 태풍의 중심에 가까이 위치하므로 풍속은 지점 A가 지점 B보다 빠르다.

ⓛ. (나)에서 관측 해역의 해수면 높이는 평상시 변화에 비해 T_2일 때 급격히 높아졌으므로 이 시기에 태풍의 중심과 이 해역 사이의 거리가 가장 가까웠다. 따라서 이 해역의 해면 기압은 T_1일 때가 태풍의 중심과 가장 가까운 T_2일 때보다 높다.

✗. 태풍이 통과하는 해역은 바람에 의한 해수의 혼합과 용승이 활발하게 일어난다. 따라서 바람 효과만 고려한다면 이 해역의 표층 수온은 태풍 통과 후인 T_3일 때가 태풍 통과 전인 T_1일 때보다 낮을 것이다.

16 태풍의 강수 구역

태풍의 강수 구역은 태풍의 눈 주변에서 대체로 원형 또는 원형에서 한 방향으로 늘어난 형태로 나타나고, 온대 저기압에 의한 강수 구역은 전선을 따라 대체로 띠 형태로 나타난다.

ⓛ. (가)는 시간당 강수량이 많은 구역이 대체로 띠 형태로 나타나는 것으로 보아, 전선을 동반한 온대 저기압에 의한 강수 구역과 강수량을 나타낸다.

✗. (나)는 특정 지점을 중심으로 원형에서 한 방향으로 늘어난 형태로 나타나는 것으로 보아, 태풍의 강수 구역을 나타낸다. 따라서 (나)와 같은 강수 형태는 주로 태풍이 발생하는 여름철에 잘 나타난다.

✗. (가)에서 시간당 강수량이 가장 많은 곳은 주로 한랭 전선 후면이고, (나)에서 시간당 강수량이 가장 많은 곳은 대체로 태풍의 눈 주변이다. 따라서 (가)와 (나) 모두 시간당 강수량이 가장 많은 곳에서 기압이 가장 낮은 것은 아니다.

17 뇌우

뇌우는 강한 상승 기류에 의해 적란운이 발달하면서 천둥, 번개와 함께 소나기가 내리는 현상이다. 번개는 적란운 내에서 양(+)전하와 음(−)전하가 분리되어 구름 속에 쌓였다가 방전이 일어나 발생한다. 번개 중 구름 안, 구름과 구름 사이, 구름과 대기 사이

에서 발생하는 방전을 구름 방전이라 하고, 구름과 지표면 사이에서 발생하는 방전을 낙뢰(대지 방전 또는 벼락)라고 한다.

✗. 뇌우는 강한 상승 기류에 의해 발생하는 현상이므로, 이날 B 지역에서 상승 기류는 16시~20시보다 낙뢰가 더 많이 관측된 12시~16시에 더 강했을 것이다.

✗. 낙뢰가 발생하려면 적란운이 발달해야 하고, 적란운이 발달하려면 대기가 불안정하여 강한 상승 기류가 발달해야 한다. 따라서 대기는 평균적으로 낙뢰가 많이 발생한 B 지역이 낙뢰가 거의 발생하지 않은 A 지역보다 더 불안정하였다.

ⓒ. A 지역과 B 지역 중 한곳에 강수 현상이 있었다면, 강수 현상이 있었던 지역은 낙뢰가 많이 발생한 B 지역이다. 낙뢰는 강한 상승 기류에 의해 적란운이 발달하면서 나타나는 현상이므로, B 지역에서는 소나기성 강수 형태의 비가 내렸을 것이다.

18 집중 호우

집중 호우는 주로 강한 상승 기류에 의해 형성된 적란운이 한곳에 정체하여 국지적으로 단시간 내에 많은 양의 비가 집중하여 내리는 현상으로, 한 시간에 30 mm 이상이나 하루에 80 mm 이상의 비가 내릴 때, 또는 연 강수량의 10 % 정도의 비가 하루에 내리는 것을 말한다. 집중 호우는 비교적 좁은 지역(반지름 10~20 km 정도)에 집중적으로 내린다.

ⓛ. 레이더 관측 자료에서 시간당 30 mm 이상의 강한 비구름대가 14시~15시에 A 지역의 북서쪽에 위치해 있다가 이후에 A 지역에 가까워진 것을 알 수 있다. 따라서 강한 비구름대가 북서쪽에서 이 지역으로 접근하였다.

✗. 한 시간에 30 mm 이상의 비가 내리는 현상은 집중 호우에 해당한다. 따라서 A 지역에 집중 호우가 발생할 가능성은 (나)일 때가 (다)일 때보다 낮다.

ⓒ. 집중 호우는 주로 강한 상승 기류에 의해 형성된 적란운에서 발생하므로, (가), (나), (다) 중 A 지역에서 상승 기류가 가장 강한 시기는 시간당 강수량이 가장 많은 (다)이다.

19 우박

우박은 한랭 전선이 통과할 때 전선 후면에 발달하는 적란운 내에서 강한 상승 기류를 타고 발생할 수 있다.

ⓛ. 이날 06시에 A 지점은 한랭 전선 후면에 위치하고, B 지점은 한랭 전선 전면에 위치한다. 06시에 기상 레이더로 관측한 시간당 강수량 분포에서 한랭 전선을 따라 강한 강수대가 나타나므로, 우박은 이 시각 무렵에 내린 것으로 보인다. 따라서 우박은 한랭 전선 통과 직후에 내린 것으로 보이며, 우박이 내린 곳은 이날 06시에 한랭 전선 후면에 위치한 A 지점이다.

ⓛ. (나)에서 시간당 강수량은 (가)의 전선 위치와 비교해 보면, 한랭 전선 후면이 온난 전선 전면보다 많다.

✗. 우박의 생성에서 소멸까지 걸리는 시간은 주로 수 분 정도이

고, 온대 저기압의 생성에서 소멸까지 걸리는 시간은 수 일 정도이다. 따라서 생성에서 소멸까지 걸리는 시간은 우박이 온대 저기압보다 짧다.

20 황사

우리나라에 영향을 미치는 황사의 주요 발원지는 중국 북부나 몽골의 사막 또는 건조한 황토 지대이다. 황사 발원지의 대기가 건조할수록, 풍속이 빠를수록 우리나라에서 황사가 발생하기 쉽다.

ㄱ. 우리나라에서 황사는 주로 3월~5월의 봄철에 발생한다.

ㄴ. 황사 발원지인 A 지역의 상대 습도가 가장 낮은 4월에 우리나라의 황사 발생 일수가 가장 많다.

ㄷ. 황사 발원지인 A 지역의 먼지 폭풍 발생 빈도는 강풍과 관련이 있으므로, A 지역의 먼지 폭풍 발생 빈도가 높을수록 우리나라에서 황사 발생 일수는 대체로 증가할 것이다.

06 해양의 변화

수능 2점 테스트
본문 108~111쪽

01 ② **02** ③ **03** ⑤ **04** ① **05** ② **06** ④ **07** ③
08 ① **09** ④ **10** ① **11** ⑤ **12** ② **13** ② **14** ③
15 ① **16** ③

01 깊이에 따른 해수의 물리량 변화

해수의 밀도는 주로 수온과 염분에 의해 결정되며, 해수의 밀도는 수온이 낮을수록, 염분이 높을수록 커진다. 혼합층은 태양 복사 에너지에 의한 가열로 수온이 높고, 바람의 혼합 작용으로 인해 깊이에 따라 수온이 거의 일정한 층이다. 수온 약층은 혼합층 아래에서 깊이에 따라 수온이 급격히 낮아지는 층으로, 수심이 깊어질수록 해수의 밀도가 커지므로 매우 안정하다. 심해층은 수온이 낮고 태양 복사 에너지가 도달하지 않으므로, 계절이나 깊이에 따른 수온의 변화가 거의 없는 층이다. 그림 (가)를 보면 깊이 약 0 m~40 m에 혼합층이 나타나며, 깊이 약 40 m 이상에는 수온 약층이 나타난다.

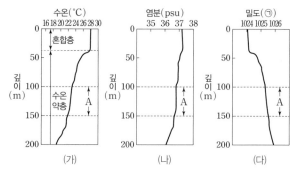

(가)　　　　(나)　　　　(다)

✗. 해수의 밀도는 1000 kg/m³ 정도이다. 따라서 g/m³는 ㉠에 해당하지 않으며, kg/m³가 ㉠에 해당한다.

ㄴ. A 구간에서는 깊이에 따라 수온이 급격히 낮아지므로 A 구간은 수온 약층에 포함된다.

✗. 해수의 밀도는 수온이 낮을수록, 염분이 높을수록 커진다. A 구간에서 깊이가 깊어질수록 수온은 낮아지고 염분은 일정하다가 낮아지고 밀도는 커진다. 따라서 A 구간에서 해수의 밀도 변화는 염분보다 수온의 영향이 더 크다.

02 (증발량−강수량) 값과 표층 염분

적도 저압대와 한대 전선대에서는 강수량이 증발량보다 많고, 중위도 고압대에서는 강수량이 증발량보다 적다. A는 증발량이고 B는 강수량이다.

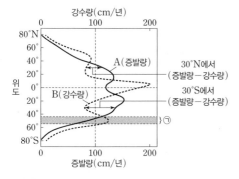

✗. 강수량(B)이 가장 많은 위도는 약 5°N이다.

✗. A는 증발량이고 B는 강수량이며, (증발량−강수량) 값은 30°N이 30°S보다 작다.

©. ㉠은 위도 50°S 부근이며 ㉠에서 강수량이 증발량보다 많은 것으로 보아 ㉠에는 한대 전선대가 위치하고 대기 대순환에 의한 상승 기류가 발달한다.

03 위도에 따른 해수면의 수온 분포

해수면의 수온 분포에 가장 큰 영향을 미치는 요인은 태양 복사 에너지이며, 해수면과 햇빛이 이루는 각도가 클수록 단위 시간에 단위 면적의 해수면에 입사되는 태양 복사 에너지양은 많다. 해수면과 햇빛이 이루는 최대 각도는 (가)>(나)>(다)이다.

✗. 3월 21일 정오에 고위도로 갈수록 해수면과 햇빛이 이루는 최대 각도가 작아진다. 해수면과 햇빛이 이루는 최대 각도는 (가)>(나)>(다)이므로, 위도는 (다)가 가장 높고 다음으로 (나)가 높으며 (가)가 가장 낮다.

©. 해수면의 연평균 수온을 나타내는 등수온선은 대체로 위도와 나란하고, 해수면의 연평균 수온은 저위도에서 고위도로 갈수록 낮아지는 경향을 보인다. (가)의 위도대는 적도 부근이며, (다)의 위도대는 고위도이다. 따라서 해수면의 연평균 수온은 (가)의 위도대가 (다)의 위도대보다 높다.

©. 해수면과 햇빛이 이루는 최대 각도는 (가)>(나)>(다)이고, 해수면과 햇빛이 이루는 각도가 클수록 단위 시간에 단위 면적의 해수면에 입사되는 태양 복사 에너지양이 많다. 따라서 해수면과 햇빛이 이루는 각도만을 고려하면 이날 단위 면적의 해수면에 입사되는 태양 복사 에너지양은 (가)>(나)>(다)이다.

04 해수의 수온과 염분에 따른 산소 기체의 용해도

해수의 기체 용해도는 해수에 녹을 수 있는 기체의 양을 의미한다. 해수의 산소 기체의 용해도는 수온이 높을수록 감소하고 염분이 높을수록 감소한다.

©. 그림을 보면 수온이 같은 해수에서 염분이 높을수록 산소 기체의 용해도가 작아진다.

✗. 그림에서 기울기의 크기는 $\dfrac{\text{산소 기체의 용해도 감소량}}{\text{수온 증가량}}$ 을 의미

하며, 염분이 30 psu인 해수에서 수온이 높아질수록 $\dfrac{\text{산소 기체의 용해도 감소량}}{\text{수온 증가량}}$ 은 작아지는 경향을 보인다.

✗. 해수의 산소 기체의 용해도는 수온이 높을수록 감소하고 염분이 높을수록 감소하며, 쿠로시오 해류는 캘리포니아 해류보다 표층 수온과 표층 염분이 높다. 따라서 표층의 평균 용존 산소량은 쿠로시오 해류가 흐르는 해역이 캘리포니아 해류가 흐르는 해역보다 적을 것이다.

05 수온 염분도 해석

해수의 밀도는 수온이 낮을수록, 염분이 높을수록 커진다. 혼합층은 수온이 높고 깊이에 따른 수온이 거의 일정한 층이고, 수온 약층은 혼합층 아래에서 깊이에 따라 수온이 급격히 낮아지는 층이다.

✗. 깊이 0 m~약 900 m 구간에서 깊이에 따라 수온이 급격히 낮아지고 깊이 500 m는 수온 약층에 해당한다. 따라서 수온 약층이 나타나기 시작하는 깊이는 500 m보다 얕다.

©. 깊이 0 m~500 m 구간에서 해수의 밀도 변화는 0.001 g/cm³보다 크고, 깊이 3000 m~4000 m 구간에서 해수의 밀도 변화는 0.001 g/cm³보다 작다.

✗. 염분은 깊이 500 m 해수와 1000 m 해수가 거의 같고, 수온은 깊이 500 m 해수가 1000 m 해수보다 높다. 따라서 깊이 500 m 해수와 1000 m 해수의 밀도 차는 염분보다 수온의 영향이 더 크다.

06 대기와 해양에 의한 에너지 수송

위도에 따른 열수지에서 저위도 지방에서는 에너지가 남고 고위도 지방에서는 에너지가 부족하다. 저위도의 남는 에너지는 대기와 해양에 의해 고위도로 수송되고, 대기와 해양에 의한 에너지 수송은 북반구에서는 주로 북쪽으로 일어나며 남반구에서는 주로 남쪽으로 일어난다.

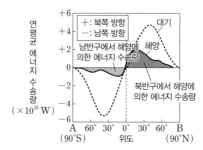

① 남반구에서 대기와 해양에 의한 에너지 수송은 주로 남쪽으로 일어난다. 따라서 A는 90°S이다.

② 저위도의 남는 에너지는 대기와 해양에 의해 고위도로 수송된다. 따라서 북반구에서 대기와 해양에 의한 에너지 수송은 주로 북쪽으로 일어난다.

③ 그림을 보면 대기와 해양에 의한 에너지 총 수송량은 적도 부근이 40°S 부근보다 적다.

④ 그림을 보면 해양에 의한 에너지 수송량은 북반구가 남반구보다 많다.

⑤ 그림을 보면 위도 40°N 부근에서 대기에 의한 에너지 수송량이 해양에 의한 에너지 수송량보다 많다.

07 대기 대순환

해들리 순환은 적도 저압대와 중위도 고압대 사이에 분포하고, 페렐 순환은 중위도 고압대와 한대 전선대 사이에 분포하며, 극순환은 한대 전선대와 극 고압대 사이에 분포한다. 북반구에서 여름철에는 한대 전선대가 북상하고 겨울철에는 한대 전선대가 남하한다. 따라서 북반구 여름철 한대 전선대의 위치는 A이고 북반구 겨울철 한대 전선대의 위치는 B이다.

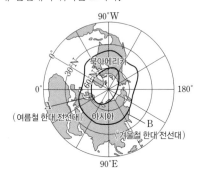

ㄱ. 북반구 여름철 한대 전선대의 위치는 A이다.

ㄴ. 북반구 여름철 한대 전선대의 위치는 A이므로, 북반구 여름철에 50°N 부근에는 페렐 순환이 분포한다. 따라서 북반구 여름철에 50°N 부근의 지표 부근에는 대기 대순환에 의한 서풍 계열의 바람인 편서풍이 우세하게 분다.

ㄷ. 북반구 겨울철 한대 전선대의 위치는 B이므로, 북반구 겨울철에 페렐 순환은 주로 B의 남쪽에 분포한다.

08 쿠로시오 해류와 캘리포니아 해류의 특징

A 해역에는 난류인 쿠로시오 해류가 흐르고 B 해역에는 한류인 캘리포니아 해류가 흐른다.

ㄱ. 표층 해수의 평균 수온은 쿠로시오 해류가 흐르는 A 해역이 캘리포니아 해류가 흐르는 B 해역보다 높다.

ㄴ. 쿠로시오 해류는 고염분의 난류이고 캘리포니아 해류는 저염분의 한류이다. 따라서 표층 해수의 평균 염분은 쿠로시오 해류가 흐르는 A 해역이 캘리포니아 해류가 흐르는 B 해역보다 높다.

ㄷ. 표층 해수의 평균 용존 산소량은 표층 수온이 낮을수록 많은 경향을 보인다. 따라서 표층 해수의 평균 용존 산소량은 쿠로시오 해류가 흐르는 A 해역이 캘리포니아 해류가 흐르는 B 해역보다 적다.

09 대기 대순환과 정체성 고기압

A, B, C 지역 모두에서 바람이 불어 나가는 것으로 보아 A, B, C 지역 모두에 고기압이 위치한다.

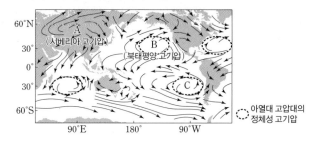

④ 해들리 순환의 하강 기류에 의해 형성된 정체성 고기압은 위도 30° 부근의 아열대 고압대에 분포한다. 따라서 A, B, C 지역 중 해들리 순환의 하강 기류에 의해 형성된 정체성 고기압이 위치하는 지역은 B와 C이다. A 지역의 정체성 고기압은 시베리아 고기압이며 시베리아 고기압은 대륙의 복사 냉각으로 지표면 부근의 공기가 냉각되어 형성된다.

10 북대서양의 표층 해류

A 해역에서는 편서풍이 불고 C 해역에서는 북동 무역풍이 분다. B 해역은 편서풍이 부는 해역과 북동 무역풍이 부는 해역의 경계부에 위치한다.

ㄱ. A 해역에서는 난류인 북대서양 해류가 북동쪽으로 흐른다.

ㄴ. B 해역은 편서풍이 부는 지역과 북동 무역풍이 부는 지역의 경계부에 위치한다. 따라서 B 해역은 아한대 순환과 아열대 순환의 경계에 위치하는 것이 아니라, 아열대 순환의 내부에 위치한다.

ㄷ. 열대 수렴대는 북동 무역풍과 남동 무역풍이 수렴하는 지역에 발달한다. 따라서 열대 수렴대는 주로 C 해역의 남쪽에 분포한다.

11 대기 대순환과 해수의 표층 순환

• 태평양의 0°~30°N 부근에서는 동풍 계열의 무역풍이 우세하게 불고 북적도 해류가 동쪽에서 서쪽으로 흐른다.

• 태평양의 30°N~60°N 부근에서는 서풍 계열의 편서풍이 우세하게 불고 북태평양 해류가 서쪽에서 동쪽으로 흐른다.

• 태평양의 0°~30°S 부근에서는 동풍 계열의 무역풍이 우세하게 불고 남적도 해류가 동쪽에서 서쪽으로 흐른다.

• 태평양의 30°S~60°S 부근에서는 서풍 계열의 편서풍이 우세하게 불고 남극 순환 해류가 서쪽에서 동쪽으로 흐른다.

• ⊙는 서쪽으로 이동하는 방향이고 ⊗는 동쪽으로 이동하는 방향이다.

ㄱ. A에서는 편서풍에 의해 형성된 북태평양 해류가 서쪽에서 동쪽으로 흐르고, B에서는 무역풍에 의해 형성된 북적도 해류가 동쪽에서 서쪽으로 흐른다.

ㄴ. 열대 수렴대는 위도 0° 부근에 분포한다. 따라서 B와 C 위도대 사이에 열대 수렴대가 분포한다.

ㄷ. D에서의 대기 대순환에 의해 지표 부근에는 편서풍이 불고, 남극 순환 해류는 편서풍에 의해 형성된다.

12 해수의 표층 순환

해수의 표층 순환은 적도 부근을 경계로 북반구와 남반구가 대체로 대칭을 이룬다. 북반구 아열대 순환은 시계 방향으로 순환하고 남반구 아열대 순환은 시계 반대 방향으로 순환한다. 따라서 북반구 아열대 순환은 (나)이고 남반구 아열대 순환은 (가)이다.

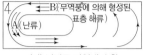 

(가) 남반구 아열대 순환   (나) 북반구 아열대 순환

✗. 북반구 아열대 순환은 (나)이다.

ⓒ. 북반구 아열대 순환에서 난류는 북쪽으로 흐르고 남반구 아열대 순환에서 난류는 남쪽으로 흐른다. 따라서 (가)의 A 해역에서 난류가 흐르고 (나)의 C 해역에서도 난류가 흐른다.

✗. 무역풍에 의해 형성된 표층 해류는 저위도에서 동쪽에서 서쪽으로 흐르고, 편서풍에 의해 형성된 표층 해류는 중위도에서 서쪽에서 동쪽으로 흐른다. 따라서 B 해역에서는 무역풍에 의해 형성된 표층 해류가 흐르고 D 해역에서는 편서풍에 의해 형성된 표층 해류가 흐른다.

13 우리나라 주변의 표층 해류

(가)에서는 양쯔강 유출류가 제주도의 서쪽 해역까지 퍼지고 있고 (나)에서는 양쯔강 유출류가 중국 연안을 따라 남하하는 것으로 보아 (가)는 여름철이고 (나)는 겨울철이다.

(가) 여름철   (나) 겨울철

✗. 서한 연안류는 한반도의 서해안을 따라 흐르는 해류이다. (가)를 보면 여름철에 서한 연안류는 주로 북상하고 (나)를 보면 겨울철에 서한 연안류는 주로 남하한다.

ⓒ. (가)를 보면 여름철에 황해 난류는 거의 나타나지 않지만 (나)를 보면 겨울철에 황해 난류가 상대적으로 뚜렷하게 나타난다.

✗. (가)는 여름철로 우리나라 주변 해역에 강수량이 많고 (나)는 겨울철로 우리나라 주변 해역에 강수량이 적다. (가)에서 A 해역은 양쯔강 유출류의 영향을 강하게 받고 있고 (나)에서 A 해역은 양쯔강 유출류의 영향을 거의 받지 않는다. 따라서 A 해역의 표층 염분은 (가)가 (나)보다 낮다.

14 대서양의 수괴

A 수괴는 남극 대륙 주변에서 표층 해수가 침강하여 형성되고 B 수괴는 북대서양에서 표층 해수가 침강하여 형성되는 것으로 보아, A 수괴는 남극 저층수이고 B 수괴는 북대서양 심층수이다.

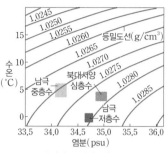

대서양 수괴의 수온과 염분

ⓒ. A 수괴는 남극 저층수이다.

ⓒ. A 수괴(남극 저층수)와 B 수괴(북대서양 심층수)가 만나면 밀도가 큰 A 수괴가 밀도가 작은 B 수괴 아래로 이동한다.

✗. A 수괴(남극 저층수)는 B 수괴(북대서양 심층수)보다 평균 수온과 평균 염분은 낮으며 평균 밀도는 크다. 따라서 A 수괴의 평균 밀도가 B 수괴의 평균 밀도보다 큰 것은 염분보다 수온의 영향이 더 크다.

15 남대서양의 심층 순환

가장 아래에 분포하는 A 수괴는 남극 저층수, 가장 위에 분포하는 C 수괴는 남극 중층수, B 수괴는 북대서양 심층수이다.

ⓒ. A(남극 저층수), B(북대서양 심층수), C(남극 중층수) 중에서 평균 염분은 C가 가장 낮다. 따라서 평균 염분은 A가 C보다 높다.

✗. 수괴는 수온, 염분, 밀도가 거의 일정한 해수 덩어리로, 성질이 다른 수괴와 잘 섞이지 않는다. B(북대서양 심층수)는 주로 북대서양의 그린란드 주변 해역에서 표층 해수가 침강하여 형성된다.

✗. 남대서양에서 A(남극 저층수)와 C(남극 중층수)는 주로 침강하지만 B(북대서양 심층수)는 A와 C 사이에서 주로 용승한다.

16 수괴의 특징

평균 밀도는 ⓒ>ⓒ>ⓒ 순이며, ⓒ은 남극 중층수, ⓒ은 북대서양 심층수, ⓒ은 남극 저층수이다.

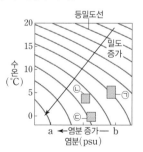

ⓒ. 북대서양 심층수는 ⓒ이다.

X. 해수의 밀도는 수온이 낮을수록, 염분이 높을수록 커진다. 따라서 염분을 나타내는 가로축에서 a는 b보다 크다.

ㄷ. 남극 대륙 주변의 웨델해에서 표층 해수가 침강하여 ㉢(남극 저층수)이 형성되고 60°S 부근에서 표층 해수가 침강하여 ㉠(남극 중층수)이 형성된다.

수능 **3**점 테스트   본문 112~119쪽

01 ⑤ **02** ⑤ **03** ③ **04** ② **05** ② **06** ③ **07** ④
08 ④ **09** ② **10** ④ **11** ② **12** ③ **13** ② **14** ②
15 ⑤ **16** ③

01 수온 염분도 해석

수온 염분도는 해수의 특성을 나타내는 그래프로, 수온 염분도를 이용하면 해수의 밀도를 알아낼 수 있으며, 해수의 특성과 이동을 추정할 수 있다. 해수의 밀도는 수온이 낮을수록, 염분이 높을수록 커진다.

X. 7월, 9월에 표층 해수의 월평균 수온이 1월, 3월보다 높은 것으로 보아 이 해역은 북반구에 위치한다. 7월과 9월 모두 표층 해수의 월평균 수온이 20 ℃보다 높은 것으로 보아, 이 해역의 위도는 60°N보다 낮다.

ㄴ. 해수의 밀도는 수온이 낮을수록, 염분이 높을수록 증가하며, 그림에서 오른쪽 아래로 갈수록 해수의 밀도가 증가한다. 따라서 11월에 표층 해수의 월평균 밀도는 1.026 g/cm^3보다 크다.

ㄷ. 그림을 보면 9월과 7월의 표층 해수의 월평균 수온 차는 약 1 ℃이고 7월과 5월의 표층 해수의 월평균 수온 차는 4 ℃보다 크다.

02 (증발량−강수량) 값과 표층 염분

먼바다에서 표층 염분에 가장 큰 영향을 주는 요인은 증발량과 강수량이다. 먼바다에서 표층 염분은 대체로 (증발량−강수량) 값이 클수록 높다. 적도 저압대에서는 대체로 (증발량−강수량) 값이 음(−)의 값이고 중위도 고압대에서는 대체로 (증발량−강수량) 값이 양(+)의 값이며, 표층 염분은 중위도 고압대가 적도 저압대보다 높다. A 해역은 적도 저압대에 위치하며 (증발량−강수량) 값이 음(−)의 값이고, B와 C 해역은 중위도 고압대에 위치하며 (증발량−강수량) 값이 양(+)의 값이다. 따라서 B 해역과 C 해역의 표층 염분은 A 해역보다 높다.

ㄱ. A, B, C 해역 중 표층 염분이 가장 낮은 해역은 (증발량−강수량) 값이 음(−)의 값인 A 해역이다.

ㄴ. 해들리 순환의 하강 기류에 의해 위도 30° 부근에는 중위도 고압대(아열대 고압대)가 발달하며, 중위도 고압대에 발달하는 정체성 고기압을 아열대 고기압이라고 한다. B 해역과 C 해역에서 (증발량−강수량) 값이 양(+)의 값인 것으로 보아 B 해역과 C 해역은 아열대 고기압에 위치한다.

ㄷ. 해들리 순환의 상승 기류에 의해 적도 부근에는 적도 저압대가 발달하고 A 해역은 적도 저압대에 위치한다. 해들리 순환의 하강 기류에 의해 위도 30° 부근에는 중위도 고압대가 발달하고 B 해역과 C 해역은 중위도 고압대에 위치한다. 따라서 연평균 해면 기압은 A 해역 부근이 B 해역과 C 해역 부근보다 낮다.

03 대기 대순환과 표층 염분 및 에너지 수송량

(가)에서 A는 (증발량−강수량)이고 B는 표층 염분이다. (가)를 보면 중위도 고압대에서 (증발량−강수량)이 크고 표층 염분도 높다. (나)를 보면 위도 40° 부근에서 에너지 수송량이 가장 많다.

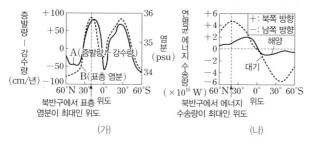

(가)

ㄱ. (가)에서 A는 (증발량−강수량)이고 B는 표층 염분이다. 따라서 (증발량−강수량)은 60°N 부근이 60°S 부근보다 크다.

ㄴ. 해들리 순환의 상승 기류에 의해 적도 부근에는 적도 저압대가 발달하고 해들리 순환의 하강 기류에 의해 위도 30° 부근에는 중위도 고압대(아열대 고압대)가 발달한다. 따라서 (증발량−강수량), 표층 염분, 연평균 해면 기압 모두가 적도 부근이 30°S 부근보다 낮다.

✗. (나)를 보면 북반구에서 에너지 수송량이 최대인 위도는 40°N 부근이다. (가)를 보면 북반구에서 표층 염분이 가장 높은 위도는 20°N 부근이다.

04 해수의 용존 기체

용존 산소량은 표층에서 가장 많고, 심해에서는 극지방의 표층에서 침강한 찬 해수에 의해 약간 많다.

✗. (나)의 관측 해역의 표층에서 용존 산소량은 약 6 mL/L이며 (가)에서 용존 산소량이 6 mL/L인 등치선은 위도 30°N보다 북쪽에 위치한다. 해들리 순환의 상승 기류에 의해 형성된 저압대는 적도 저압대로 적도 부근에 발달한다. 따라서 (나)의 관측 해역에는 해들리 순환의 상승 기류에 의해 형성된 저압대가 발달하지 않는다.

ㄴ. (나)를 보면 용존 산소량은 표층이 깊이 800 m보다 많다.

✗. 깊이 2000 m∼3000 m 구간에서 깊이가 깊어질수록 용존 산소량이 증가한다. 깊이 2000 m∼3000 m 구간에서는 해양 생물의 광합성이 일어나지 않으며 깊이 2000 m∼3000 m 구간에서 깊이가 깊어질수록 용존 산소량이 증가하는 주된 원인은 심층 순환에 의해 용존 산소가 심해에 공급되기 때문이다.

05 밀도 약층

해양에서 깊이가 깊어질수록 밀도는 커지는 경향을 보인다. 따라서 (나)에서 깊이가 깊어질수록 큰 값의 등밀도선이 분포한다.

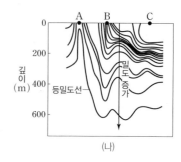

(나)

✗. 동한 난류는 한반도의 동해안을 따라 북상하는 해류로 A 해역까지 북상하지 않는다.

ㄴ. 깊이가 깊어질수록 큰 값의 등밀도선이 분포한다. 깊이 100 m에서 해수의 밀도는 A 해역이 C 해역보다 크다.

✗. 밀도 약층은 깊이가 깊어질수록 밀도가 급격히 커지는 층으로 깊이에 따른 밀도 증가량이 클수록 뚜렷하다. (나)를 보면 깊이 100 m∼300 m 구간에서 깊이에 따른 밀도 증가량은 C 해역이 B 해역보다 크므로 밀도 약층은 C 해역이 B 해역보다 뚜렷하다.

06 해수의 연직 수온 변화량

깊이가 깊어질수록 해수의 수온 연교차가 작아지는 경향을 보인다. 따라서 A, B, C는 각각 깊이 100 m, 50 m, 0 m이다.

✗. A, B, C 중 깊이 0 m는 수온의 연교차가 가장 큰 C이다.

✗. C(깊이 0 m)에서 수온이 가장 높은 (가) 시기는 여름철이다.

ㄴ. 관측 기간 동안 관측 해역에서는 해수의 연직 운동이 일어나지 않았고 해수의 염분이 일정하다고 가정했으므로 깊이가 깊을수록 고밀도의 해수가 분포한다. 따라서 (나) 시기에 해수의 밀도는 A(깊이 100 m)가 C(깊이 0 m)보다 크다.

07 수괴의 수온, 염분, 밀도

A, B, C 수괴의 밀도는 그림과 같이 C>B>A 순이다.

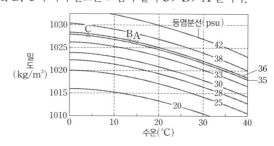

ㄱ. A, B, C 수괴 중 밀도는 A가 가장 작다.

ㄴ. 수온이 가장 낮은 C 수괴가 북대서양 심층수이다.

✗. 그림에서 기울기의 크기는 $\dfrac{밀도\ 감소량}{수온\ 증가량}$ 을 의미한다. 따라서 염분이 35 psu인 해수의 수온이 높아질수록 $\dfrac{밀도\ 감소량}{수온\ 증가량}$ 은 커

지는 경향을 보인다.

08 해수면 평균 수온 분포와 평균 표층 염분 분포

해수면 평균 수온은 저위도에서 고위도로 갈수록 대체로 낮아지고 해수면 평균 수온을 나타내는 등수온선은 대체로 위도와 나란하다. 평균 표층 염분은 중위도 고압대의 먼바다에서 높게 나타난다. 따라서 (가)는 평균 표층 염분 분포를 나타내고 (나)는 해수면 평균 수온 분포를 나타낸다.

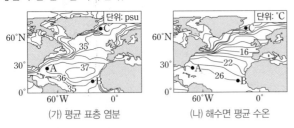

(가) 평균 표층 염분　　　　(나) 해수면 평균 수온

✗. (나)는 해수면 평균 수온 분포를 나타내며, (나)에서 A 해역과 B 해역의 해수면 평균 수온은 같다.

ⓛ. A 해역에는 난류인 멕시코 만류가 흐르고 B 해역에는 한류인 카나리아 해류가 흐른다. 표층 해류에 의해 북쪽 방향으로 수송되는 단위 면적당 연평균 에너지양은 난류가 흐르는 A 해역이 한류가 흐르는 B 해역보다 많다.

ⓒ. 염분은 해수 1 kg 속에 녹아 있는 염류의 총량을 g 수로 나타낸 값이다. (가)에서 표층 염분은 A 해역이 C 해역보다 높다. 따라서 표층 해수 1 kg에서 얻을 수 있는 염류의 최대량은 A 해역이 C 해역보다 많다.

09 대기 대순환 모형

지구가 자전하지 않는 경우의 대기 대순환 모형에서는 각 반구에 1개의 순환 세포가 나타나고, 지구가 자전하는 경우의 대기 대순환 모형에서는 각 반구에 3개의 순환 세포가 나타난다. 따라서 (가)는 지구가 자전하는 경우의 대기 대순환 모형이고 (나)는 지구가 자전하지 않는 경우의 대기 대순환 모형이다.

✗. 대기의 온도 차에 의한 대기의 열적 순환을 직접 순환이라고 하며 직접 순환에서는 상대적으로 따뜻한 공기가 상승하고 상대적으로 찬 공기가 하강한다. 간접 순환에서는 상대적으로 찬 공기가 상승하고 상대적으로 따뜻한 공기가 하강한다. 지구가 자전하는 경우의 대기 대순환 모형에서 해들리 순환과 극순환은 직접 순환이고 페렐 순환은 간접 순환이다. 지구가 자전하지 않는 경우의 대기 대순환 모형에서 적도와 극 사이에 나타나는 순환 세포는 직접 순환이다. 이와 같이 (가)에서는 간접 순환이 나타나지만 (나)에서는 간접 순환이 나타나지 않는다.

ⓛ. (가) 지구가 자전하는 경우의 대기 대순환 모형에서 0°~30°N과 60°N~90°N의 지표 부근에서는 북풍 계열의 바람이 불고

30°N~60°N의 지표 부근에서는 남풍 계열의 바람이 분다. 따라서 지구가 자전하는 경우 북반구 지표 부근에서 북풍 계열의 바람이 부는 지역의 면적은 남풍 계열의 바람이 부는 지역의 면적보다 넓다.

✗. 지구가 자전하지 않는 경우 대기 대순환 모형의 북반구 지표 부근에서는 북풍 계열의 바람이 우세하게 불고 남반구 지표 부근에서는 남풍 계열의 바람이 우세하게 분다.

10 열대 수렴대

북반구 여름철에 열대 수렴대는 북상하고 북반구 겨울철에 열대 수렴대는 남하한다. 따라서 (가)의 시기는 북반구 여름철이고 (나)의 시기는 북반구 겨울철이다.

✗. (가)와 (나)를 비교해 보면, 열대 수렴대는 (가) 북반구 여름철이 (나) 북반구 겨울철보다 고위도에 위치한다.

ⓛ. (가)의 시기는 북반구 여름철이고 인도에서는 남풍 계열의 계절풍이 분다. (나)의 시기는 북반구 겨울철이고 인도에서는 북풍 계열의 계절풍이 분다.

ⓒ. (가)의 시기에 A 지역에는 인도양으로부터 계절풍이 불어오고 (나)의 시기에 A 지역에는 아시아 대륙으로부터 계절풍이 불어온다. 따라서 A 지역의 강수량은 (가)의 시기가 (나)의 시기보다 많을 것이다.

11 태평양 적도 부근의 표층 해류

A 해역, C 해역 모두에서는 동쪽에서 서쪽으로 적도 해류가 흐르고, B 해역에서는 서쪽에서 동쪽으로 표층 해류(적도 반류)가 흐른다.

✗. 북태평양 아열대 순환은 북적도 해류, 쿠로시오 해류, 북태평양 해류, 캘리포니아 해류로 이루어진다. A 해역의 표층 해류는 북적도 해류이고 B 해역의 표층 해류는 북적도 해류보다 남쪽에서 서쪽에서 동쪽으로 흐르는 해류(적도 반류)이다. 따라서 A의 표층 해류와 B의 표층 해류는 북태평양 열대 순환을 이룬다.

ⓛ. A 해역의 표층 해류는 북적도 해류이고 C 해역의 표층 해류는 남적도 해류이며, 북적도 해류와 남적도 해류 모두는 무역풍에 의해 형성된다.

✗. B 해역은 무역풍대에 위치하며 무역풍은 동풍 계열의 바람이다.

12 북태평양 표층 해류의 특징

A 해역에는 난류인 쿠로시오 해류가 흐르고, B 해역에는 북태평양 해류가 흐르며, C 해역에는 한류인 캘리포니아 해류가 흐른다. 표층 수온은 A 해역>C 해역>B 해역이며, ㉠은 B 해역, ㉡은 C 해역, ㉢은 A 해역의 표층 수온과 표층 염분이다.

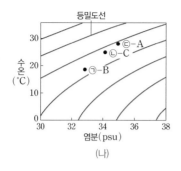

(나)

ⓐ. 산소 기체의 용해도는 해수의 수온이 낮을수록 크다. 산소 기체의 용해도는 난류가 흐르는 A 해역이 한류가 흐르는 C 해역보다 작다.

ⓛ. ㉠은 B 해역, ㉡은 C 해역, ㉢은 A 해역의 표층 수온과 표층 염분이다. 따라서 표층 해수의 밀도 차는 (A와 B)가 (A와 C)보다 크다.

✗. ㉠은 B 해역의 표층 수온과 표층 염분이며, B 해역에는 북태평양 해류가 흐르고 북태평양 해류는 편서풍에 의해 형성된다.

13 우리나라 주변의 표층 해류

동한 난류는 우리나라의 동해안을 따라 북상하는 해류이다. (가)와 (나)에서 동한 난류를 비교해 보면 동한 난류가 최대로 북상하는 위도는 (나)가 (가)보다 높다.

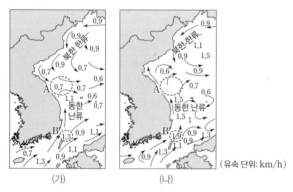

(유속 단위: km/h)

(가)   (나)

✗. 동한 난류가 최대로 북상하는 위도는 (나)가 (가)보다 높다.

ⓛ. (가)의 A 해역에서는 난류와 한류가 만나며, (나)의 A 해역에는 난류만 흐른다. 따라서 A 해역에서 남북 방향의 표층 수온 변화는 (가)가 (나)보다 클 것이다.

✗. B 해역에서 표층 해류의 유속은 (가)가 (나)보다 느리다. 따라서 단위 시간당 B 해역을 통과하는 표층 해수의 양은 (가)가 (나)보다 적다.

14 대서양의 연직 수온 분포

(가)와 (나) 모두에서 대서양 서안의 표층 수온이 동안보다 높다. (가)에는 수온이 1 ℃ 이하인 수괴가 분포하며 해저면 부근에서

최저 수온은 약 0.4 ℃이고, (나)에는 수온이 1 ℃ 이하인 수괴가 분포하지 않으며 해저면 부근에서 최저 수온은 약 2.2 ℃이다.

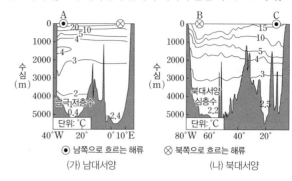

ⓐ 남쪽으로 흐르는 해류 ⊗ 북쪽으로 흐르는 해류

(가) 남대서양   (나) 북대서양

✗. 남극 저층수의 수온은 −0.8 ℃~2 ℃ 정도이고 북대서양 심층수의 수온은 2 ℃~4 ℃ 정도이다. (가)에는 수온이 1 ℃ 이하인 수괴가 분포하며 해저면 부근에서 최저 수온은 약 0.4 ℃이고, (나)에는 수온이 1 ℃ 이하인 수괴가 분포하지 않으며 해저면 부근에서 최저 수온은 약 2.2 ℃이다. 따라서 (가)의 해저면 부근에 분포하는 수괴는 남극 저층수이므로 (가)는 남대서양에서 관측한 것이다.

ⓛ. (가)는 남대서양이고 (나)는 북대서양이다. 표층에서 남대서양과 북대서양 모두 서쪽에서는 난류가 흐른다. (가) 남대서양의 A 해역에서는 난류인 브라질 해류가 남쪽으로 흐르고 (나) 북대서양의 B 해역에서는 난류인 멕시코 만류가 북쪽으로 흐른다.

✗. B 해역에는 난류인 멕시코 만류가 흐르고 C 해역에는 한류인 카나리아 해류가 흐른다. 표층 해류에 의해 고위도로 수송되는 단위 면적당 연평균 에너지양은 난류가 흐르는 B 해역이 한류가 흐르는 C 해역보다 많다.

15 밀도 차에 의한 해류 발생 실험

해수의 밀도는 수온이 낮을수록, 염분이 높을수록 커진다. 밀도가 큰 해수와 밀도가 작은 해수가 만나면 밀도가 큰 해수가 밀도가 작은 해수 아래로 이동한다.

ⓐ. ㉠과 ㉡은 수온이 같지만 염분은 ㉠이 ㉡보다 낮으므로 밀도는 ㉠이 ㉡보다 작다.

ⓛ. 밀도는 ㉠이 ㉡보다 작고 깊이는 A와 B가 같다. 따라서 (가) 과정에서 수압은 A가 B보다 낮다.

ⓒ. 밀도는 ㉡이 ㉠보다 크므로 (다) 과정에서 칸막이를 들어 올려 제거하면 ㉡이 ㉠ 아래로 이동한다.

16 대서양의 표층 순환과 심층 순환

A는 표층수의 주된 흐름이고 B는 심층수의 주된 흐름이다. A는 주로 북상하며 B는 주로 남하하는데, 멕시코 만류는 A에 해당하고 북대서양 심층수 흐름은 B에 해당한다.

① A는 표층수의 주된 흐름이다.

② 북대서양 아열대 순환은 북적도 해류, 멕시코 만류, 북대서양 해류, 카나리아 해류로 이루어져 있으며, A는 북대서양 아열대 순환을 이룬다.

✕ A는 표층수의 주된 흐름으로 주로 북상하고 B는 심층수의 주된 흐름으로 주로 남하한다.

④ A는 표층수의 주된 흐름이고 B는 심층수의 주된 흐름이다. 평균 밀도는 A의 해수가 B의 해수보다 작다.

⑤ A(표층수의 주된 흐름)의 평균 유속은 B(심층수의 주된 흐름)보다 매우 빠르다.

수능 2점 테스트
본문 128~131쪽

01 ③	02 ④	03 ①	04 ④	05 ①	06 ③	07 ②
08 ②	09 ②	10 ①	11 ⑤	12 ⑤	13 ④	14 ③
15 ③	16 ④					

01 연안 용승

바람이 한 방향으로 지속적으로 불면 표층 해수는 해수와 바람 사이의 마찰력과 전향력을 받아 이동하게 되는데, 한 방향으로 지속적으로 부는 바람에 의해 북반구에서 표층 해수는 주로 바람 방향의 오른쪽 직각 방향으로 이동하고 남반구에서 표층 해수는 주로 바람 방향의 왼쪽 직각 방향으로 이동한다.

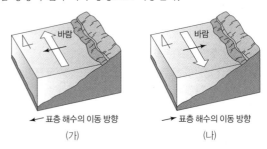

③ 이 연안은 남반구에 위치한다. (가)에서 남풍이 지속적으로 불고 표층 해수는 주로 서쪽으로 이동한다. (나)에서 북풍이 지속적으로 불고 표층 해수는 주로 동쪽으로 이동한다.

02 용승

용승은 심해의 찬 해수가 표층으로 올라오는 현상이다. 용승이 일어나는 해역의 해수면 수온은 심층에서 올라오는 찬 해수의 영향으로 주변 해역보다 낮다.

④ A 해역의 해수면 수온이 주변보다 낮은 것으로 보아 A 해역에서는 용승이 활발하게 일어난다. A 해역(북아메리카 대륙의 서안)에서는 지속적으로 부는 북풍 계열의 바람에 의해 표층 해수가 먼바다 쪽으로 이동하고 심층의 찬 해수가 표층으로 올라오는 연안 용승에 의해 주변보다 해수면 수온이 낮다.

B 해역의 해수면 수온이 주변보다 높은 것으로 보아 B 해역에서는 용승이 활발하게 일어나지 않는다.

C 해역의 해수면 수온이 주변보다 낮은 것으로 보아 C 해역에서는 용승이 활발하게 일어난다. C 해역(적도 해역)에서는 지속적으로 부는 북동 무역풍과 남동 무역풍에 의해 표층 해수가 발산하고 이를 채우기 위해 심층의 찬 해수가 올라오는 적도 용승에 의해 주변보다 해수면 수온이 낮다.

03 연안 용승

연안 용승은 연안에서 한 방향으로 지속적으로 부는 바람 때문에 표층 해수가 먼바다 쪽으로 이동하면 이를 채우기 위해 심층에서 찬 해수가 올라오는 현상이다. 한 방향으로 지속적으로 부는 바람에 의해 북반구에서 표층 해수는 주로 바람 방향의 오른쪽 직각 방향으로 이동하고 남반구에서 표층 해수는 주로 바람 방향의 왼쪽 직각 방향으로 이동한다. 이 연안은 북반구에 위치하고 이 연안에서는 북풍이 지속적으로 불고 있다. 따라서 A 해역에서는 표층 해수가 주로 서쪽으로 이동한다.

ㄱ. 강물은 바닷물에 비해 염분이 매우 낮으므로, 강물의 유입으로 A 해역의 표층 염분이 낮아진다.

ㄴ. 이 연안은 북반구에 위치하고 이 연안에서는 북풍이 지속적으로 불고 있다. 따라서 A 해역에서는 바람에 의해 표층 해수가 주로 서쪽으로 이동한다.

ㄷ. 지속적으로 부는 바람에 의해 A 해역에서 표층 해수가 먼바다 쪽으로 이동하므로, 침강이 일어나지 않는다.

04 평상시 태평양 적도 부근 해역의 특징

평상시 태평양 적도 부근 해역에서는 동풍 계열의 무역풍이 불고 남적도 해류가 동쪽에서 서쪽으로 흐른다.

ㄱ. 평상시 태평양 적도 부근 해역에서는 동풍 계열의 무역풍이 부는데, 무역풍은 해들리 순환에 의한 지표 부근의 바람이다.

ㄴ. 평상시 태평양 적도 부근 해역에서는 동쪽에서 서쪽으로 남적도 해류가 흐르고 남적도 해류에 의해 따뜻한 해수는 동쪽에서 서쪽으로 이동한다.

ㄷ. 평상시 태평양 적도 부근 해역에서는 남적도 해류에 의해 동쪽의 따뜻한 해수가 서쪽으로 이동하고 동태평양 적도 부근 해역에서 용승이 일어난다. 이와 같은 이유로 평상시 태평양 적도 부근 해역에서 해수면 평균 수온은 동태평양 적도 부근 해역이 서태평양 적도 부근 해역보다 낮다.

05 워커 순환

평상시에 상대적으로 해수면 수온이 높은 서태평양 적도 부근 해역에서는 공기가 상승하고 상대적으로 해수면 수온이 낮은 동태평양 적도 부근 해역에서는 공기가 하강한다. 이로 인해 태평양 적도 부근 해역에서는 동서 방향의 거대한 워커 순환이 형성된다. 엘니뇨 시기에 동태평양 적도 부근 해역의 해수면 수온은 평상시에 비해 높고 이로 인해 워커 순환에서 공기가 상승하는 지역이 평상시보다 동쪽으로 이동한다. 따라서 (가)는 평상시이고 (나)는 엘니뇨 시기이다.

ㄱ. 평상시는 (가)이다.

ㄴ. 동태평양 적도 부근 해역에서 해수면 수온은 (나) 엘니뇨 시기

가 (가) 평상시보다 높고, 엘니뇨 시기에 동태평양 적도 부근 해역에서는 상승 기류가 발달한다. 따라서 동태평양 적도 부근 해역에서 해면 기압은 (가) 평상시가 (나) 엘니뇨 시기보다 높다.

ㄷ. 동태평양 적도 부근 해역에서 무역풍은 (가) 평상시가 (나) 엘니뇨 시기보다 강하다.

06 남아메리카 페루 연안에서의 용승

페루 서쪽 연안에서는 남풍 계열의 바람에 의해 연안 용승이 일어난다. 페루 서쪽 연안에서 용승은 평상시가 엘니뇨 시기보다 활발하며 따뜻한 해수층의 두께는 평상시가 엘니뇨 시기보다 얇다. 따라서 (가)는 평상시이고 (나)는 엘니뇨 시기이다.

ㄱ. 페루 서쪽 연안은 남반구에 위치한다. (가)에서 지속적으로 부는 남풍 계열의 바람(남동풍)에 의해 표층 해수는 주로 남서쪽으로 이동하고 연안 용승이 일어난다. 따라서 (가)에서 해안선에서 남서쪽으로 갈수록 해수면은 낮아지는 경향을 보이지 않는다.

ㄴ. 영양염의 평균 농도는 찬 해수층이 따뜻한 해수층보다 높고, 찬 해수가 올라오는 연안 용승이 일어나면 표층 해수의 영양염의 평균 농도가 높아진다.

ㄷ. 엘니뇨 시기에 페루 서쪽 연안에서는 상승 기류가 발달하며, 페루 서쪽 연안에서의 강수량은 (나) 엘니뇨 시기가 (가) 평상시보다 많다.

07 대륙과 표층 해류의 분포 변화와 기후 변화

(가)와 (나)에서 대륙과 표층 해류의 분포는 서로 다르며, 대륙과 표층 해류 분포의 변화는 기후를 변화시킨다.

ㄱ. 고생대 말기~중생대 초기에 존재했던 초대륙 판게아는 중생대 초부터 분리되어 현재와 같은 대륙 분포가 되었으며, 초대륙 판게아가 분리되면서 대서양이 형성되었다. 따라서 (나)는 1억 년 전의 대륙과 표층 해류의 분포이고 (가)는 3천만 년 전의 대륙과 표층 해류의 분포이다.

ㄴ. 남극 순환 해류는 남극 대륙 주위를 서쪽에서 동쪽으로 흐르는 해류이며, 남극 순환 해류는 (가)에서가 (나)에서보다 잘 나타난다.

ㄷ. 대륙과 표층 해류 분포의 변화는 기후를 변화시키며, 대륙과 표층 해류 분포의 변화는 기후 변화를 일으키는 지구 내적 요인이다.

08 대기 중 이산화 탄소 농도 변화

이 관측소에서 2017년~2021년에 관측한 대기 중 이산화 탄소의 월평균 농도는 증가하는 경향을 보인다. 이 관측소에서 관측한 대기 중 이산화 탄소의 월평균 농도는 대체로 3월~4월경에 최대이고 5월~8월경에 급격히 감소한다.

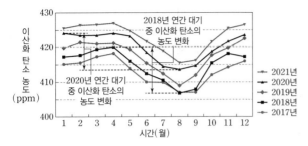

✗. 이 관측소에서 관측한 대기 중 이산화 탄소의 월평균 농도는 대체로 3월~4월경(봄철)에 최대이고 5월~8월경에 급격히 감소하여 8월경(여름철)에 최소이다. 이와 같은 특징을 보이는 반구는 북반구이다.

ⓒ. 그림을 보면 대기 중 이산화 탄소의 월평균 농도는 2021년이 2017년보다 높다. 따라서 대기 중 이산화 탄소의 연평균 농도는 2021년이 2017년보다 높다.

✗. 그림을 보면 연간 대기 중 이산화 탄소의 농도 변화는 2020년이 2018년보다 작다.

09 지구 자전축의 기울기 변화

지구의 공전 궤도는 타원이므로 지구가 공전하는 과정에서 태양과 지구 사이의 거리는 일정하지 않다. A는 원일점이며 B는 근일점이다. 현재 지구가 A(원일점)에 위치할 때 우리나라는 여름철이고 지구가 B(근일점)에 위치할 때 우리나라는 겨울철이다.

✗. A는 원일점이며, 현재 지구가 A에 위치할 때 우리나라는 여름철이다.

ⓒ. A는 원일점이며 B는 근일점이다. 태양과 지구 사이의 거리가 가까울수록 지구가 받는 태양 복사 에너지 총량은 많다. 따라서 지구가 받는 태양 복사 에너지 총량은 지구가 A(원일점)에 위치할 때가 지구가 B(근일점)에 위치할 때보다 적다.

✗. 자전축이 기울어진 상태로 지구가 공전하기 때문에 계절 변화가 나타난다. 여름철에 우리나라에서는 낮의 길이가 밤의 길이보다 길고, 겨울철에 우리나라에서는 낮의 길이가 밤의 길이보다 짧다. 현재 지구가 B에 위치할 때 우리나라는 겨울철이며 우리나라에서 낮의 길이는 밤의 길이보다 짧다. 지구 자전축의 기울기가 0°가 된다면 지구가 B에 위치할 때 우리나라에서 낮의 길이와 밤의 길이는 거의 같다. 따라서 지구 자전축의 기울기가 0°가 된다면, 지구가 B에 위치할 때 우리나라에서 낮의 길이는 현재보다 길어질 것이다.

10 엘니뇨와 페루 해류

페루 해류는 남아메리카 대륙의 서쪽 태평양에서 고위도에서 저위도로 흐르는 한류이다. 페루 해류는 엘니뇨 시기가 평상시보다 약하다. 따라서 (가)는 엘니뇨 시기이고 (나)는 평상시이다.

①. 페루 해류는 고위도에서 저위도로 흐르는 한류이다.

✗. (가)는 엘니뇨 시기이고 (나)는 평상시이며, A 해역에서 용승

은 (가) 시기가 (나) 시기보다 약하다.

✗. 용승은 심층의 찬 해수가 표층으로 올라오는 현상으로 용승이 일어나면 표층 해수의 수온이 낮아진다. A 해역에서 용승은 (가) 시기가 (나) 시기보다 약하고 한류인 페루 해류는 (가) 시기가 (나) 시기보다 약한 것으로 보아 A 해역에서의 표층 평균 수온은 (가) 시기가 (나) 시기보다 높다.

11 태양 활동의 변화와 기후 변화

태양의 활동이 달라지면 태양이 방출하는 에너지양이 달라지고 지구에 도달하는 태양 복사 에너지양이 달라진다. 태양 흑점 수는 약 11년을 주기로 증감한다. 흑점 수가 가장 많은 시기를 극대기, 가장 적은 시기를 극소기라고 한다. A 시기는 극소기에 해당하고 B 시기는 극대기에 해당하며, 지구에서 관측한 태양 복사 에너지양은 A 시기가 B 시기보다 적다.

①. (가)를 보면 평균 흑점 수는 B 시기가 A 시기보다 많다.

ⓒ. 태양의 활동은 B 시기가 A 시기보다 활발하고 지구에서 관측한 태양 복사 에너지양은 B 시기가 A 시기보다 많은 것으로 보아 태양이 단위 시간당 방출하는 평균 복사 에너지양은 B 시기가 A 시기보다 많을 것이다.

ⓒ. 태양 흑점 수가 많은 시기에 태양의 활동이 활발하고 태양이 단위 시간당 방출하는 복사 에너지양이 많아진다. 태양이 단위 시간당 방출하는 복사 에너지양이 많을수록 단위 시간당 지구에 도달하는 태양 복사 에너지양이 많아져 지구의 기후 변화가 일어날 수 있다. 따라서 태양 흑점 수 변화는 지구 기후 변화의 자연적 요인 중 지구 외적 요인과 관련이 있다.

12 지구 온난화와 해수면 상승

지구 온난화로 인해 그린란드의 빙하가 녹고 해수면이 상승하는 경향을 보인다. 시나리오 A, B, C 중 해수면 상승량이 가장 큰 것은 A이다.

①. 시나리오 A, B, C 중 해수면 상승량이 가장 큰 것이 A인 것으로 보아 이산화 탄소 배출량은 A가 B보다 많다.

ⓒ. 그림을 보면 A와 C에 따른 해수면 상승량의 차는 시간이 지날수록 증가하는 경향을 보인다.

ⓒ. 빙하는 반사율이 매우 크다. 따라서 빙하의 분포 면적이 감소하면 지표면 반사율은 작아진다. 시나리오 A, B, C 모두에서 2080년까지 해수면이 지속적으로 상승하는 것으로 보아 A, B, C 모두에서 2080년까지 그린란드 빙하의 분포 면적은 감소하는 경향을 보일 것이며 A, B, C 모두에서 2080년 그린란드 지역의 지표면 반사율은 2000년보다 작을 것이다.

13 지구의 열수지

지구는 입사된 태양 복사 에너지의 70 %를 흡수하고 30 %를 반사한다. 지구는 흡수한 태양 복사 에너지만큼의 에너지를 우주 공

간으로 방출한다.

◯. 지구는 흡수하는 만큼의 에너지를 방출하며, 지구는 복사 평형 상태이다.

◯. 반사율(알베도)은 입사된 복사 에너지양에 대한 반사된 복사 에너지양이다. 따라서 지구의 반사율(알베도)은 $\frac{30}{100}=0.3$이다.

✗. 가시광선의 파장 영역은 약 $0.4\ \mu\text{m} \sim 0.7\ \mu\text{m}$이며, 적외선의 파장 영역은 가시광선보다 길다. ㉠ 태양 복사에서 최대 에너지를 방출하는 파장은 가시광선 영역에 해당하며 적외선보다 짧다.

14 해수면 상승

약 20000년 전에 지구의 평균 기온은 현재보다 낮았으며, 약 20000년 전에 지구는 빙하기였다. 지구의 기온이 높아지면, 해수의 열팽창이 일어나 해수면이 상승하고 육지의 빙하가 녹아 바다로 흘러들어가 해수면이 상승한다.

◯. 약 20000년 전은 빙하기였다. 약 20000년 전에 북아메리카 대륙에서 빙하의 남방 한계선은 현재보다 저위도까지 확장되었고 해수면은 현재보다 낮았다. 따라서 약 20000년 전 빙하의 남방 한계선은 A이고 약 20000년 전의 해안선은 B이다.

✗. 약 20000년 전은 빙하기였다. 따라서 약 20000년 전의 해수면은 현재보다 낮았다. 그림에서 약 20000년 전의 해안선(B)과 현재의 해안선을 비교해 보면, 북아메리카 대륙의 면적은 약 20000년 전이 현재보다 넓었고 해수면은 약 20000년 전이 현재보다 낮았다.

◯. 약 20000년 전 지구의 평균 기온은 현재보다 낮았으며, 약 20000년 전에 지구는 빙하기였다.

15 기후 변화의 요인

기후 변화의 자연적 요인은 지구 외적 요인과 지구 내적 요인으로 구분할 수 있다. 지구 외적 요인으로는 지구 자전축의 방향 변화(세차 운동), 지구 자전축의 기울기 변화, 지구 공전 궤도 이심률의 변화, 태양 활동의 변화 등이 있고, 지구 내적 요인으로는 수륙 분포 변화, 해류 변화, 화산 활동, 지표면 상태 변화 등이 있다.

✗. (가)는 지구 자전축의 기울기 변화이다. 세차 운동은 지구 자전축이 회전하는 현상으로 세차 운동에 의해 지구 자전축이 기울어진 방향이 변한다.

지구 자전축의 기울기 변화

세차 운동

✗. (가) 지구 자전축의 기울기 변화는 기후 변화의 지구 외적 요인이고, (나) 빙하 분포 면적 변화와 (다) 수륙 분포 변화 및 해류 변화는 기후 변화의 지구 내적 요인이다.

◯. 판의 운동에 의해 대륙이 이동하면 ㉠ 수륙 분포 변화가 일어날 수 있다.

16 지구 온난화의 영향

(가)를 보면 1981년부터 2021년까지 우리나라의 2월~3월의 평균 기온은 대체로 높아지는 경향을 보이고, (나)를 보면 1981년부터 2021년까지 우리나라의 매화 개화일과 벚꽃 개화일 모두가 대체로 빨라지는 경향을 보인다.

✗. 대체로 매화 개화일은 벚꽃 개화일보다 빠르다. 따라서 매화 개화일은 B이고 벚꽃 개화일은 A이다.

◯. (가)를 보면 1981년부터 2021년까지 우리나라의 2월~3월의 평균 기온은 대체로 높아지는 경향을 보인다.

◯. (나)를 보면 1981년부터 2021년까지 우리나라의 매화 개화일과 벚꽃 개화일 모두가 대체로 빨라지는 경향을 보인다.

01 ⑤   02 ②   03 ③   04 ⑤   05 ⑤   06 ⑥   07 ①
08 ①   09 ①   10 ④   11 ⑤   12 ②   13 ②   14 ③
15 ④   16 ⑤

01 용승과 침강

용승은 심층의 찬 해수가 표층으로 올라오는 현상이고, 침강은 표층의 해수가 심층으로 내려가는 현상이다. 바람에 의해 용승이 일어나는 해역의 해수 밀도는 같은 깊이의 주변보다 크고, 바람에 의해 침강이 일어나는 해역의 해수 밀도는 같은 깊이의 주변보다 작다. 그림을 보면 먼바다에서 해안선 쪽으로 갈수록 해수의 밀도가 작아지는 경향을 보이는 것으로 보아 B 부근에서 침강이 일어난다.

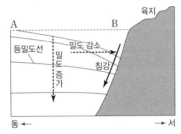

ㄱ. A에서 B 쪽으로 갈수록 해수의 밀도가 작아지는 경향을 보이는 것으로 보아 B 부근에서 침강이 일어난다.

ㄴ. 연안에서 한 방향으로 지속적으로 부는 바람에 의해 침강이 일어나려면 한 방향으로 지속적으로 부는 바람에 의해 표층 해수가 연안 쪽으로 이동해야 한다. 따라서 이 연안에서는 한 방향으로 지속적으로 부는 남풍에 의해 표층 해수는 주로 A에서 B 쪽으로 이동한다.

ㄷ. 이 연안은 남반구에 위치한다. 이 연안에서는 남풍이 지속적으로 불며, 남반구에서는 지속적으로 부는 바람에 의해 표층 해수가 주로 바람 방향의 왼쪽 직각 방향으로 이동한다. 따라서 A는 B보다 동쪽에 위치한다.

02 적도 용승

적도 부근 해역의 북반구에서는 무역풍에 의해 표층 해수가 주로 북쪽으로 이동하고 남반구에서는 무역풍에 의해 표층 해수가 주로 남쪽으로 이동하기 때문에 이를 채우기 위해 심층에서 찬 해수가 올라오는 적도 용승이 일어난다.

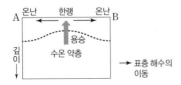

② 적도 용승이 일어나면 적도 부근 해역에서 해수면 수온은 낮

아지고 수온 약층이 시작되는 깊이는 얕아진다.

03 용승의 영향

용승은 심층의 찬 해수가 표층으로 올라오는 현상이다. 용승이 일어나는 과정에서 심층의 영양염이 표층으로 공급된다. 따라서 용승이 일어나면 표층에서 영양염의 농도가 증가하고 식물성 플랑크톤의 밀도가 증가한다. (가)와 (나)를 비교해 보면, 깊이 0 m 부근에서 (가)의 식물성 플랑크톤의 밀도와 B 모두가 (나)보다 크다. 따라서 B는 깊이에 따른 영양염의 농도이고 A는 깊이에 따른 햇빛의 양이다.

ㄱ. 용승이 일어나면 표층에서 영양염의 농도와 식물성 플랑크톤의 밀도가 증가한다. 따라서 (가)는 용승이 일어난 후이고 (나)는 용승이 일어나기 전이다.

ㄴ. 용승이 일어나면 표층에서 영양염의 농도와 식물성 플랑크톤의 밀도가 증가한다. 따라서 깊이에 따른 영양염의 농도는 B이다.

ㄷ. 용승은 심층의 찬 해수가 표층으로 올라오는 현상으로 용승이 일어나면 표층 수온이 낮아진다. (가)는 용승이 일어난 후이고 (나)는 용승이 일어나기 전이며, 표층 수온은 (가)가 (나)보다 낮을 것이다.

04 인공 용승

인공 용승은 심해 해수를 인위적으로 해수면으로 끌어 올려 식물성 플랑크톤의 성장을 촉진하고 이를 이용해 대기 중의 이산화 탄소를 흡수하기 위해 제안된 지구 온난화 대응 방법 중 하나이다.

ㄱ. 깊이가 깊어질수록 해수의 밀도는 커진다. 따라서 ㉠(깊이 200 m 이상의 심해)의 해수 밀도는 ㉡(해수면)의 해수 밀도보다 크다.

ㄴ. 해수의 수온이 낮을수록 이산화 탄소 기체의 용해도는 증가하며 깊이가 깊어질수록 해수의 수온은 낮아진다. 따라서 이산화 탄소 기체의 용해도는 ㉠(깊이 200 m 이상의 심해)의 해수가 ㉡(해수면)의 해수보다 크다.

ㄷ. (다) 과정에서 파이프에 담겨 있는 심해 해수를 해수면에 방출하면, 표층에서 영양염의 농도가 증가하고 식물성 플랑크톤의 증식을 촉진할 수 있다.

05 엘니뇨와 라니냐

A 해역의 표층 수온이 평년보다 0.5 ℃ 이상 높은 상태로 6개월 이상 지속되는 현상은 엘니뇨이며, A 해역의 표층 수온이 평년보다 0.5 ℃ 이상 낮은 상태로 6개월 이상 지속되는 현상은 라니냐이다. 따라서 P 시기는 엘니뇨 시기이고 Q 시기는 라니냐 시기이다.

① P(엘니뇨) 시기는 Q(라니냐) 시기보다 A 해역의 평균 해면 기압이 낮다.

② P(엘니뇨) 시기는 Q(라니냐) 시기보다 A 해역에서 용승이 약하다.

③ P(엘니뇨) 시기는 Q(라니냐) 시기보다 A 해역에서 무역풍이 약하다.

④ P(엘니뇨) 시기는 Q(라니냐) 시기보다 태평양 적도 부근 해역에서 동서 간 해수면 높이 차가 작다.

✘ P(엘니뇨) 시기는 Q(라니냐) 시기보다 A 해역에서 수온 약층이 시작되는 깊이가 깊다.

06 엘니뇨의 영향

엘니뇨 시기에는 동태평양 적도 부근 해역의 해수면 수온이 평상시보다 높다. 2016년 12월~2017년 3월은 엘니뇨 시기이다.

㉠. 엘니뇨 시기에 동태평양 적도 부근 해역의 해수면과 페루 연안의 해수면 수온은 평상시보다 높다. 따라서 '상승'은 ㉠에 해당한다.

㉡. 2016년 12월~2017년 3월은 엘니뇨 시기이다. 이 시기의 엘니뇨는 2017년 2월~3월에 페루 안데스산맥 지역에 집중 호우를 유발한 것으로 보아, 2017년 2월~3월에 ㉡(페루 안데스산맥 지역)의 평균 해면 기압은 평상시보다 낮았다.

㉢. 2016년 12월~2017년 3월은 엘니뇨 시기이다. 이 시기에 페루 연안의 주력 어종인 안초비(멸치류)와 정어리의 어획량이 평상시보다 최대 80 % 감소한 것으로 보아, ㉢ 시기(2016년 12월~2017년 3월)에 페루 연안에서의 용승은 평상시보다 약했고 페루 연안 표층에서 영양염의 농도와 엽록소 농도는 평상시보다 낮았다.

07 엘니뇨의 영향

관측 해역은 동태평양 적도 해역에 위치한다. (다) 시기는 (나) 시기보다 해수면 평균 수온이 높은 것으로 보아 (나) 시기는 평상시이고 (다) 시기는 엘니뇨 시기이다.

㉠. 수온 약층은 깊이가 깊어질수록 수온이 급격히 낮아지는 층이다. (나) 시기 12월에 수온 약층이 시작되는 깊이는 50 m보다 얕고 (다) 시기 12월에 수온 약층이 시작되는 깊이는 50 m보다 깊다.

✘ 용승은 심층의 찬 해수가 표층으로 올라오는 현상이다. (다) 시기 7월~8월에 16 ℃ 이하의 찬 해수층이 나타나기 시작하는 깊이는 약 80 m이고 (다) 시기 12월~1월에 16 ℃ 이하의 찬 해수층이 나타나기 시작하는 깊이는 약 160 m이다. 따라서 (다) 시기에 이 해역에서의 용승은 7월~8월이 12월~1월보다 강하다.

✘ (다) 시기는 (나) 시기보다 해수면 평균 수온이 높은 것으로 보아 (나) 시기는 평상시이고 (다) 시기는 엘니뇨 시기이다. 따라서 동태평양 적도 부근 해역에서 무역풍은 (나) 시기가 (다) 시기보다 강하다.

08 엘니뇨와 남방 진동

평상시 A(호주 다윈)의 해면 기압은 B(남태평양 타히티)의 해면 기압보다 낮다. 엘니뇨 시기에 A(호주 다윈)의 해면 기압 편차는 양(+)의 값이고 B(남태평양 타히티)의 해면 기압 편차는 음(−)의 값이다. 라니냐 시기에 A(호주 다윈)의 해면 기압 편차는 음(−)의 값이고 B(남태평양 타히티)의 해면 기압 편차는 양(+)의 값이다. 따라서 (가)는 엘니뇨 시기이고 (나)는 라니냐 시기이다.

㉠. (가) 시기에 (B의 해면 기압 편차−A의 해면 기압 편차)는 음(−)의 값이고 (나) 시기에 (B의 해면 기압 편차−A의 해면 기압 편차)는 양(+)의 값이다.

✘ (가) 시기에 A의 해면 기압 편차는 양(+)의 값이고 (나) 시기에 A의 해면 기압 편차는 음(−)의 값이다. 따라서 A 부근에서 상승 기류는 (나) 시기가 (가) 시기보다 강하고 A 부근의 강수량은 (나) 시기가 (가) 시기보다 많다.

✘ (나) 시기는 라니냐 시기이다. (나) 시기에 동태평양 적도 부근 해역에서 해수면은 평상시보다 낮고 (나) 시기에 동태평양 적도 부근 해역에서 해수면의 높이 편차는 음(−)의 값이다.

09 지구 공전 궤도 이심률 변화와 지구 자전축 기울기 변화

지구 공전 궤도 이심률은 약 10만 년을 주기로 변하고, 지구 자전축의 기울기는 약 41000년을 주기로 변한다. 현재 지구 자전축의 기울기는 약 23.5°이다. 따라서 A는 지구 자전축의 기울기이고 B는 지구 공전 궤도 이심률이다.

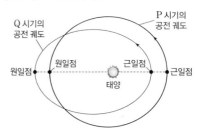

지구 공전 궤도 이심률의 변화

물리량	P와 Q 비교
공전 궤도 이심률	P<Q
근일점 거리	P>Q
원일점 거리	P<Q
근일점에서 원일점까지의 거리	P=Q

㉠. P 시기에 지구 공전 궤도 이심률은 현재와 같고 지구 자전축의 기울기는 현재보다 작다. 따라서 P 시기에 우리나라에서 기온의 연교차는 현재보다 작다.

✘ 지구 공전 궤도 이심률과 자전축 기울기 이외의 요인은 고려하지 않는다면, 근일점에서 원일점까지의 거리는 변하지 않는다. 따라서 근일점에서 원일점까지의 거리는 P 시기와 Q 시기가 같다.

✘ 지구 공전 궤도 이심률에 따라 근일점 거리는 변하는데, 지구 공전 궤도 이심률이 클수록 근일점 거리는 짧다. 지구 공전 궤도 이심률은 P 시기가 Q 시기보다 작으므로, 근일점 거리는 P 시기가 Q 시기보다 길고 지구가 근일점에 위치할 때 지구가 받는 태양 복사 에너지 총량은 P 시기가 Q 시기보다 적다.

10 세차 운동

세차 운동은 지구 자전축이 회전하는 현상이다. 세차 운동 방향은 지구 공전 방향과 반대이며 주기는 약 26000년이다. 지구가 공전 궤도를 1회 공전하는 동안 지구 자전축이 기울어진 방향은 거의 일정하게 유지된다.

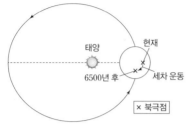

현재와 6500년 후의 지구 북극점

④ 세차 운동 방향은 지구 공전 방향과 반대이며 주기는 약 26000년이므로, 6500년 동안 지구 자전축은 지구 공전 방향과 반대로 약 90°를 세차 운동하며, 6500년 후에 지구 공전 궤도상의 위치에 관계없이 지구 자전축이 기울어진 방향은 거의 일정하다.

11 지구 온난화

2010년의 해수면 수온은 1951년보다 약 0.65 ℃ 높다.

✗. 지구 온난화에 기여하는 정도는 이산화 탄소가 메테인보다 크다. 따라서 A의 대부분은 대기 중 이산화 탄소에 의한 것이다.

○. 에어로졸은 대기 중에 떠 있는 작은 액체나 고체 입자이다. 산업 활동이나 화석 연료 사용 과정에서 대기로 배출된 에어로졸은 지표면에 도달하는 태양 복사 에너지를 감소시켜 해수면 수온을 낮추는 역할을 할 수 있다. 따라서 에어로졸은 B에 기여한다.

©. 화산 폭발에 의한 화산재 분출은 지구 기후 변화의 자연적 요인에 해당한다.

12 태양 복사 에너지 반사율

A의 지구 표면에는 적도 부근의 바다가 있고, B의 지구 표면에는 아프리카 대륙의 사하라 사막이 있으며, C의 지구 표면에는 빙하로 덮인 남극 대륙이 있다. 지구는 입사된 태양 복사 에너지의 일부만 흡수하고 일부는 반사하는데, A, B, C 중 반사된 태양 복사 에너지양은 C에서 가장 적다.

✗. 태양 복사 에너지 반사율은 구름이 바다보다 크다. 적도 저압대에 발달하는 구름대는 태양 복사 에너지를 많이 반사한다. A에서 반사된 태양 복사 에너지양이 많은 것은 적도 저압대의 구름대에서 태양 복사 에너지를 많이 반사하기 때문이다. 적도 저압대는 북반구 여름철에는 북상하고 북반구 겨울철에는 남하한다. 따라서 이 자료는 9월에 우주 공간에서 측정한 반사된 태양 복사 에너지양 분포이다.

○. A에서 반사된 태양 복사 에너지양이 많은 것은 적도 저압대의 구름대에서 태양 복사 에너지를 많이 반사하기 때문이다. B에서 반사된 태양 복사 에너지양이 많은 것은 B의 지구 표면(아프리카 대륙의 사하라 사막)에서 태양 복사 에너지를 많이 반사하기 때문이다. 따라서 구름에 의해 반사된 태양 복사 에너지양은 A가 B보다 많다.

✗. B의 지구 표면에는 아프리카 대륙의 사하라 사막이 있고, C의 지구 표면에는 빙하로 덮인 남극 대륙이 있다. 지구 표면의 태양 복사 에너지 반사율은 C(빙하로 덮인 남극 대륙)가 B(아프리카 대륙의 사하라 사막)보다 크다. 그러나 반사된 태양 복사 에너지양은 C(빙하로 덮인 남극 대륙)가 B(아프리카 대륙의 사하라 사막)보다 적다. 이와 같은 현상이 나타나는 주된 원인은 9월에 C에서 태양의 남중 고도가 낮고 C에 입사되는 태양 복사 에너지양이 매우 적기 때문이다.

13 지구 온난화의 영향

우리나라의 황해는 육지에서 유입되는 담수의 영향을 많이 받고 우리나라의 남해는 난류의 영향을 많이 받는다. 따라서 일반적으로 연평균 표층 염분은 남해가 황해보다 높다. 따라서 A는 남해, B는 황해이다.

✗. 연평균 표층 염분이 상대적으로 높은 A는 남해이고 연평균 표층 염분이 상대적으로 낮은 B는 황해이다.

○. (나)를 보면 A(남해)와 B(황해) 모두에서 연평균 표층 염분은 낮아지는 추세이다.

✗. 강수량이 증가하면 표층 염분은 낮아진다. 1968년~2021년에 연평균 표층 염분이 낮아지는 추세인 것으로 보아, 이 기간 동안 우리나라의 연평균 강수량은 증가하는 추세였을 것이다. 실제로 지구 온난화의 영향으로 1968년~2021년에 우리나라의 연평균 강수량은 증가하는 추세였다.

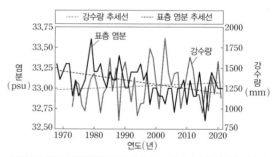

우리나라 주변 해역의 연평균 표층 염분과 우리나라의 연평균 강수량

14 적설과 지표면 반사율

북극 지역에서 3월은 겨울이 끝나가는 시기이고 9월은 여름이 끝나가는 시기이며, (가)는 (나)보다 북반구에서 적설 지역이 넓고 적설량이 많다. 따라서 (가)는 2004년 3월이고 (나)는 2004년 9월이다.

✗. (가)는 2004년 3월이고 이 시기에 남반구는 겨울철이 아니다.

✗. (가)는 2004년 3월이고 (나)는 2004년 9월이다. 북극 지역에

서 3월은 겨울이 끝나가는 시기이고 9월은 여름이 끝나가는 시기이다. 따라서 (가) 2004년 3월은 (나) 2004년 9월보다 북극 지역의 월평균 기온이 낮았을 것이다.

ㄷ. 적설 지역이 넓고 적설량이 많을수록 지표면 반사율이 크다. 따라서 A 지역의 지표면 반사율은 (가) 시기가 (나) 시기보다 크다.

15 지구 온난화와 우리나라의 기후 변화

이산화 탄소의 배출량에 따라 우리나라의 연평균 강수량과 연평균 강수일수가 변할 수 있다.

ㄱ. 시나리오 A에서 연평균 강수량은 현재 1195.2 mm, (가) 시기에 1183.4 mm, (나) 시기에 1231.1 mm, (다) 시기에 1233.4 mm이며, 시나리오 A에 의하면 현재 → (가) 시기 → (나) 시기 → (다) 시기 과정에서 연평균 강수량은 감소하다가 증가한다.

ㄴ. 시나리오 B에서 연평균 강수일수는 현재 123.8일, (가) 시기에 121.2일, (나) 시기에 120.4일, (다) 시기에 116.4일이며, 시나리오 B에 의하면 현재 → (가) 시기 → (나) 시기 → (다) 시기 과정에서 연평균 강수일수는 지속적으로 감소한다.

ㄷ. (다) 시기에 연평균 강수량은 A와 B 모두가 현재보다 많고 (다) 시기에 연평균 강수일수는 A와 B 모두가 현재보다 적다. 따라서 (다) 시기에 강수일 당 평균 강수량은 A와 B 모두가 현재보다 많다. 현재 강수일 당 평균 강수량은 약 9.65 mm/일이고, 시나리오 A에 의하면 (다) 시기에 강수일 당 평균 강수량은 약 10.23 mm/일, 시나리오 B에 의하면 (다) 시기에 강수일 당 평균 강수량은 약 11.77 mm/일이다.

16 지구 온난화와 동아시아의 기후 변화

(가)에서 A에 따른 ㉠ 기간의 기온 변화량은 B에 따른 ㉠ 기간의 기온 변화량보다 크다. 따라서 이산화 탄소 배출량은 A가 B보다 많다. 동아시아 지역의 기온 변화량은 (다)가 (나)보다 크다.

ㄱ. ㉠ 기간의 기온 변화량은 A가 B보다 크고, 이산화 탄소 배출량도 A가 B보다 많다.

ㄴ. 동아시아 지역의 기온 변화량은 (다)가 (나)보다 크다. 따라서 A에 따른 동아시아 지역 기온 변화량은 (다)이다.

ㄷ. (나)와 (다)를 비교해 보면, (나)와 (다) 모두에서 기온 변화량은 30°N의 북쪽 지역이 30°N의 남쪽 지역보다 대부분 크다.

08 별의 특성

수능 2점 테스트　　本文 154~159쪽

01 ③　02 ②　03 ⑤　04 ⑤　05 ①　06 ③　07 ②
08 ⑤　09 ①　10 ③　11 ④　12 ③　13 ③　14 ③
15 ⑤　16 ①　17 ④　18 ④　19 ⑤　20 ③　21 ③
22 ③　23 ③　24 ②

01 주계열성과 흑체 복사

주계열성은 질량이 클수록 표면 온도가 높고, 광도가 크다.

ㄱ. 별은 거의 흑체와 같이 복사하므로 복사 에너지를 최대로 방출하는 파장이 짧을수록 표면 온도가 높다. 복사 에너지를 최대로 방출하는 파장은 A가 B보다 짧으므로 표면 온도는 A가 B보다 높다.

ㄴ. 주계열성은 표면 온도가 높을수록 광도가 크다. 복사 에너지를 최대로 방출하는 파장은 A가 C보다 짧으므로 표면 온도는 A가 C보다 높고, 광도는 A가 C보다 크다.

ㄷ. 복사 에너지를 최대로 방출하는 파장은 B가 C보다 짧으므로 표면 온도는 B가 C보다 높고, 질량은 B가 C보다 크다.

02 별의 물리량

별은 표면 온도가 높을수록 복사 에너지를 최대로 방출하는 파장이 짧고, 별의 스펙트럼에 나타나는 흡수선의 종류와 세기는 별의 표면 온도와 대기 성분에 따라 다르다.

ㄱ. 수소 흡수선은 별의 표면 온도가 약 10000 K이고 분광형이 A형인 별에서 가장 강하다. 별의 표면 온도가 10000 K보다 높거나 낮으면 수소 흡수선의 세기가 약해진다.

ㄴ. 별의 광도(L)는 반지름(R)의 제곱과 표면 온도(T)의 네제곱의 곱에 비례한다($L \propto R^2 \times T^4$). 따라서 별의 크기가 같다면 별의 표면 온도가 높을수록 광도가 크다.

ㄷ. 별은 표면 온도가 높을수록 복사 에너지를 최대로 방출하는 파장이 짧다. 파란색 별은 붉은색 별보다 표면 온도가 높으므로 복사 에너지를 최대로 방출하는 파장은 파란색 별이 붉은색 별보다 짧다.

03 별의 종류

H-R도에서 별의 집단은 주계열성, 거성, 초거성, 백색 왜성으로 나뉜다. (가)는 초거성, (나)는 거성, (다)는 주계열성, (라)는 백색 왜성에 해당한다.

ㄱ. 별의 분광형이 같을 때 (가)는 (나)보다 절대 등급이 작으므로 광도는 (가)가 (나)보다 크다. 별의 분광형이 같을 때, 즉 표면 온

도가 같을 때 별의 광도는 반지름의 제곱에 비례한다. 따라서 분광형이 같을 때 별의 평균 반지름은 (가)가 (나)보다 크다.

ㄴ. 태양은 현재 진화 과정에서 주계열 단계에 있으므로 (다)에 속한다.

ㄷ. 별의 평균 밀도는 백색 왜성>주계열성>거성>초거성이다. 따라서 평균 밀도가 가장 큰 집단은 백색 왜성인 (라)이다.

04 별의 진화

별의 진화 과정은 별의 질량에 따라 달라진다.

ㄱ. 별의 질량은 백색 왜성으로 진화한 A가 중성자별로 진화한 B보다 작다.

ㄴ. 주계열성에서 거성 또는 초거성으로 진화하는 과정은 별의 질량에 따라 달라진다. 질량이 태양 정도인 별은 주계열 단계 이후에 표면 온도는 낮아지고 광도는 커지는 방향으로 진화하고, 질량이 태양보다 매우 큰 별은 주계열 단계 이후에 주로 표면 온도가 낮아지는 방향으로 진화한다. 따라서 (가) → (나) 과정에서 절대 등급 변화량은 질량이 작은 A가 질량이 큰 B보다 크다.

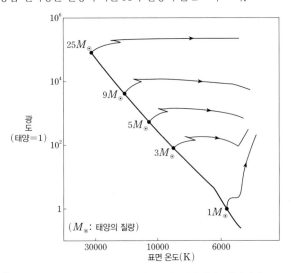

ㄷ. 철보다 무거운 원소는 초신성 폭발 과정에서 생성된다. B는 중심핵이 중성자별로 남았으므로 초신성 폭발 과정에서 철보다 무거운 원소를 생성한다.

05 별의 물리량

별의 광도는 별의 표면에서 단위 시간에 방출되는 에너지양에 해당하고, 이는 별의 반지름과 표면 온도에 의해 결정된다.

ㄱ. 별의 밝기가 100배 증가하면 별의 등급은 5등급 작아진다. 절대 등급은 (가)가 (나)보다 5등급 작으므로 별의 광도, 즉 별의 표면에서 단위 시간에 방출되는 에너지양은 (가)가 (나)의 100배이다.

ㄴ. 별의 광도(L)는 반지름(R)의 제곱과 표면 온도(T)의 네제곱의 곱에 비례한다($L \propto R^2 \times T^4$). 절대 등급은 (가)가 (다)보다 10등급 작으므로 별의 광도는 (가)가 (다)의 10000배이고, 표면

온도는 (다)가 (가)의 4배이므로 반지름은 (가)가 (다)의 1600배이다.

$$\frac{10000}{1} = \left(\frac{R_{(가)}}{R_{(다)}}\right)^2 \times \left(\frac{1}{4}\right)^4 \qquad \therefore \frac{R_{(가)}}{R_{(다)}} = 1600$$

ㄷ. (나)는 표면 온도가 6000 K, 절대 등급이 +4.8등급인 것으로 보아 질량이 태양 정도인 주계열성이다. (가)는 주계열성인 (나)보다 표면 온도가 낮고 절대 등급이 작은 것으로 보아 주계열의 오른쪽 위에 위치하는 거성이다. (다)는 (나)보다 표면 온도가 높고 절대 등급이 큰 것으로 보아 주계열의 왼쪽 아래에 위치하는 백색 왜성이다.

06 플랑크 곡선

플랑크 곡선은 흑체가 단위 시간에 단위 면적당 방출하는 복사 에너지의 세기를 나타낸 곡선이다.

ㄱ. 흑체는 표면 온도가 높을수록 각각의 파장에서 방출되는 복사 에너지의 양이 많다. 각각의 파장에서 방출되는 복사 에너지의 세기는 A가 B보다 강하므로 표면 온도는 A가 B보다 높다.

ㄴ. 흑체는 표면 온도가 높을수록 복사 에너지를 최대로 방출하는 파장이 짧다. 표면 온도는 A가 B보다 높으므로 복사 에너지를 최대로 방출하는 파장은 A가 B보다 짧다. 따라서 λ는 1보다 작다.

ㄷ. 별의 표면에서 단위 시간에 단위 면적당 방출하는 에너지양(E)은 표면 온도(T)의 네제곱에 비례한다($E \propto T^4$). 표면 온도는 A가 B보다 높으므로 단위 시간에 단위 면적당 방출하는 에너지양은 A가 B보다 많다.

07 별의 등급과 표면 온도

별을 관측한 파장 영역에서 복사 에너지의 양이 많을수록 등급이 작고, 복사 에너지를 최대로 방출하는 파장이 짧을수록 표면 온도가 높다.

ㄱ. ㉠ 파장 영역에서 에너지양은 A가 B보다 많으므로 동일한 거리에서 ㉠ 파장 영역으로 관측한 등급은 A가 B보다 작다.

ㄴ. 복사 에너지를 최대로 방출하는 파장은 A가 B보다 짧으므로, 표면 온도는 A가 B보다 높다.

ㄷ. 주계열성은 표면 온도가 높을수록 광도가 크다. 표면 온도는 A가 B보다 높으므로, 광도는 A가 B보다 크다. 광도가 클수록 절대 등급은 작으므로, 절대 등급은 A가 B보다 작다.

08 별의 진화

별의 최종 진화 단계는 중심핵의 질량에 따라 백색 왜성, 중성자별, 블랙홀로 다르게 나타난다. ㉠은 백색 왜성, ㉡은 블랙홀이다.

ㄱ. 별의 중심핵의 질량이 태양 질량의 1.4배보다 작을 때는 백색 왜성으로 진화한다.

ㄴ. 별의 질량이 클수록 중심핵의 질량이 크고 주계열 단계에 머무르는 시간이 짧다. 따라서 (나)보다 중심핵의 질량이 작은 (가)

는 주계열 단계에 머무르는 시간이 (나)보다 길다.

ⓒ. 밀도는 블랙홀>중성자별>백색 왜성이므로 밀도는 블랙홀(㉡)이 백색 왜성(㉠)보다 크다.

09 별의 진화

별의 바깥층이 중심핵과 분리되어 우주 공간으로 퍼져나가는 과정에서 생성된 성운을 행성상 성운이라고 한다.

ⓐ. 행성상 성운은 거성 단계 이후에 별의 바깥층이 중심핵과 분리되어 우주 공간으로 퍼져나가는 과정에서 생성된다.

~~ㄴ~~. 질량이 태양과 비슷한 별은 거성 단계 이후에 행성상 성운과 중심핵으로 분리되고, 중심핵은 백색 왜성으로 진화한다.

~~ㄷ~~. 중심핵에서 철의 생성은 핵융합 반응에 의한 것이며, 이는 질량이 매우 큰 별에서만 가능하다. 중심핵이 백색 왜성으로 진화하는 별의 질량은 태양과 비슷하므로 이 별의 진화 과정에서 핵융합 반응으로 철이 생성될 수 없다.

10 수소 핵융합 반응

(가)는 탄소·질소·산소 순환 반응(CNO 순환 반응)이고, (나)는 양성자·양성자 반응(p−p 반응)이다.

ⓐ. (가)는 CNO 순환 반응으로, 4개의 수소 원자핵이 1개의 헬륨 원자핵으로 바뀌면서 에너지를 생성하는 과정에서 탄소가 촉매 역할을 한다.

~~ㄴ~~. 중심부 온도가 1800만 K보다 낮은 주계열 하단부의 별은 p−p 반응이 CNO 순환 반응보다 우세하고, 중심부 온도가 1800만 K보다 높은 주계열 상단부의 별은 CNO 순환 반응이 p−p 반응보다 우세하다. 따라서 중심부의 온도는 A가 B보다 높다.

ⓒ. 중심부의 온도는 A가 B보다 높으므로 질량은 A가 태양 질량의 5배, B가 태양 질량의 1배이다. 따라서 B는 중심핵과 그 주변에 복사층이 발달하고 별의 표면 근처에 대류층이 발달한다. A는 중심핵에 대류층이 발달하고 중심핵 바깥에 복사층이 발달한다. 별 내부의 온도는 중심부로 갈수록 높아지므로 별 내부에서 대류가 일어나는 영역의 평균 온도는 A가 B보다 높다.

11 별의 내부 구조

별의 질량이 클수록 중심핵에서의 핵융합 반응으로 더 무거운 원소를 생성하고, 최종적으로 철로 이루어진 중심핵이 만들어진다. (가)의 ㉠은 헬륨(He)이고, (나)의 ㉡은 철(Fe)이다.

~~ㄱ~~. (가)의 중심핵을 이루는 원소는 탄소(C), 산소(O)이고, (나)의 중심핵을 이루는 원소는 규소(Si) 핵융합 반응으로 생성된 철(Fe)이므로 별의 질량은 (나)가 (가)보다 크다.

ⓑ. ㉠은 헬륨(He)이다. 초기 우주의 헬륨은 수소 원자핵의 합성으로 생성되었고, 수소와 헬륨의 질량비는 약 3 : 1이었다. 따라서 주계열 단계에 도달한 별을 이루는 헬륨은 주로 초기 우주의 핵합성에 의해 생성된 것이다. 그러나 별의 진화 과정에서 수소 핵융합 반응으로 생성된 헬륨의 양이 점점 증가한다. (가)에서 ㉠(헬륨)은 별의 가장 바깥층인 수소층보다 안쪽에 있으므로 주로 별 내부의 수소 핵융합 반응으로 생성되었다.

~~ㄷ~~. ㉡은 규소(Si) 핵융합 반응으로 생성된 철(Fe)이다. 철보다 무거운 원소는 질량이 매우 큰 별의 중심부에서 핵융합 반응이 멈춘 후 초신성 폭발이 일어나면서 생성된다.

ⓓ. (나)와 같은 내부 구조는 질량이 매우 큰 별에서 초신성 폭발이 일어나기 직전에 나타난다. 태양의 진화 과정에서 나타날 수 있는 내부 구조는 (가)이다.

12 주계열성의 물리량

주계열성은 질량에 따라 중심핵에서 핵융합 반응으로 생성되는 에너지양이 달라 표면 온도, 광도, 주계열 단계에 머무르는 시간 등이 달라진다.

ⓐ. 주계열성은 질량이 클수록 표면 온도가 높고, 주계열 단계에 머무르는 시간이 짧다. 따라서 A는 주계열 단계에 머무르는 시간, B는 표면 온도에 해당한다.

ⓑ. 주계열성은 질량이 클수록 중심핵에서 핵융합 반응으로 생성되는 에너지양이 많고 표면 온도가 높다.

~~ㄷ~~. 주계열성은 표면 온도가 높을수록 복사 에너지를 최대로 방출하는 파장이 짧고, 질량이 크며, 주계열 단계에 머무르는 시간이 짧다.

13 별의 물리량

별은 색지수(B−V)가 작을수록 표면 온도가 높다. H−R도에서 표면 온도가 높은 별일수록 왼쪽에 위치한다.

ⓐ. 별의 표면에서 단위 시간에 단위 면적당 방출하는 에너지양은 별의 표면 온도의 네제곱에 비례한다. 색지수는 ㉠이 ㉡보다 작으므로 표면 온도는 ㉠이 ㉡보다 높다. 따라서 별의 표면에서 단위 시간에 단위 면적당 방출하는 에너지양은 ㉠이 ㉡보다 많다.

~~ㄴ~~. 별 ㉠과 ㉡의 광도(L), 반지름(R), 표면 온도(T)는 다음과 같은 관계를 만족한다.

$$\frac{L_{㉡}}{L_{㉠}}=\left(\frac{R_{㉡}}{R_{㉠}}\right)^2\times\left(\frac{T_{㉡}}{T_{㉠}}\right)^4=\left(\frac{200}{1}\right)^2\times\left(\frac{T_{㉡}}{T_{㉠}}\right)^4$$

표면 온도는 ㉠이 ㉡보다 높으므로 $\frac{T_{㉡}}{T_{㉠}}$은 1보다 작고, $\frac{L_{㉡}}{L_{㉠}}$은 40000보다 작다. 따라서 ㉡의 광도($L_{㉡}$)는 ㉠의 광도($L_{㉠}$)보다 크지만 ㉠의 광도의 40000배보다 작다.

ⓒ. H−R도에서 별은 표면 온도가 높을수록 왼쪽에 위치하고, 광도가 클수록 위쪽에 위치한다. ㉠은 ㉡보다 표면 온도가 높고 광도가 작으므로 H−R도에서 ㉠은 ㉡보다 왼쪽 아래에 위치한다.

14 플랑크 곡선과 별의 표면 온도
플랑크 곡선에서 복사 에너지를 최대로 방출하는 파장이 짧을수록 별의 표면 온도가 높고, 표면 온도가 높은 별일수록 H−R도에서 왼쪽에 위치한다.

○. 복사 에너지 세기(상댓값)가 최대인 파장은 A가 B보다 왼쪽이다. 즉, 복사 에너지를 최대로 방출하는 파장은 A가 B보다 짧다.

○. 플랑크 곡선에서 별의 표면 온도가 높을수록 복사 에너지를 최대로 방출하는 파장이 짧다. 복사 에너지를 최대로 방출하는 파장은 A가 B보다 짧으므로 표면 온도는 A가 B보다 높다. 따라서 H−R도에서 B는 A보다 오른쪽 아래에 위치한다.

✗. H−R도에서 주계열성은 질량이 클수록 왼쪽 위에 위치한다. H−R도에서 A가 B보다 왼쪽 위에 위치하므로 질량은 A가 B보다 크고, 주계열 단계에 머무르는 시간은 A가 B보다 짧다.

15 주계열성의 물리량
주계열성은 질량이 클수록 광도가 크고 표면 온도가 높아 H−R도에서 왼쪽 위에 위치한다.

○. 주계열성은 광도가 클수록 표면 온도가 높다. 광도는 A가 B보다 크므로 표면 온도는 A가 B보다 높다. 따라서 A의 표면 온도인 ⊙이 B의 표면 온도인 ⊙보다 크다.

○. 광도는 A가 B의 10000배이므로 절대 등급은 B가 A보다 10등급 크다.

○. (나)는 양성자·양성자 반응(p−p 반응)으로, 중심부의 온도가 높을수록 에너지 생성량이 많다. 별 중심부의 온도는 A가 B보다 높으므로 (나)에 의한 에너지 생성량은 A가 B보다 많다.

16 주계열성의 물리량
주계열성은 질량에 따라 광도(절대 등급), 표면 온도(색지수, 분광형), 반지름, 진화하는 데 걸리는 시간 등이 달라진다.

○. A는 질량이 태양보다 작으므로 절대 등급은 태양보다 크다. 태양의 절대 등급은 약 +4.8등급이므로 A의 절대 등급은 0등급보다 크다.

✗. 성운의 질량이 클수록 원시별에서 주계열성이 되는 데 걸리는 시간이 짧고, 주계열 단계에 도달했을 때 질량이 크다. 주계열성 B의 질량은 주계열성 A의 질량보다 크므로 원시별이 주계열성이 되는 데 걸리는 시간은 B가 A보다 짧다.

✗. 별의 표면에서 단위 시간 동안 방출하는 에너지양은 광도에 해당한다. 주계열성은 질량이 클수록 광도가 크므로 별의 표면에서 단위 시간 동안 방출하는 에너지양은 B가 A보다 많다.

17 별의 물리량
별의 분광형은 별의 표면 온도에 따라 스펙트럼을 O, B, A, F, G, K, M형으로 분류한 것이다. 태양의 분광형은 G2형이다.

✗. ⊙은 색지수가 0이므로 이에 해당하는 것은 분광형이 A0형인 (나)이다.

○. 별의 스펙트럼에서 수소에 의한 흡수선이 가장 강한 별은 표면 온도가 약 10000 K이고 분광형이 A0형인 별이다. 따라서 수소 흡수선은 (가), (나), (다) 중 (나)에서 가장 강하다.

○. (나)와 (다)는 절대 등급이 같으므로 광도가 같다. (다)와 (가)는 분광형이 같으므로 색지수가 같다. 따라서 H−R도에서 (가), (나), (다)의 위치는 아래와 같다.

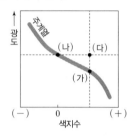

(가)와 (나)는 주계열성이고, (다)는 적색 거성이므로 중심핵의 온도는 (다)가 (가)보다 높다.

18 질량이 태양과 비슷한 별의 진화 경로
질량이 태양과 비슷한 별은 원시별이 수축하여 주계열성이 되고, 이후 적색 거성 단계를 거쳐 백색 왜성으로 진화한다. A는 원시별, B는 주계열성, C와 D는 적색 거성 단계이다.

① A → B 과정은 원시별이 주계열성으로 진화하는 과정이므로 중력 수축이 일어나 별의 반지름이 작아진다.

② B는 중심핵에서 수소 핵융합 반응이 일어나는 주계열 단계이고, D는 중심에서 헬륨 핵융합 반응이 일어나는 적색 거성 단계이다. 별은 일생의 약 90 %를 주계열 단계에 머무른다. 따라서 B 단계에 머무르는 시간은 D 단계에 머무르는 시간보다 길다.

③ (나)에서 별의 중심핵은 수축하고, 별의 바깥층은 팽창한다. 이와 같은 내부 구조는 질량이 태양 정도인 별이 주계열성에서 적색 거성으로 진화하는 과정, 즉 B → C 과정에서 나타난다.

✗ ⊙은 헬륨핵이 중력 수축하는 영역으로 온도는 1억 K보다 낮다. 헬륨핵의 수축으로 ⊙ 영역의 온도가 약 1억 K이 되면 헬륨 핵융합 반응이 시작되는데, 이는 C에 해당한다.

⑤ ⊙은 주로 수소로 이루어진 별의 바깥층, ⊙은 핵융합 반응에 의해 수소가 헬륨으로 바뀌고 있는 수소 껍질층, ⊙은 중력 수축하는 헬륨핵이므로 수소의 질량비(%)가 가장 큰 영역은 ⊙이다.

19 주계열성의 물리량
주계열성은 질량이 클수록 표면 온도가 높고 반지름이 크다.

○. 반지름이 태양보다 작은 별의 표면 온도는 약 6000 K보다 낮다. 표면 온도가 약 10000 K인 별의 색지수는 0이고, 표면 온도가 약 10000 K보다 낮은 주계열성의 색지수는 0보다 크다. 따라서

$$\left(\frac{R_A}{R_B}\right)^2=\left(\frac{T_B}{T_A}\right)^4$$

$$\frac{L_C}{L_B}=\left(\frac{300}{9}\right)^2=\frac{10000}{9}$$

따라서 광도는 C가 B의 1000배보다 크다.

✗. A는 B와 광도는 같은데 표면 온도는 B보다 높으므로 H−R도에서 A는 B의 왼쪽에 위치한다. C는 B와 표면 온도는 같은데 반지름은 B보다 크므로 H−R도에서 B보다 위쪽에 위치한다. 따라서 A는 주계열성, B는 거성, C는 초거성에 해당하므로, 광도 계급이 Ⅴ인 주계열성은 A이다.

01 ⑤	02 ④	03 ③	04 ③	05 ②	06 ⑤	07 ①
08 ②	09 ⑤	10 ②	11 ②	12 ⑤	13 ③	14 ②
15 ①	16 ③	17 ④	18 ④	19 ②	20 ②	21 ④
22 ⑤	23 ⑤	24 ③				

01 별의 스펙트럼

별의 표면에서 방출된 복사 에너지가 별의 대기를 통과하면서 일부 흡수되어 별의 스펙트럼에 흡수선이 나타난다. 흡수선의 종류와 세기는 별의 대기 성분과 표면 온도에 따라 달라진다.

ㄱ. ㉠과 ㉡에는 모두 복사 에너지 세기가 감소한 흡수선이 나타난다.

ㄴ. 성운 A를 통과한 별빛의 스펙트럼 ㉡에는 A를 통과하지 않은 별빛의 스펙트럼 ㉠보다 흡수선의 종류가 더 많다. 이는 A의 평균 온도가 별의 표면 온도보다 낮아 별빛이 A를 통과하면서 추가로 흡수선이 생겼기 때문이다.

ㄷ. 흡수선 a는 성운 A를 통과하지 않은 ㉠에서도 나타나므로 a는 별빛이 대기를 통과하면서 대기에 의해 생긴 흡수선이다.

02 별의 분광형

별의 스펙트럼에 나타나는 흡수선의 종류와 세기에 따라 분류한 분광형은 별의 표면 온도에 의해 결정된다.

✗. (가)는 표면 온도가 6000 K이므로 분광형이 G형이다. 따라서 H I 흡수선보다 Ca Ⅱ 흡수선이 강하다.

ㄴ. (가)와 (나)의 광도, 반지름, 표면 온도는 다음의 관계를 만족한다.

$$\frac{80}{40} = \left(\frac{R_{(가)}}{R_{(나)}}\right)^2 \times \left(\frac{6000}{10000}\right)^4$$

$$\left(\frac{R_{(가)}}{R_{(나)}}\right)^2 = 2 \times \left(\frac{5}{3}\right)^4 > 1$$

따라서 반지름은 (가)가 (나)보다 크다.

ㄷ. (가)는 표면 온도가 6000 K으로 태양과 비슷한데 광도는 태양의 80배이다. 따라서 H−R도에서 태양보다 위쪽에 위치하므로 거성에 해당한다.

03 별의 스펙트럼과 분광형

별의 대기에 존재하는 원소들은 별의 표면 온도에 따라 이온화되는 정도가 다르고, 각각 가능한 이온화 단계에서 특정한 흡수선을 형성하기 때문에 별의 스펙트럼에서 흡수선의 종류와 세기는 별의 표면 온도에 따라 다르다. 별의 표면 온도에 따라 나타나는 흡수선의 종류와 세기를 분류한 것이 분광형이다. H I 흡수선은 분광형이 A형인 별에서 가장 강하게 나타난다.

✗. 분광형이 B형인 별은 A형인 별보다 표면 온도가 높아 HeⅠ 흡수선이 강하게 나타나고, 분광형이 K형인 별은 A형인 별보다 표면 온도가 낮아 CaⅡ 흡수선이 강하게 나타난다. 따라서 별의 분광형은 (가)는 B형, (나)는 A형, (다)는 K형이고, 표면 온도는 (가)>(나)>(다)이다.

✗. 주계열성은 질량이 클수록 표면 온도가 높다. 따라서 질량은 표면 온도가 높은 (나)가 (다)보다 크고, 주계열 단계에 머무르는 시간은 (다)가 (나)보다 길다.

ⓒ. 분광형이 K형인 (다)는 태양보다 질량이 작으므로 중심부 온도가 1800만 K보다 낮아 p-p 반응이 우세하고, 분광형이 B형인 (가)는 태양보다 주계열 상단부에 위치하여 중심부 온도가 1800만 K보다 높으므로 CNO 순환 반응이 우세하다. 따라서 $\dfrac{\text{p-p 반응에 의한 에너지 생성량}}{\text{CNO 순환 반응에 의한 에너지 생성량}}$ 은 (다)가 (가)보다 크다.

04 스펙트럼

스펙트럼에는 연속 스펙트럼, 흡수 스펙트럼, 방출 스펙트럼이 있고, 같은 종류의 기체가 만드는 흡수선의 파장과 방출선의 파장은 같다.

ⓐ. 방출 스펙트럼은 특정 파장에 해당하는 빛의 밝은 선(방출선)이 나타난다. (가)에는 5개의 방출선이 나타난다.

ⓑ. (가)에 나타난 수소의 방출선 파장과 같은 파장에서 (나)의 흡수선이 나타나는 것으로 보아 (나)에는 수소 흡수선이 나타난다.

✗. 태양은 가시광선 영역(약 400 nm~700 nm) 중 약 500 nm에서 복사 에너지를 최대로 방출한다. (나)의 별은 복사 에너지를 최대로 방출하는 파장이 400 nm~450 nm 사이에 나타나므로 표면 온도는 (나)의 별이 태양보다 높다.

05 별의 광도 계급과 물리량

광도 계급이 Ⅲ인 별은 거성, Ⅶ인 별은 백색 왜성이다. 광도가 약 2.5배 증가하면 절대 등급은 1등급 작아진다.

✗. A는 태양보다 표면 온도가 높고 광도는 작으므로 H-R도에서 태양보다 왼쪽 아래에 위치하고, B는 태양보다 표면 온도가 낮고 광도는 크므로 H-R도에서 태양보다 오른쪽 위에 위치한다. 태양은 주계열성이므로 A는 광도 계급이 Ⅶ인 백색 왜성, B는 광도 계급이 Ⅲ인 거성이다.

ⓒ. 별의 평균 밀도는 백색 왜성>주계열성>거성이므로 평균 밀도는 주계열성인 태양이 거성인 B보다 크다.

✗. 광도는 B가 A의 10000배보다 크고 표면 온도는 A가 B의 3배이므로 반지름은 B가 A의 900배보다 크다.

06 파장별 복사 에너지 세기

별이 단위 시간에 방출하는 모든 파장의 복사 에너지를 합한 값은

별의 광도에 해당한다.

ⓐ. 별을 관측한 파장 영역에서 별이 방출한 복사 에너지의 양이 많을수록 별의 등급이 작다. B는 ㉠ 파장 영역의 에너지양이 ㉡ 파장 영역의 에너지양보다 적으므로 ㉠ 파장 영역에서 관측한 등급이 ㉡ 파장 영역에서 관측한 등급보다 크다. 따라서 B는 (㉠ 파장 영역에서 관측한 등급-㉡ 파장 영역에서 관측한 등급)이 0보다 크다.

ⓑ. 별의 표면 온도는 복사 에너지를 최대로 방출하는 파장이 짧을수록 높으므로 표면 온도는 A가 B보다 높다. 광도는 A와 B가 같으므로 반지름은 B가 A보다 크다.

ⓒ. 별이 단위 시간에 방출하는 모든 파장의 복사 에너지를 합한 값은 별의 광도에 해당하고, 이는 그림에서 복사 에너지 세기 곡선과 파장 축이 이루는 면적에 해당한다. A와 B는 광도가 같으므로 복사 에너지 세기 곡선과 파장 축이 이루는 면적은 A와 B가 같다.

07 별의 질량과 진화 시간

별의 질량이 클수록 원시별이 주계열성이 되는 데 걸리는 시간과 주계열 단계에 머무르는 시간이 짧다.

ⓐ. 별은 일생의 약 90 %를 주계열 단계에 머무르고, 별의 질량이 클수록 수명이 짧다.

✗. 별은 일생의 약 90 %를 주계열 단계에 머무르므로 원시별이 주계열성이 되는 데 걸리는 시간보다 주계열 단계에 머무르는 시간이 훨씬 길다. 따라서 A는 주계열 단계에 머무르는 시간, B는 원시별이 주계열성이 되는 데 걸리는 시간이다. 원시별이 주계열성으로 진화하는 동안 주로 중력 수축 에너지가 생성된다.

✗. 질량이 태양의 15배인 별은 주계열 단계에 머무르는 시간이 원시별이 주계열성이 되는 데 걸리는 시간의 약 100배이다.

08 별의 진화

질량이 태양 정도인 별은 주계열 단계에서 거성으로 진화하는 과정에서 표면 온도는 낮아지지만 반지름이 크게 커지므로 광도는 커진다.

✗. ㉠ 기간 동안 광도와 반지름이 거의 일정한 것으로 보아 이 기간은 주계열 단계에 해당하고, 별은 정역학 평형 상태에 있다. 따라서 ㉠ 기간 동안 별의 표면에서 중력과 기체 압력 차에 의한 힘은 평형을 이루고 있다.

✗. ㉡ 기간 동안 광도는 100배 이상 커진다. 광도가 100배 커지면 절대 등급은 5등급 작아지므로 ㉡ 기간 동안 별의 절대 등급 변화량은 5보다 크다.

ⓒ. ㉡ 기간에 별은 주계열을 떠나 거성으로 진화하고 있고, 중심의 헬륨핵은 중력 수축하고 있다. 따라서 중심핵의 크기는 ㉠ 기간이 ㉡ 기간보다 크다.

09 별의 스펙트럼과 흡수선

별의 스펙트럼에서 복사 에너지 세기가 최대인 파장은 표면 온도가 높을수록 짧고, 스펙트럼에 나타난 흡수선의 종류는 별의 대기 성분과 관련이 있다.

㉠. 색지수는 X가 태양보다 작으므로 표면 온도는 X가 태양보다 높다. 별의 스펙트럼에서 복사 에너지를 최대로 방출하는 파장은 ㉠이 ㉡보다 짧으므로 ㉠은 X의 스펙트럼이다.

✗. H I에 의한 흡수선은 X(㉠)가 태양(㉡)보다 강하다.

㉢. 태양과 X 모두 H I에 의한 흡수선이 나타나므로 태양과 X는 모두 대기에 수소가 포함되어 있다.

10 별의 분광형

별의 분광형은 표면 온도에 따라 O, B, A, F, G, K, M형으로 분류하고, 각각의 분광형은 다시 고온의 0에서 저온의 9까지 10단계로 세분한다.

✗. 분광형이 G형인 별은 F형인 별보다 표면 온도가 낮고, G1형인 별은 G3형인 별보다 표면 온도가 높다. 따라서 복사 에너지를 최대로 방출하는 파장은 G3형인 (나)가 G1형인 (가)보다 길다.

㉡. (나)는 (다)보다 표면 온도가 낮으며, (나)는 광도 계급이 Ⅱ인 밝은 거성이고 (다)는 광도 계급이 Ⅴ인 주계열성이므로 H−R도에서 (나)는 (다)보다 오른쪽 위에 위치한다. 따라서 반지름은 (나)가 (다)보다 크다.

✗. (가)와 (다)는 광도 계급이 Ⅴ인 주계열성이고, 표면 온도는 (다)가 (가)보다 높으므로 광도는 (다)가 (가)보다 크다.

11 수소 핵융합 반응

질량이 태양의 5배인 별은 중심부 온도가 1800만 K보다 높아 CNO 순환 반응이 p−p 반응보다 우세하고, 중심에 대류핵이 발달한다.

✗. 태양은 중심부 온도가 약 1500만 K이다. 태양과 질량이 비슷한 주계열성은 중심부 온도가 1800만 K보다 낮아 p−p 반응이 CNO 순환 반응보다 우세하다. (가)는 질량이 태양과 같으므로 ㉠은 p−p 반응이다.

✗. (가)에서 CNO 순환 반응인 ㉡의 에너지 생성 비율과 (나)에서 p−p 반응인 ㉠의 에너지 생성 비율은 같다. 그러나 수소 핵융합 반응으로 생성되는 총 에너지양은 (나)가 (가)보다 많으므로 단위 시간 동안 에너지 생성량은 (가)의 ㉡이 (나)의 ㉠보다 적다.

㉢. (나)는 질량이 태양의 5배이므로 중심부에서 깊이에 따른 온도 차가 매우 커서 대류에 의해 에너지를 전달하는 대류핵이 발달한다.

12 별의 물리량

별의 표면에서 단위 시간에 단위 면적당 방출하는 에너지양은 표면 온도의 네제곱에 비례하고, 별의 광도(L)는 반지름(R)의 제곱

과 표면 온도(T)의 네제곱의 곱에 비례한다($L \propto R^2 \times T^4$).

㉠. (가)의 광도는 태양의 100배이고, (가)의 반지름은 태양의 10배이므로 (가)의 표면 온도는 태양과 같고 분광형은 G2형이다. 표면 온도는 (가)가 (나)보다 높으므로 단위 시간에 단위 면적당 방출하는 에너지양은 (가)가 (나)보다 많다.

㉡. (가)와 (나)의 광도, 반지름, 표면 온도를 비교하면 다음과 같다.

$$\frac{400}{100} = \left(\frac{R_{(나)}}{R_{(가)}}\right)^2 \times \left(\frac{T_{(나)}}{T_{(가)}}\right)^4$$

$\frac{T_{(나)}}{T_{(가)}}$는 1보다 작으므로 $\frac{R_{(나)}}{R_{(가)}}$는 2보다 크다. 즉, (나)의 반지름($R_{(나)}$)은 태양의 20배보다 크다. 따라서 반지름은 (나)가 가장 크다.

㉢. (나)와 (다)는 표면 온도가 같으므로 광도비는 반지름비의 제곱과 같다.

$$\frac{400}{L_{(다)}} = \left(\frac{R_{(나)}}{R_{(다)}}\right)^2$$

(나)의 반지름($R_{(나)}$)이 태양의 20배보다 크므로 $\frac{R_{(나)}}{R_{(다)}}$는 10보다 크고, $L_{(다)}$는 4보다 작다. 즉, (다)의 광도($L_{(다)}$)는 태양 광도의 4배보다 작다. 따라서 (나)의 광도는 (다)의 광도의 100배보다 크고, (다)의 절대 등급은 (나)의 절대 등급보다 5등급 이상 크다. 그러므로 [(다)의 절대 등급−(나)의 절대 등급]은 5보다 크다.

13 별의 분류

H−R도에서 거성은 주계열의 오른쪽 위에, 백색 왜성은 주계열의 왼쪽 아래에 위치한다. (나)는 분광형이 G2형으로 태양과 같은데 절대 등급은 +11.5등급으로 태양보다 크므로 H−R도에서 태양의 아래쪽에 위치하는 백색 왜성이다. (다)는 분광형이 K2형이고 절대 등급이 태양보다 작으므로 H−R도에서 태양의 오른쪽 위에 위치하는 거성이다. (가)는 주계열성이다.

㉠. 별의 절대 등급이 태양보다 5등급 작을 때 별의 광도는 태양보다 100배 크고 별의 질량은 태양 질량의 2배보다 크다. (가)는 절대 등급이 −4.1등급으로 태양의 절대 등급 +4.8등급과 약 9등급 차이가 나므로 질량은 태양 질량의 2배보다 크다. 따라서 (가)의 중심부에는 대류핵이 발달한다.

✗. 진화 과정에서 철이 생성되는 별은 질량이 매우 큰 초거성이다. (나)는 백색 왜성으로 진화 과정에서 철이 생성될 수 없다.

㉢. (다)는 태양보다 표면 온도가 낮은데 절대 등급은 작으므로 H−R도에서 태양의 오른쪽 위에 위치한다. 따라서 (다)는 거성이다. 평균 밀도는 백색 왜성인 (나)가 거성인 (다)보다 크다.

14 주계열성의 내부 구조와 진화

별이 주계열 단계에 도달했을 때 수소와 헬륨의 질량비는 약 3 : 1이다. 별의 중심핵에서 수소 핵융합 반응이 진행됨에 따라 중심핵의 수소 질량비는 감소하고 헬륨 질량비는 증가한다. 별의

중심핵에서 수소가 모두 헬륨으로 바뀌면 별은 주계열 단계를 떠나 거성으로 진화한다.

✗. 별의 중심핵, 복사층이 발달하고 표면 근처에 대류층이 발달하는 것으로 보아 별의 질량은 태양 질량의 약 2배보다 작은데, 이 별의 광도 계급이 G2Ⅴ로 태양과 같으므로 질량은 태양과 비슷하다.

✗. 별의 중심부에서 수소의 질량비가 30 % 이상이므로 이 별은 아직 주계열 단계에 있다.

ⓒ. 이 별의 질량은 태양과 비슷하므로 중심핵에서 상대적인 에너지 생성량은 p-p 반응이 CNO 순환 반응보다 많다. 따라서 중심핵에서 p-p 반응에 의한 헬륨 생성량은 CNO 순환 반응에 의한 헬륨 생성량보다 많다.

15 별의 스펙트럼과 흡수선

별의 스펙트럼에 나타난 흡수선의 종류와 세기는 별의 표면 온도에 의해 결정된다.

ⓞ. 최대 복사 에너지 방출 파장은 (가)가 (다)보다 짧으므로 (가), (나), (다)의 분광형은 아래의 경우 중 하나이다.

(가)	(나)	(다)
O5	A0	G2
O5	G2	A0
A0	O5	G2

또한 스펙트럼에서 CaⅡ 흡수선의 상대적 세기는 (나)가 (다)보다 강하게 나타나는데 위의 세 경우 중 이를 만족하는 경우는 두 번째이다. 따라서 (가)의 분광형은 O5형, (나)의 분광형은 G2형, (다)의 분광형은 A0형이고 표면 온도는 (가)가 (나)보다 높다.

✗. (나)는 분광형이 G2형이므로 노란색 별이다.

✗. HⅠ 흡수선의 상대적 세기는 분광형이 A0형인 (다)가 가장 강하다.

16 별의 광도 계급

광도 계급이 Ia인 별과 Ib인 별은 초거성, Ⅱ인 별과 Ⅲ인 별은 거성, Ⅳ인 별은 준거성, Ⅴ인 별은 주계열성, Ⅵ인 별은 준왜성, Ⅶ인 별은 백색 왜성에 해당한다.

ⓞ. ㉠의 분광형은 K5형이고 절대 등급은 −0.1등급이므로 H-R도에서 광도 계급 Ⅲ인 거성에 해당한다.

ⓒ. 절대 등급은 ㉠이 ㉡보다 약 7등급 작으므로 광도는 ㉠이 ㉡보다 100배 이상 크다. 표면 온도는 ㉠과 ㉡이 같으므로 반지름은 ㉠이 ㉡보다 10배 이상 크다.

✗. ㉢의 분광형은 G1형이므로 H-R도에서 분광형이 G형인 칸을 10등분할 때 왼쪽에서 첫 번째 칸에 해당한다. ㉢은 광도 계급이 Ⅶ이므로 ㉢의 절대 등급은 약 +14등급이고, ㉡과 ㉢의 절대 등급 차이는 약 7등급이다. 따라서 광도는 ㉡이 ㉢의 10000배보다 작다.

17 별의 내부 구조

별 내부의 핵융합 반응 영역은 별의 진화에 따라 변화한다. 주계열 단계에서는 중심부에서 수소 핵융합 반응이, 거성으로 진화하는 과정에서는 헬륨핵 주변의 수소 껍질층에서 수소 핵융합 반응이, 거성 단계에서는 중심부의 헬륨 핵융합 반응과 수소 껍질층의 수소 핵융합 반응이 동시에 일어난다. 이후에는 별의 질량에 따라 핵융합 반응 종류와 영역이 다르게 나타난다.

✗. 주계열성은 중심부에서 수소 핵융합 반응이 일어난다. 이 별은 수소 껍질층과 헬륨 껍질층에서 핵융합 반응이 일어나므로 거성이다.

ⓒ. 중심부에서 헬륨 핵융합 반응 다음 단계의 핵융합 반응이 일어나므로 이 별의 질량은 태양보다 크다. 태양 정도의 질량을 가지는 별은 중심부에서 헬륨 핵융합 반응으로 만들어진 탄소핵의 온도가 충분히 높아지지 않아 탄소 핵융합 반응이 일어나지 않는다.

ⓒ. ㉠은 헬륨 핵융합 반응으로 만들어진 원소이다. 핵융합 반응은 반응 물질보다 더 무거운 원소를 만드는 반응이므로 ㉠은 헬륨보다 무거운 원소이다.

18 주계열성의 진화

별이 주계열 단계에 도달했을 때 별의 수소와 헬륨의 질량비는 약 3 : 1이다. 별의 중심부에서 수소 핵융합 반응이 진행됨에 따라 수소 질량비는 감소하고 헬륨 질량비는 증가한다. X는 수소, Y는 헬륨의 질량비이다.

✗. 중심부의 수소(X) 질량비가 30 % 이상인 것으로 보아 이 별은 중심부의 수소 핵융합 반응이 진행 중인 주계열성이고, 정역학 평형 상태에 있다. 따라서 별의 표면에서 중력과 기체 압력 차에 의한 힘은 평형을 이룬다. 중력이 기체 압력 차에 의한 힘보다 커지면 별은 수축한다.

ⓒ. 별이 주계열 단계에 도달했을 때 별 내부의 수소와 헬륨의 질량비는 약 3 : 1로 비교적 균일하지만, 중심핵에서 수소 핵융합 반응이 일어나면 중심부의 수소 질량비는 감소하고 헬륨 질량비는 증가한다. 따라서 중심핵에서 질량비가 증가하는 것은 헬륨이고, 헬륨의 질량비는 Y이다.

ⓒ. 이 별은 분광형이 G형인 주계열성이므로 태양과 비슷한 내부 구조를 가진다. 즉, ㉠ 구간에서는 복사에 의해 에너지를 전달하고, ㉡ 구간에서는 대류에 의해 에너지를 전달한다.

19 주계열성의 수소 핵융합 반응

별이 주계열 단계에 도달했을 때 별의 질량에 따라 중심부의 온도가 달라지고, p-p 반응과 CNO 순환 반응에 의한 에너지 생성량이 달라진다. A는 p-p 반응, B는 CNO 순환 반응에 의한 에너지 생성량을 나타낸 것이다.

✗. 수소 핵융합 반응 중 중심부의 온도가 낮은 별에서 에너지 생성량이 우세한 것이 p-p 반응이다. 따라서 A는 p-p 반응이다.

ⓛ. 원시별이 중력 수축할 때 방출되는 에너지에 의해 별 중심부의 온도는 높아진다. p-p 반응은 중심부 온도가 1000만 K에 도달하기 전부터 일어난다. 따라서 p-p 반응(A)은 CNO 순환 반응(B)보다 먼저 시작된다.

✘. 태양은 분광형이 G2형이고 중심부 온도가 약 1500만 K이다. 분광형이 G5형인 주계열성은 태양보다 질량이 작으므로 중심부 온도가 태양보다 낮다. 따라서 p-p 반응(A)이 CNO 순환 반응(B)보다 우세하다.

20 별의 진화

주계열성의 질량이 클수록 단위 시간 동안 에너지 방출량이 많아 주계열 단계에 머무르는 시간이 짧다.

✘. 태양이 주계열 단계에 머무르는 시간이 약 100억 년인데 (가)가 주계열 단계에 머무르는 시간이 약 250억 년이므로, (가)의 질량은 태양보다 작다.

ⓛ. 원시별이 주계열성이 되는 데 걸리는 시간은 별의 질량이 클수록 짧다. (가)의 질량은 태양보다 작고, (나)의 질량은 태양보다 크므로 원시별이 주계열성이 되는 데 걸리는 시간은 (가)가 (나)보다 길다.

✘. 주계열성은 질량이 클수록 표면 온도가 높다. 질량이 (다)가 (나)보다 크므로 표면 온도는 (다)가 (나)보다 높다. (나)의 분광형이 A형이므로 (다)의 분광형은 O형 또는 B형이다.

21 별의 진화

원시별이 중력 수축하여 주계열 단계에 도달하면 수소 핵융합 반응이 안정적으로 일어나고, 별의 질량에 따라 내부 구조가 달라진다. 태양 정도의 질량을 가지는 별은 중심핵 주변에 복사층이, 표면 근처에 대류층이 발달한다. B → B′은 태양의 진화 경로에 해당한다.

✘. 원시별이 주계열성으로 진화하는 동안 중력 수축이 일어나므로 별은 정역학 평형 상태가 아니다.

ⓛ. B′은 태양에 해당하므로 중심핵 주변에 복사층이, 표면 근처에 대류층이 발달한다. 별 내부의 온도는 중심에서 표면으로 갈수록 낮아지므로 B′의 내부에서 복사층의 평균 온도는 대류층의 평균 온도보다 높다.

ⓒ. B′은 태양에 해당하므로 p-p 반응과 CNO 순환 반응이 모두 일어난다. B′보다 질량이 큰 A′도 p-p 반응과 CNO 순환 반응이 모두 일어난다.

22 별의 진화와 내부 구조

주계열성이 거성으로 진화하는 동안 표면 온도는 낮아지고 반지름은 커진다. 중심부의 헬륨핵은 중력 수축하므로 중심부의 온도는 높아진다.

ⓞ. 표면 온도는 A가 A′보다 높고, 중심부 온도는 A′이 A보다

높다. 따라서 $\frac{표면\ 온도}{중심부\ 온도}$는 A가 A′보다 크다.

ⓛ. B(주계열성)가 B′(거성)으로 진화하는 동안 중심부의 헬륨핵은 수축하고 헬륨핵 주변의 수소 껍질층에서 수소 핵융합 반응이 일어난다.

ⓒ. (나)에서 중심부에 대류핵, 그 주변에 복사층이 발달하므로 이와 같은 내부 구조를 가지는 별의 질량은 태양 질량의 약 2배보다 크다. B는 태양 정도의 질량을 가지므로 (나)는 A의 내부 구조이다.

23 별의 진화와 핵융합 반응

별 내부에서 핵융합 반응이 일어나는 영역은 별의 진화 단계에 따라 달라진다. 주계열 단계에서는 중심핵에서 수소 핵융합 반응이 (가)와 같이 일어나고, 주계열 단계를 떠나 거성으로 진화하는 과정에서는 헬륨핵 주변의 수소 껍질층에서 수소 핵융합 반응이 (나)와 같이 일어난다. 거성 단계에 도달하면 중심핵에서 헬륨 핵융합 반응이, 수소 껍질층에서 수소 핵융합 반응이 (다)와 같이 일어난다.

ⓞ. (가)는 주계열성, (다)는 거성의 핵융합 반응 영역을 나타낸 것이다. 별이 주계열성에서 거성으로 진화하는 과정에서 표면 온도는 낮아지고 광도는 커진다. 따라서 절대 등급은 (가)가 (다)보다 크다.

ⓛ. (가)는 주계열 단계이므로 기체 압력 차에 의한 힘과 중력이 평형을 이루고 있다. (나)는 중심부의 헬륨핵이 수축하므로 기체 압력 차에 의한 힘보다 중력이 크다. 따라서 중심핵에서 $\frac{기체\ 압력\ 차에\ 의한\ 힘의\ 크기}{중력의\ 크기}$는 (가)가 (나)보다 크다.

ⓒ. (나)에서는 수소 껍질층에서 수소 핵융합 반응이 일어나고, (다)에서는 중심부에서 헬륨 핵융합 반응이, 수소 껍질층에서 수소 핵융합 반응이 일어난다. 헬륨 핵융합 반응은 약 1억 K 이상에서, 수소 핵융합 반응은 약 1000만 K 이상에서 일어나므로 핵융합 반응 영역의 평균 온도는 (다)가 (나)보다 높다.

24 주계열성의 수소 핵융합 반응

질량이 태양 질량의 약 2배보다 큰 주계열성은 중심부에 대류핵이 발달하여 중심핵의 물질이 고르게 섞인다.

ⓞ. 주계열성의 중심부에서는 수소 핵융합 반응이 일어나 중심부의 수소 질량비(%)가 시간이 지남에 따라 감소한다. 따라서 t_1은 t_3보다 먼저이다.

ⓛ. $t_1 \rightarrow t_3$ 동안 수소 질량비(%)가 감소하는 것은 중심부의 수소 핵융합 반응에 의한 것이므로 t_2는 주계열 단계에 해당한다.

✘. t_2에서 수소 질량비(%)가 일정한 구간이 나타난다. 이는 이 구간에서 대류가 일어나 남아 있는 수소를 고르게 섞어주었기 때문이다. 별의 중심부에서 대류가 일어나는 것은 별의 질량이 태양 질량의 약 2배보다 클 때이다. 따라서 이 별의 질량은 태양보다 크다.

09 외계 행성계와 외계 생명체 탐사

01 외계 행성계 탐사 방법

(가)는 중심별의 시선 속도 변화를 이용하는 방법, (나)는 식 현상을 이용하는 방법, (다)는 직접 관측하는 방법이다.

✗. (가)에서 별의 시선 속도 변화는 별과 행성이 공통 질량 중심을 중심으로 공전하는 과정에서 나타난다. 이때 별의 시선 속도 변화는 행성의 질량 또는 공전 속도 등의 영향을 받는다.

✗. 미세 중력 렌즈 현상은 드물게 발생할 뿐만 아니라 주기적인 관측이 불가능하므로 (나)에 해당하지 않는다. (나)는 식 현상을 이용하는 외계 행성 탐사 방법에 해당한다.

◯. 행성이 방출하는 에너지는 대부분 적외선 영역에 해당하므로 (다)에서 행성을 직접 관측할 때는 주로 적외선 영역의 파장을 이용하여 행성을 촬영한다.

02 시선 속도 변화를 이용한 외계 행성계 탐사

중심별의 시선 속도는 중심별이 지구에 가까워질 때 (−) 값이고, 중심별이 지구로부터 멀어질 때 (+) 값이다.

✗. 중심별의 적색 편이가 최대로 관측되는 A 시기에 별은 지구로부터 멀어진다. 지구와 행성 사이의 거리가 최대일 때, 즉 B 시기에 중심별은 지구에 가장 가까우며, C 시기에 중심별의 시선 속도가 0이므로 이때 중심별은 공통 질량 중심을 기준으로 B와 반대 위치, 즉 지구에서 가장 먼 거리에 있다. 따라서 시간 순서는 A → C → B이다.

✗. 행성에 의한 식 현상은 지구와 행성 사이의 거리가 가장 가까울 때(=지구와 중심별까지의 거리가 가장 멀 때) 일어난다. 따라서 C 무렵에 행성에 의한 식 현상이 일어난다.

◯. C 시기에는 지구와 중심별 사이의 거리가 가장 멀다. 따라서 C 전후에 중심별은 지구로부터 멀어졌다가 지구에 가까워지므로, 시선 속도는 (+) 값에서 (−) 값으로 바뀐다.

03 식 현상을 이용한 외계 행성계 탐사

중심별 주위를 공전하는 행성이 중심별의 앞면을 지날 때 중심별의 일부가 가려지는 식 현상이 일어난다. 식 현상에 의한 중심별의 밝기 변화를 관측하여 행성의 존재를 확인할 수 있다.

◯. 행성의 반지름이 클수록 식 현상에 의한 중심별의 밝기 변화량이 크다. 행성 A에 의한 중심별의 밝기 변화량(a)이 행성 B에 의한 중심별의 밝기 변화량(b)보다 작으므로, 반지름은 A가 B보다 작다.

✗. 행성계에서 행성의 공전 주기는 중심별의 밝기 변화 주기와 같다. 공전 주기는 A가 $3T$, B가 $4T$로 A가 B보다 짧다.

✗. 행성에 의한 식 현상이 일어날 때, 지구와 행성 사이의 거리는 가장 가깝고 지구와 중심별 사이의 거리는 가장 멀다. 따라서 식 현상이 최대로 일어나는 시점(시선 속도=0) 이후 $\dfrac{공전\ 주기}{2}$ 까지 중심별은 지구에 가까워지고 시선 속도는 (−) 값이며, $\dfrac{공전\ 주기}{2}$ 에 시선 속도는 0, $\dfrac{공전\ 주기}{2}$ 부터 1공전 주기까지 중심별은 지구에서 멀어지고 시선 속도는 (+) 값이다. $2T$일 때, A와 B 각각에 의한 중심별의 시선 속도가 둘 다 (−) 값을 나타낸다. 따라서 $2T$일 때, 중심별의 시선 속도는 (−) 값이다.

04 미세 중력 렌즈 현상을 이용한 외계 행성계 탐사

거리가 다른 두 개의 별이 같은 시선 방향에 있을 경우 뒤쪽 별의 별빛이 앞쪽 별 및 행성의 중력에 의해 미세하게 굴절되어 휘어지면서 뒤쪽 별의 밝기가 변하는데, 이를 이용하여 앞쪽 별을 공전하는 행성의 존재를 확인할 수 있다.

◯. 미세 중력 렌즈 현상을 이용하여 외계 행성을 탐사할 때는 관측자의 시선 방향에 있는 두 별 중 뒤쪽 별, 즉 B의 밝기 변화를 관측한다. 따라서 (나)는 B의 밝기 변화를 관측한 것이다.

✗. ㉠은 앞쪽 별의 행성에 의해 B의 밝기에 추가적인 변화가 나타난 것이다. 이때는 B−행성 a−관측자가 대략 일직선상에 위치한다.

✗. 행성의 공전 궤도면이 관측자의 시선 방향과 수직일 때에도 행성에 의한 미세 중력 렌즈 현상이 나타나므로, 이 탐사 방법을 행성의 존재를 확인하는 데 이용할 수 있다.

05 생명 가능 지대의 범위

생명 가능 지대는 별의 주위에서 물이 액체 상태로 존재할 수 있는 거리의 범위이다.

◯. 중심별이 주계열성일 때, 중심별의 질량이 클수록 생명 가능 지대는 중심별에서 멀어진다. 중심별에서 생명 가능 지대까지의 거리는 A가 B보다 가까우므로, A의 질량은 B의 질량보다 작다. 따라서 ㉠은 1.2보다 작다.

◯. 중심별이 주계열성일 때, 중심별의 질량이 클수록 생명 가능 지대의 폭이 넓다. C는 B보다 질량이 크므로, C의 생명 가능 지대의 폭은 B의 생명 가능 지대의 폭인 0.8 AU보다 넓다.

◯. 중심별이 주계열성일 때, 중심별의 질량이 클수록 진화 속도가 빠르므로 생명 가능 지대의 위치는 더 빠른 속도로 중심별에서 멀어진다. 따라서 생명 가능 지대에 위치한 행성이 생명 가능 지대에 머무를 수 있는 시간은 질량이 가장 작은 A가 가장 길다.

주기 자전을 할 가능성이 높아지고, 이 경우 행성에서는 낮과 밤의 변화가 나타나지 않는다. 따라서 글리제−581의 행성 중 동주기 자전으로 인해 낮과 밤의 변화가 나타나지 않을 가능성은 중심별에 가까운 e가 중심별에서 먼 f보다 높다.

06 태양의 진화에 따른 생명 가능 지대의 변화

중심별의 광도가 클수록 생명 가능 지대는 중심별에서 멀어지고, 폭도 넓어진다.

◯. 시간이 흐를수록 생명 가능 지대의 위치는 태양에서 점점 멀어지는 것으로 보아, 이 기간 동안 태양의 광도는 점점 커진다.

◯. 이 기간 동안 태양의 광도가 점점 커지므로, 태양으로부터 같은 거리에서 단위 시간에 단위 면적당 받는 에너지양은 증가한다. 따라서 태양으로부터 1 AU의 거리에서 단위 시간에 단위 면적당 받는 태양 복사 에너지양은 점점 많아진다.

✗. 20억 년 후 생명 가능 지대는 태양으로부터 1 AU보다 먼 곳에 위치한다. 따라서 20억 년 후 지구의 표면에서 물은 대부분 기체 상태로 존재할 것이다.

07 별의 광도와 생명 가능 지대

표면 온도가 T이고, 반지름이 R인 별의 광도(L)는 $L=4\pi R^2 \cdot \sigma T^4$ (슈테판·볼츠만 상수 $\sigma=5.670\times10^{-8}\,\mathrm{W\cdot m^{-2}\cdot K^{-4}}$)이다. 따라서 별의 광도는 A<C<B이다.

✗. 중심별에서 생명 가능 지대까지의 거리는 별의 광도가 클수록 멀다. 따라서 중심별에서 생명 가능 지대까지의 거리는 A가 B보다 가깝다.

◯. 생명 가능 지대의 폭은 중심별의 광도가 클수록 넓다. 따라서 생명 가능 지대의 폭은 B가 C보다 넓다.

✗. 생명 가능 지대에 있는 행성에서 물이 액체 상태로 존재할 수 있는 시간은 별의 진화 속도가 느릴수록 길다. 태양과 표면 온도, 반지름이 같은 A는 주계열성에 해당하고, 주계열성은 표면 온도가 높을수록 반지름이 크므로 B는 주계열성이 아니다. 즉, 주계열성은 A와 C이다. 주계열성인 A와 C 중 표면 온도가 높고 반지름이 큰 C의 진화 속도가 A보다 빠르므로, 생명 가능 지대에 있는 행성에서 물이 액체 상태로 존재할 수 있는 시간은 A가 C보다 길다.

08 외계 행성계의 생명 가능 지대

중심별이 주계열성일 때, 중심별의 질량이 작을수록 광도가 작고 생명 가능 지대의 범위는 중심별에 가까워지며 폭도 좁다.

✗. 중심별에서 생명 가능 지대까지의 거리는 글리제−581 행성계가 태양계보다 가까우므로 중심별의 질량은 글리제−581이 태양보다 작다.

✗. 글리제−581의 행성 g는 생명 가능 지대에 위치하므로 이 행성의 표면에서 물은 액체 상태로 존재할 수 있다. 반면 수성은 생명 가능 지대보다 중심별에 가깝게 위치하므로 수성의 표면에서 물은 기체 상태로 존재할 수 있다. 따라서 표면 온도는 글리제−581의 행성 g가 수성보다 낮다.

◯. 중심별에 가까이 있을수록 자전 주기와 공전 주기가 같은 동

01 외계 행성계 탐사

행성의 질량을 추정할 수 있는 외계 행성계 탐사 방법은 중심별의 시선 속도 변화를 이용하는 방법과 미세 중력 렌즈 현상을 이용하는 방법이고, 행성의 반지름을 추정할 수 있는 탐사 방법은 식 현상을 이용하는 방법이며, 행성의 공전 궤도면이 시선 방향과 수직일 때 행성의 존재를 확인할 수 있는 탐사 방법은 미세 중력 렌즈 현상을 이용하는 방법이다. 따라서 (가)는 식 현상을 이용하는 방법, (나)는 미세 중력 렌즈 현상을 이용하는 방법, (다)는 중심별의 시선 속도 변화를 이용하는 방법이다.

㉠. (가)는 행성에 의한 식 현상으로 나타나는 중심별의 주기적인 밝기 변화를 관측한다.

✗. (나)는 미세 중력 렌즈 현상을 이용하는 방법이다. 도플러 효과가 이용되는 행성 탐사 방법은 (다)이다.

✗. (나)와 (다)를 이용하여 행성의 질량을 추정할 수 있지만, 미세 중력 렌즈 현상을 이용하는 방법인 (나)는 (다)에 비해 지구와 같이 질량이 작은 행성을 찾는 데 상대적으로 유리하다.

02 시선 속도 변화를 이용한 외계 행성계 탐사

별과 행성이 공통 질량 중심을 중심으로 공전할 때, 별과 행성은 공통 질량 중심을 중심으로 동일한 주기와 방향으로 공전하므로 항상 공통 질량 중심을 기준으로 반대쪽에 위치한다.

㉠. 별의 스펙트럼에서 적색 편이는 지구와 별 사이의 거리가 가장 가까울 때(t_1)와 가장 멀 때(t_3)의 가운데 시기, 즉 t_2 무렵에 최대로 나타난다.

㉡. 행성에 의한 식 현상은 지구와 행성 사이의 거리가 가장 가까울 무렵에 일어난다. 별과 행성은 공통 질량 중심을 기준으로 반대쪽에 위치하므로 이때 지구와 별 사이의 거리는 가장 멀다. 따라서 행성에 의한 식 현상은 t_3 무렵에 일어난다.

㉢. 행성의 질량이 클수록 공통 질량 중심이 중심별에서 멀어지므로 별의 공전 궤도 반지름이 커져서 별과 지구 사이의 거리 변화량 a가 증가한다.

03 시선 속도 변화를 이용한 외계 행성계 탐사

별과 행성이 공통 질량 중심을 중심으로 동일한 주기와 방향으로 공전하므로, 중심별의 시선 속도 변화 주기는 행성의 공전 주기에 해당한다. 행성의 공전 주기는 A가 B보다 짧다.

㉠. 행성계에서 행성의 공전 주기는 공전 궤도 반지름이 클수록 길다. 따라서 공전 궤도 반지름은 A가 B보다 작다.

㉡. 별과 행성이 공통 질량 중심을 중심으로 공전할 때, 별의 시선 속도 변화량은 행성의 질량이 클수록, 공전 주기가 짧을수록 크다. 그림에서 (가)와 (나)의 시선 속도 변화량은 같은데, 이는 A가 B보다 공전 주기가 짧음에도, 즉 공전 속도가 빠름에도 불구하고 질량이 작기 때문이다.

㉢. 두 행성에 의해 나타나는 중심별의 시선 속도 변화는 (가)와 (나)의 시선 속도의 합을 시간에 따라 나타냄으로써 구할 수 있다. t_4 무렵에 A에 의해 나타나는 중심별의 시선 속도는 약 $+7\,km/s$이고 B에 의해 나타나는 중심별의 시선 속도는 약 $+10\,km/s$이므로, 두 행성에 의해 나타나는 중심별의 시선 속도는 (+) 값으로 적색 편이가 관측된다. 즉, t_4 무렵에 중심별과 지구 사이의 거리는 멀어진다.

04 식 현상을 이용한 외계 행성계 탐사

행성이 중심별의 앞쪽을 지날 때 중심별의 겉보기 밝기가 감소하며, 중심별의 밝기 감소량은 행성의 반지름이 클수록 크다.

✗. A와 B의 반지름이 같음에도 불구하고 식 현상에 의한 중심별의 밝기 감소량이 (가)가 (나)보다 큰 것은 중심별이 A와 B에 의해 가려지는 면적의 최댓값이 A가 B보다 크기 때문이다. 이는 B가 A보다 행성의 공전 궤도면이 시선 방향과 크게 경사져 있을 때 나타난다.

㉡. 행성에 의해 중심별이 가려지는 전체 시간의 $\frac{1}{2}$에 해당하는 시간(t_1, t_2)은 (가)와 (나)가 같으며, 이 시간은 행성의 반지름이 클수록, 공전 속도가 느릴수록 길다. A와 B의 반지름이 같고, A가 B보다 중심별의 많은 면적을 가림에도 불구하고 t_1이 t_2와 같은 것은 A가 B보다 공전 속도가 빠르기 때문이다.

㉢. 중심별과 행성이 공통 질량 중심을 중심으로 공전할 때 시선 속도 최댓값은 행성의 질량이 클수록, 공전 속도가 빠를수록, 공전 궤도면이 시선 방향과 나란할수록 크다. A와 B의 질량은 같지만, A가 B보다 공전 속도가 빠르며, 공전 궤도면이 시선 방향과 이루는 각이 작다. 따라서 중심별과 행성이 공통 질량 중심을 중심으로 공전하는 동안, A에 의한 중심별의 시선 속도 최댓값이 B에 의한 중심별의 시선 속도 최댓값보다 크게 나타난다.

05 시선 속도 변화를 이용한 외계 행성계 탐사

중심별과 행성이 공통 질량 중심 주위를 회전할 때, 별과 행성의 공전 주기와 공전 방향은 같다.

㉠. (나)에서 $\Delta\lambda$가 (+) 값이므로 중심별은 현재 지구로부터 멀어지고 있다. 중심별과 행성은 공통 질량 중심을 기준으로 반대쪽에 위치하므로, 중심별이 지구로부터 멀어질 때 행성은 지구에 접근한다. 즉, (나)가 관측될 때 행성은 A 위치에 있다.

㉡. 행성의 질량이 커지면 공통 질량 중심의 위치가 중심별에서

멀어지므로 중심별의 공전 궤도 반지름이 커지고 시선 속도 변화량이 증가한다. 따라서 행성의 질량이 커진다면, (나)에서 흡수선의 파장 변화량은 $\Delta\lambda$보다 크다.

ㄷ. 행성이 B에 있을 때, 중심별은 공통 질량 중심을 기준으로 반대쪽에 위치하고, 이때 시선 방향과 이루는 각은 45°이므로 시선 속도는 중심별의 시선 속도가 최대일 때의 cos45°배, 즉 $\frac{\sqrt{2}}{2}$배이다. $\Delta\lambda$가 중심별의 시선 속도가 최대일 때 흡수선의 파장 변화량이므로 행성이 B에 있을 때 흡수선의 파장 변화량은 $\frac{\sqrt{2}}{2}\Delta\lambda$이다. 따라서 $\frac{\Delta\lambda}{2}$보다 크다.

06 생명 가능 지대

지구는 태양으로부터 1 AU의 거리에 있으며, 생명 가능 지대에 위치한다. 중심별로부터 단위 시간에 단위 면적당 받는 복사 에너지양이 지구와 비슷한 행성이라면, 그 행성은 생명 가능 지대에 위치한다고 볼 수 있고, 행성의 표면에는 액체 상태의 물이 존재할 가능성이 있다.

ㄱ. A는 공전 궤도 반지름이 1.5 AU이지만 단위 시간에 단위 면적당 받는 복사 에너지양은 지구와 같은 것으로 보아 중심별의 광도는 태양보다 크다. 반면 B는 공전 궤도 반지름이 1 AU이지만, 단위 시간에 단위 면적당 받는 복사 에너지양은 지구의 0.5배인 것으로 보아 중심별의 광도는 태양보다 작다. 생명 가능 지대의 폭은 중심별의 광도가 클수록 넓으므로 A를 포함한 행성계가 B를 포함한 행성계보다 넓다.

ㄴ. B와 C는 공전 궤도 반지름이 1 AU로 같지만, 단위 시간에 단위 면적당 받는 복사 에너지양은 B가 C의 0.5배이다. 이는 중심별의 광도가 B가 C보다 작기 때문이다.

ㄷ. B에서 단위 시간에 단위 면적당 받는 복사 에너지양은 지구의 0.5배이므로 B의 표면 온도는 지구보다 낮다. 따라서 B의 표면에 있는 물은 기체 상태로 존재할 수 없다.

07 외계 행성계 탐사 방법

최근까지 외계 행성을 발견하는 데 가장 많이 이용된 방법은 주로 식 현상을 이용하는 방법과 중심별의 시선 속도 변화를 이용하는 방법이다.

ㄱ. 중심별의 시선 속도 변화를 이용하는 탐사 방법은 도플러 효과를 이용하는 방법에 해당한다. 그림에서 발견된 외계 행성의 개수는 식 현상을 이용하는 방법이 가장 많다.

ㄴ. 케플러 망원경은 식 현상을 이용하여 외계 행성을 탐사하였으며, 2009년에 발사되어 2018년 11월 임무가 종료될 때까지 2600개 이상의 외계 행성을 발견하였다. 즉, 2016년에 발견된 외계 행성 개수가 급격히 증가한 것은 주로 케플러 망원경에 의해 이루어진 성과이다.

ㄷ. 미세 중력 렌즈 현상을 이용하는 탐사 방법은 행성을 가진 중심별의 밝기 변화를 관측하는 것이 아니라 시선 방향 및 중심별과 일직선상에 있는 중심별의 뒤쪽 별의 밝기 변화를 관측하는 것이다. 외계 행성 탐사 방법 중 행성을 가진 중심별의 밝기 변화를 관측하는 것은 식 현상을 이용하는 탐사 방법이다.

08 우주 망원경

(가)는 케플러 망원경, (나)는 제임스 웹 망원경이다.

ㄱ. 케플러 망원경은 행성을 가진 중심별의 미세한 밝기 변화를 관측하므로, 식 현상을 이용하여 외계 행성을 탐사하는 방법에 해당한다.

ㄴ. 케플러 망원경은 가시광선을 이용하여 중심별의 밝기 변화를 관측하고, 제임스 웹 망원경은 외계 행성을 직접 촬영하여 그 존재를 확인하므로 주로 적외선 영역의 파장을 이용하여 관측한다. 따라서 평균 관측 파장은 (가)가 (나)보다 짧다.

ㄷ. (가)는 2009년에 발사되어 현재 임무가 종료되었고, 제임스 웹 망원경은 2021년에 발사되어 현재 활발하게 외계 행성을 탐사하고 있다.

10 외부 은하와 우주 팽창

수능 2점 테스트   본문 194~198쪽

01 ③	02 ①	03 ①	04 ③	05 ②	06 ③	07 ②
08 ⑤	09 ①	10 ④	11 ④	12 ①	13 ⑤	14 ③
15 ③	16 ⑤	17 ①	18 ②	19 ③	20 ①	

01 허블의 은하 분류

(가)는 타원 은하, (나)는 정상 나선 은하, (다)는 막대 나선 은하, (라)는 불규칙 은하이다.

㉠. 타원 은하 (가)는 주로 붉은색 별로 구성되어 있으므로 평균 색지수 값이 크고, 나선 은하 (나)는 중앙 팽대부와 헤일로에는 주로 붉은색 별이, 나선팔에는 주로 파란색 별이 분포하므로 타원 은하 (가)에 비해 은하를 구성하는 별들의 평균 색지수 값이 작다.

㉡. 나선 은하는 은하핵을 가로지르는 막대 모양 구조의 유무에 따라 정상 나선 은하 (나)와 막대 나선 은하 (다)로 구분한다.

✗. 허블은 은하의 모양이 타원 은하 (가)에서 불규칙 은하 (라)의 형태로 진화한다고 생각하였지만, 은하의 모양과 진화는 관계가 없는 것으로 밝혀졌다.

02 타원 은하와 불규칙 은하

타원 은하는 주로 늙고 온도가 낮은 별들로, 불규칙 은하는 주로 젊고 온도가 높은 별들로 이루어져 있다.

㉠. 색지수(B−V) 값은 주로 붉은색 별로 구성되어 있는 타원 은하가 주로 파란색 별로 구성되어 있는 불규칙 은하보다 크다. 따라서 색지수(B−V) 값이 큰 (가)는 타원 은하, 색지수(B−V) 값이 작은 (나)는 불규칙 은하이다.

✗. 성간 물질은 타원 은하보다 불규칙 은하에 많이 분포한다. 따라서 $\dfrac{\text{성간 물질 질량}}{\text{전체 질량}}(\%)$의 값은 ㉠이 ㉡보다 작다.

✗. 별은 성간 물질의 밀도가 큰 성운에서 탄생한다. 따라서 성간 물질을 많이 포함한 불규칙 은하 (나)가 타원 은하 (가)보다 새로운 별의 탄생이 많다.

03 나선 은하

중심부에 막대 구조가 나타나는 (가)는 막대 나선 은하, 막대 구조가 나타나지 않는 (나)는 정상 나선 은하에 해당한다.

㉠. 허블의 은하 분류에서 막대 나선 은하 (가)는 SB, 정상 나선 은하 (나)는 S에 해당하며, 나선팔이 감긴 정도와 은하핵의 상대적인 크기에 따라 (가)는 SBa, SBb, SBc, (나)는 Sa, Sb, Sc로 세분된다.

✗. 나선 은하의 나선팔에는 젊은 별들과 성간 물질이 주로 분포하고, 중앙 팽대부와 헤일로에는 늙은 별들이 주로 분포하며 성간 물질이 거의 없다.

✗. 우리은하는 허블의 은하 분류상 막대 나선 은하 (가)에 해당한다.

04 나선 은하

A는 중앙 팽대부, B는 나선팔이다.

㉠. 나선팔에는 주로 파란색 별이, 중앙 팽대부에는 주로 붉은색 별이 분포하므로 은하를 구성하는 별들의 평균 색지수는 A가 B보다 크다.

✗. 나선 은하에서 성간 물질은 주로 나선팔에 분포하며, 중앙 팽대부와 헤일로에는 성간 물질이 거의 없다. 따라서 성간 물질의 함량비(%)는 A가 B보다 낮다.

㉢. 성간 물질이 거의 없는 중앙 팽대부와 헤일로에서는 새로운 별의 탄생이 거의 없으며 주로 늙은 별이 분포하고, 성간 물질이 많은 나선팔에서는 새로운 별의 탄생이 활발하고 젊은 별의 분포 비율이 높다. 따라서 구성하는 별들의 평균 연령은 A가 B보다 많다.

05 전파 은하

전파 은하는 보통의 은하보다 수백 배 이상 강한 전파를 방출하는 은하이다.

✗. 허블의 은하 분류는 은하를 가시광선 영상으로 보았을 때 관측되는 모양에 따라 분류한 것이다. M87의 가시광선 영상으로 보아 이 은하는 허블의 은하 분류상 타원 은하에 해당한다.

✗. 제트가 관측자의 시선 방향과 나란한 방향으로 분출되면 중심부가 뚜렷한 전파원으로 관측된다. 전파 영상에서 제트가 강하게 분출되고 있는 모습이 관측되므로 시선 방향과 나란한 방향으로 제트가 분출되고 있다고 볼 수 없다.

㉢. 전파 영상에서 중심부에 나타나는 검은 부분은 M87의 중심부에 블랙홀이 있다는 것을 간접적으로 알려준다. 전파 은하는 중심부에 질량이 거대한 블랙홀이 있으며, 이 주변에서 고속으로 움직이는 전자와 강한 자기장으로 인해 강한 전파 복사가 방출된다.

06 허블 법칙

허블은 거리가 알려진 외부 은하들의 적색 편이를 측정하여 은하들의 후퇴 속도(v)가 거리(r)에 비례한다는 허블 법칙($v = H \cdot r$, H: 허블 상수)을 발표하였다.

㉠. 적색 편이가 큰 은하일수록 후퇴 속도가 빠르다. 허블의 관측에 따르면 거리가 먼 외부 은하일수록 대체로 후퇴 속도가 빠르므로, 적색 편이도 크다.

㉡. 허블 상수(H)는 $\dfrac{v}{r}$이므로 거리−후퇴 속도 그래프에서 기울기에 해당한다. 따라서 허블 상수는 약 500 km/s/Mpc이다.

✗. 우주의 나이는 $t = \dfrac{r}{v} = \dfrac{r}{H \cdot r} = \dfrac{1}{H}$로 구할 수 있다. 허블의

허블 상수(약 500 km/s/Mpc)로 결정한 우주의 나이는 현재의 허블 상수(약 68 km/s/Mpc)로 결정한 우주의 나이보다 적다.

07 충돌 은하

서로 가까이 있는 은하들 사이에는 인력이 작용하여 충돌하기도 하는데, 이를 충돌 은하라고 한다.

✗. 허블 법칙은 우주 팽창에 의해 멀리 있는 은하일수록 빠른 속도로 멀어진다는 것이다. 충돌 은하는 서로의 인력에 의해 가까워지다 충돌하므로, 충돌하는 은하 사이에는 허블 법칙이 성립하지 않는다.

✗. 은하들이 충돌하는 과정에서 대부분 두 은하가 병합되는데, 이 과정에서 형태는 다양하게 나타난다. 즉, 충돌 이후에 은하가 나선 은하와 같은 특정한 형태로만 진화하는 것은 아니다.

ⓒ. 두 은하가 충돌할 때는 은하 내의 성운들이 충돌하게 되고 이 과정에서 많은 별이 탄생한다. 그러나 은하들이 충돌할 때 별들끼리 충돌하는 경우는 거의 없다.

08 빅뱅 우주론과 정상 우주론

빅뱅 우주론은 온도가 높고 밀도가 큰 한 점에서 대폭발에 의해 팽창하면서 현재와 같은 우주가 생성되었다는 이론이며, 정상 우주론은 우주는 시간과 공간에 관계없이 항상 변하지 않는다는 이론으로 우주가 팽창하면서 생겨난 빈 공간에 새로운 물질이 계속 생성된다.

㉠. A는 시간이 흐름에 따라 일정한 값을 가지는 물리량이다. 정상 우주론에서는 시간이 흐르더라도 우주의 온도와 밀도가 항상 일정하게 유지된다.

ⓛ. B는 시간이 흐름에 따라 감소하는 물리량이다. 빅뱅 우주론에서는 대폭발 이후 공간이 팽창함에 따라 밀도가 작아지고 온도가 낮아진다.

ⓒ. C는 시간이 흐름에 따라 증가하는 물리량이다. 정상 우주론과 빅뱅 우주론 모두에서 공간의 팽창을 인정하므로, 우주의 부피는 C에 해당한다.

09 허블 상수

허블 상수를 정확하게 결정하기 위해서는 은하까지의 거리가 정확하게 측정되어야 한다. 관측 장비에 따라 은하까지의 거리 결정 방법에 차이가 있고, 허블 상수도 약간의 차이가 있다.

㉠. 각 우주 망원경으로 측정한 허블 상수에 표시된 범위는 관측값의 오차 범위를 나타낸다. 관측값의 오차 범위는 (다)가 가장 크고, (라)가 가장 작다.

✗. 우주의 나이는 $\frac{1}{H}$(H: 허블 상수)로 구할 수 있으므로, 허블 상수가 작을수록 우주의 나이가 많게 계산된다. 따라서 우주의 나이는 (라)의 측정값보다 (가)의 측정값을 이용할 때 적게 계산된다.

✗. 관측 가능한 우주의 크기는 $\frac{c}{H}$(c: 빛의 속도, H: 허블 상수)로 정의되므로, 허블 상수가 작을수록 우주의 크기가 크게 계산된다. 따라서 관측 가능한 우주의 크기는 (나)의 측정값을 이용할 때 가장 작게 계산된다.

10 빅뱅 우주론

빅뱅 우주론은 온도가 높고 밀도가 큰 한 점에서 대폭발에 의해 팽창하면서 현재와 같은 우주가 생성되었다는 이론이다.

✗. 정상 우주론은 우주 팽창에 의해 생긴 빈 공간에 새로운 물질이 계속 생성되어 우주가 항상 일정한 상태를 유지한다는 이론으로, 시간이 흐름에 따라 우주의 질량이 증가한다. 그림에서 시간이 흐름에 따라 우주의 질량이 일정한 것으로 보아 이 우주론은 정상 우주론이 아니며, 빅뱅 우주론에 해당한다.

ⓛ. 빅뱅 우주론에서는 우주가 팽창하더라도 질량이 일정하므로, 우주의 밀도가 작아지고 온도가 낮아진다. A는 시간에 따라 값이 감소하는 물리량이므로 우주의 밀도 또는 온도가 이에 해당한다.

ⓒ. 빅뱅 우주론에서는 빅뱅 이후 약 38만 년이 지났을 무렵 우주의 온도가 약 3000 K일 때 우주 배경 복사가 방출되었고, 우주의 팽창으로 우주의 온도가 낮아지면서 파장이 길어져 현재 약 2.7 K의 흑체 복사로 관측될 것이라고 예측하였다. 이후 펜지어스와 윌슨이 관측한 약 2.7 K의 우주 배경 복사는 빅뱅 우주론이 옳다는 증거가 되었다.

11 우주 배경 복사

빅뱅 후 약 38만 년이 지났을 때 원자핵과 전자가 결합하여 중성 원자가 만들어졌다. 이후 빛이 물질의 방해를 받지 않고 우주를 자유롭게 진행할 수 있었다.

✗. (가)에서는 빛이 중성 원자의 영향을 받지 않고 자유롭게 진행하고 있지만, (나)에서는 아직 중성 원자가 생성되지 않았으며, 빛이 전기를 띤 입자들과 상호 작용하여 자유롭게 진행하지 못한다. 즉, (가)는 우주 배경 복사가 방출된 투명한 우주에 해당하고, (나)는 아직 우주 배경 복사가 방출되지 않은 불투명한 우주에 해당한다. 따라서 (나)가 (가)보다 과거의 모습이다.

ⓛ. (나) 시기에는 빛이 직진하지 못하므로 아직 우주 배경 복사가 방출되지 않았다. 우주 배경 복사는 (나) 시기 이후 중성 원자가 생성되면서 방출되었다.

ⓒ. 우주 배경 복사는 빅뱅 이후 우주의 팽창에 의해 우주가 충분히 식어서 우주의 온도가 약 3000 K일 때 방출되었다. (나) 시기에는 아직 우주 배경 복사가 방출되지 않았으므로 (나) 시기에 우주의 온도는 3000 K보다 높다.

12 우주 배경 복사의 관측

1960년대에 펜지어스와 윌슨이 최초로 관측한 이후 우주 배경 복사는 다양한 우주 망원경으로 더욱 정밀하게 관측되었다. 코비(COBE) 망원경은 우주 배경 복사의 미세한 불균일성을 찾기 위해 발사된 최초의 망원경이다. 플랑크(Planck) 망원경은 그 이후에 발사되었으며, 초기 우주의 온도 분포를 보다 정밀하게 관측하였다.

㉠. 플랑크 망원경은 코비 망원경보다 이후에 발사되었으며, 관측 기술의 발전에 따라 코비 망원경보다 해상도가 높은 정밀한 우주 배경 복사 관측 자료를 제공하였다. 따라서 (가)와 (나) 중 해상도가 높은 (가)가 플랑크 망원경의 관측 결과이다.

✗. 우주 배경 복사는 약 2.7 K의 흑체 복사로, 대부분 마이크로파(전파) 영역에 해당한다. 따라서 (가)와 (나)는 모두 전파 영역에서 관측한 것이다.

✗. 코비 망원경과 플랑크 망원경에서 관측한 우주 배경 복사의 분포는 우주 배경 복사가 방출될 당시, 즉 초기 우주의 온도 분포를 나타낸다.

13 급팽창 이론

급팽창 이론은 빅뱅 직후 약 $10^{-36} \sim 10^{-34}$초 무렵에 우주가 급팽창했다는 이론으로, 빅뱅 우주론이 설명할 수 없었던 여러 문제들을 해결할 수 있었다.

㉠. (나)에서는 $10^{-36} \sim 10^{-34}$초 무렵에 우주의 반지름이 급격히 증가하는 시기, 즉 급팽창 시기가 나타난다. 따라서 (가)는 빅뱅 우주론, (나)는 급팽창 이론이다.

㉡. 빅뱅 우주론은 현재 우주 배경 복사가 우주의 모든 영역에서 거의 균일하게 관측되는 현상, 즉 우주의 지평선 문제를 설명하지 못한다. 급팽창 이론은 우주 생성 초기에 우주가 급팽창하였기 때문에 팽창이 일어나기 이전에 가까이 있었던 두 지역은 서로 정보를 교환할 수 있었고, 현재 관측되는 우주의 모든 영역에서 물질이나 우주 배경 복사가 거의 균일할 수 있다고 주장함으로써 우주의 지평선 문제를 설명하였다.

㉢. 급팽창 이론은 빅뱅 우주론으로 설명할 수 없는 문제들을 해결하기 위해 제시된 이론으로 수정된 빅뱅 우주론에 해당한다. 따라서 (가)와 (나)는 빅뱅 우주론의 증거 중 하나인 수소와 헬륨의 질량비가 약 3 : 1로 관측되는 것을 설명할 수 있다.

14 빅뱅 우주론으로 설명하기 어려운 문제

빅뱅 우주론으로 설명하기 어려운 3가지 문제로는 우주의 평탄성 문제, 지평선 문제, 자기 홀극 문제가 있다.

㉠. 관측 결과 현재 우주는 곡률이 0으로 완벽할 정도로 평탄하지만 빅뱅 우주론에서는 그 이유를 설명하지 못하는데, 이를 우주의 평탄성 문제라고 한다.

㉡. 현재 관측 결과 우주의 모든 영역에서 물질이나 우주 배경 복사가 거의 균일한데 이는 멀리 떨어진 두 지역이 과거에는 정보

교환이 있었다는 것을 의미한다. 그러나 빅뱅 우주론에서는 빛이 이동할 수 있는 시간보다 우주의 나이가 더 적기 때문에 이를 설명하지 못하는데, 이를 우주의 지평선 문제라고 한다.

✗. 급팽창 이론은 빅뱅 직후 우주가 급격히 팽창했다는 이론으로, 빅뱅 우주론에서 설명할 수 없었던 여러 문제들을 설명할 수 있다.

15 우주의 팽창 가속도

우주는 약 138억 년 전에 빅뱅으로 탄생하여 짧은 순간 급격히 팽창(급팽창)하였으며, 이후에 팽창 속도가 조금씩 감소하다가 수십억 년 전부터 암흑 에너지에 의해 다시 증가하기 시작하였다.

㉠. 우주의 나이가 69억 년일 때 우주의 팽창 가속도는 음(−)의 값으로 우주는 감속 팽창을 하였다.

✗. 빅뱅 이후 현재까지 우주는 계속 팽창하고 있다. 우주의 나이가 70억 년일 때는 우주의 팽창 가속도가 0일 뿐, 우주의 팽창은 계속되었다.

㉢. 시간이 흐름에 따라 우주에는 물질의 비율이 낮아지고 암흑 에너지의 비율이 높아지며, 암흑 에너지의 비율이 높아짐에 따라 점점 더 가속 팽창하게 된다. 즉, 우주의 나이가 219억 년일 때 우주에서 암흑 에너지가 차지하는 비율은 물질이 차지하는 비율보다 높고, 우주는 여전히 가속 팽창한다.

16 우주의 팽창 속도

우주의 팽창 속도는 시기에 따라 달랐으며, 초기 우주에서 가장 컸고, 이후 감소하다가 증가하는 경향을 보인다.

㉠. ㉠ 시기에 우주의 팽창 속도는 점점 감소한다. 즉, 우주는 감속 팽창한다.

㉡. 우주의 팽창 속도는 시기마다 다르지만, 빅뱅 이후 우주는 지속적으로 팽창하고 있다. 우주 배경 복사의 파장은 우주가 팽창할수록 길어지므로, ㉡ 시기가 ㉠ 시기보다 길다.

㉢. 시간이 흐름에 따라 우주에서 물질이 차지하는 비율은 낮아지고 암흑 에너지가 차지하는 비율은 높아진다. 따라서 우주에서 암흑 에너지가 차지하는 비율은 ㉡ 시기가 ㉠ 시기보다 높다.

17 우주의 미래 모형

말안장 모양의 곡률을 가지는 (가)는 열린 우주, 평면의 곡률을 가지는 (나)는 평탄 우주, 구 모양의 곡률을 가지는 (다)는 닫힌 우주에 해당한다.

㉠. 삼각형의 내각의 합은 열린 우주인 (가)에서는 180°보다 작고, 평탄 우주인 (나)에서는 180°이며, 닫힌 우주인 (다)에서는 180°보다 크다.

㉡. 열린 우주인 (가)는 음(−)의 곡률을 가지며, 평탄 우주인 (나)의 곡률은 0, 닫힌 우주인 (다)는 양(+)의 곡률을 가진다. 따라서

우주의 곡률은 (나)가 (다)보다 작다.

X. 닫힌 우주에서 우주의 평균 밀도는 임계 밀도보다 크다. 따라서 (다)에서 $\dfrac{\text{우주의 평균 밀도}}{\text{임계 밀도}}$ 는 1보다 크다.

18 우주의 미래 모형

(가)는 (우주의 평균 밀도−임계 밀도)가 양(+)의 값을 가지므로 닫힌 우주, (나)는 우주의 곡률이 0이므로 평탄 우주에 해당한다.

X. (가)는 우주의 평균 밀도가 임계 밀도보다 크므로 닫힌 우주에 해당한다.

X. 닫힌 우주인 (가)의 곡률 ㉠은 양(+)의 값이고, 평탄 우주인 (나)에서 우주의 평균 밀도는 임계 밀도와 같으므로 (우주의 평균 밀도−임계 밀도) 값인 ㉡은 0이다.

㉢. 현재 우주는 곡률이 거의 0으로 관측된다. 따라서 현재 우주의 곡률은 (가)보다 (나)와 유사하다.

19 우주의 구성 요소

최근의 관측 자료에 따르면 현재 우주의 구성 요소는 보통 물질이 약 4.9 %, 암흑 물질이 약 26.8 %, 암흑 에너지가 약 68.3 %이다. 따라서 A는 암흑 물질, B는 보통 물질, C는 암흑 에너지이다.

㉠. 중력 렌즈 현상은 질량을 가진 물질, 즉 A와 B의 중력에 의해 발생하며, 그중에서도 암흑 물질(A)의 영향이 크다.

㉡. 암흑 물질(A)은 전자기파로 관측되지 않아 주로 중력을 이용한 방법으로 존재를 추정한다. 전자기파를 이용하여 관측할 수 있는 것은 보통 물질(B)이다.

X. 암흑 에너지(C)의 밀도는 시간에 관계없이 항상 일정하다. 우주 공간이 팽창함에도 불구하고 암흑 에너지의 밀도가 일정하다는 것은 암흑 에너지의 총량이 점점 증가하고 있다는 것을 의미한다.

20 가속 팽창 우주

(가)는 우주의 팽창 속도가 점점 증가하는, 즉 가속 팽창하는 우주이며, (나)는 우주의 팽창 가속도가 0에 수렴하는 우주이다.

㉠. 그림에서 곡선의 기울기는 우주의 팽창 속도에 해당하고, 기울기의 변화량은 우주의 팽창 가속도에 해당한다. 즉, 현재 우주의 팽창 가속도는 양(+)의 기울기 변화를 가지는 (가)가 음(−)의 기울기 변화를 가지는 (나)보다 크다.

X. 암흑 에너지는 척력으로 작용하여 공간을 가속 팽창시키는 역할을 하므로, 암흑 에너지가 있는 우주 모형인 A는 (가)에, 암흑 에너지가 없는 우주 모형인 B는 (나)에 해당한다.

X. 우주의 밀도는 물질 밀도와 암흑 에너지 밀도의 합이며, 이 값이 임계 밀도와 같으면 우주는 평탄 우주가 된다. (가), 즉 A와 (나), 즉 B 우주 모형 모두 물질 밀도(ρ_m)와 암흑 에너지 밀도(ρ_Λ)의 합이 임계 밀도(ρ_c)와 같으므로, (가)와 (나)는 평탄 우주에 해당하며, 우주의 곡률은 0이다.

수능 3점 테스트
본문 199~208쪽

01 ⑤	02 ④	03 ③	04 ③	05 ⑤	06 ①	07 ④
08 ②	09 ④	10 ③	11 ③	12 ①	13 ④	14 ②
15 ③	16 ⑤	17 ④	18 ②	19 ②	20 ④	

01 허블의 은하 분류

허블은 외부 은하를 가시광선 영역에서 관측되는 형태에 따라 타원 은하, 나선 은하, 불규칙 은하로 분류하였다. 외부 은하를 규칙적인 구조의 유무에 따라 먼저 불규칙 은하와 규칙적인 구조를 가진 은하로 구분하고, 규칙적인 구조를 가진 은하를 나선팔의 유무에 따라 타원 은하와 나선 은하로 구분한 후, 나선 은하를 중심부의 막대 구조 유무에 따라 정상 나선 은하와 막대 나선 은하로 구분한다.

㉠. 외부 은하를 규칙적인 구조의 유무에 따라 규칙적인 구조를 가지는 은하(타원 은하, 정상 나선 은하, 막대 나선 은하)와 불규칙 은하로 구분할 수 있다. 따라서 (가), (나), (다) 중 불규칙 은하를 다른 은하와 구분할 수 있는 분류 기준은 (가)이다.

㉡. (나) '중심부에 막대 구조가 나타나는가?'의 분류 기준으로 나선 은하를 정상 나선 은하(S)와 막대 나선 은하(SB)로 분류할 수 있다.

㉢. 타원 은하는 편평도에 따라 원에 가까운 모양을 가진 E0에서 가장 납작한 타원형으로 보이는 E7로 세분한다. 따라서 (다) '편평도에 따라 세분할 수 있는가?'는 타원 은하에 적용되는 분류 기준이다.

02 타원 은하와 불규칙 은하

타원 은하는 주로 늙고 붉은색 별로 구성되어 있으며, 불규칙 은하는 주로 젊고 파란색 별로 구성되어 있다.

X. 은하의 색지수(B−V)가 클수록 표면 온도가 낮은 붉은색 별이 많이 분포한다는 것을 의미한다. 따라서 붉은색 별은 색지수가 작은 ㉡보다 색지수가 큰 ㉠에 많이 분포한다.

㉡. 타원 은하는 주로 붉은색 별로, 불규칙 은하는 주로 파란색 별로 구성되어 있으므로, 색지수가 크게 나타나는 ㉠이 타원 은하, 색지수가 작게 나타나는 ㉡이 불규칙 은하이다.

㉢. 물리량 A의 값이 타원 은하(㉠)는 작고 불규칙 은하(㉡)는 크므로 성간 물질의 함량비(%), 성간 기체의 함량비(%), 새로운 별의 탄생 빈도 등이 이에 해당한다.

03 특이 은하

퀘이사는 적색 편이가 매우 크게 나타나는데, 이는 퀘이사가 매우 먼 거리에서 매우 빠른 속도로 멀어지고 있다는 것을 의미한다.

㉠. 적색 편이가 클수록 은하까지의 거리가 멀다. (나)에 비해 (가)

의 적색 편이가 매우 큰 것으로 보아 지구로부터의 평균 거리는 (가)가 (나)보다 멀다.

✗. 적색 편이가 매우 큰, 즉 매우 먼 거리에 있는 (가)가 퀘이사이고, (나)는 세이퍼트은하이다. 퀘이사는 매우 멀리 있어 은하임에도 불구하고 하나의 별처럼 보이므로, 시직경은 퀘이사인 (가)가 세이퍼트은하인 (나)보다 작다.

©. 퀘이사, 세이퍼트은하와 같은 특이 은하의 중심부에는 질량이 매우 큰 블랙홀이 존재한다고 알려져 있다.

04 퀘이사

퀘이사(Quasar)는 처음 발견 당시 별처럼 관측되었기 때문에 항성과 비슷하다는 의미를 가진 준항성체라고 불렸다.

✗. 외부 은하의 후퇴 속도(v)와 방출선의 파장 변화량($\Delta\lambda$) 사이에는 $\dfrac{\Delta\lambda}{\lambda} \propto v$($\lambda$: 고유 파장)의 관계가 성립한다.

따라서 $\dfrac{\text{파장 변화량}}{\text{고유 파장}}$, 즉 $\dfrac{\Delta\lambda}{\lambda}$는 방출선의 고유 파장의 길이에 관계없이 일정하다.

✗. A(퀘이사)는 하나의 별처럼 보이지만 매우 먼 거리에 있는 외부 은하이다.

©. 퀘이사에서 단위 시간에 방출하는 총 에너지양은 우리은하와 같은 보통 은하의 수백 배나 되는데, 이로부터 퀘이사의 중심부에는 질량이 매우 큰 블랙홀이 있을 것으로 추정한다.

05 특이 은하

특이 은하는 크기, 모양, 조성 등이 특이한 은하들을 말하며, 일반적인 은하에 비해 전파나 X선 영역에서 강한 에너지를 방출할 뿐만 아니라 밝기가 시간에 따라 변하는 등 일반적인 은하와는 다른 특성을 보인다.

㉠. 가시광선 및 적외선 등의 영역에서 에너지를 주로 방출하는 은하 B는 일반적인 은하에 해당하며, B와 달리 거의 모든 파장 영역에서 훨씬 더 많은 에너지를 방출하는 특이성을 보이는 A는 특이 은하에 해당한다.

©. 그래프 곡선의 아랫부분이 차지하는 면적은 은하가 단위 시간에 방출하는 복사 에너지양이라고 볼 수 있으며, 그 양은 특이 은하인 A가 일반적인 은하인 B보다 많다.

©. 일반적인 은하와 구별되는 특이 은하의 특이성은 주로 은하 중심부에 존재하는 질량이 매우 큰 블랙홀의 존재로 인해 발생한다. 따라서 은하 중심부에 존재하는 블랙홀의 질량은 A가 B보다 크다.

06 세이퍼트은하

세이퍼트은하는 은하 내의 가스운이 매우 빠른 속도로 움직이고 있어 스펙트럼에서 폭이 넓은 방출선이 나타나는 것이 특징이다. 따라서 (가)는 타원 은하, (나)는 세이퍼트은하이다.

㉠. 세이퍼트은하는 가시광선 영상에서 대부분 나선 은하의 형태를 하고 있으며, 나선 은하는 타원 은하에 비해 파란색 별의 수가 많다. 따라서 은하를 구성하는 별들의 평균 색지수는 타원 은하인 (가)가 세이퍼트은하인 (나)보다 크다.

✗. 타원 은하는 성간 물질이 거의 없어 새로운 별의 탄생이 적다. 세이퍼트은하는 가시광선 영상에서 대부분 나선 은하의 형태를 하고 있으며, 나선 은하는 타원 은하에 비해 성간 물질의 양이 많아 새로운 별의 탄생이 많다. 따라서 새로운 별의 탄생은 (가)에서가 (나)에서보다 적다.

✗. 세이퍼트은하는 일반적인 은하에 비해 핵이 다른 부분보다 상대적으로 밝다. 따라서 $\dfrac{\text{중심부 밝기}}{\text{은하 전체 밝기}}$는 (가)가 (나)보다 작다.

07 빅뱅 우주론과 정상 우주론

정상 우주론은 우주가 항상 일정한 상태를 유지한다는 이론이고, 빅뱅 우주론은 우주가 하나의 점에서 시작되었다는 이론이다.

④ 정상 우주론에서는 우주 공간이 팽창함에 따라 새로운 물질이 생겨나 빈 공간을 채운다. 따라서 빅뱅 우주론에서는 일정하고, 정상 우주론에서는 증가하는 우주의 물리량 A는 질량이다. 빅뱅 우주론과 정상 우주론에서 은하들은 허블 법칙을 만족하며, 우주 공간의 팽창을 인정한다. 따라서 두 우주론에서 모두 증가하는 우주의 물리량 B는 부피이다. 빅뱅 우주론에서는 대폭발 이후 새로운 물질의 생성 없이 공간이 점점 팽창하므로 우주의 밀도는 작아지고 온도는 낮아지지만, 정상 우주론에서는 우주의 밀도와 온도가 일정하게 유지된다. 따라서 빅뱅 우주론에서는 감소하고 정상 우주론에서는 일정한 우주의 물리량 C는 밀도 또는 온도이다.

08 허블 법칙

외부 은하의 후퇴 속도(v)와 방출선의 파장 변화량($\Delta\lambda$) 사이에는 $\dfrac{\Delta\lambda}{\lambda} = \dfrac{v}{c}$($\lambda$: 고유 파장, c: 빛의 속도)의 관계가 성립하며, 거리(r)가 멀수록 후퇴 속도(v)가 빠르다.

$$v = H \cdot r \; (H: \text{허블 상수})$$

✗. 허블 법칙에 의하면 후퇴 속도(v)는 거리(r)가 멀수록 빠르다. C에서 A를 관측하면 A는 $2100\sqrt{3}$ km/s의 속도로 멀어지므로 A와 C 사이의 거리(r)는
$v = H \cdot r$, $2100\sqrt{3}$ km/s $= 70$ km/s/Mpc$\cdot r$, $r = 30\sqrt{3}$ Mpc
이다. 즉, A와 B 사이의 거리가 30 Mpc이고 A와 C 사이의 거리가 $30\sqrt{3}$ Mpc이므로, A에서 관측했을 때 C의 후퇴 속도는 B의 $\sqrt{3}$배이다.

©. A와 B 사이의 거리가 30 Mpc이므로 후퇴 속도(v)는 2100 km/s이고, 고유 파장(λ)이 600 nm인 흡수선은 $\dfrac{\Delta\lambda}{\lambda} = \dfrac{v}{c}$의 관계에 의해 $\dfrac{\Delta\lambda}{600 \text{ nm}} = \dfrac{2100 \text{ km/s}}{3 \times 10^5 \text{ km/s}}$이며, 파장 변화량($\Delta\lambda$)

은 4.2 nm이다. 따라서 B에서 A를 관측했을 때, 고유 파장이 600 nm인 흡수선은 604.2 nm로 관측된다.

✗. B에서 관측한 C의 스펙트럼에서 고유 파장이 600 nm인 흡수선은 608.4 nm로 관측되므로, $\dfrac{\Delta\lambda}{\lambda}=\dfrac{v}{c}$의 관계에 의해

$\dfrac{8.4\ nm}{600\ nm}=\dfrac{v}{3\times10^5\ km/s}$이고, 후퇴 속도 $v=4200\ km/s$이다. 허블 법칙에 의해 $v=H\cdot r$, $4200\ km/s=70\ km/s/Mpc\cdot r$, B와 C 사이의 거리($r$)는 60 Mpc이다. 즉, (A와 B 사이의 거리 : B와 C 사이의 거리 : A와 C 사이의 거리)$=30:60:30\sqrt{3}$ $=1:2:\sqrt{3}$이며, 세 은하의 위치는 직각 삼각형을 이룬다.

따라서 C에서 관측했을 때, A와 B의 사잇각(θ)은 $\cos\theta=\dfrac{\sqrt{3}}{2}$, $\theta=30°$이다.

09 정상 우주론

정상 우주론은 우주는 시간과 공간에 관계없이 항상 변하지 않는다는 이론으로, 우주가 팽창하면서 생겨난 빈 공간에 새로운 물질이 계속 생성된다.

✗. 정상 우주론에서는 공간이 팽창하더라도 우주의 밀도가 항상 일정하므로 시간이 경과하더라도 우주의 온도는 일정하다.

◯. 공간의 팽창에 의해 두 은하 사이의 거리는 점점 멀어지고 있다. 따라서 A에서 관측할 때 B의 스펙트럼에서는 적색 편이가 나타난다.

◯. 공간의 팽창에 의해 새로운 은하가 계속 생성되고 있지만, 특정 두 은하 사이의 거리는 점점 멀어지는, 즉 후퇴하는 모습이 나타난다. 따라서 정상 우주론에서도 은하들의 후퇴 속도(v)는 거리(r)가 멀수록 크다는 허블 법칙이 성립한다.

10 허블 법칙

외부 은하의 후퇴 속도(v)와 흡수선의 파장 변화량($\Delta\lambda$) 사이에는 $\dfrac{\Delta\lambda}{\lambda}=\dfrac{v}{c}$ (λ: 고유 파장, c: 빛의 속도)의 관계가 성립하므로, 흡수선의 파장 변화량($\Delta\lambda$)이 클수록 후퇴 속도(v)가 빠르고 별까지의 거리(r)도 멀다.

◯. 하나의 은하에서 $\dfrac{\Delta\lambda}{\lambda}$는 일정하다. 따라서 (가)의 경우 λ가 600 nm인 흡수선의 $\Delta\lambda$가 9 nm이므로, 400 nm인 흡수선의 $\Delta\lambda$(㉠)는 $\dfrac{9\ nm}{600\ nm}=\dfrac{㉠}{400\ nm}$, ㉠=6 nm이다. (나)의 경우 λ가 400 nm인 흡수선의 $\Delta\lambda$가 8 nm이므로, 600 nm인 흡수선의 $\Delta\lambda$(㉡)는 $\dfrac{8\ nm}{400\ nm}=\dfrac{㉡}{600\ nm}$, ㉡=12 nm이다. 따라서 ㉡은 ㉠의 2배이다.

◯. (나)에서 λ가 400 nm인 흡수선의 $\Delta\lambda$가 8 nm이므로,

$\dfrac{\Delta\lambda}{\lambda}=\dfrac{v}{c}$의 관계에 의해 $\dfrac{8\ nm}{400\ nm}=\dfrac{v}{3\times10^5\ km/s}$이고 후퇴 속도($v$)는 6000 km/s이다.

✗. 흡수선의 $\Delta\lambda$는 후퇴 속도(v) 및 거리(r)와 비례 관계이다. A의 $\Delta\lambda$가 (가)는 6 nm이고, (나)는 8 nm이므로 $\Delta\lambda$는 (나)가 (가)의 $\dfrac{8}{6}$배늑1.33배이고, 지구에서 은하까지의 거리도 (나)가 (가)의 약 1.33배이다.

11 허블 법칙

허블 상수는 외부 은하의 후퇴 속도와 거리 사이의 관계를 나타내는 비례 상수로, 우주의 팽창률에 해당한다.

◯. 은하까지의 거리(r)와 시선 속도(v)의 관계 그래프에서 기울기는 허블 상수(H)를 나타낸다. 따라서 H는 70 km/s/Mpc이다.

✗. A까지의 거리(r)가 50 Mpc이므로 허블 법칙에 의해 $v=H\cdot r$, $v=70\ km/s/Mpc\cdot50\ Mpc$, 시선 속도(=후퇴 속도, v)는 3500 km/s이다. 따라서 $\dfrac{\Delta\lambda}{\lambda}=\dfrac{v}{c}$ ($\Delta\lambda$: 흡수선의 파장 변화량, λ: 고유 파장, c: 빛의 속도)의 관계에 의해 A에서 고유 파장(λ)이 600 nm인 흡수선은 $\dfrac{\Delta\lambda}{600\ nm}=\dfrac{3500\ km/s}{3\times10^5\ km/s}$, $\Delta\lambda=7\ nm$이므로, 607 nm로 관측된다.

◯. 흡수선의 파장 변화량($\Delta\lambda$)은 거리(r)와 비례 관계이다. B의 시선 속도(v)가 6300 km/s이므로, 허블 법칙에 의해 $v=H\cdot r$, $6300\ km/s=70\ km/s/Mpc\cdot r$, 거리($r$)는 90 Mpc이다. 즉, A의 거리가 50 Mpc, B의 거리가 90 Mpc이므로 거리는 A가 B의 $\dfrac{5}{9}$배이고, 고유 파장이 일정할 때 파장 변화량($\Delta\lambda$)도 A가 B의 $\dfrac{5}{9}$배이다.

12 우주 배경 복사

우주 배경 복사는 우주의 온도가 약 3000 K일 때 방출된 복사로, 우주가 팽창하는 동안 온도가 낮아지고 파장이 길어져 현재는 온도가 약 2.7 K인 복사로 관측된다.

◯. 흑체에서 최대 복사 에너지를 방출하는 파장(λ_{max})은 표면 온도가 높을수록 짧다. 그림에서 λ_{max}는 A가 B보다 짧으므로 우주 배경 복사의 온도는 A가 B보다 높다.

✗. 빅뱅 이후 우주의 크기는 점점 커졌고, 우주의 온도는 점점 낮아졌다. 우주 배경 복사의 온도가 A가 B보다 높으므로, A가 B보다 과거의 시기에 해당하고, 우주의 크기는 A가 B보다 작았다. 따라서 우주의 크기가 현재의 2배인 시기는 B이다.

✗. 우주가 팽창함에 따라 우주에 존재하는 암흑 물질의 비율은 감소하고, 암흑 에너지의 비율은 증가하므로 $\dfrac{암흑\ 에너지의\ 비율}{암흑\ 물질의\ 비율}$

은 점점 증가한다. A가 B보다 시간적으로 먼저인 시기이므로 $\dfrac{\text{암흑 에너지의 비율}}{\text{암흑 물질의 비율}}$ 은 A가 B보다 작다.

13 우주의 역사

우주의 모든 물질과 에너지가 매우 작고 뜨거운 한 점에 모여 있다가 대폭발이 일어나면서 팽창하고 냉각되어 현재와 같은 우주가 형성되었다.

✗. A는 급팽창 시기에 해당한다. 초기 빅뱅 우주론에 따르면 물질의 양에 따라 우주 공간은 양(+) 또는 음(−)의 곡률을 갖게 되고 곡률이 0인 편평한 공간이 될 가능성은 거의 없다. 그러나 관측 결과에 따르면 현재 우주는 곡률이 0인 평탄 우주에 해당하는데, 우주 초기의 급팽창으로 인해 공간의 크기가 매우 커져 관측되는 우주의 영역이 평탄하게 되었기 때문이다. 따라서 A 이후에 우주의 곡률은 0이 되었다.

Ⓛ. B 무렵에 헬륨 원자핵이 생성되었다. B 이전에 양성자와 중성자의 개수비는 약 7 : 1로, 이 중 양성자 2개와 중성자 2개가 결합하여 1개의 헬륨 원자핵이 생성되고 나머지는 양성자(수소 원자핵)로 남았다. 이때 수소 원자핵과 헬륨 원자핵의 질량비는 약 3 : 1이며, 이는 현재 우주에서 수소와 헬륨의 질량비가 약 3 : 1이라는 관측 결과와 잘 맞는다.

Ⓒ. 우주 배경 복사는 중성 원자가 만들어진 후에 방출되었다. 따라서 우주 배경 복사는 C 무렵에 형성되었다.

14 우주의 구성 요소

현재 우주는 약 4.9 %의 보통 물질, 약 26.8 %의 암흑 물질, 약 68.3 %의 암흑 에너지로 구성되어 있다.

✗. 현재 우주의 구성으로 보아 A는 암흑 물질, B는 암흑 에너지, C는 보통 물질이다. 중성자는 보통 물질, 즉 C에 포함된다.

✗. 시간이 흐를수록 암흑 에너지(B)의 상대적 비율은 증가한다. 공간의 팽창에도 불구하고 암흑 에너지의 상대적 비율이 증가한다는 것은 암흑 에너지의 총량이 증가한다는 것을 의미한다. 실제로 B의 밀도는 시간의 흐름에 관계없이 일정하다.

Ⓒ. C는 보통 물질로, 전자기파를 이용하여 관측할 수 있다.

15 우주의 미래 모형

우주의 미래 모형은 우주의 평균 밀도와 임계 밀도를 비교하여 열린 우주, 평탄 우주, 닫힌 우주로 구분하며, A는 열린 우주 모형, B는 평탄 우주 모형, C는 닫힌 우주 모형에 해당한다.

Ⓣ. 각 모형에서 빅뱅 이후 현재까지 걸린 시간은 현재를 기준으로 과거 빅뱅이 일어난 시점, 즉 우주의 크기가 0인 시점까지 거슬러 올라간 시간이다. 따라서 빅뱅 이후 현재까지 걸린 시간은 A가 가장 길고 C가 가장 짧다.

Ⓛ. B는 평탄 우주 모형이다. 평탄 우주에서 우주의 밀도는 임계 밀도와 같다.

✗. (나)는 곡률이 음(−)인 말안장 모양의 2차원 구조이다. 이는 열린 우주 모형, 즉 A의 기하학적인 구조를 표현한 것이다.

16 우주 모형 비교

평탄 우주는 우주의 곡률이 0인 우주이고, 평탄 우주에서 우주의 밀도는 임계 밀도와 같다. 물질 밀도와 암흑 에너지 밀도, 임계 밀도를 각각 ρ_m, ρ_Λ, ρ_c라고 했을 때, $\dfrac{\rho_m}{\rho_c}+\dfrac{\rho_\Lambda}{\rho_c}<1$인 우주는 열린 우주, $\dfrac{\rho_m}{\rho_c}+\dfrac{\rho_\Lambda}{\rho_c}=1$인 우주는 평탄 우주, $\dfrac{\rho_m}{\rho_c}+\dfrac{\rho_\Lambda}{\rho_c}>1$인 우주는 닫힌 우주이다.

Ⓣ. 현재 우주는 평탄 우주로 우주의 밀도는 임계 밀도와 같고, 약 68.3 %의 암흑 에너지와 약 31.7 %의 물질로 구성되어 있으며, 암흑 에너지에 의해 우주는 가속 팽창한다. 따라서 현재 임계 밀도에 대한 물질 밀도와 암흑 에너지 밀도비 $\dfrac{\rho_m}{\rho_c} : \dfrac{\rho_\Lambda}{\rho_c}≒0.3 : 0.7$이고, 밀도비가 이와 같을 때 우주는 가속 팽창한다. 그림에서 이 밀도비에 해당하는 영역이 가속 팽창에 포함되기 위해서는 A가 $\dfrac{\rho_\Lambda}{\rho_c}$, B가 $\dfrac{\rho_m}{\rho_c}$이어야 한다.

Ⓛ. 현재 우주에서 A $\left(\dfrac{\rho_\Lambda}{\rho_c}\right)$는 약 0.7, B $\left(\dfrac{\rho_m}{\rho_c}\right)$는 약 0.3이므로, a~d 중 현재 우주의 구성과 가장 유사한 것은 a이다.

Ⓒ. a와 c는 $\dfrac{\rho_m}{\rho_c}+\dfrac{\rho_\Lambda}{\rho_c}=1$이므로 평탄 우주이고 곡률은 0이다. b는 $\dfrac{\rho_m}{\rho_c}+\dfrac{\rho_\Lambda}{\rho_c}<1$이므로 열린 우주이고 곡률은 음(−)의 값이다. d는 $\dfrac{\rho_m}{\rho_c}+\dfrac{\rho_\Lambda}{\rho_c}>1$이므로 닫힌 우주이고 곡률은 양(+)의 값이다. 따라서 a~d 중 우주의 곡률이 가장 큰 경우는 d이다.

17 가속 팽창 우주

최근의 관측 자료를 근거로 현재 우주는 평탄하지만 팽창 속도가 점점 증가하는 것으로 보고 있으며, 이처럼 우주의 팽창 속도가 증가하는 것은 척력으로 작용하는 암흑 에너지 때문인 것으로 설명하고 있다.

✗. 우주 공간에서 시간이 흐를수록 물질의 비율은 점점 감소하고, 암흑 에너지의 비율은 점점 증가한다. 따라서 A는 물질, B는 암흑 에너지이다.

Ⓛ. (나)에서 암흑 에너지(B)의 밀도와 물질(A)의 밀도가 같을 때 우주는 가속 팽창을 한다.

Ⓒ. 우주의 나이가 40억 년일 때 물질(A)과 암흑 에너지(B)의 밀도비는 약 0.88 : 0.12이다. (나)에서 밀도비가 이와 같을 때, 우

주는 감속 팽창 영역에 해당한다. 즉, 우주의 나이가 40억 년일 때 우주는 감속 팽창했다.

18 우주의 구성 요소

우주에서 시간이 흐를수록 보통 물질과 암흑 물질의 비율은 감소하고 암흑 에너지의 비율은 증가하며, 물질 중에서 암흑 물질의 비율은 보통 물질의 비율보다 항상 크다. T_1 시기에는 T_2 시기보다 A와 B의 비율은 작고 C의 비율은 크다. A는 암흑 물질, B는 보통 물질, C는 암흑 에너지이고, T_2 시기가 T_1 시기보다 더 과거에 해당한다.

✗. 현재 우주를 가속 팽창시키는 역할을 하는 것은 암흑 에너지인 C이다.

✗. 보통 물질은 B이다. B의 비율은 T_1 시기가 T_2 시기보다 작다.

◯. 빅뱅 이후 우주가 팽창할수록 우주의 온도는 점점 낮아졌고 우주 배경 복사의 파장은 점점 길어졌다. 따라서 우주 배경 복사의 파장은 시기적으로 나중에 해당하는 T_1 시기가 T_2 시기보다 길다.

19 우주의 미래 모형

Ia형 초신성을 관측한 결과로부터 우주는 수십억 년 전부터 가속 팽창하고 있다는 사실이 밝혀졌다.

✗. Ia형 초신성은 매우 밝으며, 일정한 질량에서 폭발하기 때문에 최대로 밝아졌을 때의 절대 등급이 일정하여 멀리 있는 외부 은하의 거리를 측정하는 데 이용된다. $z=1$인 Ia형 초신성의 거리는 A가 B보다 멀므로 겉보기 밝기는 B보다 A에서 어둡게 관측될 것이다.

◯. $\dfrac{\rho_m}{\rho_c}+\dfrac{\rho_\Lambda}{\rho_c}=1$인 우주는 평탄 우주이므로 표에서 (가)와 (나)는 둘 다 평탄 우주이며, 이 중 암흑 에너지가 물질보다 많은 (가)는 가속 팽창 우주, (나)는 암흑 에너지가 없고 물질만 있으므로 감속 팽창 우주에 해당한다. 그림에서 은하의 적색 편이가 같을 때 거리가 먼 A는 가속 팽창 우주이고, 표에서 (가)에 해당한다. 반면 은하의 적색 편이가 같을 때 거리가 가까운 B는 감속 팽창 우주이며, 표에서 (나)에 해당한다.

✗. 우주의 곡률은 열린 우주가 음(−)의 값, 닫힌 우주가 양(+)의 값, 평탄 우주가 0의 값을 가진다. A(=(가))와 B(=(나))가 모두 평탄 우주이므로 우주의 곡률은 A와 B가 같다.

20 표준 우주 모형

급팽창 이론을 포함한 빅뱅 우주론에 암흑 물질과 암흑 에너지의 개념까지 모두 포함한 우주론을 표준 우주 모형이라고 한다. 표준 우주 모형으로 예측한 우주의 구조는 지금까지 이루어진 우주 관측 사실들과 잘 부합된다.

✗. 80억 년 전에 Q를 통과한 빛이 현재 관측자에게 도달하므로 빛은 80억 년 동안 이동하였다. 이 기간 동안 우주는 팽창하였으므로 우주 공간에서 현재 관측자로부터 Q까지의 거리는 80억 광년보다 멀다.

◯. 우주를 진행하는 빛의 파장은 우주의 크기 변화에 비례하여 길어진다. P에서 방출된 빛이 현재 관측자에게 도달하는 동안 우주의 크기는 $\dfrac{1}{5}$에서 1로 5배 증가하였다. 따라서 P에서 방출된 파장 λ인 빛이 현재 관측자에게 도달할 때 파장은 5λ이다.

◯. 120억 년 전에 P에서 방출된 파장 λ인 빛은 80억 년 전에 Q에 도달하였다. 이 기간 동안 우주의 크기는 $\dfrac{1}{5}$에서 $\dfrac{1}{2}$로 2.5배 증가했으므로, P에서 방출된 파장 λ인 빛이 Q에 도달할 때 파장은 2.5λ이다. 따라서 80억 년 전에 Q에서 관측한 P의 적색 편이 $\left(\dfrac{\Delta\lambda}{\lambda}\right)$는 $\dfrac{2.5\lambda-\lambda}{\lambda}=1.5$, 즉 $\dfrac{3}{2}$이다.

개교 51주년
since 1973

낮아
늦추는
대학

취업이
강한대학

안산대학교

 전문대학혁신지원사업 선정 (2019~2024)

 전문대학글로벌현장학습사업 (2005~2023)

LINC⁺ 3단계 산학연협력 선도전문대학
육성사업(LINC 3.0) (2022~2024+3)

LiFE 평생교육체제 지원사업 (LiFE2.0) (2023~2025)

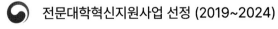

2025학년도 안산대학교 신입생 모집

입학상담 안내 Tel. 031 - 363 - 7700 ~ 1
입학 홈페이지 https://iphak.ansan.ac.kr/iphak

전통과 혁신으로 미래를 찾는 대학
K-Culture

한국
전통문화
대학교
KOREA NATIONAL UNIVERSITY OF CULTURAL HERITAGE
4년제 특수목적
국립대학교

세상과 **통** 하다

2025학년도
국립 한국전통문화대학교
대학 신입생 모집

우선선발(입학고사)
2024년 7월 접수 예정

수시모집
2024년 9월 접수 예정

정시모집
2024년 12월 접수 예정